首批天津市高校课程思政优秀教材
普通高等教育电子信息类系列教材

HALCON 数字图像处理

(第二版)

刘国华 编著

西安电子科技大学出版社

内 容 简 介

本书在讲述图像处理技术的基本原理和方法的基础上，全面、系统地介绍了 HALCON 软件在图像处理技术方面的应用，并以 HALCON 作为编程工具，介绍了各种图像处理方法的理论和应用实例，能够帮助读者更好地学习和掌握数字图像处理的 HALCON 程序实现方法。

全书分为 12 章，主要内容包括：HALCON 介绍、数字图像基础、HALCON 图像处理基础、HALCON 数据结构、图像运算、图像增强、图像分割、图像匹配、数学形态学在图像处理中的应用、HALCON 相关实例和算法、标定、HALCON 混合编程等。在每一章的结尾都有本章小结和习题，提供教学或自学练习，以便读者加深对本书所述内容的理解。

本书深度适中，内容力求精练，可作为高等学校电子信息工程、通信与信息工程、计算机科学与技术、控制科学与技术等专业本科生与研究生的教材，也可供图像处理、模式识别、遥感、生物工程、医学成像等相关领域的科研人员和工程技术人员参考。

图书在版编目(CIP)数据

HALCON 数字图像处理/刘国华编著. --2 版. --西安：西安电子科技大学出版社，2024.5
ISBN 978 - 7 - 5606 - 7246 - 5

Ⅰ. ①H…　Ⅱ. ①刘…　Ⅲ. ①数字图像处理　Ⅳ. ①TN911.73

中国国家版本馆 CIP 数据核字(2024)第 068816 号

策划编辑　秦志峰
责任编辑　雷鸿俊
出版发行　西安电子科技大学出版社(西安市太白南路 2 号)
电　　话　(029)88202421　88201467　　邮　　编　710071
网　　址　www.xduph.com　　电子邮箱　xdupfxb001@163.com
经　　销　新华书店
印刷单位　咸阳华盛印务有限责任公司
版　　次　2024 年 5 月第 2 版　2024 年 5 月第 1 次印刷
开　　本　787 毫米×1092 毫米　1/16　印张 21.5
字　　数　511 千字
定　　价　59.00 元
ISBN 978 - 7 - 5606 - 7246 - 5/TN

XDUP　7548002 - 1

前　言

Preface

现代社会，图像处理技术已经应用和渗透到了科学研究和人们日常生活的方方面面，并日益受到重视。中国共产党第二十次全国代表大会报告中提出了“创新驱动发展战略”，其中包括加快新一代人工智能发展的重点任务。图像处理作为人工智能的重要领域之一，在新一代人工智能的发展中具有重要的地位和作用。图像处理技术可以广泛应用于数字化和智能化领域，如智能交通、智能医疗、智能安防等，为这些领域的发展提供了重要的技术支持。

本书第一版于2018年5月正式出版，突出了理论与实际应用的有效结合，出版后受到广大同行的肯定和一致好评，被很多高校选为教材和教学参考书，并于2021年被评为首批天津市高校课程思政优秀教材，取得了良好的社会效益。

由于数字图像处理技术的不断发展和广泛应用，作为图像处理课程的教材也必须跟上学科发展的要求。因此，作者在总结第一版成功经验的基础上，根据学科发展和教材使用后反馈的信息，对第一版进行了全面的修订。在修订过程中，作者保留了第一版的基本风格、基本框架和内容，重新编写了第1章(绪论)和第12章(HALCON混合编程)，并修正了第一版中的一些错误。

修订后的第二版和第一版一样，充分考虑了内容的一致性、逻辑性和教学规律。全书结构合理，概念清晰，理论严谨，逻辑严密，内容上体现了系统性、科学性和应用性。修订后的第二版系统地讲解了基于HALCON的机器视觉关键技术，将图像分析、处理算法映射到机器视觉系统开发的过程中，注重提高工业环境下机器视觉的实时性和健壮性。本书各章节内容循序渐进，充分考虑了教学需求。为了方便实验和应用，本书给出了大量图像处理相关知识点的HALCON程序，通过这些实验，读者可以进一步加深对相关内容的理解，也可以扩展应用程序，开发自己的图像处理程序。

本书主要描述了图像处理理论和 HALCON 机器视觉技术所涉及的各个分支，内容包括：HALCON 图像处理基础、HALCON 数据结构、HALCON 图像运算、HALCON 图像增强、HALCON 图像分割、HALCON 图像匹配、数学形态学、HALCON 标定方法、HALCON 混合编程等。书中尽可能地给出了必要的基本知识，深入浅出，尽量定量地描述问题；同时，重点给读者呈现了 HALCON 的编程技巧，并引导读者掌握 HALCON 的编程方法，培养读者的思维方法。

本书可作为高等院校电子信息工程、通信与信息工程、计算机科学与技术、控制科学与技术等相关专业高年级本科生和研究生的图像处理教材，也可作为图像处理、模式识别、遥感、生物工程、医学成像等相关领域的科研人员和工程技术人员的参考书。

本书由天津工业大学刘国华教授执笔，李涛、李金鑫、邓钊钊、孙宝佳参与编写工作并进行程序实验，郭长瑞、连海洋、李奕均、赵伟、任家伟参与了修订工作及程序实验，全书由刘国华负责统稿及定稿。在编写本书的过程中，作者参考了一些相关文献，在此对原作者表示衷心的感谢。

由于作者水平有限，书中不足之处在所难免，敬请读者不吝指正。作者联系邮箱：liuguohua@tiangong. edu. cn。

作　者

2024 年 2 月

目　录

CONTENTS

第 1 章

绪　论

1.1　图像和图像处理

1.1.1　图像

客观世界的景物在空间上经常是三维的，而一般情况下从客观世界获得的景物图像是二维的，因此一幅静态图像可用一个二维数组来描述。二维数组中的一个元素，表示的是二维空间中的一个坐标点，表示该点形成的影像的某种性质。图像既反映物体的客观存在，又体现人的心理因素；图像是客观对象的一种可视表示，它包含了被描述对象的有关信息。

图像与其他形式的信息相比，具有直观、具体、生动等诸多显著的优点，可以按照图像的存在形式、亮度等级和图像的光谱等进行分类。

1. 按照图像的存在形式分类

(1) 可见图像——包括照片、形状线条图片等和透镜、光栅等成像的光图像。

(2) 不可见图像——包括红外、微波成像的不可见光成像和温度、压力等按数学模型生成的图像。

2. 按照图像的亮度等级分类

(1) 二值图像——只有黑白两种亮度等级的图像，如图 1-1(a)所示。

(2) 灰度图像——有多种亮度等级的图像，如图 1-1(b)所示。

(a) 二值图像

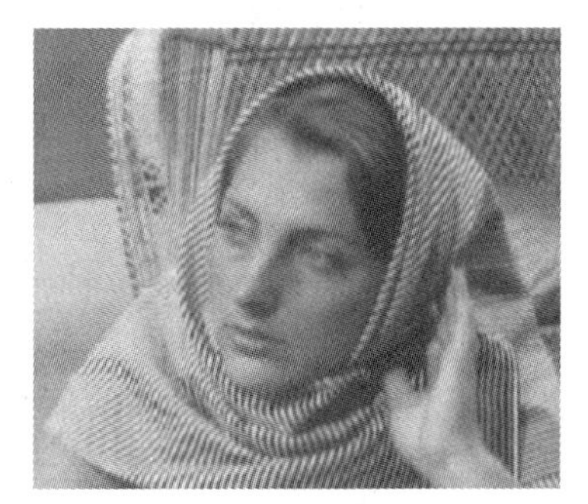

(b) 灰度图像

图 1-1　按照图像的亮度等级分类

3. 按照图像的光谱分类

(1) 彩色图像——图像上每个像素点有多于一个的局部特性。

(2) 黑白图像——每个像素点只有一个亮度值分量，如黑白照片、黑白电视画面等。

4. 按照图像是否随时间变换分类

(1) 静态图像——不随时间变换的图像，如各种图片等。

(2) 活动图像——随时间变换的图像，如电影和电视画面等。

5. 按照图像所占空间和维数分类

(1) 二维图像——平面图像，如照片等。

(2) 三维图像——空间分布的图像，一般使用两个或者多个摄像头得到。

6. 按图像空间坐标和亮度(或色彩)的连续性分类

(1) 模拟图像——空间坐标和亮度(或色彩)都是连续变化的图像。

(2) 数字图像——空间坐标和亮度均不连续的、用离散数字(一般用整数)表示的图像。

1.1.2 数字图像

为了能够使用计算机与数字通信系统对图像进行加工处理，需要把连续的模拟图像信号进行离散化(数字化)，这种离散化包括坐标空间上的离散化[对(x, y)的值进行离散]和性质空间上的离散化[对图像灰度值 $f(x, y)$进行离散]。离散化后的图像就是数字图像。

1. 彩色图像

彩色图像是指由多种颜色组成的图像。任何彩色图像都可由红(Red，R)、绿(Green，G)、蓝(Blue，B)三种基本原色组成，通过三种原色的不同组合，可以形成各种各样的颜色。

2. 灰度图像

灰度图像是指只有亮度差别，而没有颜色差别的图像，如黑白照片。当然，也可将一幅彩色图像转换为灰度图像，用 Y 代表亮度大小，则其转换公式如下：

$$Y=0.229R+0.587G+0.114B$$

3. 二值图像

当灰度图像的灰度只有两个等级时，这种图像就叫作二值图像。可以只用“全黑”与“全白”两种方式对图像进行描述和记录。

二值图像所含的信息往往较少，占用的存储空间也相应较小。但是，二值图像往往能够排除干扰，并获得对象的最突出点，如指纹图像的识别、文字的自动识别等。

1.1.3 图像处理及其发展过程

图像处理(Image Processing)就是对图像信息进行加工处理和分析，以满足人的视觉心理需要和实际应用或某种目的(如压缩编码或机器识别)的要求。图像处理可分为模拟图像处理、数字图像处理和光电结合处理三类。其中，数字图像处理学科包含的内容是相当丰富的。根据抽象程度的不同，数字图像处理可分为图像处理、图像分析和图像理解三个层次，如图 1-2 所示。

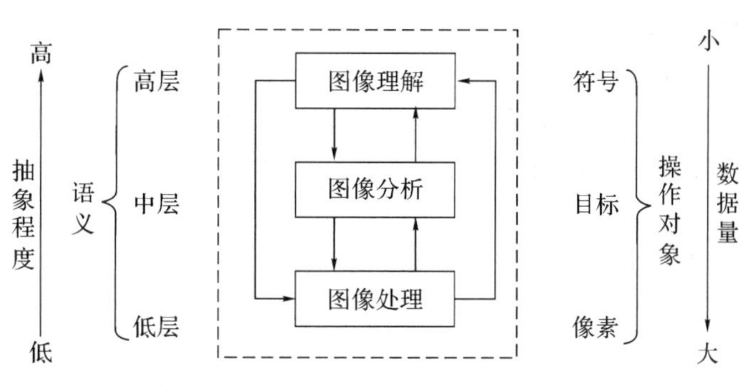

图 1-2　数字图像处理

数字图像处理最早出现于 20 世纪 50 年代，当时的电子计算机已经发展到一定水平，人们开始利用计算机来处理图形和图像信息。数字图像处理作为一门学科，大约形成于 20 世纪 60 年代初期。早期图像处理的目的是改善图像的质量，它以人为对象，以改善人的视觉效果为目的。图像处理中，输入的是质量低的图像，输出的是改善质量后的图像。常用的图像处理方法有图像增强、复原、编码、压缩等。图像处理首次成功获得实际应用是在 1964 年，美国喷气推进实验室(JPL)对航天探测器徘徊者 7 号发回的几千张月球照片使用了几何校正、灰度变换、去除噪声等图像处理技术进行处理，并考虑了太阳位置和月球环境的影响，由计算机成功地绘制出月球表面地图，获得了巨大的成功。随后 JPL 又对探测飞船发回的近十万张照片进行了更为复杂的图像处理，并获得了月球的地形图、彩色图及全景镶嵌图，获得了非凡的成果，为人类登月创举奠定了坚实的基础，也推动了数字图像处理这门学科的诞生。在后来的宇航空间技术如对火星、土星等星球的探测研究中，数字图像处理技术都发挥了巨大的作用。

数字图像处理取得的另一个巨大成就是在医学上获得的成果。1972 年，英国 EMI 公司工程师 Housfield 发明了用于头颅诊断的 X 射线计算机断层摄影装置，也就是通常所说的 CT(Computer Tomograph)。CT 的基本工作原理是根据人的头部截面的投影，通过计算机处理来重建截面图像，称为图像重建。

1975 年，EMI 公司又成功研制出全身用的 CT 装置，获得了人体各个部位鲜明清晰的断层图像。1979 年，这项无损伤诊断技术获得了诺贝尔奖，说明它对人类作出了划时代的贡献。与此同时，图像处理技术在许多应用领域受到广泛重视并取得了重大的开拓性成就，如航空航天、生物医学工程、工业检测、机器人视觉、公安司法、军事制导、文化艺术等领域，图像处理成为一门引人注目、前景远大的学科。从 20 世纪 70 年代中期开始，随着计算机技术和人工智能、思维科学研究的迅速发展，数字图像处理向更高、更深层次发展。人们已开始研究如何用计算机系统解释图像，实现类似人类视觉系统理解外部世界的过程，这被称为图像理解或计算机视觉。很多国家特别是发达国家将更多的人力、物力投入这项研究，取得了不少重要的研究成果。其中代表性的成果是 20 世纪 70 年代末麻省理工学院(MIT)的 Marr 提出的视觉计算理论，这个理论成为计算机视觉领域其后十多年的主导思想。

21 世纪以来，数字图像处理进入了深度学习和大数据时代。在这一时期，深度学习技术的快速发展推动了图像处理实现进一步突破。基于卷积神经网络(CNN)的图像识别、图像生成等技术取得了显著的进步，使得图像处理在人脸识别、自动驾驶、虚拟现实等领域得到了广泛应用。同时，大数据和云计算的发展为图像处理带来了更加强大的计算力和存储能力，加速了图像处理技术的发展。

随着人工智能、物联网、5G等新兴技术的迅速发展，图像处理将进入智能化和多领域融合时代，进一步向智能化、自动化和集成化方向发展，实现更加高效的图像识别、图像生成、图像分析等技术的应用。同时，图像处理将与机器学习、物联网、增强现实等其他领域进行更深入的融合，形成综合性的解决方案。

教育、科技、人才是全面建设社会主义现代化国家的基础性、战略性支撑。必须坚持科技是第一生产力、人才是第一资源、创新是第一动力，深入实施科教兴国战略、人才强国战略、创新驱动发展战略，开辟发展新领域新赛道，不断塑造发展新动能新优势。党的二十大以来数字图像处理在我国国民经济的许多领域已经得到广泛的应用。

(1) 医疗领域：如CT扫描、MRI、X射线等医学影像的处理和分析，可帮助医生进行病情诊断、手术规划和治疗监控。

(2) 自动驾驶领域：数字图像处理在自动驾驶汽车中用于车辆感知，通过处理车辆周围的图像数据，包括摄像头、激光雷达等传感器采集的信息，可帮助车辆识别道路、识别障碍物、进行行驶路径规划等。

(3) 安防领域：数字图像处理在视频监控系统中应用广泛，通过对监控摄像头采集到的图像进行处理，可实现人脸识别、行为分析、事件检测等功能，提高了安防系统的智能化和高效性。

(4) 娱乐和游戏领域：数字图像处理在电影特效、游戏制作等方面发挥着重要作用，通过对图像进行处理和合成，可实现虚拟现实、增强现实等沉浸式娱乐体验。

(5) 工业制造领域：数字图像处理在工业生产中用于产品质量检测。例如，通过对产品表面图像进行处理，可检测表面缺陷、尺寸偏差等，提高了生产效率和产品质量。

数字图像处理技术在国内外发展十分迅速，应用也非常广泛，但是就其学科建设来说还不成熟，还没有广泛适用的研究模型和齐全的质量评价体系指标，多数方法的适用性都随分析处理对象而异。数字图像处理的研究方向是建立完整的理论体系。

1.2 数字图像处理的步骤和方法

在了解了图像及图像处理的基本概念后，本节将介绍数字图像处理的步骤和方法。

1. 图像信息的获取

要获得能用计算机和数字系统处理的数字图像，其方法包括直接用数码相机、数码摄像机等输入设备来产生，以及利用扫描仪等转换设备将照片等模拟图像变成数字图像。

2. 图像信息的存储

无论是获取的数字图像，还是处理过程中的图像信息以及处理结果都要存储在计算机等数字系统里。按照存储信息的不同用途，存储可分为永久性存储和暂时性存储。

3. 图像信息的处理

图像信息的处理即数字图像处理，它是用计算机或数字系统对数字图像进行各种处理，以达到图像处理的目的。

4. 图像信息的传输

由于图像信息很大，图像信息传输中要解决的主要问题就是传输信道和数据量之间的矛盾：一方面要改善传输信道，提高传输速率；另一方面要对传输的图像信息进行压缩编码，以减少描述图像信息的数据量。

5. 图像的输出和显示

必须通过可视的方法进行图像的输出和显示。

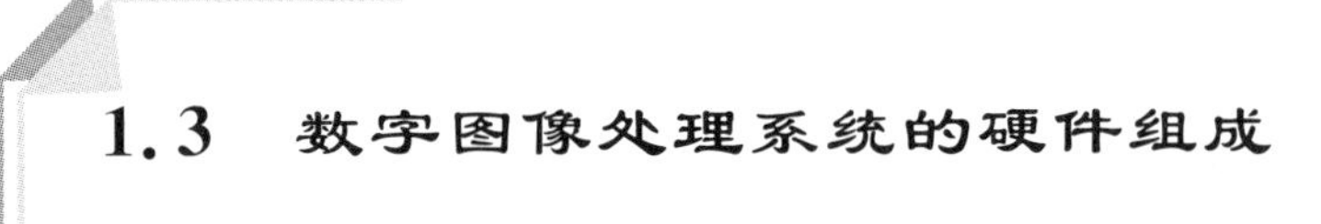

1.3　数字图像处理系统的硬件组成

一个基本的数字图像处理系统由图像输入、图像存储、图像输出、图像通信和图像处理与分析五个模块组成，如图 1－3 所示。

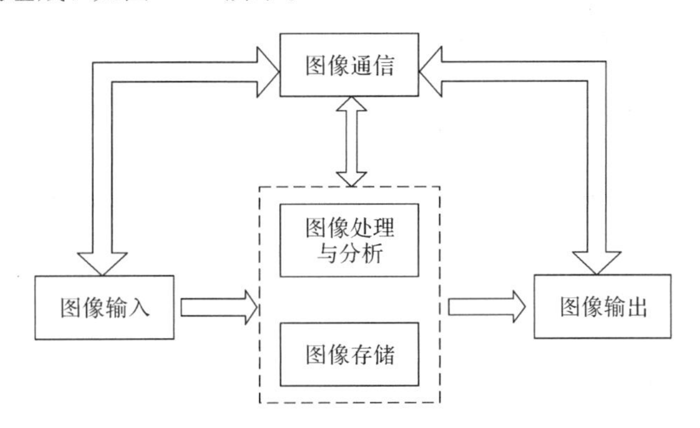

图 1－3　数字图像处理系统构成

1. 数字图像输入模块

图像输入也称图像采集或图像数字化，它是利用图像采集设备（如数码相机、数码摄像机、工业相机等）来获取数字图像，或通过数字化设备将要处理的连续图像转换成适用于计算机处理的数字图像。数字图像输入模块如图 1－4 所示。

图 1－4　数字图像输入模块

2. 数字图像存储模块

图像所包含的信息量非常大，因而存储图像也需要大量的空间。在计算机中，数据的最小单位是比特(bit)，存储器的存储量常用字节[1 B(Byte)=8 bit]、千字节(1 KB=1024 B)、兆字节(1 MB=1024 KB)、吉字节(1 GB=1024 MB)等表示。

用于图像处理和分析的数字图像存储器可分为三类：处理和分析过程中使用的快速存储器、在线或联机存储器以及不经常使用的数据库(档案库)存储器。

3. 数字图像输出模块

在图像分析、识别和理解中，一般需要将处理前后的图像显示出来，以供分析、识别和理解，或将处理结果永久保存。图像的显示称为软拷贝或显示，使用的设备包括CRT显示器、液晶显示器和投影仪等；图像的永久保存称为硬拷贝，使用的设备包括照相机、激光拷贝和打印机等。

4. 数字图像通信模块

由于图像数据量很大，而能够提供通信的信道传输率又比较有限，这就要求在传输前必须对表示图像信息的数据进行压缩和编码，以减少图像数据量。而实际的图像也包含大量的冗余信息，通过改变图像信息的表示形式，就可以达到消除冗余、减少数据量的目的。因此，在进行图像通信前要对图像进行压缩编码。

5. 数字图像处理与分析模块

数字图像处理与分析模块是数字图像处理系统的核心，包括以下三种形式：

(1) 通用图像处理。对于功能要求灵活、图像数据量大但实时性要求不高的图像处理与分析算法可以在通用计算机上实现，也可以辅之以方便灵活的操作界面。

(2) 专用图像处理系统。对于CT、核磁共振、彩色B超、机场安检等专用影像的处理，可采用能满足实际应用的专用计算机和专用图像处理算法等，来构成专用图像处理系统。

(3) 图像处理芯片。将许多图像处理功能集成在一个很小的芯片上，形成专用或通用的图像处理芯片，如华为推出的Kirin图像处理芯片。

1.4 数字图像处理技术的研究内容与应用领域

1.4.1 数字图像处理技术的研究内容

数字图像处理主要研究的内容有以下几个方面。

1. 图像变换

由于图像阵列很大，直接在空间域中进行处理涉及的计算量很大，因此往往采用各种图像变换的方法，如傅里叶变换、沃尔什变换、离散余弦变换等间接处理技术，将空间域的处理转换为变换域处理，这样不仅可减少计算量，而且可获得更有效的处理(如傅里叶变换可在频域中进行数字滤波处理)。

2. 图像编码与压缩

图像编码与压缩是指对图像中的数据进行编码和压缩，以减少传输数据量和提高传输效率。图像编码技术可以将图像中的颜色、纹理、亮度等信息进行编码，以减少数据量；图像压缩技术可以将图像中的数据进行压缩，以减小数据存储空间。这些技术在数字图像处理中非常重要，可以大大提高图像数据的传输效率和扩展存储空间。编码是压缩技术中最重要的方法，它在图像处理技术中是发展最早且比较成熟的技术。

3. 图像增强和复原

图像增强和复原的目的是提高图像的质量，如去除噪声、提高图像的清晰度等。图像增强不考虑图像降质的原因，突出图像中感兴趣的部分，如强化图像高频分量可使图像中物体轮廓清晰、细节明显；强化低频分量可减少图像中的噪声影响。图像复原要求对图像降质的原因有一定的了解，一般应根据降质过程建立“降质模型”，再采用某种滤波方法恢复或重建原来的图像。

4. 图像分割

图像分割是数字图像处理中的关键技术之一。图像分割是将图像中有意义的特征部分提取出来，其有意义的特征有图像中的边缘、区域等，这是进一步进行图像识别、分析和理解的基础。虽然目前已研究出不少边缘提取、区域分割的方法，但还没有一种普遍适用于各种图像的有效方法。因此，对图像分割的研究还在不断深入之中，是目前图像处理中研究的热点之一。

5. 图像描述

图像描述是图像识别和理解的必要前提。对于最简单的二值图像，可采用其几何特性描述物体的特性；对于一般图像采用二维形状描述，它有边界描述和区域描述两类方法；对于特殊的纹理图像可采用二维纹理特征描述。随着图像处理研究的深入发展，已经开始进行三维物体描述的研究，提出了体积描述、表面描述、广义圆柱体描述等方法。

6. 图像分类(识别)

图像分类(识别)属于模式识别的范畴，其主要内容是图像经过某些预处理(增强、复原、压缩)后，进行图像分割和特征提取，从而进行判决分类。图像分类常采用经典的模式识别方法，有统计模式分类和句法(结构)模式分类，近年来新发展起来的模糊模式识别和人工神经网络模式分类在图像识别中也越来越受到重视。

7. 三维图像处理

三维图像处理是指在二维图像中表示三维空间信息。运用三维图像处理技术可以在图像中添加高级信息，如深度信息、形状信息等，从而实现对物体、场景等的三维重建、观察、分析等应用。

1.4.2　数字图像处理的主要应用领域

图像是人类获取和交换信息的主要来源，因此，图像处理的应用渗透到了人类生活和工作的方方面面。随着人类活动范围的不断扩大，图像处理的应用领域也将不断扩大。

党的二十大报告提出推进生物、人工智能、量子、能源等领域前沿科技研究和应用，加强国际合作和人才引进，打造世界级科研机构和科技园区。下面介绍数字图像处理在我国科技发展中的主要应用领域。

1. 航天和航空技术方面的应用

数字图像处理技术在航天和航空领域中的应用，主要体现为飞机遥感和卫星遥感技术。人们应用数字图像处理技术对通过卫星或飞机摄取的遥感图像进行处理和分析，包括地形、地质、资源的勘查，自然灾害监测、预报和调查，环境监测、调查等，以获取其中的有用信息。

对遥感得来的照片进行处理分析，以前需要雇用几千人，而现在改用配备有高级计算机的图像处理系统来判读分析，既节省了人力，又加快了速度，还可以从照片中提取人工所不能发现的大量有用情报。现在世界各国都在利用陆地卫星所获取的图像进行资源调查(如森林调查、海洋泥沙和渔业调查、水资源调查等)、灾害检测(如病虫害检测、水火检测、环境污染检测等)、资源勘查(如石油勘查、矿产量探测、大型工程地理位置勘探分析等)、农业规划(如土壤营养、水分和农作物生长、产量的估算等)、城市规划(如地质结构、水源及环境分析等)。

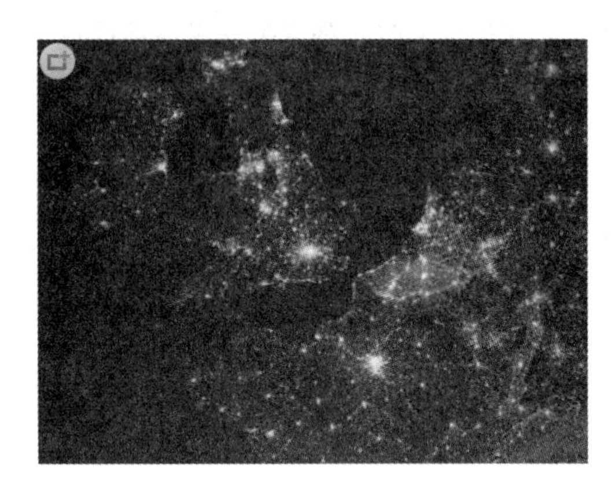

图1-5 夜间的地球卫星照片

在气象预报和对太空其他星球的研究方面，数字图像处理技术也发挥了相当大的作用。

在宇宙探测中，许多星体的图片需要获取、传送和处理，这些都依赖于数字图像处理技术。图1-5为夜间的地球卫星照片。

2. 生物医学工程方面的应用

数字图像处理在生物医学工程方面的应用十分广泛，而且很有成效，主要包括细胞分析、染色体分类、放射图像处理、血球分类、各种CT(如图1-6所示)和核磁共振图像分析、DNA显示分析、显微图像处理等。

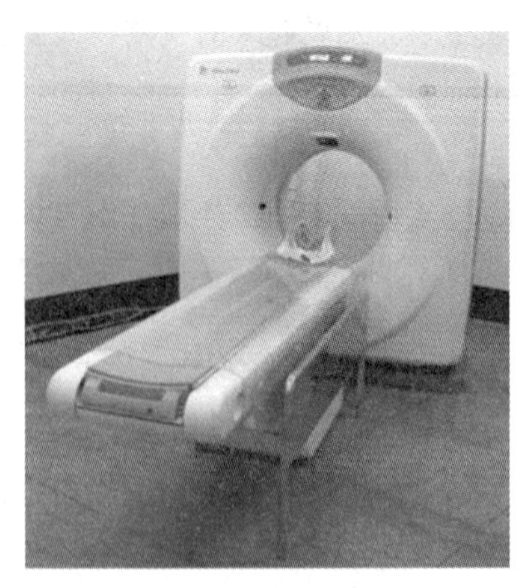

(a) CT机

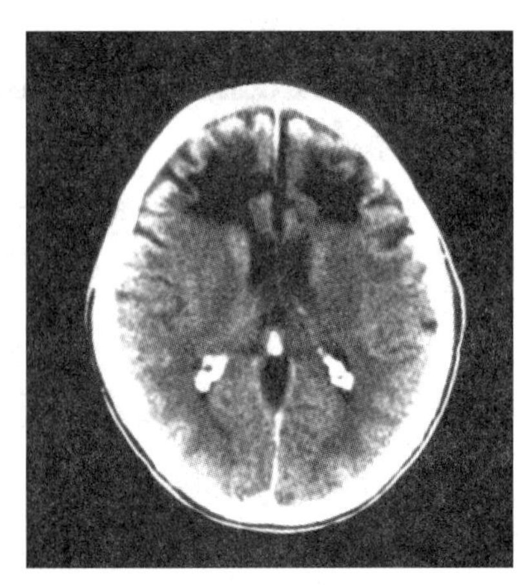

(b) 大脑CT图像

图1-6 CT机和大脑CT图像

数字图像还可应用于医用显微图像的处理分析，如红细胞、白细胞分类，染色体分析，癌细胞识别等。此外，在X光肺部图像增强、超声波图像处理、心电图分析、立体定向放射治疗等医学诊断方面都广泛地应用了图像处理技术。

3. 通信工程方面的应用

当前通信的主要发展方向是声音、文字、图像和数据相结合的多媒体通信，具体来讲就是将电话、电视和计算机信息以三网合一的方式在数字通信网中传输，其中以图像通信最为复杂和困难。通常情况下图像的数据量巨大，如传送彩色电视信号的速率须达100 Mb/s，而要将这样高速率的数据实时传送出去，必须采用编码技术。通信中的应用主要包括图像信息的传输、电视电话、卫星通信、数字电视等。传输的图像包括静态图像和动态序列图像，要解决的主要问题是图像压缩编码。图1-7所示为视频电话应用。

图1-7　视频电话

4. 工业和工程方面的应用

在工业和工程领域中图像处理技术有着广泛的应用，如自动装配线中零件质量的检测，零件的分类，印制电路板瑕疵检查，弹性力学照片的应力分析，流体力学图片的阻力和升力分析，邮政信件的自动分拣，在一些有毒、放射性环境内识别工件及物体的形状和排列状态，先进的设计和制造技术中采用工业视觉等。其中值得一提的是研制具备视觉、听觉和触觉功能的智能机器人，将会给工农业生产带来新的激励，目前已在工业生产中的喷漆、焊接、装配中得到有效的利用。图1-8为数字图像处理在工业和工程方面的视觉应用。

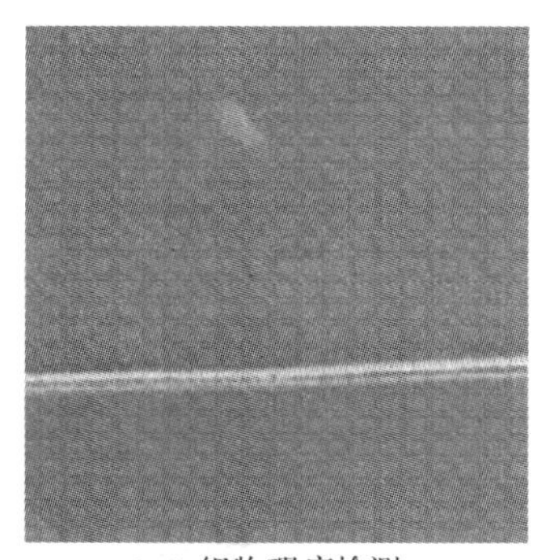

(a) 织物瑕疵检测

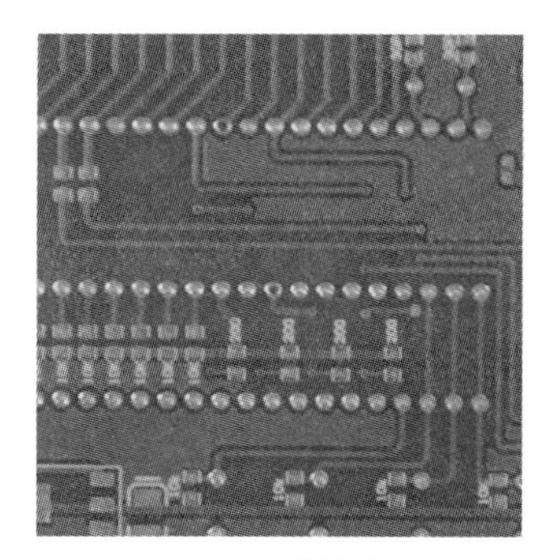

(b) PCB板缺陷检测

图1-8　数字图像处理在工业和工程方面的视觉应用

5. 军事公安方面的应用

在军事方面，图像处理和识别主要用于导弹的精确制导，各种侦察照片的判读，具有图像传输、存储和显示功能的军事自动化指挥系统，飞机、坦克和军舰模拟训练系统等；在公安方面，图像处理主要用于业务图片的判读分析，如指纹识别、人脸鉴别、不完整图片的复原以及交通监控、事故分析等。目前已投入运行的高速公路不停车自动收费系统中的车辆和车牌的自动识别都是图像处理技术成功应用的例子。

公安方面的应用包括：现场实景照片、指纹、足迹的分析与鉴别，人像、印章、手迹的识别与分析，集装箱内物品的核辐射成像检测，人随身携带物品的X射线检查等。图1-9为图像处理在指纹识别中的应用。

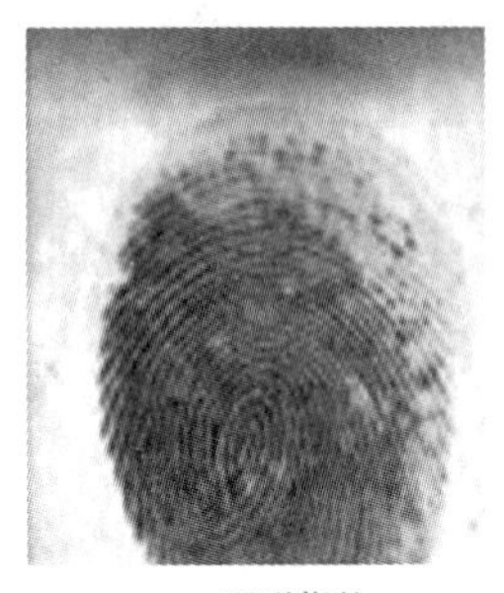

(a) 环形指纹

(b) 弓形指纹

(c) 螺旋形指纹

图1-9 指纹识别

图像处理技术还可用于版权保护和认证领域的信息隐藏与数字水印技术以及虹膜识别和面部识别等，如图1-10所示。

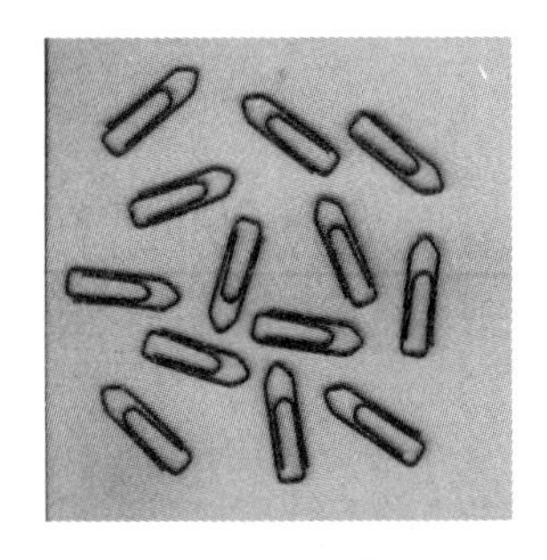

(a) 加水印前

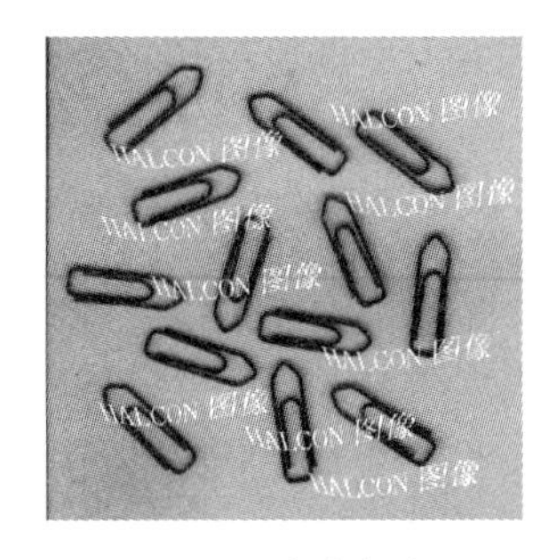

(b) 加水印后

HALCON 图像

(c) 水印

图1-10 水印防伪

6. 文化艺术方面的应用

数字图像处理在文化艺术方面的应用有电视画面的数字编辑、动画的制作、电子图像游戏、纺织工艺品设计、服装设计与制作、发型设计、文物资料照片的复制和修复、运动员动作分析和评分等，现在已逐渐形成一门新的艺术——计算机美术。

7. 机器视觉

机器视觉作为智能机器人的重要感觉器官，主要进行三维景物的理解和识别，是目前处于研究之中的开放课题。机器视觉主要用于军事侦察、危险环境的自主机器人，邮政、医院和家庭服务的智能机器人，装配线工件识别、定位，太空机器人的自动操作等。

8. 视频和多媒体系统

目前，电视制作系统广泛使用图像处理、变换、合成技术，多媒体系统离不开静止图像和动态图像的采集、压缩、处理、存储和传输等。

9. 科学可视化

图像处理和图形学紧密结合，形成了科学研究各个领域新型的研究工具。

10. 电子商务

在当前风头正盛的电子商务中，图像处理技术也大有可为，如身份认证、产品防伪、水印技术等。

总之，图像处理技术应用领域相当广泛，已在国家安全、经济发展、日常生活中充当越来越重要的角色，对国计民生的作用不可低估。

1.4.3 数字图像处理技术的发展方向

数字图像处理是目前计算机科学领域中十分活跃的研究方向，尽管其发展十分迅速，但在以下几个方面仍需进一步研究和发展。

(1) 数据量和速度：随着数字图像处理技术的应用范围不断扩大，处理的数据量也越来越大，因此需要不断提高计算速度和处理数据的能力，以满足实际应用的需求。

(2) 算法复杂度：算法复杂度是决定数字图像处理技术发展速度的重要因素之一。目前虽然有许多复杂的算法被提出来，但是效率却不高，因此需要不断优化算法以提高效率。

(3) 精度和准确性：数字图像处理技术在处理图像时需要保证精度和准确性，因此需要进一步研究如何提高精度和准确性的方法，以满足各种应用的需求。

(4) 可解释性和可靠性：数字图像处理技术通常被用于一些复杂的任务中，如诊断和治疗等，因此需要进一步研究如何提高可解释性和可靠性，以扩大数字图像处理技术的应用范围。

(5) 多学科交叉：数字图像处理技术涉及多个学科领域，如计算机科学、电子工程、医学、生物学等，因此需要进一步加强跨学科交叉研究，以推动数字图像处理技术的发展。

(6) 与其他技术的融合：数字图像处理技术与其他技术的融合将是未来的发展趋势。例如，数字图像处理技术可以与区块链技术结合，以实现图像版权保护和确权等应用。

1.5 数字图像处理技术的相关学科和领域

图像处理学是一门综合性交叉学科，涉及光学、电子学、数学、摄影技术、计算机技术等众多学科，它与计算机图形学、模式识别、计算机视觉、人工智能、神经网络、生物医学、遥感、通信以及工业自动化等是密不可分的。

表1-1为按照输入、输出形式的不同对几种主要的图像技术进行的分类。

表1-1 图像技术分类

输出	输入	
	图像	描述信息
图像	图像处理	模式识别、计算机视觉
描述信息	计算机图形学	其他技术

在数字图像处理领域中，数字信号处理、计算机图形学和计算机视觉三个学科占据着

核心地位。数字信号处理为图像处理提供了基础的理论和算法，使图像可以被准确、高效地分析和处理。计算机图形学则关注图像的生成和显示，提供了创作和处理逼真图像的工具。计算机视觉则是一门研究如何让计算机“看懂”图像的学科，它为图像处理提供了更深入的理解和解析能力。这三个学科相互交织，形成了数字图像处理技术的基石，并推动着数字图像处理领域的发展和进步。

1. 数字信号处理

广义来说，数字信号处理是研究用数字方法对信号进行分析、变换、滤波、检测、调制、解调以及开发快速算法的一门技术学科。数字信号处理主要研究有关的数字滤波技术、离散变换快速算法和谱分析方法。随着数字电路与系统技术以及计算机技术的发展，数字信号处理技术也相应地得到了发展，其应用领域十分广泛。

数字信号处理在数字控制、运动控制方面的应用主要有磁盘驱动控制、引擎控制、激光打印机控制、喷绘机控制、电机控制、电力系统控制、机器人控制、高精度伺服系统控制、数控机床控制等。

2. 计算机图形学

计算机图形学的核心目标在于创建有效的视觉交流。在科学领域中，计算机图形学可以将科学成果通过可视化的方式展示给公众；在娱乐领域中，如在PC游戏、手机游戏、3D电影与电影特效中，计算机图形学发挥着越来越重要的作用；在创意或艺术创作、商业广告、产品设计等行业中，计算机图形学也起着重要的基础性作用。计算机图形学在科学领域中的用途是在1987年关于科学计算可视化报告中才被重点提出的。该报告引用了Richard Hamming在1962年的经典论断：计算的目的是洞察事物的本质，而不是获得数字。报告中提到了计算机图形学在帮助人脑从图形图像的角度理解事物本质方面的重要作用，因为图形图像比单纯的数字具有更强的洞察力。

3. 计算机视觉

计算机视觉是一门研究如何使机器“看”的科学，更进一步地说，就是指用摄影机和计算机代替人眼对目标进行识别、跟踪和测量等，并进一步做图形处理，通过计算机处理成为更适合人眼观察或传送给仪器检测的图像。作为一个科学学科，计算机视觉研究相关的理论和技术，试图建立能够从图像或者多维数据中获取“信息”的人工智能系统。这里所指的信息是指Shannon定义的可以用来帮助做一个“决定”的信息。因为感知可以看作是从感官信号中提取信息的，所以计算机视觉也可以看作是研究如何使人工系统从图像或多维数据中“感知”的科学。

有不少学科的研究目标与计算机视觉相近或与此有关。这些学科包括图像处理、模式识别或图像识别、景物分析、图像理解等。计算机视觉包括图像处理和模式识别，除此之外，它还包括空间形状的描述、几何建模以及认识过程。实现图像理解是计算机视觉的终极目标。随着数字化、网络化、智能化深度融合的趋势不断加强，计算机视觉技术将在各个领域得到更广泛的应用。党的二十大报告对“建设现代化产业体系”作出了明确部署，提出“坚持把发展经济的着力点放在实体经济上，推进新型工业化，加快建设制造强国、质量强国、航天强国、交通强国、网络强国、数字中国”。在此背景下，计算机视觉技术将成为推动制造业高端化、智能化、绿色化发展的重要手段之一。

1.6　HALCON 概述

1.6.1　HDevelop 简介

HALCON 是广泛使用的机器视觉软件，用户可以利用其开放式结构快速开发图像处理和机器视觉软件。它源自学术界，有别于市面一般的商用套装软件。事实上，它是一套 Image Processing Library，由一千多个各自独立的函数以及底层的资料管理核心构成。其中包含了各类滤波、色彩及几何、数学转换、形态学计算分析、校正、分类辨识、形状搜寻等基本的几何以及图像计算功能，由于这些功能大多并非针对特定工作设计，因此只要用到图像处理的地方，就可以用 HALCON 强大的计算分析能力来完成工作，应用范围几乎没有限制，涵盖医学、遥感探测、监控以及工业上的各类自动化检测。机器视觉(Machine Vision)技术可以“取代人眼”，对重复工作不会疲劳，精度高且稳定，该技术近年来发展迅速，促成了高科技业，特别是电子业产能的大幅提升。

HALCON 提供交互式的编程环境 HDevelop，可在 Windows、Linux、UNIX 下使用，使用 HDevelop 可使用户快速有效地解决图像处理问题。HDevelop 含有多个对话框工具，实时交互检查图像的性质，如灰度直方图、区域特征直方图、放大缩小等，并能用颜色标识动态显示任意特征阈值分割的效果，快速准确地为程序找到合适的参数设置。HDevelop 程序提供进程、语法检查、建议参数值设置，可在任意位置开始或结束，动态跟踪所有控制变量和图标变量，以便查看每一步的处理效果。当用户完成机器视觉编程代码后，HDevelop 可将此部分代码直接转化为 C＋＋、C＃、C 或 VB 源代码，以方便将其集成到应用系统中。HALCON 架构理念如图 1－11 所示。

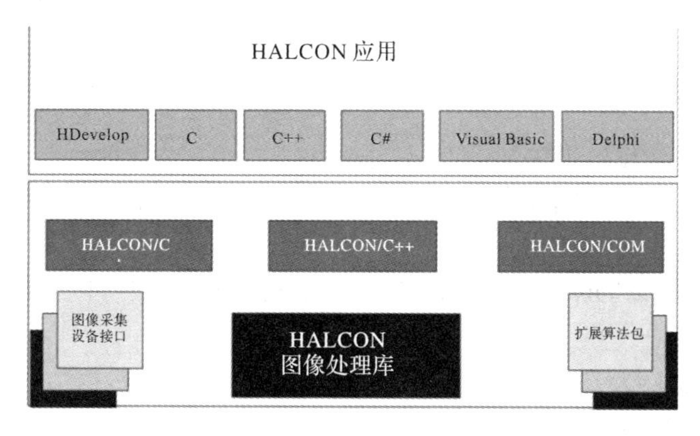

图 1－11　HALCON 架构理念

HDevelop 类似于 VC、VB、Delphi 等编译环境，它有自己的交互式界面，可以编译和测试视觉处理算法，可以方便地查看处理结果。此外，在 HDevelop 中可以导出算法代码，并作为算法开发、研究、教学等的工具。

每个 HALCON 编写的程序包含一个 HALCON 算子序列，程序能够分为一些过程，还可以使用 if、for、repeat 或者 while 等控制语句组织这些算子序列，其中各个算子的结果通过变量来传递，算子的输入参数可以是变量，也可以是表达式，算子的输出参数是变量。

HDevelop 能直接连接采集卡和相机，从采集卡、相机或者文件中载入图像，检查图像数据，进而开发一个视觉检测方案，并能测试不同算子或者参数值的计算效果，保存后的视觉检测程序可以导出以 C++、C#、C、Visual Basic 或者 VB.NET 支持的程序，进行混合编程。

HDevelop 编程方式具有以下优点：

(1) 支持所有 HALCON 算子；

(2) 方便检查可视数据；

(3) 方便选择、调试和编辑参数；

(4) 方便技术支持。

HDevelop 编程方式的缺点是：不能直接生成一个正常的应用程序(如创建用户界面)，不能作为最终的应用软件。

不同于基于类的编程方式，在 HDevelop 中可以编写完整的程序，适用于无编程经验的程序员。使用 HDevelop 进行编程的过程是：在 HDevelop 中编写算法部分，使用 C++或 Visual Basic 开发应用程序，从 HDevelop 中导出算法代码并集成到应用程序中，如图 1-12 所示。

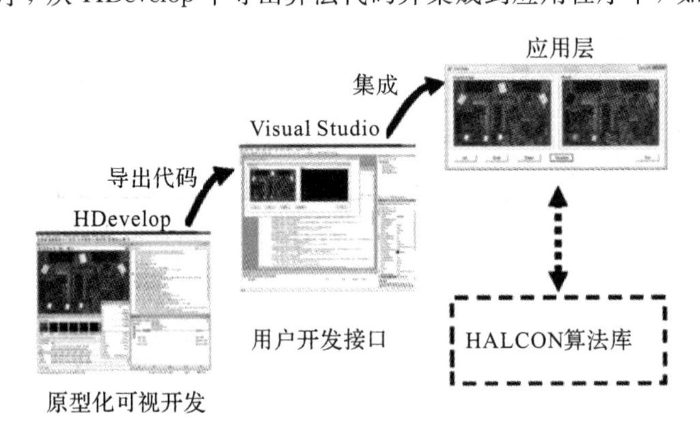

图 1-12　HALCON 编程方法

1.6.2　HALCON 功能及应用简介

HALCON 功能及应用如下：

(1) BLOB 分析。BLOB 包括标准阈值分割、动态分割以及其他附加的图像分割算子，HALCON 可以快速实现 BLOB 分析。

(2) 形态学。HALCON 可以基于任意结构元素进行针对 Region 和 Image 的腐蚀、膨胀、开/闭运算。

(3) 图像特征转换为 Region/XLD 特性。HALCON 独特的数据结构 Region/XLD 可以保证图像处理的快速准确。

(4) 图像的运算。HALCON 为了实现图像处理的各种目的，可以进行图像的代数运算、逻辑运算和几何运算。

(5) 利用傅里叶变换实现图像的空间域和频域之间的变换。

(6) 标定。利用 HALCON 本身的标定板，通过几个内外摄像头参数可实现快速标定。

(7) 匹配。匹配功能包括基于相关性匹配、基于形状匹配、基于灰度值匹配等。即使目

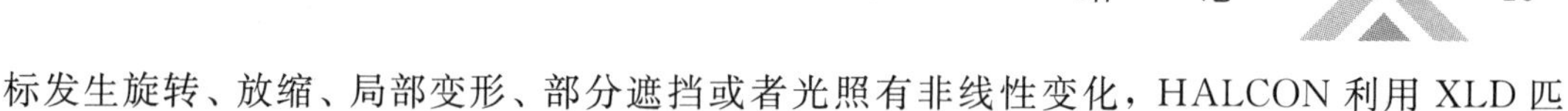

标发生旋转、放缩、局部变形、部分遮挡或者光照有非线性变化，HALCON 利用 XLD 匹配技术也可实时、有效、准确地找到目标。

(8) 测量。HALCON 提供有 1D 测量、2D 测量和 3D 测量，HALCON 边缘提取输出亚像素轮廓，可达到最高精度，保证测量的精准性。

(9) 条形码识别。

(10) 双目立体视觉(三维立体视觉匹配)。

(11) 深度学习应用。

1.6.3 HDevelop 图形组件

1. HDevelop 预览

HALCON 安装完成后，单击图标运行 HALCON 软件，下面介绍其主要的界面。

(1) 主界面。整个界面分为标题栏、菜单栏、工具栏、状态栏和四个活动界面窗口，四个活动界面窗口分别是图像窗口、算子窗口、变量查看窗口和程序窗口，如图 1-13 所示。如果窗口排列不整齐，可以单击菜单栏中的“窗口”→“排列窗口”，重新排列窗口。

菜单栏
标题栏
工具栏
图像窗口
算子窗口
变量查看窗口
程序窗口
状态栏

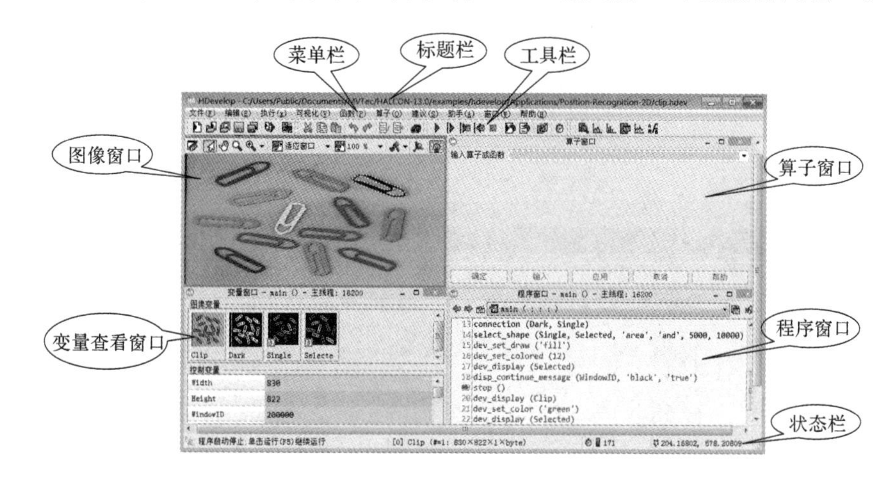

图 1-13　HALCON 主界面

(2) 菜单栏。菜单栏包含所有 HDevelop 的功能命令，如图 1-14 所示。

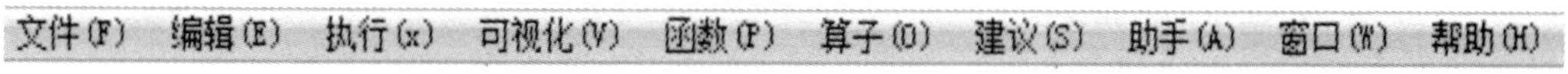

文件(F) 编辑(E) 执行(x) 可视化(V) 函数(P) 算子(O) 建议(S) 助手(A) 窗口(W) 帮助(H)

图 1-14　菜单栏

(3) 工具栏。工具栏包含了一系列常用功能的快捷方式，如图 1-15 所示。

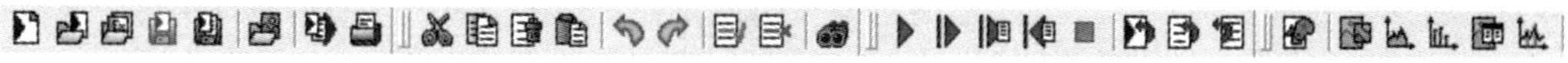

图 1-15　工具栏

(4) 状态栏。状态栏显示程序的执行情况，如图 1-16 所示。

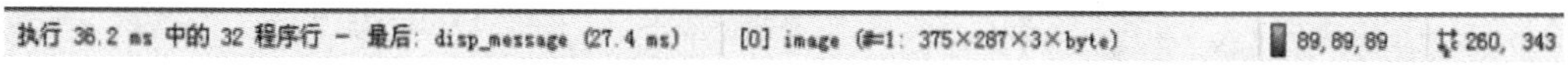

执行 36.2 ms 中的 32 程序行 - 最后: disp_message (27.4 ms)
[0] image (#=1: 375×287×3×byte)
89, 89, 89
260, 343

图 1-16　状态栏

(5) 打开一个例程。HALCON 提供了大量基于应用的示例程序，下面打开一个 HALCON 自带例程，简单了解 HALCON 程序的结构。

单击菜单栏中的“文件”→“浏览例程...”，打开一个例程，比如打开 ball. hdev，如图 1-17 和图 1-18 所示。单击工具栏中的“运行”工具图标，运行程序，结果如图 1-19 所示。

图 1-17 浏览例程

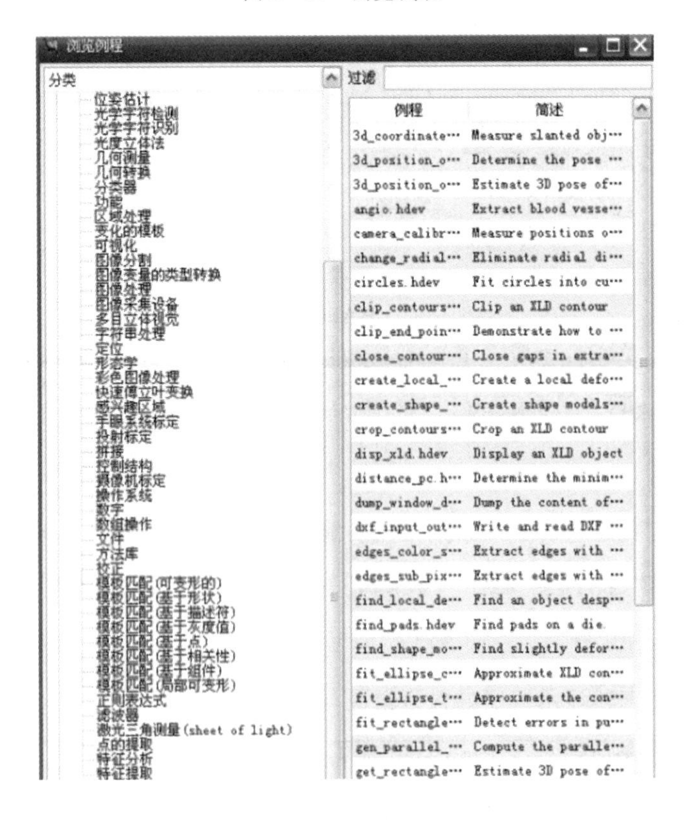

图 1-18 打开例程

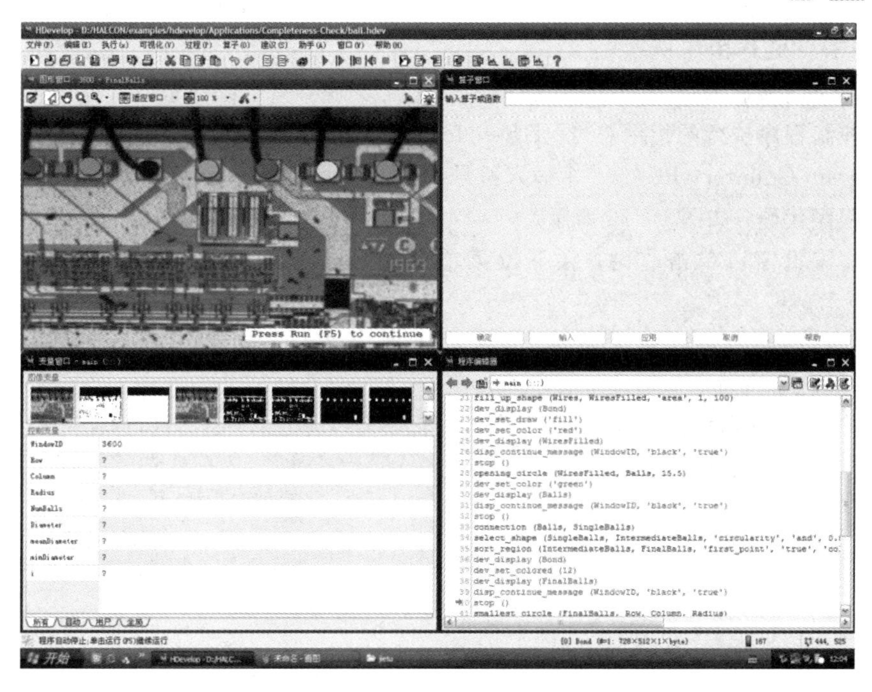

图 1-19　例程运行结果

2. HDevelop 算子窗口

算子窗口显示的是算子的重要数据，包含了所有的参数、各个变量的类型以及参数数值，如图 1-20 所示。这里会显示参数的默认值以及可以选用的数值。每一个算子都有联机帮助。另一个常用的是算子名称的查询显示功能，它在一个组合框(Combo Box)里，只要键入部分字符串或者开头的字母，即可显示所有符合名称的算子，可根据需要选用，如图 1-21 所示。

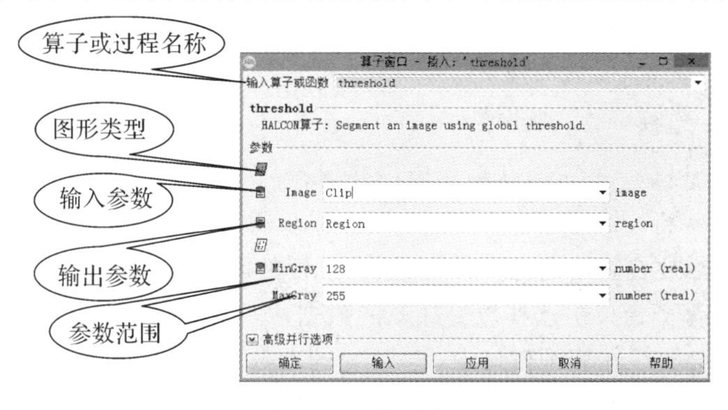

图 1-20　算子窗口

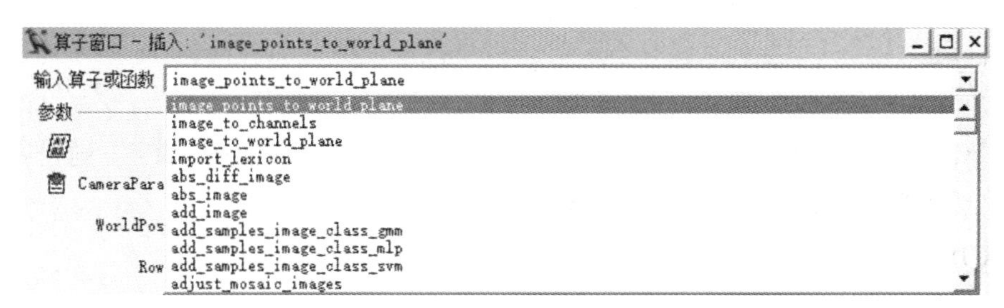

图 1-21　算子查询

3. HDevelop 程序窗口

程序窗口用来显示一个 HDevelop 程序。它可以显示整个程序或某个运算符。窗口左侧是一些控制程序执行的指示符号。HDevelop 刚启动时，可以看到一个绿色箭头的程序计数器(Program Counter，PC)、一个插入符号，还可以设置一个断点(Beaking Point)，窗口右侧显示程序代码，如图 1-22 所示。

在程序编辑窗口单击右键，在下拉菜单中将显示程序运行调试中的一些设置，如图1-23 所示。

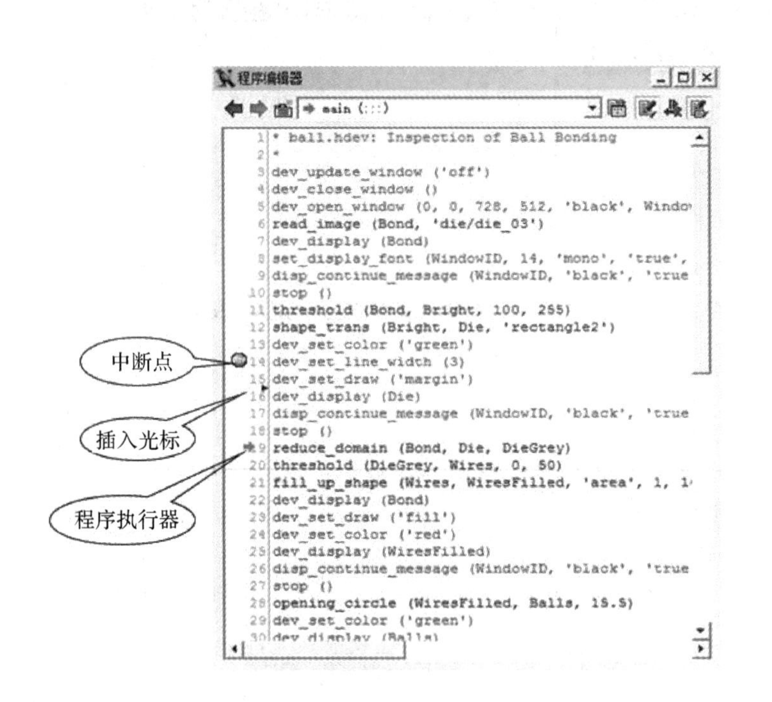

图 1-22　程序窗口

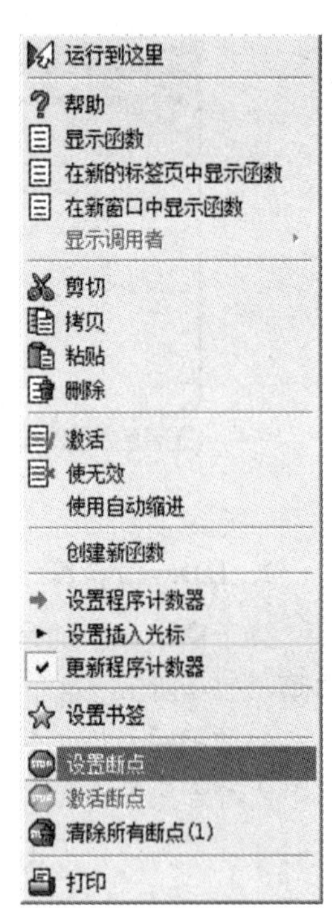

图 1-23　程序调试设置

HDevelop 启动以后，就可以从程序窗口开始输入，逐步建立一个 HDevelop 程序。如果要在程序中新增一行，如增加一个算子，则操作步骤如下：

(1) 首先将光标放在新增的地方，按下 Shift 键的同时，单击要加入的地方，然后从算子菜单中选择或从算子窗口中选择想要加入的数据。

(2) 新的算子会出现在算子窗口中，包含它的参数等数据。此时单击“输入”，就会将它加入到程序代码中，成为新增的一行。如果单击“确定”，除了新增程序代码外，还会执行程序。如果单击“应用”，算子不会新增到程序中，但会被执行，这样就可以方便有效地测试修改参数的结果。

如果只需要执行某一行，可以将程序计数器(PC)置于要执行的那一行之前，再单击鼠标左键，然后单击 HDevelop 工具栏中的“单步跳过函数”。如果单击“运行”，则程序代码都会执行，直到遇到一个断点或单击“停止”将其中止。

4. HDevelop 变量窗口

变量窗口显示了程序在执行时产生的各种变量，包括图像变量和控制变量，如图 1-24

所示。在变量上用鼠标双击，即可显示变量值，如图 1-25 所示。如果变量值是图像变量，则鼠标双击后图像会显示在图形窗口中。

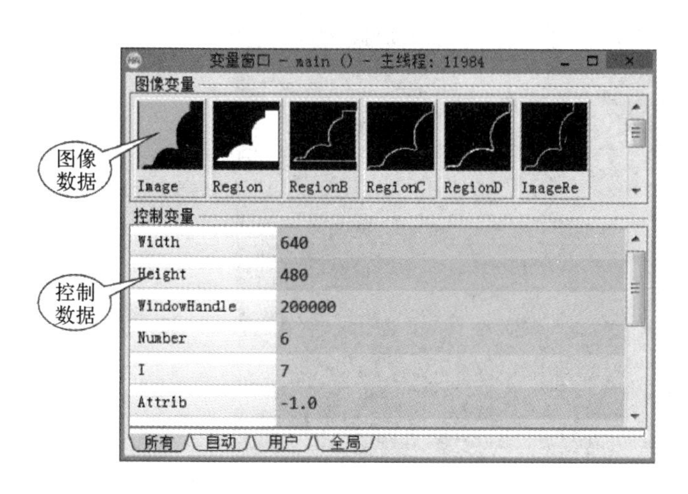

图 1-24　变量窗口

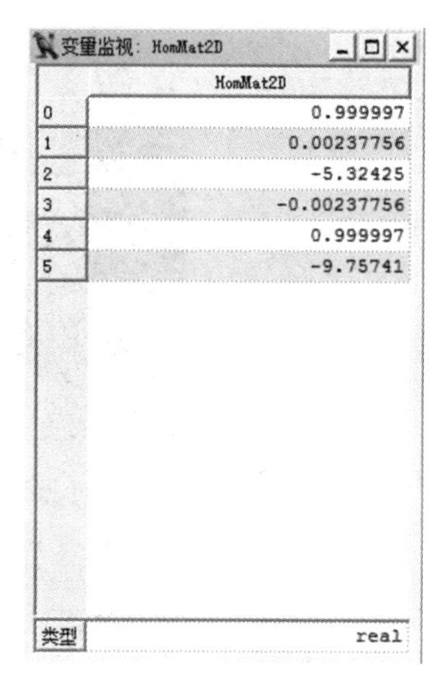

图 1-25　变量值

5. HDevelop 图形窗口

图形窗口用来显示图像化变量数据，如图 1-26 所示。

(1) 图形窗口可视化。图形窗口可视化的方式可以依据需要来调整，相关功能位于“可视化”菜单下，如图 1-27 所示。可以开启数个图形窗口，并且自行选用要用的窗口。

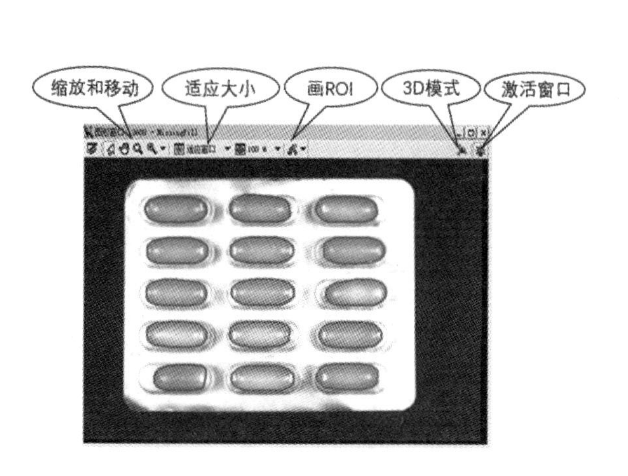

图 1-26　图形窗口

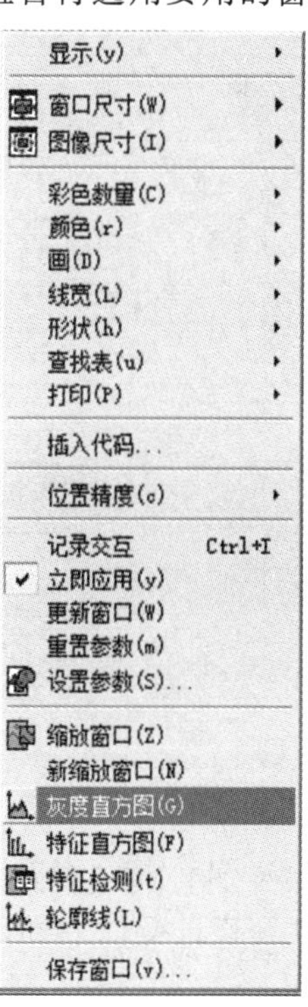

图 1-27　可视化菜单

(2) 图形窗口的3D模式。单击图1-29图形窗口右上角的“3D模式”，可以将图形窗口变为3D模式，如图1-28所示。

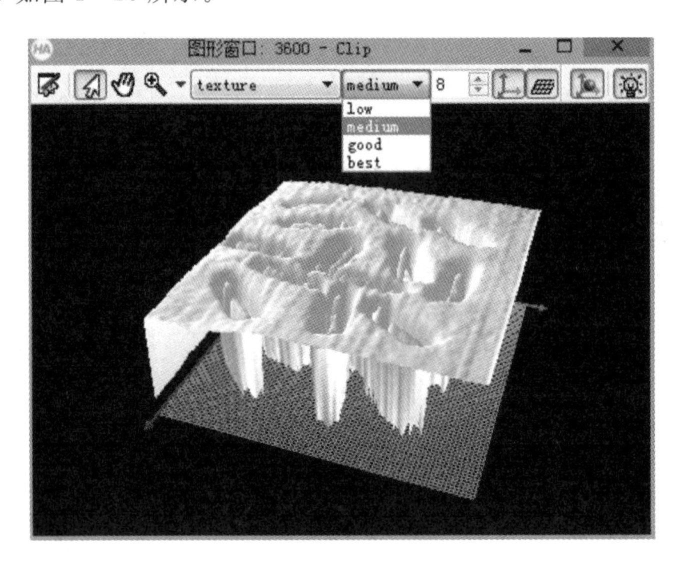

图1-28 图形窗口的3D模式

(3) HDevelop灰度直方图。单击菜单栏中的“可视化菜单”→“灰度直方图”，打开灰度直方图功能窗口，进行设置，如图1-29所示。

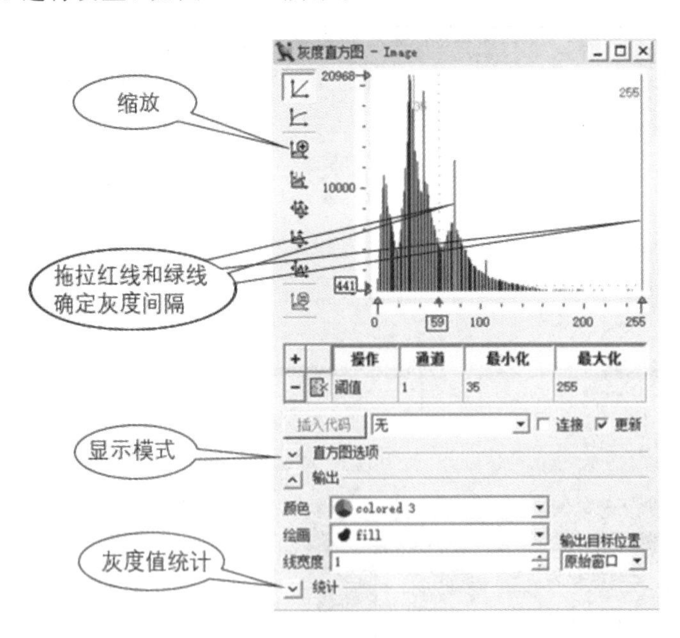

图1-29 灰度直方图

(4) HDevelop特征直方图。单击菜单栏中的“可视化菜单”→“特征直方图”，打开特征直方图功能窗口进行设置和编辑，并可根据编辑的直观结果插入程序代码，如图1-30所示。

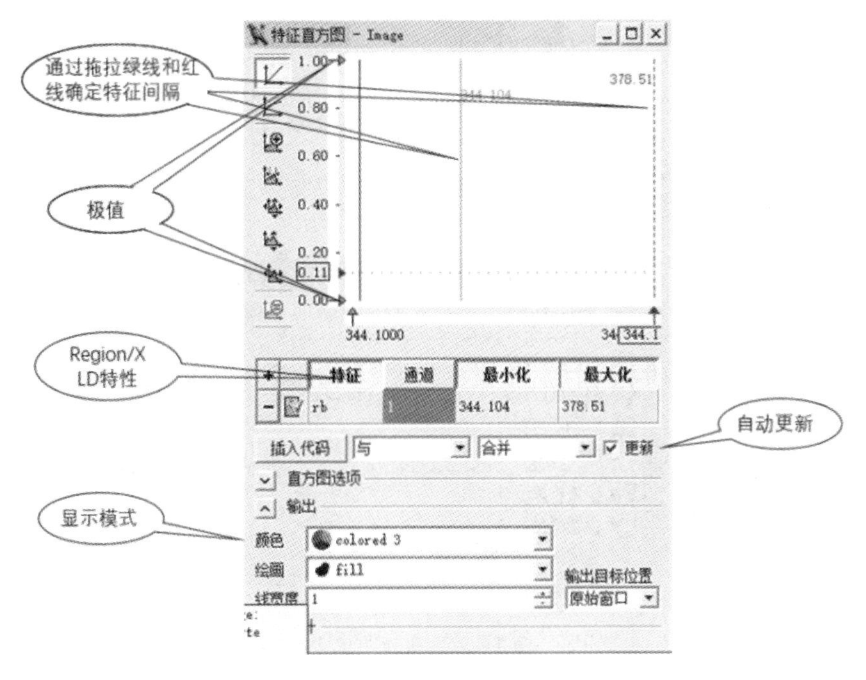

图 1-30　特征直方图

6. 编辑菜单

编辑菜单用于 HDevelop 编程时的编辑，如图 1-31 所示。

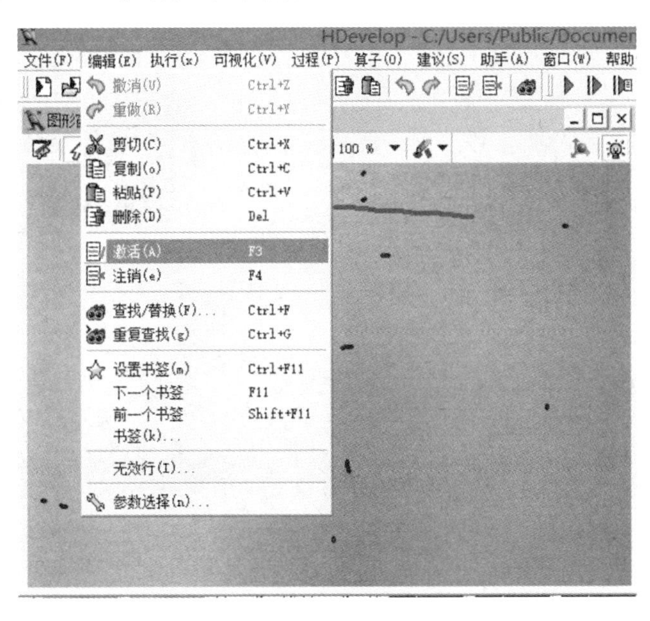

图 1-31　编辑菜单

7. 执行菜单

执行菜单用于程序调试时的设置及运行，如图 1-32 所示。

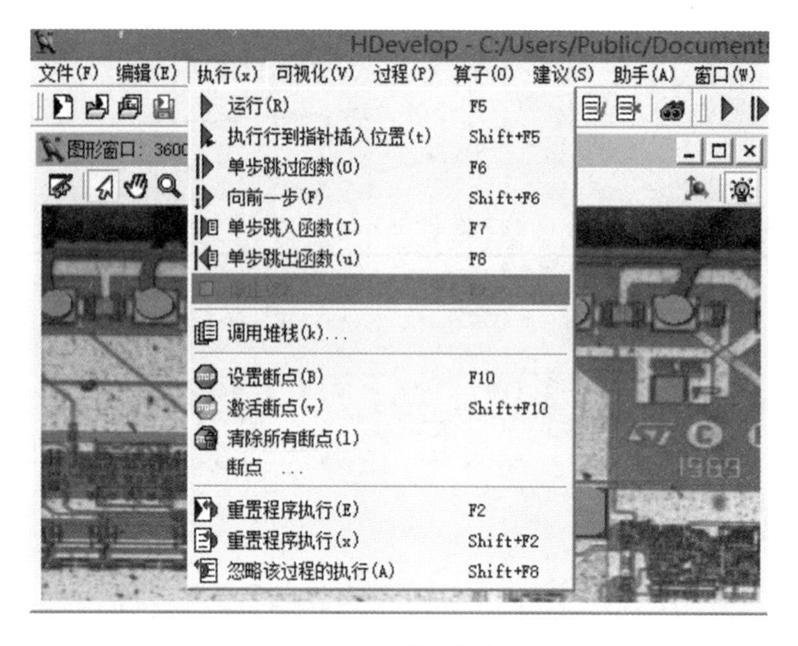

图 1-32 执行菜单

8. 过程菜单

过程菜单用于在HDevelop中创建一个过程或者开发新的算子，如图1-33所示。

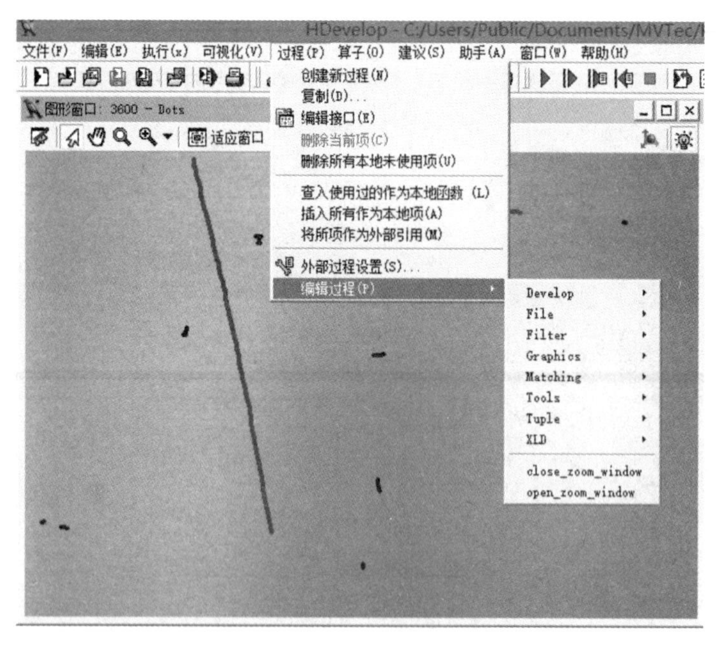

图 1-33 过程菜单

9. 助手菜单

助手菜单是特有的快速原型化工具，具有直观可视的特点，可以进行数据分析和特征检测，包括图像获取助手、匹配助手、摄像机标定助手和测量助手，如图1-34所示。

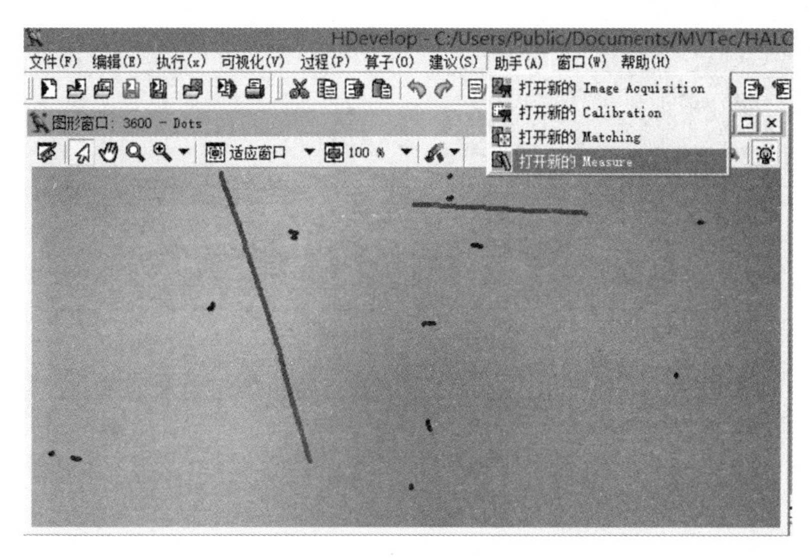

图 1-34　助手菜单

本章小结

本章介绍了图像处理的发展历程及图像处理技术在工程领域的应用，并简要介绍了HALCON 软件及其交互式的编程环境 HDevelop。

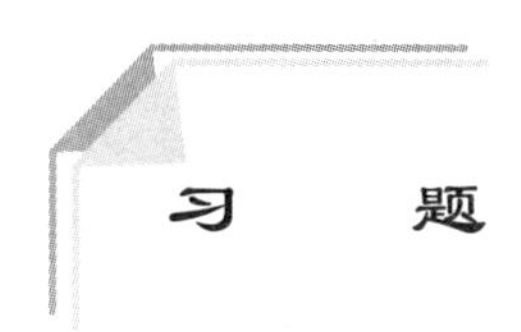

习　题

1.1　什么是图像？什么是图像处理？简述一般数字图像处理系统的组成及数字图像处理的一般步骤。

1.2　概述数字图像处理的主要应用，并举例说明。

1.3　熟悉 HALCON 的编程环境，并概述 HALCON 在图像处理应用上的特点。

第2章

数字图像基础

近年来，图像信息的处理技术快速发展，随着对图像处理要求的不断提高和图像处理应用领域的不断扩大，图像理论研究也在不断深入。

2.1 图像的数字化

根据表现方式不同，图像可以分为连续图像和离散图像两类。自然界中的图像都是模拟量，在计算机普遍应用之前，电视、电影、照相机等图像处理设备都是对模拟信号进行处理。要在计算机中处理图像，必须先把真实的图像(照片、画报、图书、图纸等)通过数字化转变成计算机能够接受的显示和存储格式，然后再用计算机进行分析处理。图像的数字化过程主要分采样、量化与编码三个步骤。

一般的模拟图像是不能直接用数字计算机来处理的。为使图像能在数字计算机内进行处理，首先必须将各类图像(如照片、图形、X光照片等)转化为数字图像。

所谓将图像转化为数字图像或图像数字化，就是把图像分割成如图2-1所示的称为像素的小区域，每个像素的亮度或灰度值用一个整数来表示。

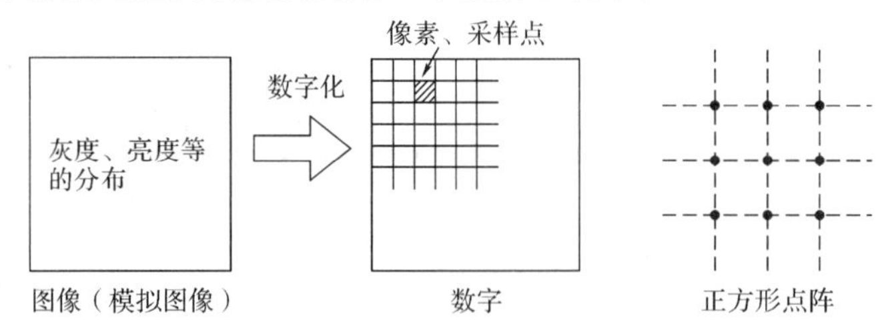

图2-1　图像数字化

把图像分割成像素的方法是多种多样的，如图2-2所示，即每个像素所占小区域可以是正方形的、三角形的或六角形的，与之相对应的像素所构成的点阵则分别为正方形点阵、正三角形点阵与正六角形点阵。上述各像素分割方案中，正方形网格点阵是实际常用的像素分割方案。这种方案虽然存在着任一像素与其相邻像素之间不等距的缺点[如对一个正方形网格点阵，若任一像素沿水平和垂直方向上与相邻像素间距为1，则该像素沿斜线方向上的间距为$\sqrt{2}$，如图2-3(a)所示]，但由于其像素网格点阵规范，易于在图像输入/输出设备上实现，因而被绝大多数图像采集和处理系统所采用。三角形网格点阵虽有任一像素与其相邻像素等距的优点[如图 2-3(b)所示]，但由于其网格点阵不及正方形网格点阵规范，在图像输入/输出设备上较难实现，因而未被广泛采用。

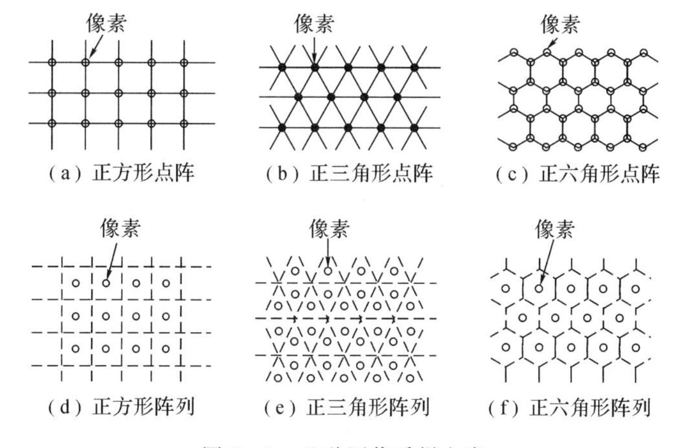

(a) 正方形点阵　(b) 正三角形点阵　(c) 正六角形点阵

(d) 正方形阵列　(e) 正三角形阵列　(f) 正六角形阵列

图 2-2　几种图像采样方案

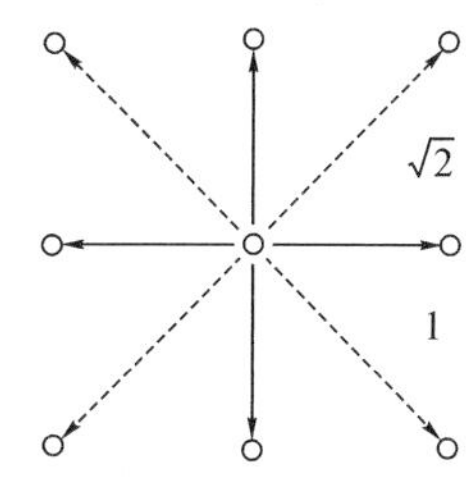

与水平、垂直方向上邻接的像素点间的距离为1，与斜方向上邻接的像素点间的距离为$\sqrt{2}$

(a) 正方形网格点阵

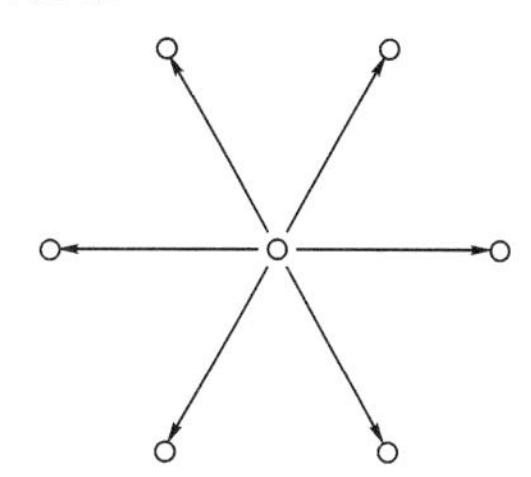

与邻接像素间的距离(各个方向)为 1

(b) 三角形网格点阵

图 2-3　邻接像素点的间距

下面针对正方形网格点阵分割方案情况，具体讨论图像数字化过程。图 2-4 以示意图的方式说明了这一过程，该过程可划分为采样与量化两个步骤。

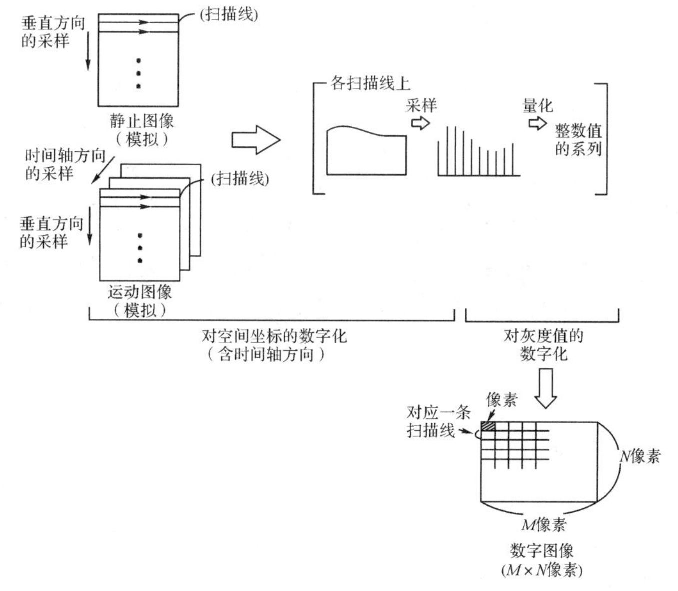

图 2-4　图像数字化过程示意图

2.1.1 图像采样

图像采样是将一幅图像经过离散化成为数字图像，以便于计算机处理。图像的空间坐标的离散化叫作空间采样，灰度的离散化叫作灰度量化。采样分为均匀采样和量化、非均匀采样和量化。

以一维举例：一维曲线用离散化数字表示，以Δx为间隔，取为常值采样，图2-5所示为采样间隔示意图。量化后的值用有限个离散值来表示，常用8 bit、256级，取值为0～255。

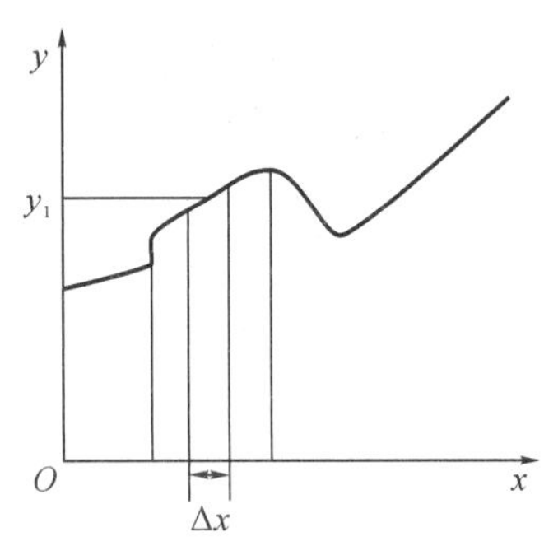

图2-5 采样间隔示意图

假设图像是一个长方形区域，在平面上取$M\times N$个大小相同的网格，并把灰度分成G个等级。取各网格中某点处的灰度值最接近的整数作为该网格的灰度。通常，取$M=2^m$，$N=2^n$和$G=2^k$，则存储一幅图像需要的位数为$b=M\times N\times G=2^m\times 2^n\times 2^k$。例如，一幅128×128、64个灰度等级的图像需要98 304位，一幅512×512、256个灰度等级的图像需要2 097 152位。图2-6所示为针对同一幅图像存储成不同像素等级的效果图。

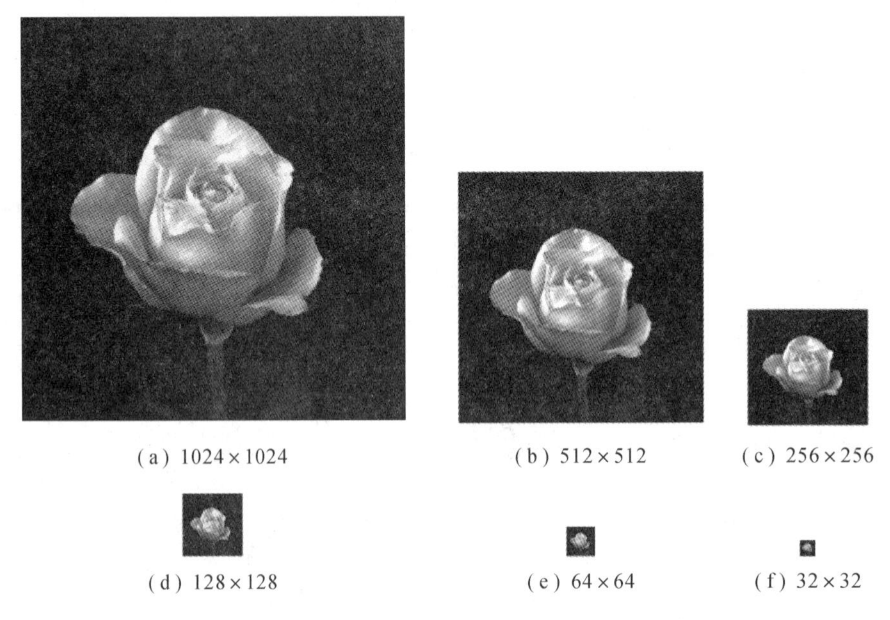

(a) 1024×1024 (b) 512×512 (c) 256×256

(d) 128×128 (e) 64×64 (f) 32×32

图2-6 针对一幅1024×1024图像的递减采样示意图

采样的个数和灰度等级的选取与分辨率和存储的能力有关，需要综合考虑，通常需要考虑以下因素：

(1) 图像空间分辨率变化产生的效果；

(2) 图像灰度分辨率变化产生的效果；

(3) 图像空间和灰度分辨率同时变化产生的效果。

一般来说，图像中细节越多，则采样间隔应越小。根据一维采样定理，若一维信号 $g(t)$ 的最大频率为 ω，则用 $T \leqslant 1/2\omega$ 为间隔进行采样后，根据采样结果 $g(i, T)$ ($i=\cdots, -1, 0, 1, \cdots$)能完全恢复 $g(t)$，即

$$g(t) = \sum_{i=-\infty}^{\infty} g(iT)s(t-iT) \tag{2-1}$$

式中：$s(t)=\dfrac{\sin(2\pi\omega t)}{2\pi\omega t}$。

如图 2-6 所示，从左到右，首先是一幅 1024×1024 像素的图像，如图 2-6(a)所示，其灰度用 8 bit 表示。之后的图像是依次递减采样的结果。例如，512×512 图像[图 2-6(b)]是从 1024×1024 图像中每隔一行或者一列删去一行或一列得到的，256×256 图像[图 2-6(c)]是从 512×512 图像中每隔一行或者一列删去一行或一列得到的，以此类推，如图 2-6(d)、(e)、(f)所示，而且其灰度级始终保持在 256。

以上这些图像显示了不同采样密度区间的大小比例，但是这种大小差别很难看出减少采样数目带来的影响。比较这一效果的最简单办法就是通过复制行或列，使得采样后的图像仍然复原到尺寸为 1024×1024，其结果示意图如图 2-7(b)～(f)所示。

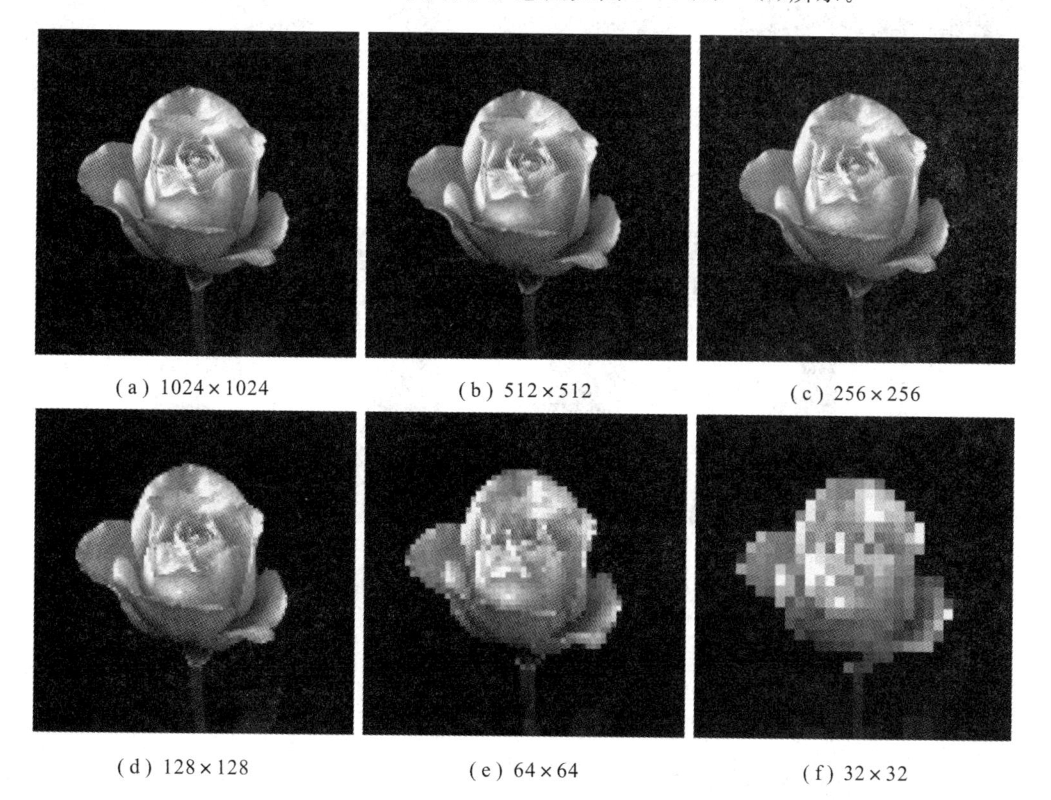

(a) 1024×1024　(b) 512×512　(c) 256×256

(d) 128×128　(e) 64×64　(f) 32×32

图 2-7　图像空间分辨率变化产生的效果

图2-8是灰度级变化的典型效果图，其中采样的标准是以2的整数次幂方式把灰度级从256减少到2。其实从图2-8中可以看出256、128、64灰度级图像的效果在视觉上是一样的，直到32灰度级效果图开始才有了些许变化。

(a) 256灰度级图像

(b) 128灰度级图像

(c) 64灰度级图像

(d) 32灰度级图像

(e) 16灰度级图像

(f) 8灰度级图像

(g) 4灰度级图像

(h) 2灰度级图像

图2-8 灰度级变化的效果图

2.1.2 图像量化

采样后获得的采样图像虽然在空间分布上是离散的，但各像素的取值还是连续变化的，还需要将这些连续变化的量转化成有限个离散值。量化就是把采样区域内表示亮暗信息的连续点离散化之后，再用数值来表示，一般的量化值为整数。这样，经过采样和量化之后，数字图像可以用整数阵列的形式来描述。将连续图像的像素值分布在$[f_{i-1}, f_i]$范围内的点的取值量化为f_{s_i}，称之为灰度值或灰阶。真实值f与量化值f_{s_i}之差称为量化误差，对应于各个像素的亮暗程度称为灰度等级或灰度标度。

图 2-9(a)说明了量化过程，即若连续灰度值用z来表示，则对于满足$z_i \leqslant z \leqslant z_{i+1}$的$z$值都量化为整数值$q_i$。$q_i$称为像素的灰度值。$z$与$q_i$的差称为量化误差。一般每个像素的灰度值量化后用一个字节来表示，即如图 2-9(b)所示，把由白—灰—黑的连续变化的灰度值量化为 0～255 共 256 个灰度级。量化后的灰度值代表了相应的浓淡程度。

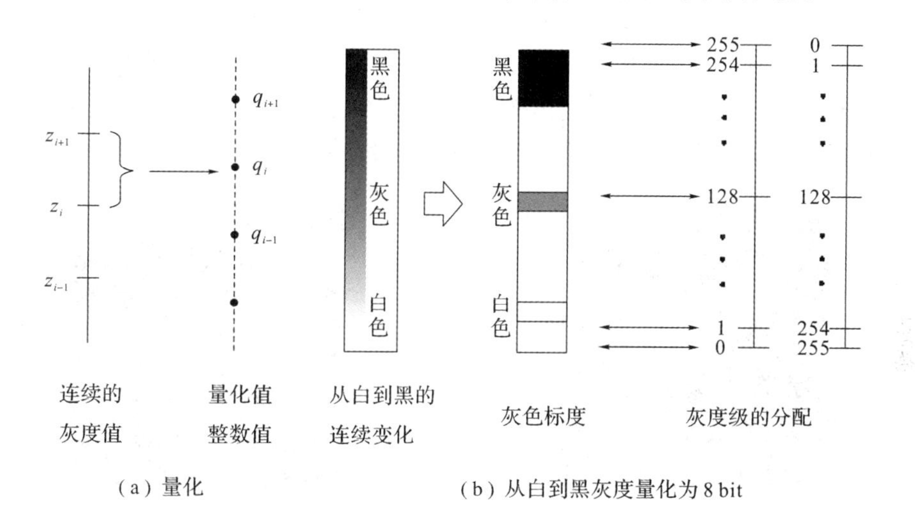

(a) 量化　　(b) 从白到黑灰度量化为 8 bit

图 2-9　量化过程示意图

图像的量化等级反映了采样质量。例如：图像中的每个像素都用 8 位二进制数表示，则有 256 个量级；若采用 16 位二进制数表示，则有 65 536 个量级；若采用 24 位二进制数表示，则有 1667 万个量级。同样，量级越大，图像质量就越高，存储空间要求就越大。但由于计算机的工作速度、存储空间是相对有限的，因此各种参数都不能无限地提高。

理论上，量化等级的细分度越细则应当越准确，细化之后，采样间隔缩小，量化级数增多，图像更真实。但量化等级细了则数据量大，计算量、传输量、存储量大；量化等级粗了或者太粗，则不像一个图，图 2-10(a)～(c)所示为不同量化级数的效果。由于图像最终是由人眼来识别的，因此细化到超过人眼分辨率则没有必要，有时传感器也达不到。同样幅面的图像细节不同，采样间隔Δx就不同，具体效果可以通过图 2-10 看出。

(a) 256×256

(b) 64×64

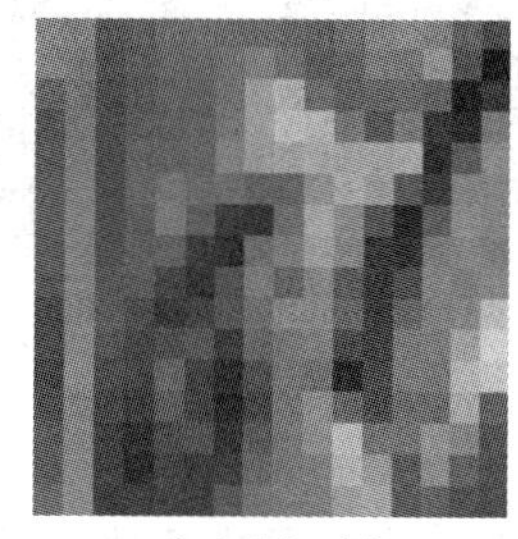

(c) 16×16

图 2-10　不同量化级数的显示效果

一般地，当限定数字图像的大小时，为了得到质量较好的图像，可以采用以下原则：

(1) 对缓变的图像，应该粗采样、细量化，以避免出现假轮廓；

(2) 对细节丰富的图像，应该细采样、粗量化，以避免模糊。

2.1.3 采样与量化参数的选择

一幅图像在采样时行、列的采样点数与量化时每个像素量化的级数既影响数字图像的质量，也影响到该数字图像数据量的大小。

图 2-11 所示为量化级数一定时采样点数对图像质量的影响。由图中可以看出，当每行的采样点数减少时，图上的块状效应就逐渐明显。人眼是否能察觉到块状效应与人眼的视觉特征密切相关，当人眼每度视角内像素数超过 20 后，对人眼来说，已无法察觉数字图像与连续图像的差别，每度视角内像素点数越少，则图像上的块状效应越明显。

(a) 采样点为 32×32

(b) 采样点为 64×64

图 2-11 采样点不同的处理效果图

图 2-12 是在图像采样点一定的条件下灰度量化级数不同的同一图像。由该图可以看出，当量化级数为 64 时，即每像素占 6 位二进制码时，图像灰度变化平滑。随着图像量化级数的减少，图像就逐渐失去了灰度平滑变化的特点，出现假轮廓。

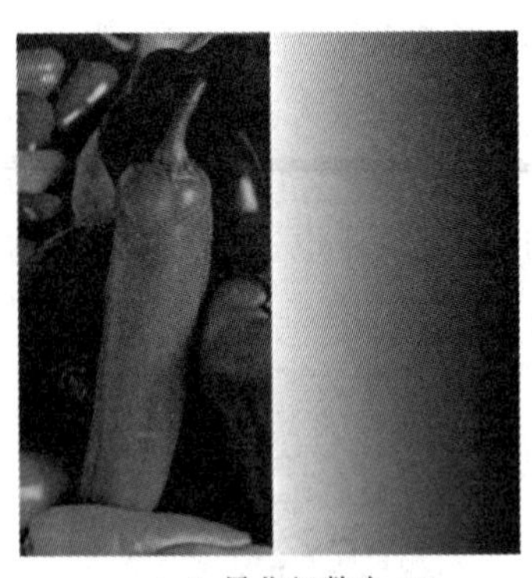

(a) 量化级数为 64

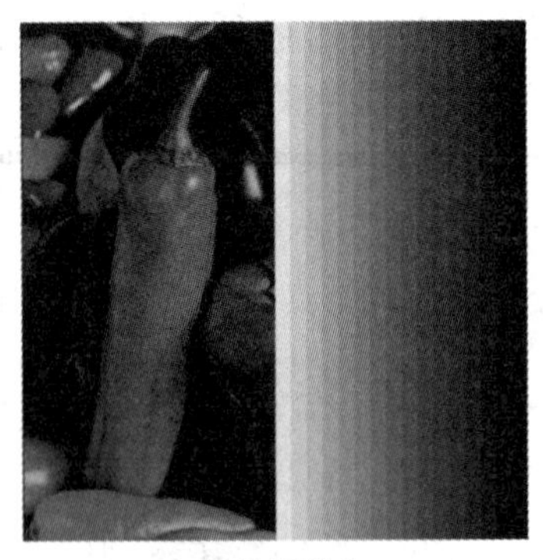

(b) 量化级数为 16

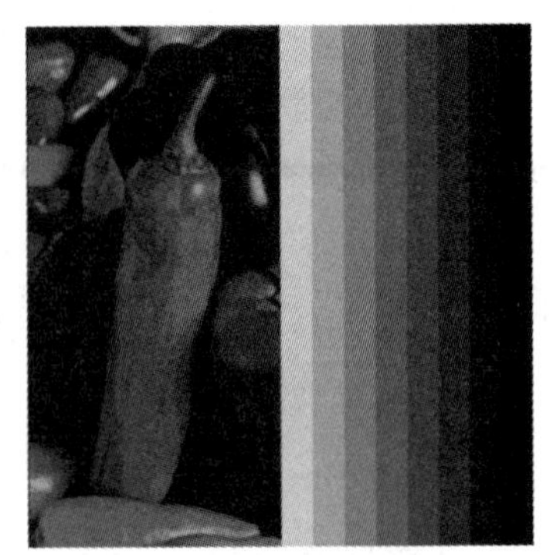

(c) 量化级数为 8

图 2-12 量化级别对视觉效果的影响

假轮廓随量化级数的减少而越来越明显。量化级数最小的极端情况就是二值图像，其假轮廓也最明显。对人眼来说，量化级数大于 64 时就能得到满意的视觉效果。一般在确定量化级数时，要考虑到在实际对一幅图像进行量化时，不可能充分占满全部量化级别，因

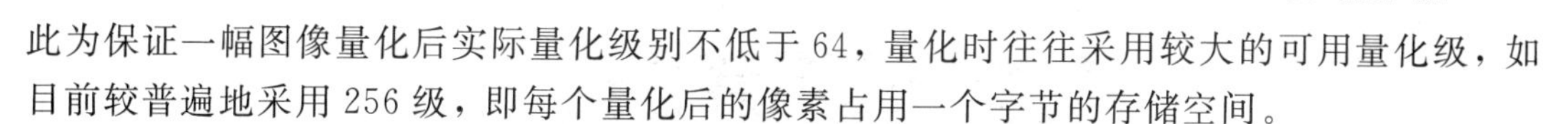

此为保证一幅图像量化后实际量化级别不低于 64，量化时往往采用较大的可用量化级，如目前较普遍地采用 256 级，即每个量化后的像素占用一个字节的存储空间。

一幅数字化后的图像其数据量是 M(每行像素数)×N(每列像素数)×b(灰度量化所占用位数)。为使一幅图像既能得到满意的视觉效果，其总数据量又最小，一般需要针对图像的具体内容来具体确定相应的 M、N 及 b 值。下面举例给出若干常用的 M、N 值。

汉字：取决于字的大小，每个字可以从 16×16 像素到 256×256 像素。

显微镜图像：256×256 像素或 512×512 像素。

电视图像：500×480 像素～700×480 像素。

卫星图像：3240×2340 像素。

SAR(合成孔径雷达)：8000×8000 像素。

CRT 显示器：一般为 512×512 像素或 1024×1024 像素。

2.1.4　压缩编码

数字化后得到的图像数据量巨大，必须采用编码技术来压缩其信息量。从一定意义上讲，编码压缩技术是实现图像传输与储存的关键。已有许多成熟的编码算法应用于图像压缩，常见的有图像的预测编码、变换编码、分形编码、小波变换图像压缩编码等。

当需要对所传输或存储的图像信息进行高比率压缩时，必须采取复杂的图像编码技术。但是，如果没有一个共同的标准作基础，不同系统间不能兼容，除非每一编码方法的各个细节完全相同，否则各系统间的连接十分困难。

为了使图像压缩标准化，20 世纪 90 年代后，国际电信联盟(ITU)、国际标准化组织(ISO)和国际电工委员会(IEC)已经制定并继续制定一系列静止和活动图像编码的国际标准，已批准的标准主要有 JPEG 标准、MPEG 标准、H.261 等。

2.2　数字图像的数值描述

人眼所看到的空间某位置上的景物是光照在景物上经过反射或透射作用映入眼中而形成的图像。客观世界是三维的，从客观场景中所拍摄到的图像是二维的。因此，一幅图像 f 可以定义为一个二维函数 $f(m, n)$，其中 (m, n) 是空间(平面)坐标。

由于矩阵是二维结构的数据，因此以矩阵的形式表示图像既直观又利于图像处理运算。一幅行数为 M、列数为 N 的图像可以表示成 $\boldsymbol{I}=\boldsymbol{f}(m, n)$ 的形式，其中 $0\leqslant m\leqslant M-1$，$0\leqslant n\leqslant N-1$，$(m, n)$ 称为图像元素，表示图像在该点上的强度或灰度，简称为像素值。定义图像坐标系如图 2-13 所示。

$$\boldsymbol{f}(m, n)=\begin{bmatrix} f(0, 0) & f(0, 1) & \cdots & f(0, N-1) \\ f(1, 0) & f(1, 1) & \cdots & f(1, N-1) \\ \vdots & \vdots & & \vdots \\ f(M-1, 0) & f(M-1, 1) & & f(M-1, N-1) \end{bmatrix} \tag{2-2}$$

图 2-13 图像坐标系

一幅 $M\times N$ 个像素的数字图像，在算法语言中可以用一个 $M\times N$ 的二维数组 IP 来表示，如图 2-14 所示。数字图像的各像素的灰度值可按一定的顺序存放在 IP 数组中。习惯上把数字图像左上角的像素定为坐标为(1，1)的像素点，右下角的像素定为坐标为(M, N)的像素点。这样从左上角开始，纵向第 I 行、横向第 J 列的第(I, J)个像素值就存储到数组元素 IP(I, J)中。数字图像中的像素与二维数组中的各元素便一一对应起来了。二维数组就是数字图像在程序中的表现形式。应该注意到，数组元素下标的标注是左上角为(1，1)、右下角为(M, N)，与人们所惯用的 $x-y$ 坐标系略有差别。数组元素下标横向越靠右其值越大，与 $x-y$ 坐标系是一致的，但纵向越向下其值越大，则与 $x-y$ 坐标系是相反的。

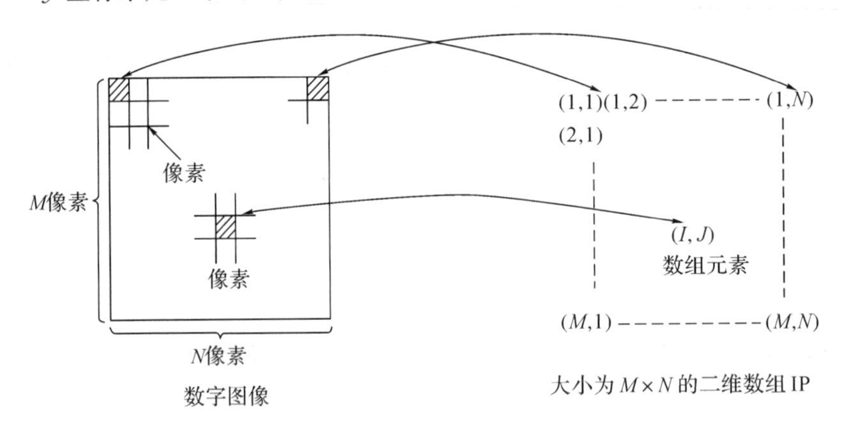

图 2-14 把数字图像存储在二维数组中

一般离散化的图像称为数字图像，可分为二值图像、灰度图像和彩色图像三类，下面从离散化角度介绍这三者的数值描述，其中重点介绍二值图像。

1. 二值图像

二值图像是指每个像素不是黑就是白，其灰度值没有中间过渡的图像。虽然二值图像对画面的细节信息描述得比较粗略，但是其适合于文字信息图像的描述，如图 2-15 所示，对于一幅一般的场景图像，从画面上已经完全可以理解其基本内容。二值图像的矩阵取值非常简单，即 $f(m, n)=0$(黑)，或 $f(m, n)=1$(白)，它具有数据量小的优点。

图 2-15　二值化处理

2. 灰度图像

灰度图像是指每个像素的信息由一个量化后的灰度级来描述数字图像，灰度图像中不包含彩色信息。标准灰度图像中每个像素的灰度值用一个字节表示，灰度级数为 256 级，每个像素可以是 0～255(从黑到白)之间的任何一个值。图像从黑色到白色过渡时每种灰色代表一种灰度级(L)。灰度图像的灰度值可以取 $0\sim L-1$ 之间的整数值，根据保存灰度值所使用的数据类型的不同可以有 2^k 种取值。当 $k=1$ 时即为二值图像，当 $k=8$ 时即为用得最多的灰度图像。

3. 彩色图像

彩色图像是根据三基色成像原理来实现对自然界中色彩描述的。三基色原理认为，自然界中的所有颜色都是由红、绿、蓝三基色合成的。如果三种基色的灰度值分别用一个字节(8 bit)表示，则三基色之间不同的灰度值组合可以形成不同的颜色。红、绿、蓝三种颜色各有 256 个等级，每种颜色用 8 位二进制数据表示，于是三通道 RGB 共需要 24 位二进制数来保存，可以表示的颜色种类为 $256\times256\times256=2^{24}$ 种，即大约有 1600 万种颜色。

2.3　直　方　图

对一幅数字图像，若对应于每一个灰度值，统计出具有该灰度值的像素数，并据此绘出像素数-灰度值图形，则该图形称为该图像的灰度直方图，简称直方图。直方图如图 2-16 所示。该图是以灰度值作横坐标，像素数作纵坐标。有时直方图亦采用某一灰度值的像素数占全图总像素数的百分比即某一灰度值出现的频数作为纵坐标。若令全图中灰度值为 q_i 以上的像素数为 $A(q_i)$，灰度值为 $q_i+\Delta q_i$ 以上的像素数为 $A(q_i+\Delta q_i)$，则全图中具有灰度值 q_i 的像素数 $H(q_i)$可表示为

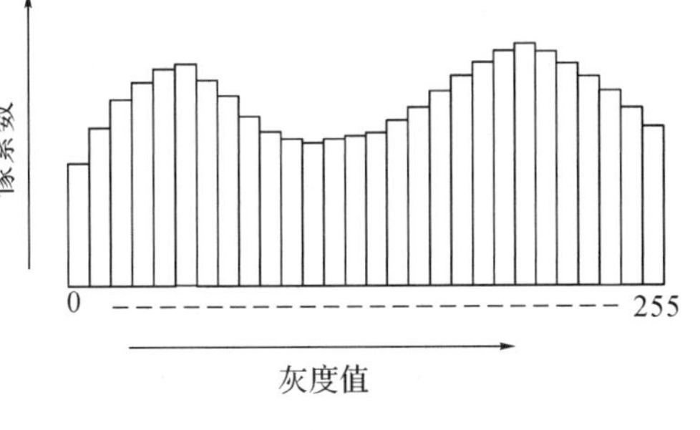

图 2-16　直方图

$$H(q_i)=\lim_{\Delta q_i \to 0}\frac{A(q_i)-A(q_i+\Delta q_i)}{\Delta q_i}=-\frac{\mathrm{d}}{\mathrm{d}q_i}A(q_i) \tag{2-3}$$

对离散图像，则

$$H(q)=A(q)-A(q+1) \tag{2-4}$$

若图像灰度级别为 n，则可用 $H(0)\sim H(n-1)$来表示直方图。

2.3.1 直方图的性质

直方图是一幅图像中各像素灰度值出现频数的统计结果，它只反映该图像中不同灰度值出现的频数，而未反映某一灰度像素所在位置。也就是说，它只包含了该图像中某一灰度值的像素出现的概率，而丢失了其所在位置的信息。

任一幅图像，都能唯一地算出一幅与它对应的直方图，但不同的图像可能有相同的直方图。也就是说，图像与直方图之间是一种多对一的映射关系。图 2-17 给出了一个不同图像具有相同直方图的例子。

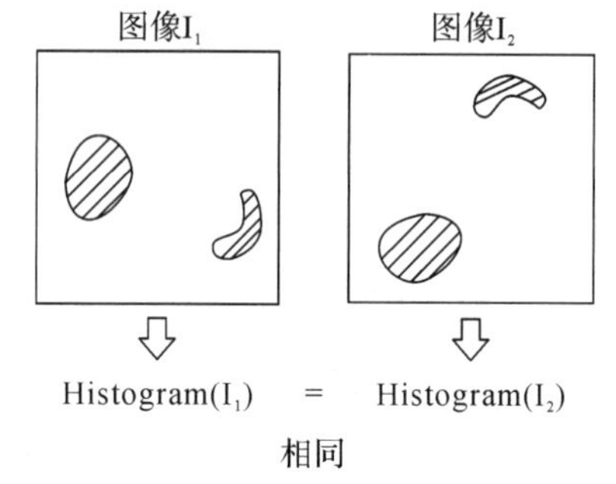

图 2-17 不同图像具有相同直方图的例子

由于直方图是对具有相同灰度值的像素统计计数得到的，因此，一幅图像各子区的直方图之和就等于该图全图的直方图，如图 2-18 所示。

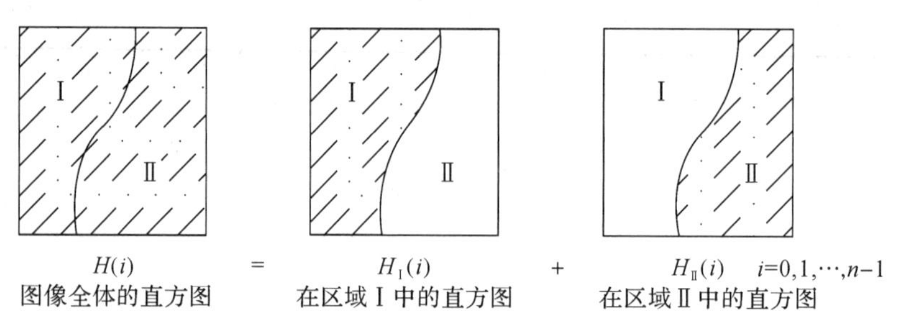

图 2-18 子区直方图与全图直方图的关系

2.3.2 直方图的应用

1. 图像数字化时参数的选择

在对图像进行数字化时，图像数字化后其可用灰度级数与实际占用的灰度级数之间的关系，可能有如图 2-19 所示的三种情况。如果数字化后的图像的直方图如图 2-19(a)所示，即图像直方图覆盖了 0～255 全部灰度级，也就是说全部灰度级得到了恰当的利用。这种情况下，数字化后的图像对比度好。图 2-19(b)表示 256 个灰度级即灰度动态范围未得到充分利用的情况，即数字化后图像的实际灰度范围没有占满 0～255 的全部灰度级。图 2-19(c)则是与图 2-19(b)相反的另一种情况，即输入图像的灰度范围超出了灰度级所覆盖的动态范围。在这种情况下，图 2-19(c)中 f 范围的灰度被强制置 0，s 范围的灰度被强制置为 255，致使这部分灰度所对应的那部分图像灰度差丢失，即该部分图像内容细节丢失，降低了图像质量。应利用直方图恰当选择图像数字化时的参数，使数字化后的图像直方图如图 2-19(a)所示。

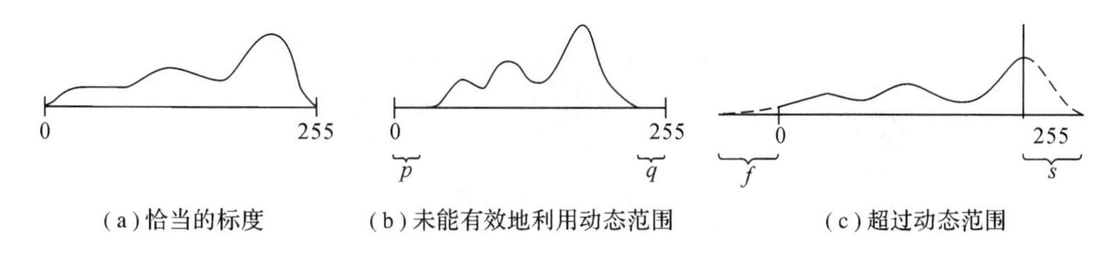

(a)恰当的标度　(b)未能有效地利用动态范围　(c)超过动态范围

图 2-19　图像可用灰度级数与实际占用灰度级数的关系

2. 利用直方图选取图像二值化的阈值

往往一幅图像上的背景与物体在直方图上会呈现如图 2-20 所示的双峰性。在这种情况下，可以比较容易地根据两峰之间的谷值来确定二值化的阈值。但在更一般的情况下，当双峰之间不明显时，图像二值化阈值的选取就是一个比较困难的问题了。

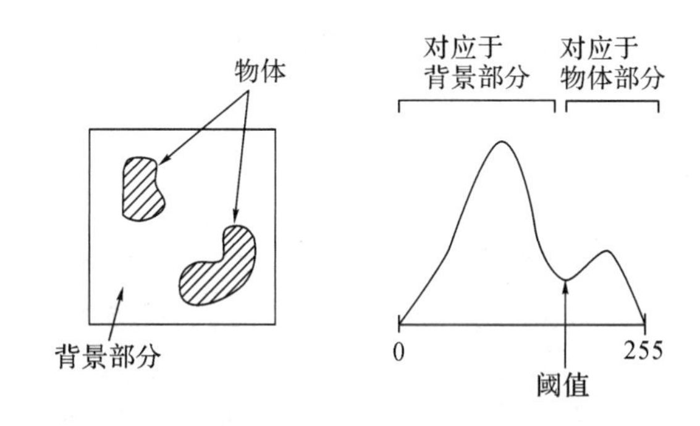

图 2-20　用直方图选取图像二值化的阈值

3. 直方图在 HALCON 中的应用

在通过 HALCON 处理图像时，可以通过调取直方图对图像进行阈值分割，将图像中需要的区域 Region 提取出来，当然在 HALCON 中也有二值化处理的算子：

threshold(Image:Region:MinGray,MaxGray:)

作用：使用阈值分割图像。

Image：输入要进行阈值处理的图像。

Region：经过阈值处理的 region。

MinGray：阈值处理的最小灰度值。

MaxGray：阈值处理的最大灰度值。

该算子的作用和直方图的效果是相同的。

HALCON 中调取直方图的步骤如下：

(1) 单击工具栏中的灰度直方图。

(2) 单击左侧中部的使能输出。

(3) 插入代码。

如图 2-21 所示，可以通过选择绿线和红线来调节阈值的范围。

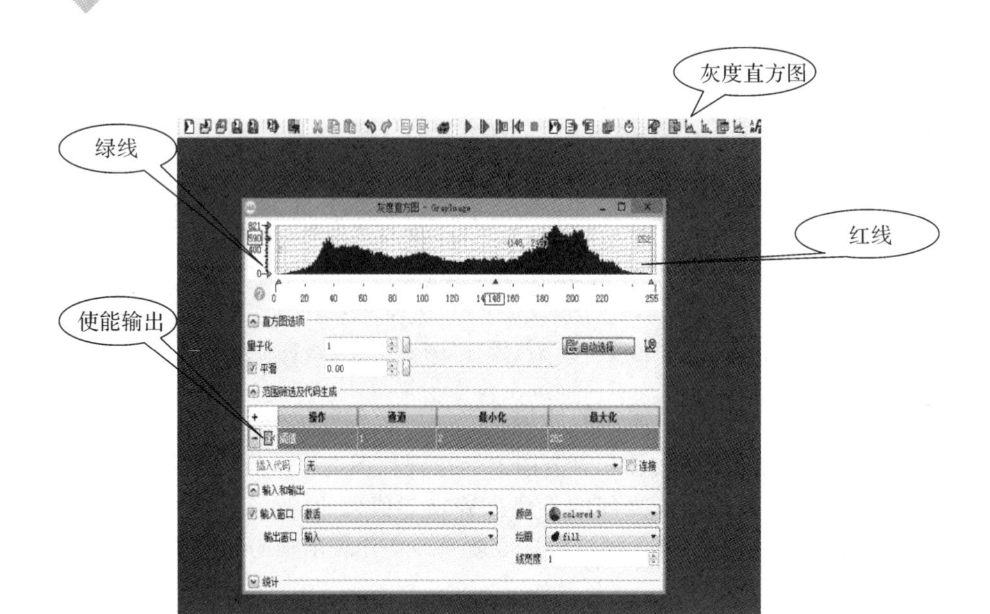

图 2-21　HALCON 中的灰度直方图

阈值分割的效果如图 2-22 所示。

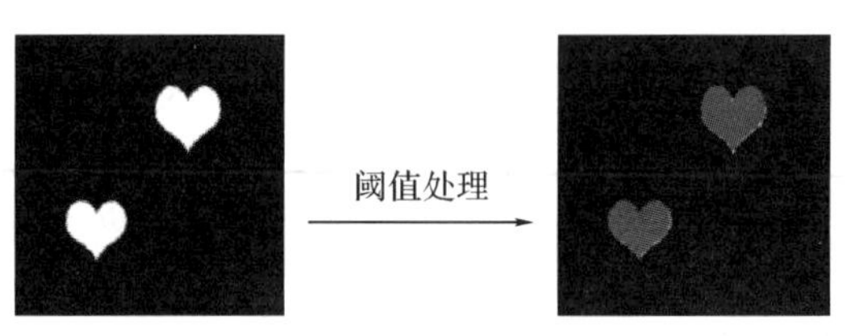

图 2-22　阈值分割的效果

2.4　数字图像的文件格式及参数

数字图像在计算机中是以文件的形式进行存储的，不同的应用背景对文本的存储形式提出了不同要求，常见的格式有 BMP、JPEG、GIF、PNG、PSD、TIFF、CDR 等。

1. BMP 格式(Windows 位图)

Windows 位图可以用任何颜色深度(从黑白到 24 位颜色)存储单个光栅图像。Windows 位图文件格式与其他 Microsoft Windows 程序兼容。它不支持文件压缩，也不适用于 Web 页。从总体上看，Windows 位图文件格式的缺点超过了它的优点。为了保证照片图像的质量，应使用 PNG 文件、JPEG 文件或 TIFF 文件。BMP 文件适用于 Windows 中的墙纸。

BMP 格式的优点：BMP 支持 1～24 位颜色深度。BMP 格式与现有 Windows 程序(尤其是较旧的程序)广泛兼容。

BMP 格式的缺点：BMP 不支持压缩，这会造成文件非常大；BMP 文件不被 Web 浏览器支持。

2. JPEG 格式

JPEG 图片是最常见的格式之一。JPEG 图片以 24 位颜色存储单个光栅图像。JPEG 是与平台无关的格式，支持最高级别的压缩，不过，这种压缩是有损耗的。渐进式 JPEG 文件支持交错。可以提高或降低 JPEG 文件压缩的级别，但是文件大小是以图像质量为代价的。其压缩比率高达 100∶1(JPEG 格式可在 10∶1～20∶1 的比率下轻松地压缩文件，而图像质量不会下降)。JPEG 压缩可以很好地处理写实摄影作品。但是，对于颜色较少、对比强烈、实心边框或纯色区域大的较简单的作品，JPEG 压缩无法提供理想的结果。有时，压缩比率会低到 5∶1，严重损失了图片完整性。这一损失产生的原因是，JPEG 压缩方案可以很好地压缩类似的色调，但是 JPEG 压缩方案不能很好地处理亮度的强烈差异或处理纯色区域。

JPEG 格式的优点：摄影作品或写实作品支持高级压缩，利用可变的压缩比可以控制文件大小；支持交错(对于渐进式 JPEG 文件)；JPEG 广泛支持 Internet 标准。

JPEG 格式的缺点：有损耗压缩会使原始图片数据质量下降。当编辑和重新保存 JPEG 文件时，JPEG 会混合原始图片数据，因此图片的质量会有所下降，而且这种下降是累积性的。JPEG 不适用于所含颜色很少、具有大块颜色相近的区域或亮度差异十分明显的图片。

3. GIF 格式(图形交换格式)

GIF 图片以 8 位颜色或 256 色存储单个光栅图像数据或多个光栅图像数据。GIF 图片支持透明度、压缩、交错和多图像图片(动画 GIF)。GIF 压缩是 LZW 压缩，压缩比大概为 3∶1，GIF 文件规范的 GIF89a 版本支持动画 GIF。

GIF 格式的优点：GIF 广泛支持 Internet 标准；GIF 支持无损耗压缩和透明度；动画 GIF 很流行，易于使用许多 GIF 动画程序创建。

GIF 格式的缺点：GIF 只支持 256 色调色板，因此，详细的图片和写实摄影图像会丢失颜色信息。

4. PNG 格式

PNG 图片以任何颜色深度存储单个光栅图像。PNG 是与平台无关的格式。PNG 格式与 JPG 格式类似，网页中有很多图片都是这种格式，压缩比高于 GIF，支持图像透明，可以利用 Alpha 通道调节图像的透明度，是网页三剑客之一——Fireworks 的源文件。

PGN 格式的优点：PNG 支持高级别无损耗压缩；PNG 支持 Alpha 通道透明度；PNG 支持伽马校正；PNG 支持交错。

PGN 格式的缺点：较旧的浏览器和程序可能不支持 PNG 文件；作为 Internet 文件格式，与 JPEG 的有损耗压缩相比，PNG 提供的压缩量较小；PNG 对多图像文件或动画文件不提供任何支持。

5. PSD 格式(Photoshop 的专用图像格式)

PSD 格式可以保存图片的完整信息，图层、通道、文字都可以被保存，图像文件一般较大。

6. TIFF 格式

TIFF 格式的特点是图像格式复杂、存储信息多，是在 Mac 中广泛使用的图像格式。正因为它存储的图像细微层次的信息非常多，图像的质量也得以提高，故而非常有利于原稿的复制。很多地方将TIFF格式用于印刷。

7. CDR格式

CDR格式是著名的图形设计软件CorelDRAW的专用格式，属于矢量图像，其最大的优点是图片占用内存较小，便于再处理。

2.5 灰度图像的灰度级分辨率

采样值是决定一幅图像空间分辨率的主要参数。事实上，空间分辨率是图像中可分辨的最小细节。假定我们画一幅宽度为W的垂直线的图案，在线间还有宽度为W的空间。线对是由一条线与它紧邻的空间组成的。这样，线对的宽度为$2W$，并且每单位距离有$1/2W$对线。广泛使用的分辨率的意义是每单位距离可分辨的最大线对数目，例如每毫米100线对。

类似地，灰度级分辨率是指在灰度级别中可分辨的最小变化。但是，在灰度级中，测量分辨率的变化是一个高度主观的过程。这里考虑了用以产生数字图像采样数目的判断方法，但是对于灰度级数，这种方法却不可行。正如前面章节提到的，出于硬件方面的考虑，灰度级数通常是2的整数次幂。大多数情况取8 bit，在某些特殊的灰度增强的应用场合可能使用16 bit。有时，我们寻求以10或12 bit精度数字化一幅图像的系统，但这些系统都是特例而不是常规系统。

当没有必要对涉及像素的物理分辨率进行实际度量和在原始场景中分析细节等级时，通常把大小为$M\times N$、灰度为L级的数字图像称为空间分辨率为$M\times N$像素、灰度级分辨率为L级的数字图像。

2.6 图像像素间的关系

本节考虑数字图像中像素间的一些重要关系。正如前面提到的，一幅图像用$f(x, y)$表示。当我们指特殊像素时用小写字母(如p和q)表示。

2.6.1 相邻像素

位于坐标(x, y)的一个像素p有四个水平和垂直的相邻像素，其坐标由下式给出：

$$(x+1, y), (x-1, y), (x, y+1), (x, y-1) \tag{2-5}$$

这个像素集称为p的4邻域，用$N_4(p)$表示。而8邻域就是除了水平和垂直外，还加上了斜方向的四个像素点。每个像素距(x, y)一个单位距离，如果(x, y)位于图像的边界，则$N_4(p)$和$N_8(p)$中的某些点可能落入图像外部。

2.6.2　邻接性、连通性、区域和边界

像素间的连通性是一个基本概念，它简化了许多数字图像概念的定义，如区域和边界。为了确定两个像素是否连通，必须确定它们是否相邻以及其灰度值是否满足特定的相似性准则(或者说，它们的灰度值是否相等)。例如，在具有 0、1 值的二值图像中，两个像素可能是 4 邻接的，但是仅仅当它们具有同一灰度值时，才能说是连通的。

令 V 是用于定义邻接性的灰度值集合。在二值图像中，如果把具有 1 值的像素归入邻接，则 $V=\{1\}$。在灰度图像中，概念是一样的，但是集合 V 一般包含更多元素。例如，对于那些可能性比较大的灰度值的像素邻接性，集合 V 可能是这 256 个值(0～255)的任何一个子集。考虑三种类型的邻接性：

(1) 4 邻接：如果 q 在 $N_4(p)$集中，则具有 V 中数值的两个像素 p 和 q 是 4 邻接的。

(2) 8 邻接：如果 q 在 $N_8(p)$集中，则具有 V 中数值的两个像素 p 和 q 是 8 邻接的。

(3) m 邻接(混合邻接)：如果 q 在 $N_4(p)$中，或者 q 在 $N_D(p)$中且集合$N_4(p)\cap N_4(q)$没有 V 值像素，则具有 V 值的像素 p 和 q 是 m 邻接的。

混合邻接是 8 邻接的改进。混合邻接的引入是为了消除采用 8 邻接常常发生的二义性。例如，考虑图 2-23(a)对于 $V=\{1\}$所示的像素位置安排。位于图 2-23(b)上部的三个像素显示了多重(二义性)8 邻接，如虚线所示。这种二义性可以通过 m 邻接消除，如图 2-23(c)所示。如果 S_1 中某些像素与 S_2 中的某些像素邻接，则两个图像子集 S_1 和 S_2 是相邻接的。在这里和下面的定义中，邻接意味着 4、8 或者 m 邻接。

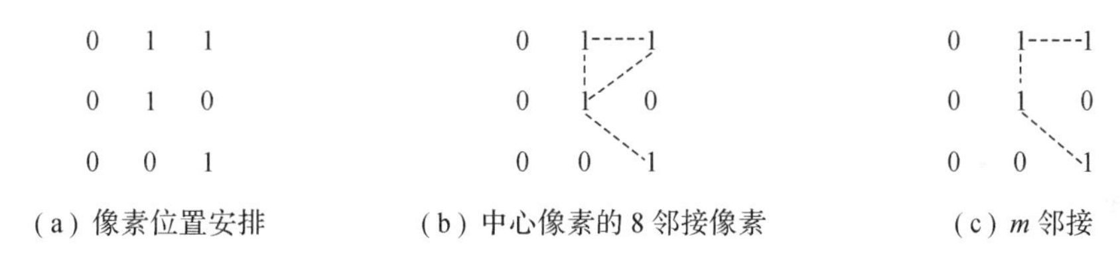

图 2-23　像素邻接示意图

从具有坐标(x, y)的像素 p 到具有坐标(s, t)的像素 q 的通路(或曲线)是特定的像素序列，其坐标为

$$(x_0, y_0), (x_1, y_1), \cdots, (x_n, y_n) \tag{2-6}$$

其中，$(x_0, y_0)=(x, y)$，$(x_n, y_n)=(s, t)$，并且像素(x_i, y_i)和(x_{i-1}, y_{i-1})(对于$1\leqslant i\leqslant n$)是邻接的。在这种情况下，n 是通路的长度。如果$(x_0, y_0)=(x_n, y_n)$，则通路是闭合通路。可以依据特定的邻接类型定义 4、8 或 m 邻接。如图 2-23(b)所示，东北角点和东南角点之间的通路是 8 通路，而图 2-23(c)中的通路是 m 通路。注意，在 m 通路中不存在二义性。

令 S 代表一幅图像中像素的子集。如果在 S 中全部像素之间存在一个通路，则可以说两个像素 p 和 q 在 S 中是连通的。对于 S 中的任何像素 p，S 中连通到该像素的像素集称为 S 的连通分量。如果 S 仅有一个连通分量，则集合 S 称为连通集。

令 R 是图像中的像素子集。如果 R 是连通集，则称 R 为一个区域。一个区域 R 的边界(也称为边缘或轮廓)是区域中像素的集合，该区域有一个或多个不在 R 中的邻点。如果 R 是整幅图像(设这幅图像是像素的方形集合)，则边界由图像第一行、第一列和最后一行一列定义。这个附加定义是需要的，因为图像除了边缘均没有邻点。正常情况下，当我们提到

一个区域时，指的是一幅图像的子集，并且区域边界中的任何像素(与图像边缘吻合)都作为区域边界部分全部包含于其中。

边缘的概念在涉及区域和边界的讨论中常常遇到。然而，这些概念中有一个关键区别：一个有限区域的边界形成一条闭合通路，是一个“整体”概念；而边缘是由某些具体导数值(超过预先设定的阈值)的像素组成的。因此，边缘的概念基于在进行灰度级测量时不连续点的局部概念。把边缘点连接成边缘线段是可能的，并且有时以与边界对应的方法连接线段，但并不总是这样。边缘和边界吻合的一个例外就是二值图像的情况。根据连通类型和所用的边缘算子，从二值区域提取边缘与提取区域边界是一样的，这很直观。在概念上，把边缘考虑为像素级别不连续的点和封闭通路的边界是可行的。

2.6.3 像素间距测量

对于像素 p、q 和 z，其坐标分别为(x, y)、(s, t)和(v, w)，如果

(1) $D(p, q) \geqslant 0$ [$D(p, q)=0$，当且仅当 $p=q$]，

(2) $D(p, q)=D(q, p)$，

(3) $D(p, z) \leqslant D(p, q)+D(q, z)$，

则 D 是距离函数或度量。

p 和 q 间的欧氏距离定义如下：

$$D_e(p, q)=\left[(x-s)^2+(y-t)^2\right]^{\frac{1}{2}} \tag{2-7}$$

对于距离度量，距点(x, y)的距离小于或等于某一值 r 的像素是中心在(x, y)且半径为 r 的圆平面。

p 和 q 间的距离 D_4 定义如下：

$$D_4(p, q)=|x-s|+|y-t| \tag{2-8}$$

在这种情况下，距(x, y)的 D_4 距离小于或等于某一值 r 的像素形成一个中心在(x, y)的菱形。例如，距(x, y)的 D_4 距离小于或等于 2 的像素形成固定距离的下列轮廓：

```
    2
  2 1 2
2 1 0 1 2
  2 1 2
    2
```

具有 $D_4=1$ 的像素是(x, y)的 4 邻域。

p 和 q 间的 D_8 距离(又称棋盘距离)定义如下：

$$D_8(p, q)=\max(|x-s|, |y-t|) \tag{2-9}$$

在这种情况下，距(x, y)的 D_8 距离小于或等于某一值 r 的像素形成中心在(x, y)的方形。例如，距点(x, y)(中心点)的 D_8 距离小于或等于 2 的像素形成下列固定距离的轮廓：

```
2 2 2 2 2
2 1 1 1 2
2 1 0 1 2
2 1 1 1 2
2 2 2 2 2
```

具有 $D_8=1$ 的像素点是关于(x, y)的 8 邻域。

注意：p 和 q 之间的 D_4 和 D_8 距离与任何通路无关，通路可能存在于各点之间，因为这些距离仅与点的坐标有关。然而，如果选择考虑 m 邻接，则两点间的 D_m 距离用点间最短的通路定义。在这种情况下，两像素间的距离将依赖于沿通路的像素值及其邻点值。例如，考虑下列安排的像素并假设 p、p_2 和 p_4 的值为 1，p_1 和 p_3 的值为 0 或 1：

$$\begin{matrix} & p_3 & p_4 \\ p_1 & p_2 & \\ p & & \end{matrix}$$

假设考虑值为 1 的像素邻接(即 $V=\{1\}$)。如果 p_1 和 p_3 是 0，则 p 和 p_4 间最短 m 通路的长度(D_m 距离)是 2。如果 p_1 是 1，则 p_2 和 p 将不再是 m 邻接(见 m 邻接的定义)，并且 m 通路的长度变为 3(通路通过点 p、p_1、p_2、p_4)。类似地，如果 p_3 是 1(并且 p_1 为 0)，则最短的通路距离也是 3。最后，如果 p_1 和 p_3 都为 1，则 p 和 p_4 间的最短 m 通路长度为 4，在这种情况下，通路通过点 p、p_1、p_2、p_3、p_4。

2.7　线性与非线性的计算

图像处理中的线性与非线性计算存在于图像之间，也可应用于一幅图像本身，这些在后面章节中的图像运算中都会涉及。通俗来讲，针对图像的线性与非线性运算，就是针对图像中指定区域像素或者全部像素的运算。

在这里，结合简单公式来理解图像处理中的这种运算方式。令 H 是一种算子(可以理解为 HALCON 中的某个算子)，其输入和输出都是图像。如果对于任何两幅图像 f 和 g 及任何两个标量 a 和 b 有如下关系，则称 H 为线性算子：

$$H(af+bg)=aH(f)+bH(g) \tag{2-10}$$

简单来讲，对两幅图像的和应用线性算子，就等同于分别对两幅图像应用该算子，并各自与适当的常数相乘，然后将结果相加。例如，对 K 幅图像求和的算子是一个线性算子。计算两幅图像差分绝对值的算子就不是线性算子。不能通过式子检验的算子定义为非线性算子。

线性算子在图像处理中十分重要。因为它们是充分理解理论和实践结果的主要基础，虽然非线性算子也会提供较好的性能，但是其结果不是总能预测出来的，而且其中大部分在理论上不是很好理解。

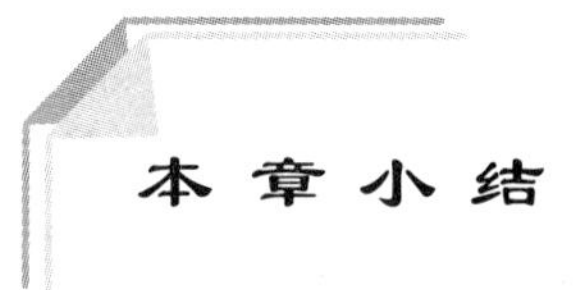

本 章 小 结

本章对图像处理过程进行了数字化描述，为以后章节的内容提供了数学基础。

图像采样的概念是图像处理实践的基础。本章还详细介绍了像素邻域的处理技术，即像素间的基本关系。在应用中，邻域处理的处理速度和软硬件实现很简单，很适合图像处理的商业应用。

图像处理的线性与非线性计算也是后续章节中图像运算的基础。

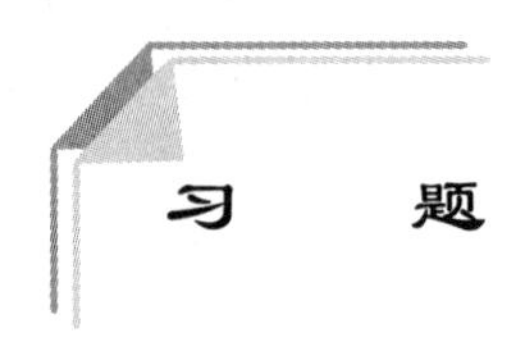

习　　题

2.1　图像数字化包括哪三个步骤?

2.2　图像的量化等级是否反映了图像质量? 如果图像中每个像素用16位二进制表示，那么会有多少个量级?

2.3　熟练掌握阈值处理过程，自己处理一张图片，提取出其中要提取的部分，并得出阈值范围。

2.4　图2-24所示为两个图像的子集S_1和S_2，如果$V=\{1\}$，那么这两个子集是多少邻接?

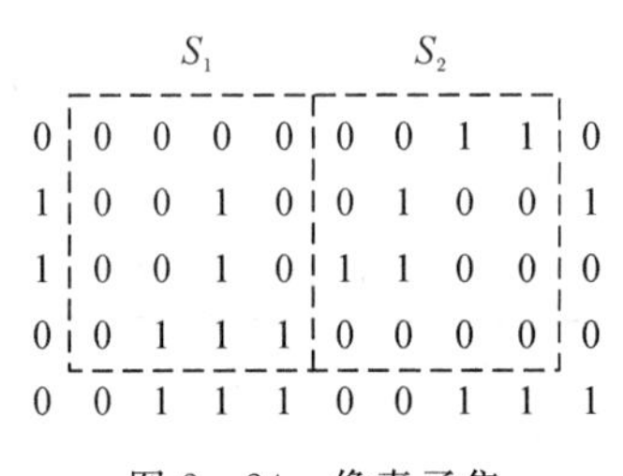

图2-24　像素子集

第3章

HALCON 图像处理基础

3.1　HALCON 控制语句

HALCON 提供的控制流的用法与 C/C++的类似，一般成对存在，一个是开始的标志，一个是结束的标志。也就是说有 if 就有 endif，有 while 就有 end while。控制语句类型主要包括以下几种：

(1) if 条件语句；

(2) switch 多分支条件语句；

(3) while 循环语句；

(4) for 循环语句；

(5) 中断语句。

3.1.1　条件语句

1. if 条件语句

if 条件语句有三种常用的表达形式，下面一一列出。

1) 形式 1

```
if(表达式)
    语句组 1
endif
```

语义为：判断表达式的值，如果表达式的值非零，则执行语句组 1，否则直接转到 endif。

【例 3-1】 if 条件语句实例 1。

```
*赋值
cont :=2
*判断变量 cont 的值是否大于等于 1，大于等于 1 就执行语句 cont :=cont-1
if(cont>=1)
cont :=cont-1
```

```
* if条件语句结束标志
endif
```

2) 形式2

```
if (表达式)
    语句组1
else
    语句组2
endif
```

语义为：判断表达式的值，如果表达式的值非零，则执行语句组1，否则执行语句组2。

【例3-2】 if条件语句实例2。

```
cont:=2
* 判断变量cont的值是否大于等于1，大于等于1就执行语句cont:=cont-1
if(cont>=1)
cont:=cont-1
* cont的值小于1就执行语句cont:=cont+1
else
cont:=cont+1
* if条件语句结束标志
endif
```

3) 形式3

```
if (表达式1)
    语句组1
elseif (表达式2)
    语句组2
else
    语句组3
endif
```

语义为：判断表达式的值，表达式1的值非零，则执行语句组1；表达式1的值为零而表达式2的值非零，则执行语句组2；两个表达式的值都为零，则执行语句组3。

【例3-3】 if条件语句实例3。

```
cont:=2
* 判断变量cont是否大于等于1，大于等于1就执行语句cont:=cont-1
if(cont>=1)
cont:=cont-1
* 判断变量cont是否小于等于-1，小于等于-1就执行语句cont:=cont+1
elseif(cont<=-1)
cont:=cont+1
* 如果cont大于-1小于1，则执行语句cont:=cont+2
else
cont:=cont+2
```

```
* if 条件语句结束标志
endif
```

2. switch 多分支条件语句

当 if…else 条件语句使用多层嵌套时，可以用 switch 多分支条件语句代替。

格式：

```
switch(条件)
case 常量表达式 1：
    语句 1
break
⋮
case 常量表达式 n：
    语句 n
break
default：
    语句 n+1
endswitch
```

语义为：将条件值与其后的常量表达式的值逐个比较，当条件值与其后的某个常量表达式的值相等时就执行常量表达式后面的所有语句。每个 case 语句只是一个入口标号，所以不能确定执行的终止点。如果只想执行一条 case 语句，则应该在 case 语句的最后使用 break 语句结束 switch 条件语句。如果条件值与所有的常量表达式的值均不相等，则执行 default 后面的语句。

switch 语句中所有常量表达式的值应该是不重复的常量。因为 switch 语句无法处理浮点数，所以条件值必须是整数。如果条件选项涉及取值范围、浮点数或两个变量的比较，则应该使用 if…else 条件语句。

【例 3-4】 switch 条件语句实例。

```
I:=5
* I 的值与其后的常量表达式的值逐个比较
switch(I)
case 1:
    I:=I-3
* 中断语句，跳出 switch 语句
break
* 如果 I 的值与常量表达式的值相等，则执行后面的语句
case 5:
    I:=I+5
break
* 如果 I 的值与其后所有常量表达式的值都不相等，则执行 default 语句
default:
    I:=2*I
* switch 语句结束标志
```

```
endswitch
```

3.1.2 循环控制语句

1. while 循环语句

格式:

```
while (条件)
循环体语句
endwhile
```

语义为:首先对条件值进行判断,若条件值非零,则重复执行循环语句,直到条件值为零时退出 while 循环。若条件值始终不为零,则 while 循环容易成为死循环,这时需要使用 break 语句跳出循环。

【例 3-5】 while 循环语句实例。

```
In :=1
In_Sum :=0
* 判断 In 是否小于等于 100, 小于等于 100 则执行循环体
while(In<=100)
* 求和
In_Sum :=In_Sum+In
* 自加 10
In :=In+10
* while 语句结束标志
endwhile
```

2. for 循环语句

格式:

```
for (Index :=start to end by step)
循环体
endfor
```

for 循环语句是 HALCON 最重要的结构,通过控制变量的开始值至结束值来进行循环,start 为 Index 变量的开始值,end 为结束值,step 为步长值。首先判断 Index 变量的开始值是否小于结束值,如果小于则执行循环体,否则循环结束。执行完循环体后把 Index 的值加步长值作为 Index 的新值,判断 Index 的新值是否小于结束值。如果小于结束值则继续执行循环体,否则循环结束,依次执行,直到 Index 的新值大于结束值则循环结束。

【例 3-6】 for 循环语句实例。

```
I :=0
* 循环变量 I 从 1 到 10, 每次增加 1
for J :=1 to 10 by 1
* 每次循环判断 J 是否小于 5, 小于 5 则跳过这次循环
if(J<5)
continue
* if 语句结束标志
endif
* 求和
```

```
I:=I+J
* for 循环语句结束标志
endfor
```

3.1.3 中断语句

一般来说，break 与 continue 语句都能够使程序跳过部分代码。在 switch 或任意循环中使用 break 语句可以使程序跳出 switch 或任意循环，直接执行后面的语句。continue 语句用于循环语句，能够使程序跳过循环体中余下的代码进行新一轮循环。

【例 3-7】 中断语句实例。

```
I:=0
for J:=1 to 10 by 1
* 如果 J 大于 5，则跳出循环
if(J>5)
break
endif
* 如果 J=3，则跳过此次循环
if(J==3)
continue
* if 语句结束标志
endif
* 求和
I:=I+J
* for 语句结束标志
endfor
```

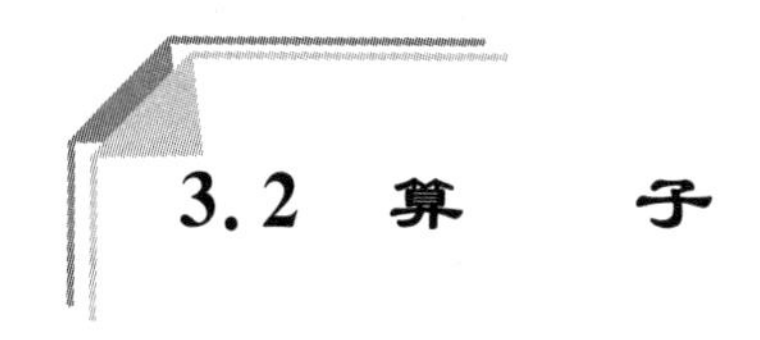

3.2 算　　子

3.2.1 算子及算子编辑窗口

HALCON 算子的基本结构为：

算子(图像输入：图像输出：控制输入：控制输出：)

HALCON 算子中的四种参数被三个冒号依次隔开，分别是：图像输入参数、图像输出参数、控制输入参数、控制输出参数。一个算子中可能这四种参数不会都存在，但是参数的次序不会变化。HALCON 中的输入参数不会被算子更改，只被算子使用，算子只能更改输出参数。算子举例：

threshold(Image：Region：MinGray，MaxGray：)

其中：Image 为图像输入参数；Region 为图像输出参数；MinGray 和 MaxGray 为控制输入参数。由此看出调用这个算子必须输入一个图像参数和两个控制参数才能输出一个图像参数。

HALCON 算子的编辑窗口如图 3-1 和图 3-2 所示。

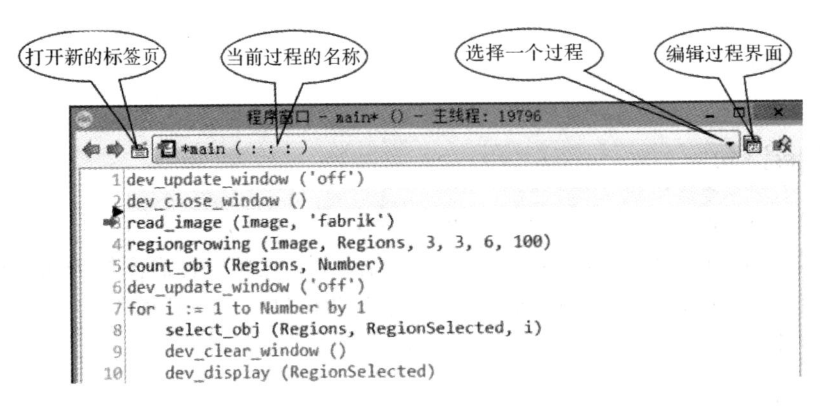

图 3-1 算子编辑窗口 1

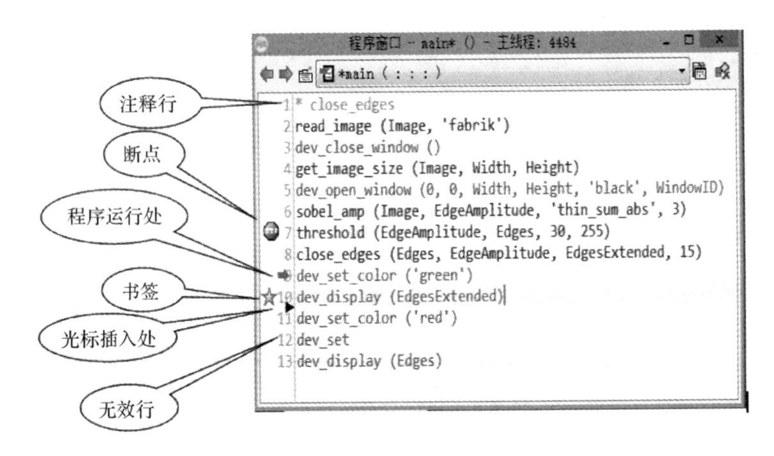

图 3-2 算子编辑窗口 2

通过算子编辑窗口可以看到每条算子都有特定的颜色，打开参数用户窗口看到程序窗口中各算子对应的颜色，如图 3-3 所示。单击菜单栏中的“编辑”→“参数选择”→“程序窗口”，打开程序窗口。

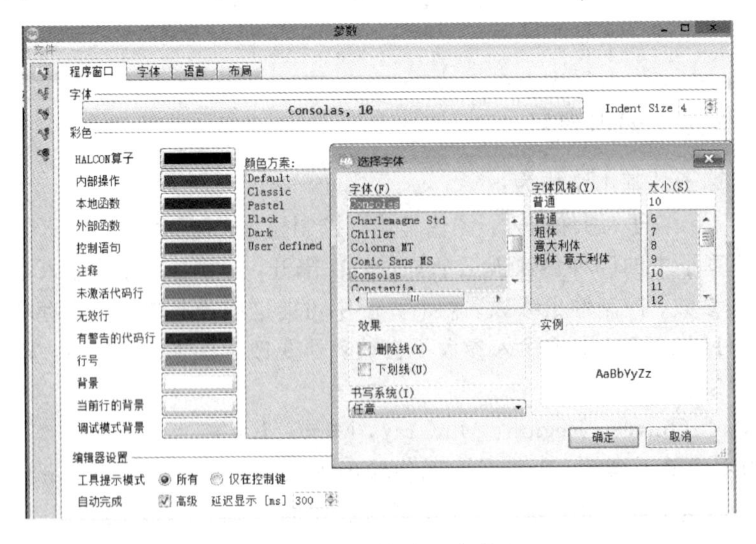

图 3-3 程序窗口参数

一般情况下，语句的颜色分类如下：

(1) 褐色：控制和开发算子。

(2) 蓝色：图像获取和处理算子。

(3) 浅蓝色：外部函数。

(4) 绿色：注释。

在参数用户窗口可以通过对话框修改编辑窗口算子显示的颜色、字体、HDevelop 系统语言、布局。布局主要是指四个活动界面窗口排列的位置，布局说明如图 3-4 所示。

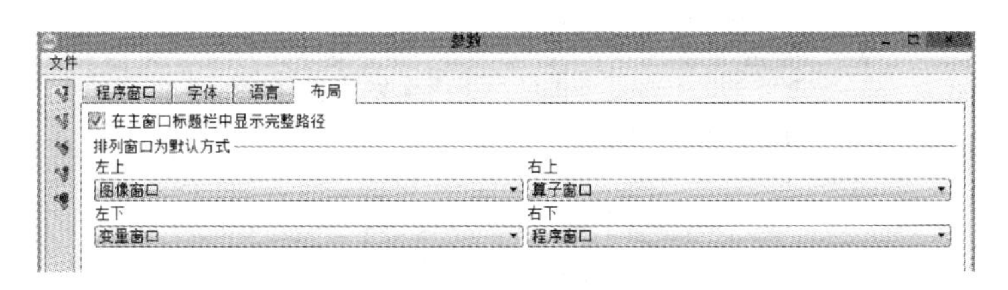

图 3-4 布局说明

3.2.2 算子查询

算子的帮助窗口包含了所有 HALCON 算子的详细说明，可以通过按 F1 快捷键打开 HALCON 算子的帮助窗口，也可以单击菜单栏中的“帮助”→“帮助”打开帮助窗口。算子名称具有查询显示作用，通过算子查找对话框键入全部或部分算子名称，在弹出的列表里单击想要查找的算子，帮助窗口右侧会显示算子的具体说明，如图 3-5 所示。具体说明包括：

- 算子名称：算子的英文名称以及大致功能。
- 算子签名：带有算子参数、分隔符的算子签名。
- 算子描述：描述算子功能和各参数意义。
- 语言接口：不同编程语言编写的算子。
- 算子参数：讲解各参数类型和属性。
- HDevelop 例程：用到此算子的例程，单击可查看例程。

图 3-5(a)所示为帮助窗口中的算子名称、算子签名、算子描述和语言接口，图 3-5(b)所示为帮助窗口中的算子参数，图 3-5(c)所示为帮助窗口中的 HDevelop 例程。

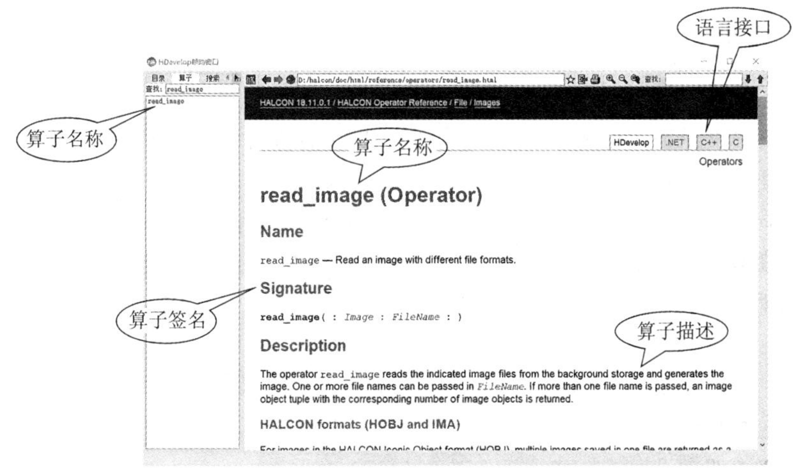

(a)

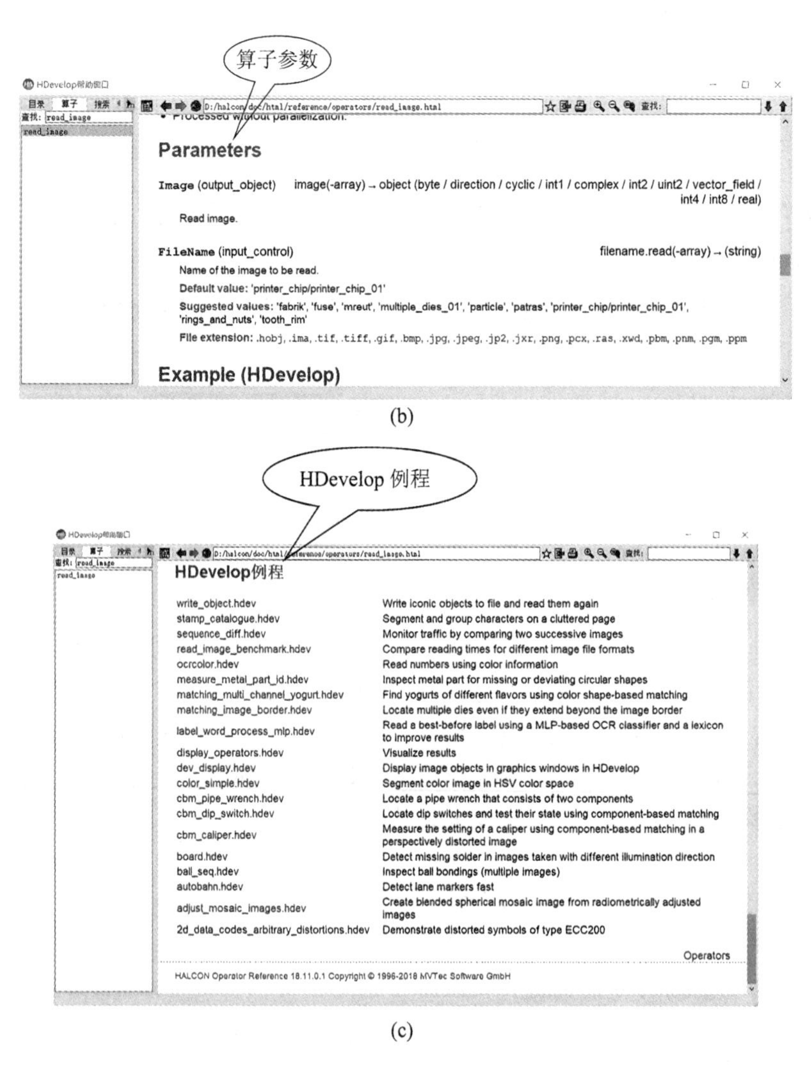

(b)

(c)

图 3-5 帮助窗口

3.2.3 算子编辑

算子编辑过程常使用算子窗口来建立 HDevelop 程序，算子窗口包含了各算子的参数及参数取值。使用算子窗口能够直接对算子参数的取值进行合理选择。

下面以新建 threshold 程序为例，说明如何使用算子窗口建立某一行 HDevelop 程序。

使用算子窗口建立某一行 HDevelop 程序的步骤为：单击鼠标使光标定位到要创建程序的位置，在算子窗口中的“输入算子或函数”对话框中键入全部或部分算子名称，找到需要编辑的算子后回车确认，即可打开算子窗口。“输入算子或函数”对话框如图 3-6 所示。

一般来说，打开算子窗口以后需要对算子的四个参数(图像输入参数、图像输出参数、控制输入参数、控制输出参数)进行选择。此处 threshold 算子只需要对前三个参数进行选择，各参数的描述如图 3-7 所示。

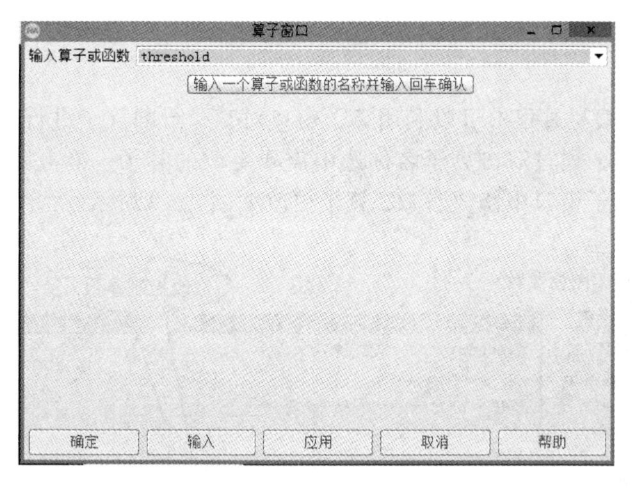

图 3－6　"输入算子或函数"对话框

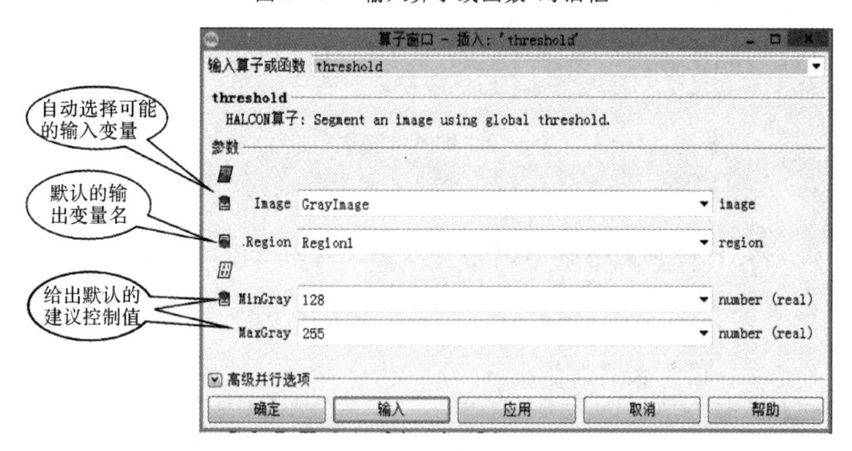

图 3－7　算子窗口参数描述

使用下拉列表直接选择 threshold 算子的图像输入参数与图像输出参数名称，通过下拉列表对控制输入参数的数值进行选择，如图 3－8 所示。

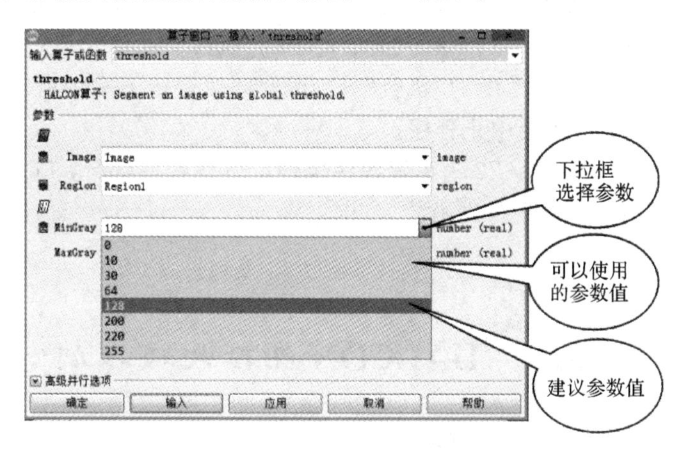

图 3－8　控制输入参数数值选择

与算子编辑有关的快捷键：F3 为激活所选程序行，F4 为注销所选程序行。

3.2.4 算子更改

HDevelop 程序编写过程中可以利用算子窗口对某一行的算子进行更改。

算子更改步骤为：通过双击算子名称选中需要更改的算子，单击鼠标右键菜单打开算子窗口，在弹出的算子窗口中修改参数。算子更改如图 3-9 所示。

图 3-9 算子更改

3.2.5 算子运行

执行程序时如果只是执行某一行，则需要选中执行行的前一行，右键选择程序计数器，将执行标示定位到要执行的前一行，单击菜单栏中的"执行"→"单步跳过程序"来执行某一行。多行的执行可以单击菜单栏中的"执行"→"运行"，执行接下来的所有程序代码，直到遇到断点或遇到 Stop 算子才会中止程序。

与算子运行有关的快捷键：F2 为重置程序执行，F5 为程序运行，F6 为单步跳过函数，F7 为单步跳入函数，F8 为单步跳出函数。

3.3 HALCON 图像处理入门

3.3.1 HALCON 图像读取

下面介绍图像读取的三种方式。

1. 利用 read_image 算子读取图像

算子 read_image(:Image:FileName:)中，Image 为读取的图像变量名称，FileName 为图像文件所在的路径，HALCON 支持多种图像格式。利用 read_image 算子读取图像有以下三种方式：

(1) 利用快捷键调用 read_image 算子读取图像。读取图像的步骤为：按 Ctrl+R 快捷键打开读取图像对话框，选择文件名称所在的路径及变量名称，选择语句插入位置，单击“确定”。使用快捷键读取图像，如图 3-10 所示。

(2) 使用算子窗口调用 read_image 算子。选择文件名称所在的路径及变量名称，算子窗口读取图像如图 3-11 所示。

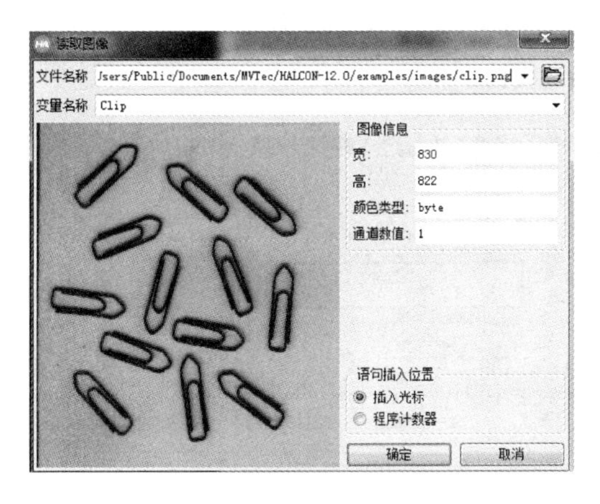

图 3-10　使用快捷键读取图像

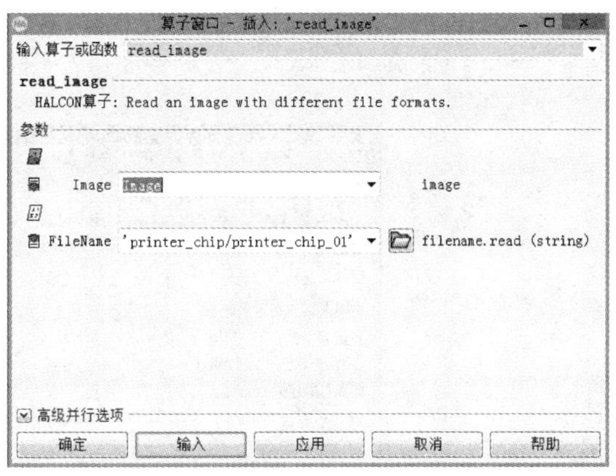

图 3-11　算子窗口读取图像

(3) 利用 for 循环读取同一路径下的多张图像。首先声明一个 Tuple 数组保存文件名及路径，然后利用 for 循环依次读取 Tuple 数组保存路径下的图像。

【例 3-8】 for 循环读取图像实例。

```
* 声明数组
ImagePath :=[]
* 将文件名及路径保存到数组
ImagePath[0] :='fin1. png'
ImagePath[1] :='fin1. png'
ImagePath[2] :='fin1. png'
* 循环读取图像
for i :=0 to 2 by 1
read_image(Image, ImagePath[i])
* for 循环结束标志
endfor
```

2. 利用采集助手批量读取文件夹下的所有图像

利用采集助手批量读取文件夹下所有图像的步骤为：单击菜单栏中的“助手”→“打开新的 Image Acquisition”，单击“资源”选项卡下的“选择路径...”，如图 3-12 所示。单击“代码生成”选项卡下的“插入代码”，如图 3-13 所示。

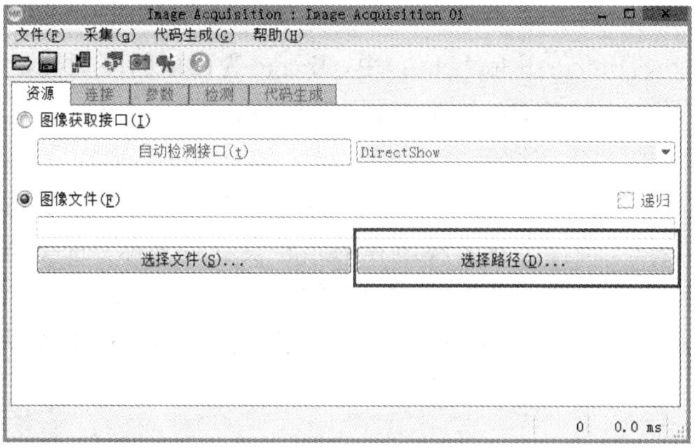

图 3-12　选择文件夹路径

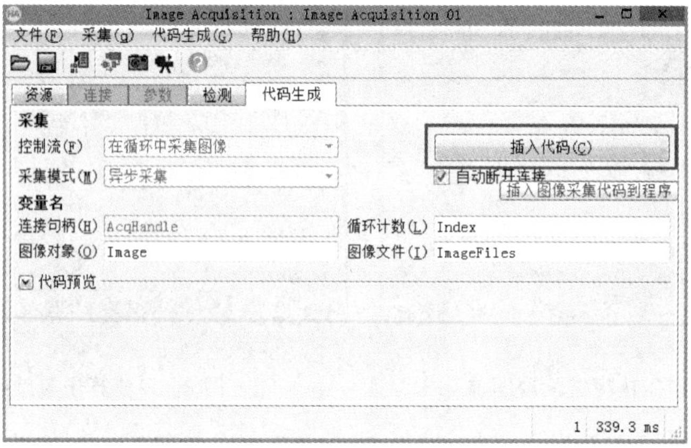

图 3-13　批量读取图像的代码

【例 3-9】 利用采集助手读取图像实例。

```
* 遍历文件夹
list_files ('C:/Users/Public/Documents/MVTec/HALCON-13.0/examples
/images/bicycle', ['files','follow_links'], ImageFiles)
* 筛选指定格式的图像
tuple_regexp_select (ImageFiles, ['\\.(tif|tiff|gif|bmp|jpg|jpeg|jp2| png)$','
ignore\_case'], ImageFiles)
* 依次读取图像
for Index :=0 to |ImageFiles|-1 by 1
read_image (Image, ImageFiles[Index])
* 显示图像
dev_display(Image)
endfor
```

算子讲解:

- list_files (: : ImageDirectory,Extensions,Options: ImageFiles)

作用:遍历文件夹。

ImageDirectory：文件夹路径。

Extensions：文件扩展名，如 tif|tiff|gif|bmp|jpg|jpeg|jp2|png 等。

Options：搜索选项，如表 3-1 所示。

表 3-1　搜索选项

名　称	作　　用
files	指定搜索的格式为文件
directories	指定搜索的格式为文件夹
recursive	指定可以遍历文件夹下的文件
max_depth 5	指定遍历的深度
max_files 1000	指定遍历的最大文件数目

ImageFiles：文件名数组。

• tuple_regexp_select(::Data,Expression:Selection)

作用：筛选指定格式的图像。

Data：输入的文件名数组。

Expression：文件筛选规则表达式。

Selection：筛选出的文件名数组。

3. 用采集助手采集图像

用采集助手采集图像的步骤如下：

(1) 单击菜单栏中的“助手”。

(2) 单击“打开新的 Image Acquisition”。

(3) 点选“图像获取接口”。

(4) 单击“自动检测接口”(有时需要多次检测)，如图 3-14 所示。

(5) 连接并实时采集，如图 3-15 所示。

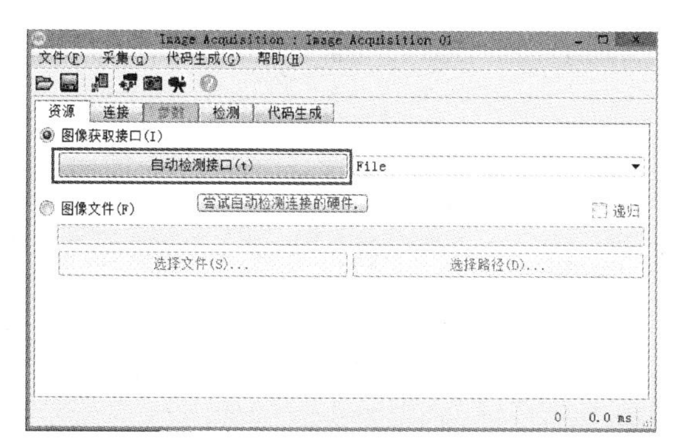

图 3-14　图像获取接口

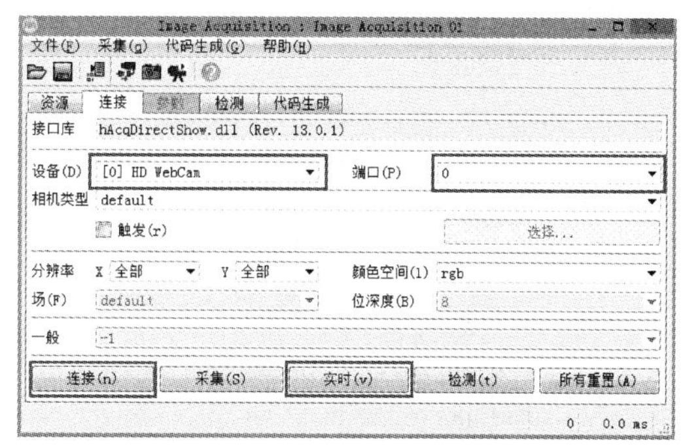

图 3-15　连接并实时采集

(6) 插入代码，控制流有仅初始化、采集单幅图像和在循环中采集图像三种形式可以选择。采集模式有同步采集和异步采集两种模式。选择合适的控制流与采集模式点插入代码按钮，如图 3-16 所示。

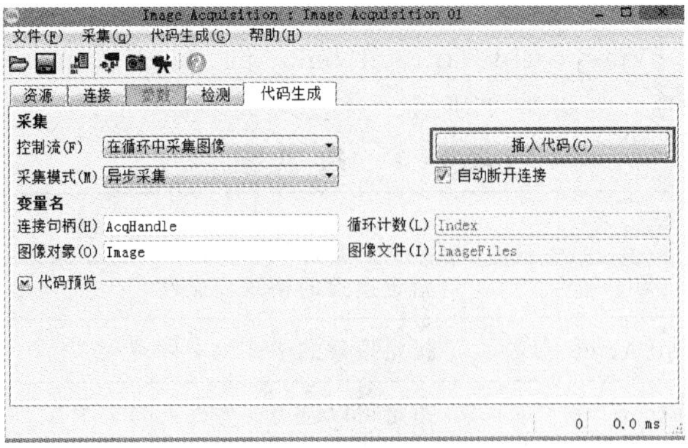

图 3-16　插入代码

【例 3-10】 异步采集实例。

```
* 连接相机
open_framegrabber ('DahengCAM', 1, 1, 0, 0, 0,0, 'interlaced', 8, 'gray', -1, 'false',
                   'HV-13xx', '1', 1, -1, AcqHandle)
* 设置相机额外参数
set_framegrabber_param(AcqHandle, ['image_width','image_height'], [256,256])
* 异步采集开始
grab_image_start (AcqHandle, -1)
* 循环采集图像
while (true)
    * 读取异步采集的图像
    grab_image_async (Image, AcqHandle, -1)
* while 循环结束标志
endwhile
* 关闭图像采集设备
close_framegrabber (AcqHandle)
```

【例 3-11】 同步采集实例。

```
* 连接相机
open_framegrabber('DahengCAM', 1, 1, 0, 0, 0, 0, 'interlaced', 8, 'gray', -1, 'false',
                  'HV-13xx', '1', 1, -1, AcqHandle)
* 循环采集图像
while (true)
* 读取同步采集的图像
    grab_image (Image, AcqHandle)
endwhile
* 关闭图像采集设备
close_framegrabber (AcqHandle)
```

关键算子说明：

• open_framegrabber (:: Name, HorizontalResolution, VerticalResolution, ImageWidth, ImageHeight, StartRow, StartColumn, Field, BitsPerChannel, ColorSpace,

Generic，ExternalTrigger，CameraType，Device，Port，LineIn：AcqHandle)

作用：连接相机并设置相关参数，相机部分参数详细信息如表3-2所示。

表3-2　相机部分参数

参数	选择范围	标准值	类型	描述
ImageWidth	〈width〉	0	integer	图像的宽度('0'表示是完整图像)
ImageHeight	〈height〉	0	integer	图像的高度('0'表示是完整图像)
StartRow	〈width〉	0	integer	图像的起始行坐标
StartColumn	〈column〉	0	integer	图像的起始列坐标
ColorSpace	'default'，'gray'，'rgb'	'gray'	string	HALCON图像通道模式
ExternalTrigger	'false'，'true'	'false'	string	外部触发状态
Device	'1'，'2'，'3'，⋮	'1'	string	相机连接第一个设备编号为"1"，第二个设备编号为"2"，以此类推

Name：图像采集设备的名称。

HorizontalResolution：图像采集接口的水平分辨率。

VerticalResolution：图像采集接口的垂直分辨率。

ImageWidth和ImageHeight：图像的宽度和高度。

StartRow和StartColumn：显示图像的起始坐标。

Field：图像是一半还是完整的图像。

BitsPerChannel：每像素比特数和图像通道。

ColorSpace：图像通道模式。

Generic：通用参数与设备细节部分的具体意义。

ExternalTrigger：是否有外部触发。

CameraType：使用相机的类型。

Device：图像获取识别连接到的设备。

Port：图像获取识别连接到的端口。

LineIn：相机输入的多路转接器。

AcqHandle：图像获取设备的句柄。

- set_framegrabber_param(::AcqHandle，Param，Value:)

作用：设置相机额外参数。

Param为相机的额外参数，选项如下：

adc_level：设置A/D转换的级别。

color_space：设置颜色空间。

gain：设置相机增益。

grab_timeout：设置采集超时终止的时间。

resolution：设定相机的采样分辨率。

Shutter：设定相机的曝光时间。

shutter_unit：设定相机曝光时间的单位。

white_balance：相机是否打开白平衡模式，默认为关闭白平衡。

• grab_image_start(::AcqHandle，MaxDelay:)

作用：开始命令相机进行异步采集，需要与 grab_image_async 异步采集算子一起使用。

• grab_image_async(:Image:AcqHandle，MaxDelay:)

作用：进行图像异步采集，一幅图像采集完成后相机马上采集下一幅图像。其中第三个参数 MaxDelay 表示异步采集时可以允许的最大延时，本次采集命令距上次采集命令的时间不能超出 MaxDelay，超出则需要重新采集。

• grab_image(:Image: AcqHandle:)

作用：进行图像同步采集，采集完成后处理图像。图像处理结束以后再次采集图像，采集图像的速率受处理速度影响。

• close_framegrabber(::AcqHandle:)

作用：关闭图像采集设备。

3.3.2 HALCON 图像显示

1. 图形窗口

默认的图形窗口尺寸为 512×512，因此当图像尺寸不同时显示在图像窗口上会变形。要看到无变形的图像，可单击菜单栏中的“可视化”→“图像尺寸”→“适应窗口”，即可自动调整窗口。

通常使用 HDevelop 算子 dev_open_window(::Row，Column，Width，Height，Background，WindowHandle)来新增一个图形窗口。

算子参数 Row、Column 为窗口起始坐标(默认值都为零)，参数 Width、Height 是指窗口的宽度和高度(默认值都为 512)，Background 为窗口的背景颜色(默认为“black”)，WindowHandle是指窗口句柄。新建窗口时如果不知道窗口的确定尺寸，可将窗口的高度和宽度都设置为“－1”，设置为“－1”表示窗口大小等于最近打开的图像大小，具体算子为 dev_open_window(0，0，－1，－1，'black'，WindowHandle)。

打开 HDevelop 的变量窗口，双击图像变量目录下已存在的图像，图像就会显示在图形窗口。图形窗口显示的图像可以进行缩放，直接把鼠标放到要进行缩放的区域，滑动鼠标中间滚轮进行缩放操作，要恢复原有尺寸，只需要在图形窗口单击“适应窗口”。也可以通过单击菜单栏中的“可视化”→“设置参数”→“缩放”，对显示的图像进行缩放，在想要放大的区域单击放大或者缩小按钮，要恢复原有尺寸，则直接单击“重置”按钮。

2. 图像显示

HDevelop 中显示图像通常使用 dis_display 算子，格式为 dev_display(Object:::)。运行模式下运行算子时图形窗口会实时更新，如果只想通过图像显示算子在图形窗口显示某些图像(image、region 或 xld)就可以关闭窗口的更新。可以通过调用 dev_update_window('off')语句关闭窗口的更新，也可以通过单击菜单栏中的"可视化"→"更新窗口"→"单步模式"→"清空并显示命令"来关闭窗口的更新。如果关闭了窗口的更新，则只能手动调用 dev_display()操作来显示图像。

3. 显示文字

显示文字常用的是 disp_message 算子与 write_string 算子。

(1) disp_message 算子。

disp_message 为外部算子，算子格式为：

disp_message(::WindowHandle, String, CoordSystem, Row, Column, Color, Box:)

作用：在窗口中显示字符串。

WindowHandle：窗口句柄。

String：要显示的字符。

CoordSystem：当前的操作系统。

Row、Column：窗口中显示的起始坐标。

Color：字体颜色。

Box：是否显示白色的底纹。

(2) write_string 算子。

write_string 算子格式为：

write_string(::WindowHandle, String:)

作用：在窗口已设定的光标位置显示字符串。

write_string 一般与 set_tposition 配合使用，先使用 set_tposition 算子设置光标位置，然后使用 write_string 在光标位置处输出字符串。显示文字必须适合右侧窗口边界(字符串的宽度可由 get_string_extents 算子查询)。

【例 3-12】 图像显示实例。

```
*关闭窗口
dev_close_window ()
*打开新窗口
dev_open_window (0, 0, 400, 400, 'white', WindowID)
*设置颜色
dev_set_color ('red')
*画箭头
disp_arrow (WindowID, 255-20, 255-20, 255, 255, 1)
*在窗口中显示字符串
disp_message (WindowID, '显示文字 1', 'window', 20, 20, 'black', 'true')
dev_set_color ('blue')
*设置光标位置
set_tposition(WindowID, 40, 40)
*在窗口已设定光标位置显示字符串
write_string (WindowID, '显示文字 2')
```

```
* 设置光标位置
set_tposition (WindowID, 255, 255)
* 读取字符串
read_string (WindowID, 'Default', 32, OutString)
```

程序执行结果如图 3-17 所示。

图 3-17 显示文字处理结果

3.3.3 HALCON 图像转换

1. RGB 图像转换成灰度图

RGB 图像转换成灰度图可以使用 rgb1_to_gray 算子，其格式为：

rgb1_to_gray(RGBImage: GrayImage::)

很明显，RGBImage 与 GrayImage 分别是输入、输出图像参数。如果输入图像是三通道图像，则 RGB 图像的三个通道可以根据以下公式转换成灰度图像：

$$灰色值=0.299\times红色值+0.587\times绿色值+0.114\times蓝色值$$

如果 RGBImage 中输入图像是单通道图像，则 GrayImage 灰度图像将直接复制 RGBImage 进行输出。

【例 3-13】 RGB 图像转换成灰度图像实例。

```
* 读取图像
read_image (Earth, 'earth.png')
* RGB 图像转换成灰度图像
rgb1_to_gray (Earth, GrayImage)
```

程序执行后，图像变量如图 3-18 所示。

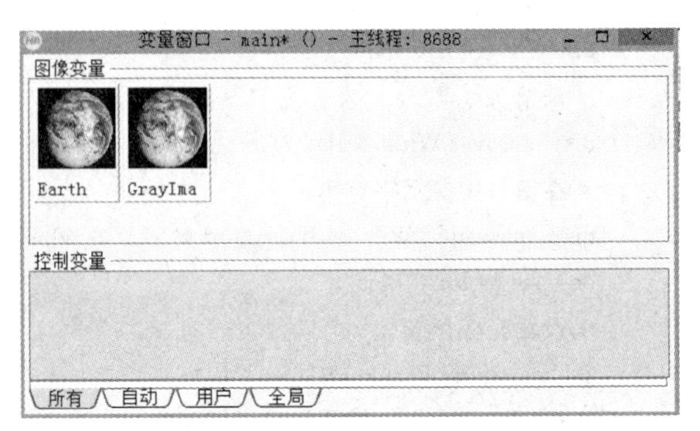

图 3-18 RGB 图像转换成灰度图像

2. 区域与图像的平均灰度值

求区域与图像的平均灰度值可以使

用算子 region_to_mean，其格式为：

region_to_mean(Regions，Image：ImageMean：：)

通过此算子绘制 ImageMean 图像，将其灰度值设置为 Regions 和 Image 的平均灰度值。

【例 3-14】 求区域与图像平均灰度值实例。

```
* 读取图像
read_image(Image, 'fabrik')
* 区域生长
regiongrowing(Image, Regions, 3, 3, 6, 100)
* 得到区域与图像的平均灰度值
region_to_mean(Regions, Image, Disp)
dev_open_window (0, 0, 400, 400, 'black', WindowHandle)
* 显示图像
dev_display (Disp)
```

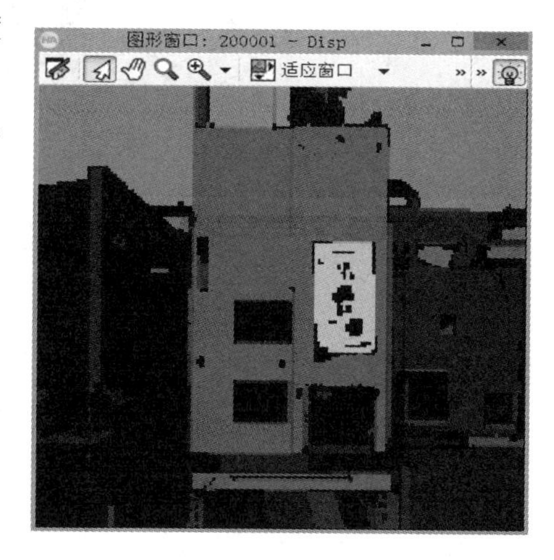

图 3-19 图像与区域平均灰度图像

程序执行结果如图 3-19 所示。

3. 将区域转换为二进制图像或 Label 图像

(1) 将区域转换为二进制图像。使用 region_to_bin 算子能够将区域转换为二进制图像，格式为：

region_to_bin(Region：BinImage：ForegroundGray，BackgroundGray，Width，Height：)

使用该算子将区域转换为"byte"图像，如果输入区域大于生成的图像，就会在图像边界处进行剪切。

(2) 将区域转换为 Label 图像。使用算子 region_to_label 能够将区域转换为 Label 图像，格式为：

region_to_label(Region：ImageLabel：Type，Width，Height：)

该算子可以根据索引(1..n)将输入区域转换为标签图像，即第一区域被绘制为灰度值 1，第二区域被绘制为灰度值 2 等。对于比生成的图像灰度值大的区域将会被适当地剪切。

【例 3-15】 区域转换为二进制图像或 Label 图像实例。

```
* 读取图像
read_image (Image, 'a01.png')
* 复制图像
copy_image (Image, DupImage)
* 区域生长
regiongrowing (DupImage, Regions, 3, 3, 1, 100)
* 将区域转换成二进制图像
region_to_bin (Regions, BinImage, 255, 0, 512, 512)
* 将区域转换成 Label 图像
region_to_label (Regions, ImageLabel, 'int4', 512, 512)
```

程序执行后，图像变量如图 3-20 所示。

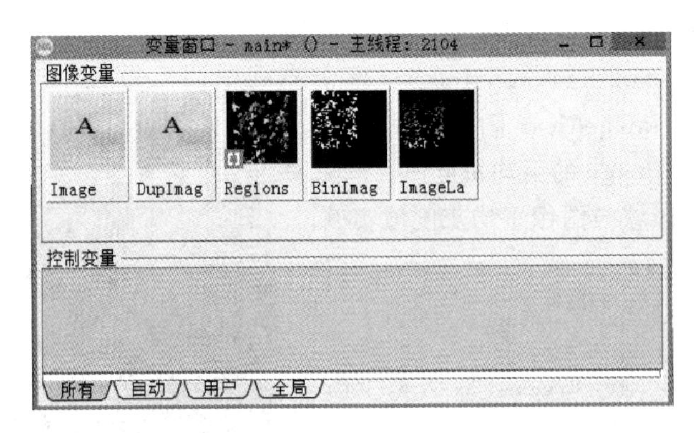

图 3-20　区域转换的图像变量

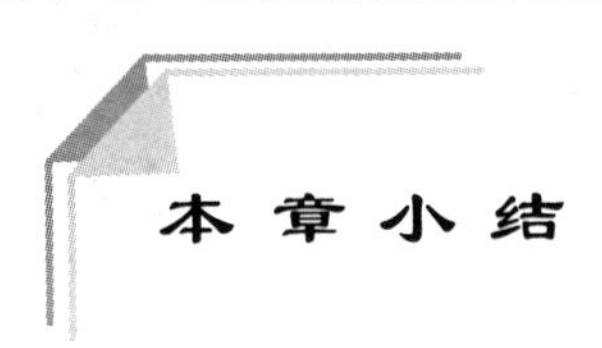

本章小结

本章首先对 HALCON 的控制语句进行了介绍，然后介绍了 HALCON 算子的基本操作，HALCON 所有算子(函数)的参数均以相同的方式来排列：输入图像、输出图像、输入控制、输出控制。最后在 HALCON 编程环境下进行了图像读取、图像显示、图像转换的实例分析。

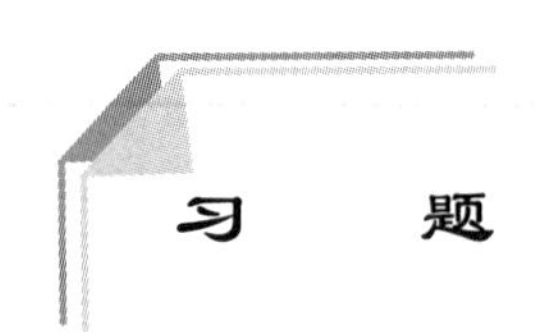

习　题

3.1　编写 HALCON 程序，计算 $1+\frac{1}{3}+\frac{1}{5}+\cdots+\frac{1}{99}$(保留 6 位有效数字)。

3.2　创建条件表达式，其值为变量的绝对值。如果变量 X 为正，则表达式值为 X；如果 X 为负，则表达式值为 $-X$。

3.3　使用 HALCON 采集助手读取某一文件夹下的图像。

3.4　使用 for 循环显示读取到的图像。

3.5　将一张 RGB 图像转换成灰度图像。

第4章

HALCON 数据结构

HALCON 数据结构主要有图形参数与控制参数两类参数。图形参数(Iconic)包括 image、region、XLD 等，控制参数(Control)包括 string、integer、real、handle、Tuple 数组等。图形参数是 HALCON 等图像处理软件独有的数据结构，本章将重点介绍。

4.1 HALCON Image 图像

HALCON 图像数据可以用矩阵表示，矩阵的行对应图像的高，矩阵的列对应图像的宽，矩阵的元素对应图像的像素，矩阵元素的值对应图像像素的灰度值。

4.1.1 Image 的分类

根据每个像素信息不同，通常将图像分为二值图像、灰度图像和 RGB 图像。这部分内容已经在 2.2 节进行了详细介绍。

4.1.2 Image 的通道

1. 理论基础

图像通道可以看作一个二维数组。这也是程序设计语言中表示图像时所使用的数据结构。因此在像素(r, c)处的灰度值可以被解释为矩阵 $\boldsymbol{g}=\boldsymbol{f}_{r,c}$ 中的一个元素。更正规的描述方式为：视某个宽度为 w、高度为 h 的图像通道 f 为一个函数，该函数表述从离散二维平面 Z^2 的一个矩形子集 $\boldsymbol{r}=\{0, 1, \cdots, h-1\}\times\{0, 1, \cdots, w-1\}$到某一个实数的关系 $f: r\rightarrow R$(R 表示区域)，像素位置(r, c)处的灰度值 g 定义为 $g=f(r, c)$。同理，一个多通道图像可被视为一个函数 $f: r\rightarrow R^n$，这里的 n 表示通道的数目。

如果图像内像素点的值能用一个灰度级数值描述，那么图像有一个通道。如果像素点的值能用三原色描述，那么图像有三个通道。彩色图像如果只存在红色和绿色，没有蓝色，并不意味着没有蓝色通道。一幅完整的彩色图像中红色、绿色、蓝色三个通道同时存在，图像中不存在蓝色只能说明蓝色通道上各像素值为零。

图像深度是指存储每个像素所用的位数，用于量度图像的色彩分辨率。图像深度确定彩色图像每个像素可能有的颜色数，或者确定灰度图像的每个像素可能有的灰度级数。比如一幅灰度图像，若每个像素有 8 位，则最大灰度数目为 $2^8=256$。如果图像深度为 24，那么刚好可以用第一个 8 位存储红色值，第二个 8 位存储绿色值，第三个 8 位存储蓝色值，所以我们一般看到的 RGB 取值是(0～255，0～255，0～255)。

把鼠标移动到 HALCON 变量窗口中的图像变量上，会显示图像变量的类型、通道及尺寸，如图 4-1 所示。

(a) 三通道 RGB 图

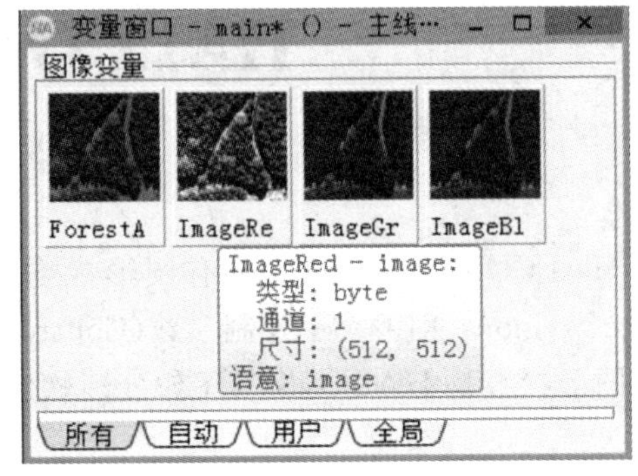

(b) 单通道灰度图

图 4-1　HALCON 的变量窗口

2. 通道有关算子说明

• append_channel(MultiChannelImage, Image: ImageExtended::)

作用：将 Image 图像的通道与 MultiChannelImage 图像的通道叠加得到新图像。

MultiChannelImage：多通道图像。

Image：要叠加的图像。

ImageExtended：叠加后得到的图像。

• decompose3(MultiChannelImage: Image1, Image2, Image3::)

作用：转换三通道彩色图像为三个单通道灰度图像。

MultiChannelImage：要进行转换的三通道彩色图像。

Image1：转换得到第一个通道的灰度图像，对应 Red 通道。

Image2：转换得到第二个通道的灰度图像，对应 Green 通道。

Image3：转换得到第三个通道的灰度图像，对应 Blue 通道。

读取一幅红色的三通道彩色图像后利用 decompose3 算子分解成三个单通道图像，其中得到的红色通道是一幅白色图像，得到的绿色和蓝色通道是黑色图像。所以我们能够知道红色在 R 通道中比较明显，同理，绿色和蓝色分别在 G 和 B 通道中比较明显。

• image_to_channels(MultiChannelImage: Images::)

作用：将多通道图像转换为多幅单通道图像。

MultiChannelImage：要进行转换的多通道彩色图像。

Images：转换后得到的单通道图像。

• compose3(Image1, Image2, Image3: MultiChannelImage::)

作用：将三个单通道灰度图像合并成一个三通道彩色图像。

Image1、Image2、Image3：对应三个单通道灰度图像。

MultiChannelImage：转换后得到的三通道彩色图像。

• channels_to_image(Images：MultiChannelImage：：)

作用：将多幅单通道图像合并成一幅多通道彩色图像。

Images：要进行合并的单通道图像。

MultiChannelImage：合并得到的多通道彩色图像。

• count_channels(MultiChannelImage：：：Channels)

作用：计算图像的通道数。

MultiChannelImage：要计算通道的图像。

Channels：计算得到的图像通道数。

• trans_from_rgb(ImageRed，ImageGreen，ImageBlue：ImageResult1，ImageResult2，ImageResult3：ColorSpace：)

作用：将彩色图像从 RGB 空间转换到其他颜色空间。

ImageRed、ImageGreen、ImageBlue：分别对应彩色图像的 R 通道、G 通道、B 通道的灰度图像。

ImageResult1、ImageResult2、ImageResult3：分别对应转换后得到的三个单通道灰度图像。

ColorSpace：输出的颜色空间，包括'hsv'、'hls'、'hsi'、'ihs'、'yiq'、'yuv'等，RGB 颜色空间转换到其他颜色空间有对应的函数关系。

• get_image_pointer1(Image：：：Pointer，Type，Width，Height)

作用：获取单通道图像的指针。

Image：输入图像。

Pointer：图像的指针。

Type：图像的类型。

Width、Height：图像的宽度和高度。

• get_image_pointer3(ImageRGB：：：PointerRed，PointerGreen，PointerBlue，Type，Width，Height)

作用：获取多通道图像的指针。

ImageRGB：输入的多通道彩色图像。

PointerRed：红色通道的图像数据指针。

PointerGreen：绿色通道的图像数据指针。

PointerBlue：蓝色通道的图像数据指针。

Type：图像的类型。

Width、Height：图像的宽度和高度。

【例 4-1】　图像通道实例。

```
* 读取图像
read_image (Image, 'claudia.png')
* 计算图像的通道数
count_channels (Image, Num)
* 循环读取每个通道的图像
for index := 1 to Num by 1
* 获取多通道图像中指定通道的图像
```

```
access_channel (Image, channel1, index)
endfor
* 分解通道
decompose3 (Image, image1, image2, image3)
* RGB 通道转 HSV 通道
trans_from_rgb (image1, image1, image1,
                ImageResult1, ImageResult2,
                ImageResult3, 'hsv')
* 合并通道
compose2(image3, image2, MultiChannelImage1)
* 向图像附加通道
append_channel (MultiChannelImage1, image3,
ImageExtended)
```

程序执行结果如图 4-2 所示。

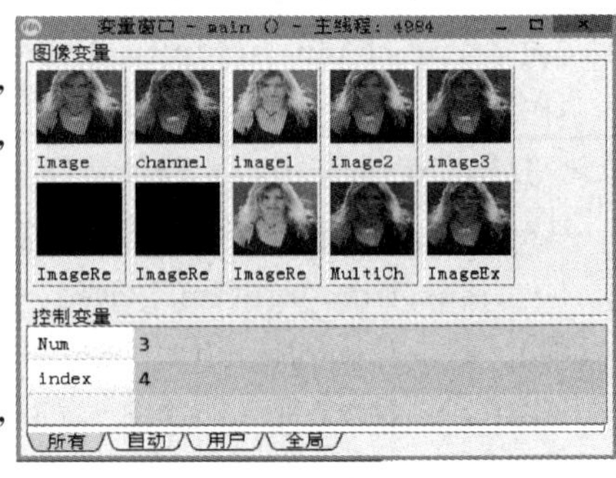

图 4-2 图像通道相关实例

3. Image 其他常用算子说明

• gen_image_const(: Image: Type, Width, Height:)

作用:创建灰度值为零的图像。

Image:创建得到的图像。

Type:像素类型,包括'byte'、'int1'、'int2'、'uint2'、'int4'、'int8'、'real'、'complex'、'direction'、'cyclic'等。

字节(Byte)是计算机信息技术中用于衡量存储容量的基本单位,也表示一些计算机编程语言中的数据类型和语言字符。Byte 是 0~255 的无符号类型,所以不能表示负数。

Width、Height:图像的宽度和高度。

• gen_image_proto(Image: ImageCleared: Grayval:)

作用:指定图像像素为同一灰度值。

Image:输入图像。

ImageCleared:具有恒定灰度值的图像。

Grayval:指定的灰度值。

• get_image_size(Image::: Width, Height)

作用:计算图像尺寸。

Image:输入的图像。

Width、Height:计算得到的图像的宽度和高度。

• get_domain(Image: Domain::)

作用:得到图像的定义域。

Image:输入图像。

Domain:得到图像的定义域。

• crop_domain(Image: ImagePart::)

作用:裁剪图像得到新图像。

Image:输入的图像。

ImagePart:裁剪后得到的新图像。

- get_grayval(Image::Row, Column: Grayval)

作用：获取图像像素点的灰度值。

Image：输入的图像。

Row、Column：像素点的行、列坐标。

Grayval：像素点的灰度值。

- set_grayval(Image::Row, Column, Grayval:)

作用：设置图像像素点的灰度值。

Row、Column：像素点的行、列坐标。

Grayval：像素点的灰度值。

【例 4-2】 图像其他常用算子相关实例。

```
*创建灰度值为零的图像
gen_image_const (Image, 'byte', 50, 50)
*计算图像尺寸
get_image_size (Image, Width, Height)
*指定图像像素为同一灰度值
gen_image_proto (Image, Image, 164)
*得到图像的定义域
get_domain (Image, Domain)
*裁剪图像得到新图像
crop_domain (Image, ImagePart)
*获取图像像素的灰度值
get _ grayval ( ImagePart, 10, 10, Grayval)
*设置图像像素点的灰度值
set_grayval (ImagePart, 10, 10, 255)
```

程序执行结果如图 4-3 所示。

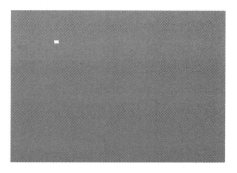

图 4-3　图像像素相关实例

4.2　HALCON Region 区域

4.2.1　Region 初步介绍

图像处理的任务之一就是识别图像中包含某些特性的区域，如执行阈值分割处理，因此我们至少还需要一种数据结构表示一幅图像中一个任意的像素子集。这里我们把区域定义为离散平面的一个任意子集：

$$r \subset Z^2 \tag{4-1}$$

在很多情况下将图像处理限制在图像上某一特定的感兴趣区域(ROI)内是极其有用的。我们可以视一幅图像为一个从某感兴趣区域到某一数据集的函数：

$$f: r \rightarrow R^n \tag{4-2}$$

这个感兴趣区域有时也被称为图像的定义域，因为它是图像函数 f 的定义域。我们可以将上述两种图像表示的方法统一：对任意一幅图像，可以用一个包含该图像所有像素点的矩形感兴趣区域来表示此图像，所以我们默认每幅图像都有一个用 r 来表示的感兴趣区域。

很多时候需要描述一幅图像上的多个物体，它们可以由区域的集合来简单地表示。从数学角度出发我们可以把区域描述成集合，如式(4-1)所示，还可以用区域的特征函数来表示：

$$\chi_R(r, c)=\begin{cases}1 & (r, c)\in R \\ 0 & (r, c)\notin R\end{cases} \tag{4-3}$$

这个定义引入了二值图像来描述区域。简而言之，区域就是某种具有结构体性质的二值图。

1. Image 图像转换成区域

1）利用阈值分割算子将 Image 图像转换成 Region 区域

算子格式为：

threshold(Image：Region：MinGray，MaxGray：)

作用：阈值分割图像获得区域。

Image：要进行阈值分割的图像。

Region：经过阈值分割得到的区域。

Mingray：阈值分割的最小灰度值。

MaxGray：阈值分割的最大灰度值。

区域的灰度值 g 满足：

$$\text{MinGray}\leqslant g\leqslant \text{MaxGray} \tag{4-4}$$

对彩色图像使用 threshold 算子最终只针对第一通道进行阈值分割，即使图像中有几个不相连的区域，threshold 也只会返回一个区域，即将几个不相连区域合并然后返回合并的区域。

【例 4-3】 阈值分割获得区域实例。

```
read_image (Image, 'mreut')
dev_close_window ()
get_image_size (Image, Width, Height)
dev_open_window (0, 0, Width, Height, 'white', WindowHandle)
dev_display (Image)
dev_set_color ('red')
* 阈值分割图像获得区域
threshold (Image, Region, 0, 130)
```

执行程序结果如图 4-4 所示。

(a) 原图

(b) 阈值分割图

图 4-4 图像阈值分割实例

使用灰度直方图能够确定阈值参数，步骤为：单击工具栏→选择灰度直方图→移动红色、绿色竖线修改参数→选择平滑选项→插入代码。

图 4-5(a)中黑色区域部分是图像对应的灰度直方图，上面提到的绿色竖线(阈值为 124 的竖线)、红色竖线(阈值为 184 的竖线)与横坐标交点的值对应阈值分割的最小与最大值，拖动绿色和红色竖线到达合适位置。对图像进行平滑处理需要选择平滑选项，然后向右拖动滚动条到达选定的平滑位置，如图 4-5(b)所示，单击插入代码，得到阈值分割算子 threshold(Image, Regions, 124, 184)。

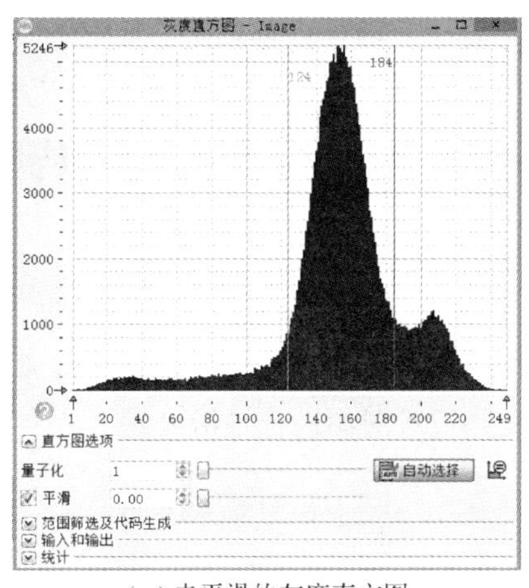

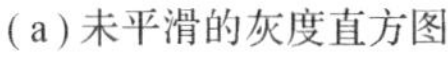
(a) 未平滑的灰度直方图

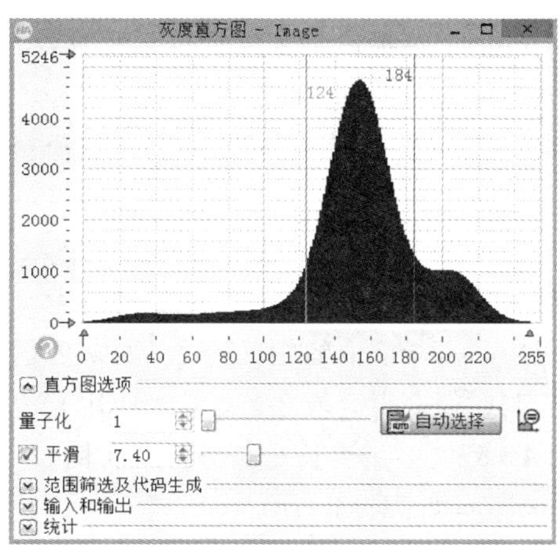

(b) 平滑后的灰度直方图

图 4-5　灰度直方图

【例 4-4】 灰度直方图确定阈值参数实例。

```
read_image (Image, 'mreut')
dev_close_window ()
get_image_size (Image, Width, Height)
dev_open_window (0, 0, Width, Height, 'white', WindowHandle)
dev_display (Image)
dev_set_color ('red')
* 阈值分割图像获得区域
threshold (Image, Regions, 124, 184)
```

程序执行结果如图 4-6 所示。

(a) 原图

(b) 阈值分割图

图 4-6　灰度直方图确定阈值参数

2) 利用区域生长法将图像转换成区域

算子格式为：

regiongrowing(Image：Regions：Row，Column，Tolerance，MinSize：)

作用：使用区域生长法分割图像获得区域。

Image：要进行分割的图像。

Regions：分割后获得的区域。

Row、Column：掩模的高和宽。

Tolerance：掩模内灰度值差小于等于某个值就认定是同一区域。

MinSize：单个区域的最小面积值。

如果 $g\{1\}$ 和 $g\{2\}$ 分别是测量图像与模板得到的两个灰度值，则灰度值满足下面的公式就属于同一区域：

$$|g\{1\}-g\{2\}|<\text{Tolerance} \tag{4-5}$$

区域生长分割图像的思路：在图像内移动大小为 Row×Column 的矩形模板，比较图像与模板中心点灰度值的相近程度，两灰度值差小于某一值则认为是同一区域，使用区域生长法分割图像获得区域之前，最好使用光滑滤波算子对图像进行平滑处理。

【例 4-5】 区域生长法获得区域实例。

```
read_image (Image, 'mreut')
dev_close_window ()
get_image_size (Image, Width, Height)
dev_open_window (0, 0, Width, Height, 'white', WindowID)
* 平滑图像
median_image (Image, ImageMedian, 'circle', 2, 'mirrored')
* 区域生长法分割图像获得区域
regiongrowing (ImageMedian, Regions, 1, 1, 2, 100)
```

程序执行结果如图 4-7 所示。

(a) 原图

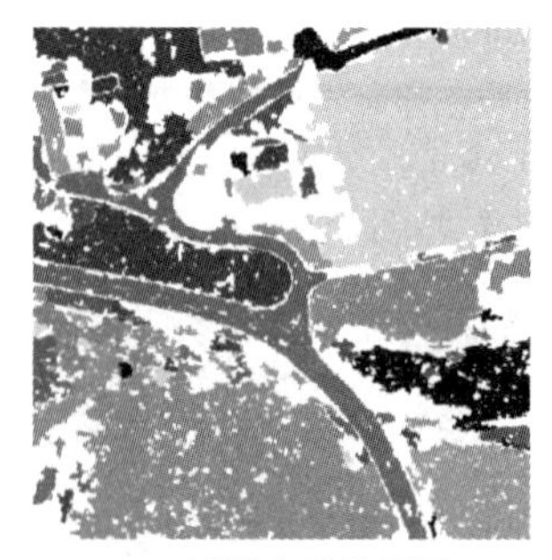

(b) 区域生长结果图

图 4-7 区域生长法获得区域

HALCON 可以通过算子获得指定区域的灰度直方图，并将获得的直方图转换成区域。

- gray_histo(Regions，Image：：：AbsoluteHisto，RelativeHisto)

作用：获得图像指定区域的灰度直方图。

Regions：计算灰度直方图的区域。

Image：计算灰度直方图区域所在的图像。

AbsoluteHisto：各灰度值出现的次数。

RelativeHisto：各灰度值出现的频率。

• gen_region_histo(：Region：Histogram，Row，Column，Scale：)

作用：将获得的灰度直方图转换为区域。

Region：包含灰度直方图的区域。

Histogram：输入的灰度直方图。

Row、Column：灰度直方图的中心坐标。

Scale：灰度直方图的比例因子。

【例 4-6】 获得图像指定区域灰度直方图的实例。

```
read_image (Image, 'fabrik')
dev_close_window ()
get_image_size (Image, Width, Height)
dev_open_window (0, 0, Width, Height, 'black', WindowID)
dev_display (Image)
dev_set_draw ('margin')
dev_set_color ('red')
* 创建平行坐标轴的矩形
gen_rectangle1 (Rectangle1, 351, 289, 407, 340)
dev_set_color ('green')
gen_rectangle1 (Rectangle2, 78, 178, 144, 244)
* 获得指定区域的灰度直方图
gray_histo (Rectangle1, Image, AbsoluteHisto1, RelativeHisto1)
gray_histo (Rectangle2, Image, AbsoluteHisto2, RelativeHisto2)
dev_set_color ('red')
* 将创建的灰度直方图转换为区域
gen_region_histo (Histo1, AbsoluteHisto1, 255, 255, 1)
dev_set_color ('green')
gen_region_histo (Histo2, AbsoluteHisto2, 255, 255, 1)
```

程序执行结果如图 4-8 所示。

图 4-8　绘制指定区域直方图

2. Region 的特征

可以使用特征检测对话框查看Region的特征。

单击工具栏中的“特征检测”，在弹出的对话框中选择 region，可以看到Region的不同特征属性及相对应的数值，如图 4-9 所示。

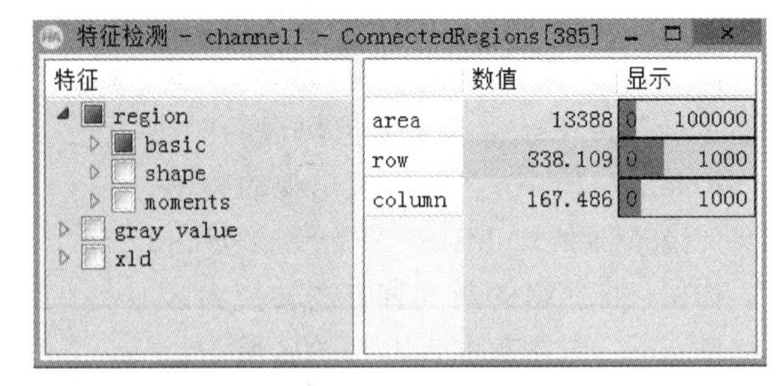

图 4-9　特征检测窗口

Region 的特征主要有以下三个部分：

(1) 基础特征：Region 的面积、中心、宽高、左上角与右下角坐标、长半轴、短半轴、椭圆方向、粗糙度、连通数、最大半径、方向等。

(2) 形状特征：外接圆半径、内接圆半径、圆度、紧密度、矩形度、凸性、偏心率、外接矩形的方向等。

(3) 几何矩特征：二阶矩、三阶矩、主惯性轴等。

将 Image 转换成 Region 以后有时需要按形状特征选取符合条件的区域，算子为

select_shape(Region: SelectedRegions: Features, Operation, Min, Max:)

作用：选取指定形状特征的区域。

Region：输入的区域。

SelectedRegions：满足条件的区域。

Features：选择的形状特征，如表 4-1 所示。

Operation：单个特征的逻辑类型(and、or)。

Min、Max：形状特征的取值范围。

表 4-1　区 域 特 征

特征名称	英文描述	中文描述
area	Area of the object	对象的面积
row	Row index of the center	中心点的行坐标
column	Column index of the center	中心点的列坐标
width	Width of the region	区域的宽度
height	Height of the region	区域的高度
row1	Row index of upper left corner	左上角行坐标
column1	Column index of upper left corner	左上角列坐标
row2	Row index of lower right corner	右下角行坐标
column2	Column index of lower right corner	右下角列坐标
circularity	Circularity	圆度
compactness	Compactness	紧密度
contlength	Total length of contour	轮廓线总长度
convexity	Convexity	凸性

续表

特征名称	英文描述	中文描述
rectangularity	Rectangularity	矩形度
ra	Main radius of the equivalent ellipse	等效椭圆长轴半径长度
rb	Secondary radius of the equivalent ellipse	等效椭圆短轴半径长度
phi	Orientation of the equivalent ellipse	等效椭圆方向
outer_radius	Radius of smallest surrounding circle	最小外接圆半径
inner_radius	Radius of largest inner circle	最大内接圆半径
connect_num	Number of connection component	连通数
holes_num	Number of holes	区域内洞数

使用 select_shape 算子前需要使用 connection 算子来计算区域的连通部分，格式为

connection(Region：ConnectedRegions::)

作用：计算一个区域中连通的部分。

Region：输入的区域。

ConnectedRegions：得到的连通区域。

算子 select_shape 可以通过 set_system('neighborhood'，〈4/8〉)提前设置选择Region连通的形式，默认值为 8 邻域，使用默认值有利于确定前景的连通。返回的连通区域的最大数量可以通过 set_system('max_connection'，〈Num〉)提前设置。connection 算子的逆运算符是 union1，使用 union1 算子能够将不相连的区域合并成一个区域。

3. 区域转换

通过形状特征选取区域，将得到的区域转换成其他规则形状的区域，区域转换算子为

shape_trans(Region：RegionTrans：Type：)

作用：将区域转换成其他规则形状。

Region：要转换的区域。

RegionTrans：转换后的区域。

Type：转换类型，选项如下：

① convex：凸区域。

② ellipse：与输入区域有相同矩的椭圆区域。

③ outer_circle：最小外接圆。

④ inner_circle：最大内接圆。

⑤ rectangle1：平行于坐标轴的最小外接矩形。

⑥ rectangle2：任意方向最小外接矩形。

⑦ inner_rectangle1：平行于坐标轴的最大内接矩形。

⑧ inner_rectangle2：任意方向最大内接矩形。

区域转换部分图形说明如图 4-10 所示。

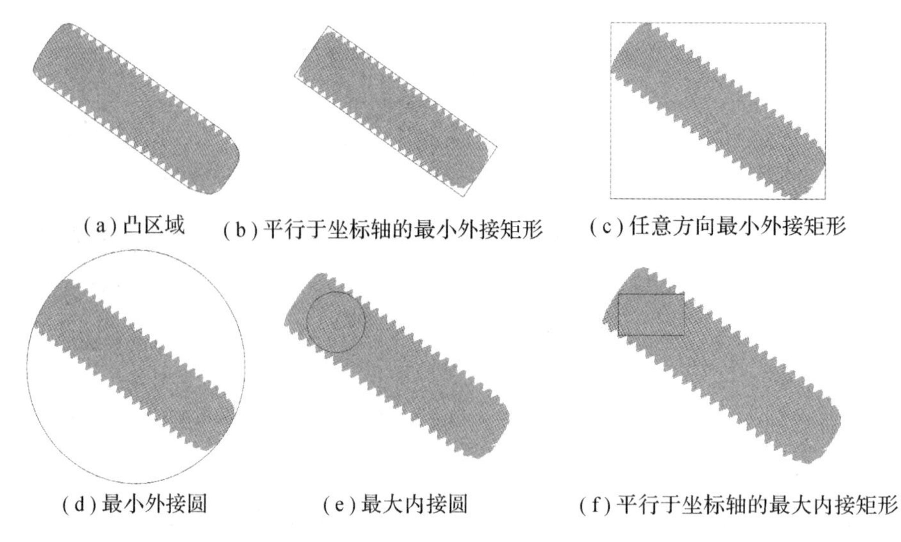

图 4-10 区域转换图形说明

4. 区域运算

算子说明:

- union1(Region: RegionUnion::)

作用:返回所有输入区域的并集。

Region:想要进行合并的区域。

RegionUnion:得到区域的并集。

- union2(Region1, Region2: RegionUnion::)

作用:把两个区域合并成一个区域。

Region1:要合并的第一个区域。

Region2:要合并的第二个区域。

RegionUnion:合并两区域后得到的区域。

- difference(Region, Sub: RegionDifference::)

作用:计算两个区域的差集。

Region:输入的区域。

Sub:要从输入的区域中减去的区域。

RegionDifference:得到区域的差集,RegionDifference=Region-Sub。

- complement(Region: RegionComplement::)

作用:计算区域的补集。

Region:输入的区域。

RegionComplement:得到区域的补集。

【例 4-7】 区域运算实例。

```
read_image (Image, 'largebw1.tif')
*阈值分割
threshold (Image, Region, 200, 255)
*计算区域连通的部分
```

```
connection (Region, ConnectedRegions)
* 按特征选取区域
select_shape (ConnectedRegions, SelectedRegions,
'area', 'and', 999999, 9999999)
* 联合有连通性质的区域
union1 (SelectedRegions, RegionUnion1)
* 合并两个区域
union2 (RegionUnion1, Region, RegionUnion)
* 计算两个区域的差
difference (Region, RegionUnion1, RegionDifference)
* 计算区域的补集
complement (RegionDifference, RegionComplement)
```

执行程序，图像变量窗口如图 4-11 所示。

图 4-11 图像变量窗口

4.2.2 Region 的点线

1. 生成点线区域

图像最基本的构成元素是像素点，在 HALCON 里面点可以用坐标(Row，Column)表示，图像窗口左上角为坐标原点，向下为行(Row)增加，向右为列(Column)增加。首先生成一个点区域，生成点区域的算子为

gen_region_points(：Region：Rows，Columns：)

作用：生成坐标指定的点区域。

Region：生成的区域。

Rows、Columns：区域中像素点的行列坐标。

令 Row :=100，Col :=100，执行 gen_region_points 算子后在图形窗口显示生成的点坐标是(100，100)。更改 Row 和 Col 为 Row :=[100，110]，Col :=[100，110]，执行 gen_region_points 算子生成两个点，生成的两个点坐标是(100，100)和(110，110)，如图 4-12 所示。

(a) 显示一个点

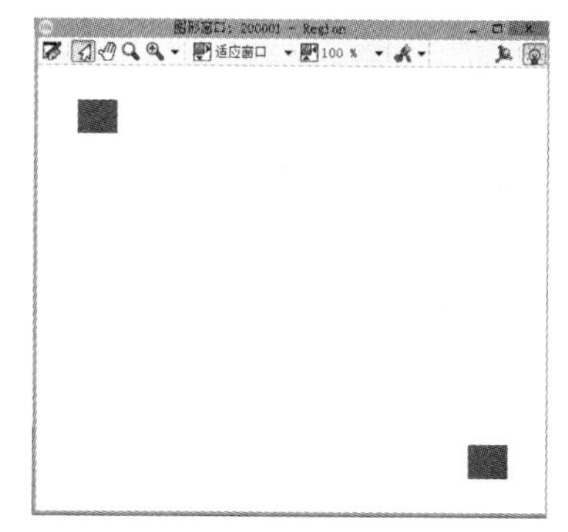

(b) 显示两个点

图 4-12 点区域的显示

线是由点构成的，这里的线是图像像素中的线，数学意义的线没有宽度，这里的线是有宽度的。

下面使用 disp_line 算子在窗口中画线，其格式为

disp_line(: : WindowHandle, Row1, Column1, Row2, Column2 :)

作用：在窗口中画线。

WindowHandle：要显示的窗口句柄。

Row1、Column1、Row2、Column2：线的开始点与结束点坐标。

disp_有关的算子不能适应图形窗口的放大与缩小操作，滚动鼠标滚轮放大缩小图形窗口时线就会消失。disp_line 生成的线不能保存，想要生成可以保存的线，可以使用 gen_region_line 算子，其格式为

gen_region_line(: RegionLines : BeginRow, BeginCol, EndRow, EndCol :)

作用：根据两个像素坐标生成线。

RegionLines：生成的线区域。

BeginRow、BeginCol：线的开始点坐标。

EndRow、EndCol：线的结束点坐标。

使用 gen_region_line 算子生成的线是可以保存的，不管怎么放大缩小线区域都存在。这里的线是以像素点为基础的线区域，可以看到图像窗口内的线是由一个个像素块连接而成的，如图 4-13 所示。

生成点和线以后可以通过算子获得点和线的坐标，其格式为：

get_region_points(Region : : : Rows, Columns)

作用：获得区域的像素点坐标。

Region：要获得坐标的区域。

Rows、Columns：获得区域的像素点坐标。

使用 gen_region_lines 算子生成线，然后使用 get_region_points 得到已生成线上的所有像素点的坐标。gen_相关的算子某种程度上与 get_相关的算子是可逆的，一个是根据点坐标生成区域，一个是根据生成的区域得到各点的坐标。线坐标由一系列连续点坐标构成，这些点保存在 tuple 数组内，如图 4-14 所示。

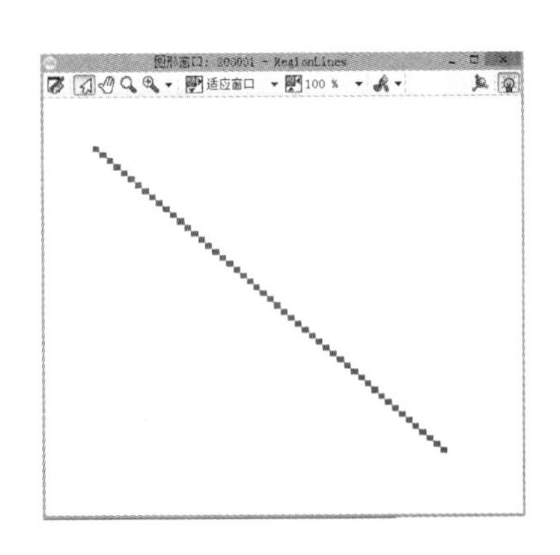

图 4-13 线区域的显示

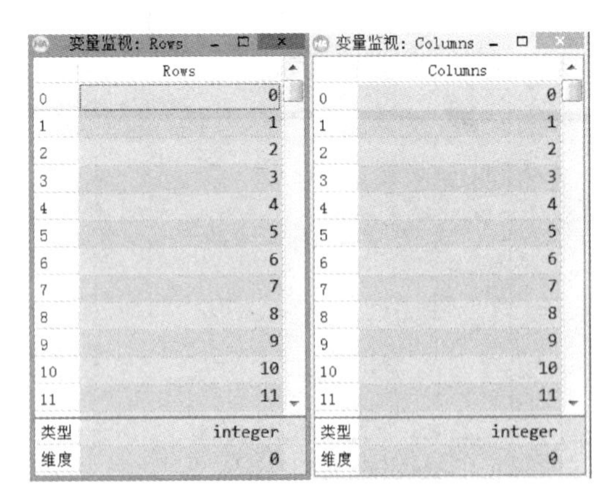

图 4-14 变量监控

判断两条直线是否相交可以使用 intersection 算子：

intersection(Region1, Region2 : RegionIntersection : :)

作用：获得两个区域的交集。

Region1、Region2：参与交集运算的两个区域。

RegionIntersection：得到两个区域的交集。

【例 4-8】 区域交集实例。

```
dev_open_window (0, 0, 512, 512, 'black', WindowHandle)
* 根据两个像素坐标生成线
gen_region_line (RegionLines, 100, 70, 100, 130)
gen_region_line (RegionLines1, 70, 120, 120, 90)
dev_set_color ('yellow')
* 获得两个区域的交集
intersection (RegionLines, RegionLines1, RegionIntersection)
* 获得区域的像素点坐标
get_region_points (RegionIntersection, Rows, Columns)
```

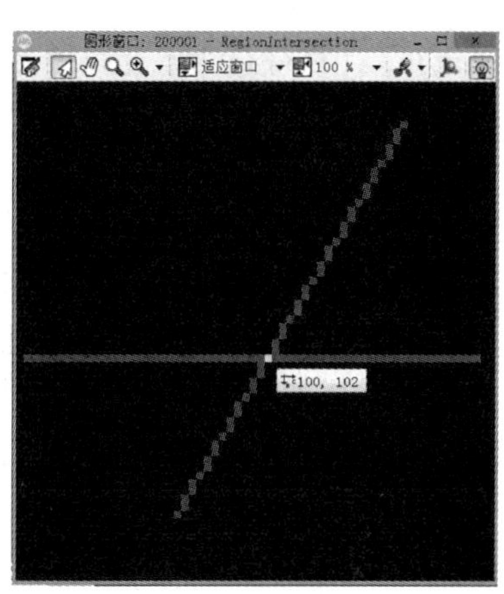

图 4-15　区域交集

执行程序，结果如图 4-15 所示。

2. 区域的方向

方向是区域的基本特征，下面几个算子与区域方向有关。

- line_orientation(: : RowBegin, ColBegin, RowEnd, ColEnd : Phi)

作用：计算直线的方向。

RowBegin、ColBegin、RowEnd、ColEnd：线的开始点与结束点坐标。

Phi：计算得到的角度，角度范围为 $-\pi/2 \leqslant Phi \leqslant \pi/2$。

线可以理解为比较特殊的区域，计算区域的方向可以使用 orientation_region 算子。

- orientation_region(Regions : : : Phi)

作用：计算区域的方向。

Regions：要计算方向的区域。

Phi：计算得到区域的方向。

orientation_region 算子获得的角度是弧度值（范围是 $-\pi \leqslant Phi \leqslant \pi$），计算用到等效椭圆法求角度（等效椭圆稍后会提及），计算得到的区域角度是与水平轴正向的夹角。区域方向与水平轴正向的夹角有两个，一个为顺时针方向，一个为逆时针方向。如果最远点的列坐标小于中心列坐标，那么角度选择逆时针方向的角度。如果最远点的列坐标大于中心列坐标，那么角度选择顺时针方向的角度。

line_orientation 与 orientation_region 都是求方向，不同之处在于：

line_orientation 算子求取对象为直线上的两点坐标，角度范围为 $-\pi/2 \leqslant phi \leqslant \pi/2$，理论依据为求两点倾斜角度。

orientation_region 求取对象为区域，角度范围为 $-\pi \leqslant phi \leqslant \pi$，理论依据为等效椭圆求角度。

求两条直线的夹角可以使用 angle_ll 算子。

• angle_ll(::RowA1, ColumnA1, RowA2, ColumnA2, RowB1, ColumnB1, RowB2, ColumnB2: Angle)

作用:计算两条直线的夹角。

RowA1、ColumnA1、RowA2、ColumnA2:输入线段 A 的开始点与结束点。

RowB1、ColumnB1、RowB2、ColumnB2:输入线段 B 的开始点与结束点。

Angle:计算得到两条直线的夹角,弧度范围为 $-\pi \leqslant Angle \leqslant \pi$。

计算得到的角度开始于直线 A、终止于直线 B,顺时针为负、逆时针为正。使用 line_position算子可以求线段的中心、长度与方向。

• line_position(::RowBegin, ColBegin, RowEnd, ColEnd: RowCenter, ColCenter, Length, Phi)

作用:计算线段的中心、长度和方向。

RowBegin、ColBegin、RowEnd、ColEnd:线段的开始点与结束点坐标。

RowCenter、ColCenter:计算得到线段的中心点坐标。

Length、Phi:计算得到线段的长度与角度。

【例 4-9】 区域方向实例。

```
read_image (Clips, 'clip')
dev_close_window ()
get_image_size (Clips, Width, Height)
dev_open_window (0, 0, Width , Height , 'white', WindowID)
RowA1 :=255
ColumnA1 :=10
RowA2 :=255
ColumnA2 :=501
dev_set_color ('black')
disp_line (WindowID, RowA1, ColumnA1, RowA2, ColumnA2)
RowB1 :=255
ColumnB1 :=255
for i :=1 to 360 by 1
RowB2 :=255 + sin(rad(i)) * 200
ColumnB2 :=255 + cos(rad(i)) * 200
disp_line (WindowID, RowB1, ColumnB1, RowB2, ColumnB2)
* 生成直线
gen_region_line (RegionLines1, RowB1, ColumnB1, RowB2, ColumnB2)
* 计算区域的方向
orientation_region (RegionLines1, Phi1)
* 计算直线的方向
line_orientation (RowB1, ColumnB1, RowB2, ColumnB2, Phi2)
* 计算线段的中心、长度和方向
line_position (RowB1, ColumnB1, RowB2, ColumnB2, RowCenter, ColCenter,
            Length1, Phi3)
```

```
* 计算两条直线的夹角
angle_ll (RowA1, ColumnA1, RowA2, ColumnA2, RowB1, ColumnB1, RowB2,
        ColumnB2, Angle)
endfor
stop()
threshold (Clips, Dark, 0, 70)
connection (Dark, Single)
dev_clear_window ()
select_shape (Single, Selected, 'area', 'and', 5000, 10000)
orientation_region (Selected, Phi)
area_center (Selected, Area, Row, Column)
dev_set_color ('red')
dev_set_draw ('margin')
dev_set_line_width (7)
Length :=80
disp_arrow (WindowID, Row, Column, Row +cos(Phi + 1.5708) * Length, Column +
            sin(Phi + 1.5708) * Length, 3)
```

执行程序，结果如图 4 - 16 所示。

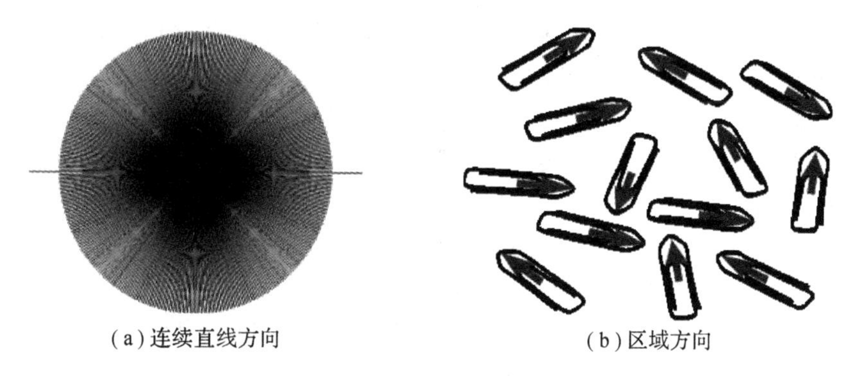
(a)连续直线方向　　(b)区域方向

图 4 - 16 区域方向

3. 区域的距离

实际应用中很多时候需要计算点到点的距离、点到线的距离、线到线的距离、区域到区域的距离等，下面给出计算区域距离的几个典型算子。

计算点到点的距离使用 distance_pp 算子。

• distance_pp(: : Row1, Column1, Row2, Column2 : Distance)

作用：计算点到点的距离。

Row1、Column1，Row2、Column2：参与计算的两个点的坐标。

Distance：两点之间的距离。

使用 distance_pl 算子计算点到线及线到线的距离。

• distance_pl(: : Row, Column, Row1, Column1, Row2, Column2 : Distance)

作用：计算点到线的距离。

Row、Column：参与计算的点的坐标。

Row1、Column1，Row2、Column2：输入线的开始点与结束点的坐标。

Distance：点到线的距离。

- distance_ps (::Row，Column，Row1，Column1，Row2，Column2：DistanceMin，DistanceMax)

作用：计算点到线段的距离。

Row、Column：参与计算的点的坐标。

Row1、Column1，Row2、Column2：输入线段的开始点与结束点的坐标。

DistanceMin、DistanceMax：得到点到线段的最近距离与最远距离。

distance_pl 算子计算点到线的距离，distance_ps 算子计算点到线段的距离。直线是可以向两边延伸的，线段是一个固定的区域，不能延伸。

使用 distance_rr_min 算子计算两个区域之间的最近距离。

- distance_rr_min (Regions1，Regions2:::MinDistance，Row1，Column1，Row2，Column2)

作用：计算区域到区域的最近距离和对应的最近点。

Regions1、Regions2：参与计算的两个区域。

MinDistance：得到区域到区域的最近距离。

Row1、Column1：两区域最近距离的线段与 Regions1 区域的交点坐标。

Row2、Column2：两区域最近距离的线段与 Regions2 区域的交点坐标。

- distance_lr (Region::Row1，Column1，Row2，Column2：DistanceMin，DistanceMax)

作用：计算线到区域的最近距离和最远距离。

Region：参与计算的区域。

Row1、Column1，Row2、Column2：输入线的开始点与结束点的坐标。

DistanceMin、DistanceMax：线到区域的最近距离和最远距离。

- distance_sr (Region::Row1，Column1，Row2，Column2：DistanceMin，DistanceMax)

作用：计算线段到区域的最近距离和最远距离。

Region：参与计算的区域。

Row1、Column1、Row2，Column2：输入线段的开始点与结束点的坐标。

DistanceMin、DistanceMax：线段到区域的最近距离和最远距离。

【例 4-10】 区域距离实例。

```
dev_open_window (0, 0, 512, 512, 'black', WindowHandle)
dev_set_color ('red')
* 生成点区域
gen_region_points (Region, 100, 100)
* 获得点区域的坐标
get_region_points (Region, Rows, Columns)
* 画线
disp_line (WindowHandle, Rows, Columns, 64, 64)
* 生成直线区域
```

```
gen_region_line (RegionLines, 100, 50, 150, 250)
gen_region_line (RegionLines3, 45, 150, 125, 225)
* 获得直线区域的坐标
get_region_points (RegionLines, Rows2, Columns2)
gen_region_line (RegionLines1, Rows, Columns, 150, 130)
* 求两条直线区域的交点
intersection (RegionLines, RegionLines1, RegionIntersection)
* 得到交点的坐标
get_region_points (RegionIntersection, Rows1, Columns1)
* 获得直线区域的方向
line_orientation (Rows, Columns, Rows1, Columns1, Phi)
gen_region_line (RegionLines2, Rows, Columns, Rows1, Columns1)
* 获得直线区域的方向
orientation_region (RegionLines2, Phi1)
* 计算线段的中心、长度和方向
line_position (Rows, Columns, Rows1, Columns1, RowCenter, ColCenter,
               Length, Phi2)
* 计算点到点的距离
distance_pp (Rows, Columns, Rows1, Columns1, Distance)
* 计算点到线的距离
distance_pl (200, 200, Rows, Columns, Rows1, Columns1, Distance1)
* 计算点到线段的距离
distance_ps (200, 200, Rows, Columns, Rows1, Columns1, DistanceMin,
             DistanceMax)
* 计算 Region 到 Region 的最近距离和对应的最近点
distance_rr_min (RegionLines2, RegionLines3, MinDistance, Row1,
                 Column1, Row2, Column2)
distance_lr (RegionLines2, 45, 150, 125, 225, DistanceMin1, DistanceMax1)
distance_sr (RegionLines2, 45, 150, 125, 225, DistanceMin2, DistanceMax2)
```

执行程序，结果如图 4 - 17 所示。

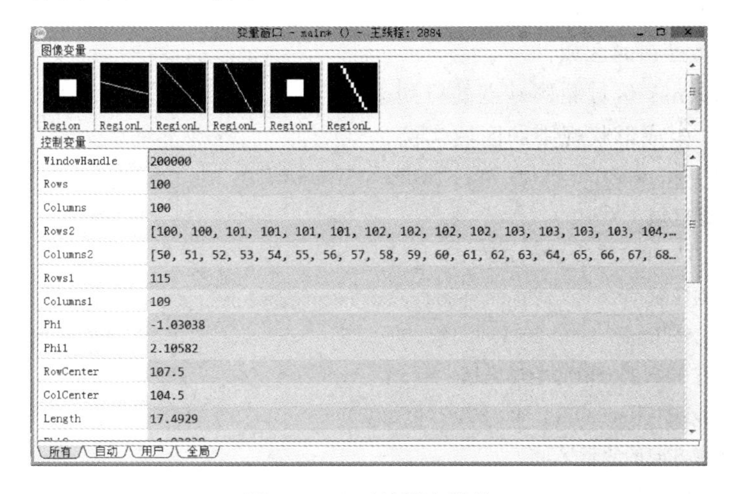

图 4 - 17　区域距离数值

4. 生成形状规则的区域

形状规则的区域是指圆形区域、椭圆区域、矩形区域等，下面介绍几个生成形状规则的区域的算子。

- gen_circle(: Circle: Row, Column, Radius:)

作用：生成圆形区域。

Circle：生成的圆形区域。

Row、Column：圆的中心行、列坐标。

Radius：圆的半径值。

- gen_ellipse(: Ellipse: Row, Column, Phi, Radius1, Radius2:)

作用：生成椭圆形区域。

Ellipse：生成的椭圆区域。

Row、Column：椭圆的中心行、列坐标。

Phi：椭圆相对于 x 轴正方向的夹角。

Radius1、Radius2：椭圆的长半轴长度与短半轴长度。

- gen_rectangle1(: Rectangle: Row1, Column1, Row2, Column2:)

作用：生成平行于 x 坐标轴的矩形区域。

Rectangle：生成的矩形区域。

Row1、Column1，Row2、Column2：矩形左上角与右下角处点的行、列坐标。

- gen_rectangle2(: Rectangle: Row, Column, Phi, Length1, Length2:)

作用：生成任意方向的矩形区域。

Rectangle：生成的矩形区域。

Row、Column：矩形区域中心行、列坐标。

Phi：矩形区域相对于 x 轴正方向的夹角。

Length1、Length2：矩形半长与半宽的数值。

- gen_region_polygon(: Region: Rows, Columns:)

作用：将多边形转换为区域。

Region：转换得到的区域。

Rows、Columns：区域轮廓基点的行列坐标。

【例 4-11】 生成形状规则的区域实例。

```
dev_open_window (0, 0, 512, 512, 'white', WindowID)
* 生成圆形区域
gen_circle (Circle, 200, 200, 100.5)
* 生成椭圆区域
gen_ellipse (Ellipse, 200, 200, 0, 100, 60)
* 创建平行于x坐标轴的矩形区域
gen_rectangle1 (Rectangle, 30, 20, 100, 200)
* 创建任意方向的矩形区域
gen_rectangle2 (Rectangle1, 300, 200, 15, 100, 20)
```

```
Button :=1
Rows :=[]
Cols :=[]
dev_set_color ('red')
dev_clear_window ()
while (Button == 1)
get_mbutton (WindowID, Row, Column, Button)
Rows :=[Rows, Row]
Cols :=[Cols, Column]
disp_circle (WindowID, Row, Column, 3)
endwhile
dev_clear_window ()
* 将多边形转换为区域
gen_region_polygon (Region, Rows, Cols)
dev_display (Region)
```

执行程序，结果如图 4-18 所示。

图 4-18　生成形状规则的区域

4.2.3　Region 的行程

1. 区域行程的理论基础

行程编码(又称游程编码)是相对简单的编码技术。行程编码的主要思路是将一个相同值的连续串用一个代表值和串长来代替。例如，有一个字符串"aaabccddddd"，行程编码可以用"3a1b2c5d"来表示。图 4-19 是区域，表 4-2 是根据图 4-19 的区域得到的行程编码表。

区域从第 1 行第 1 列到第 4 列构成第 1 个行程；

区域从第 2 行第 2 列到第 2 列构成第 2 个行程；

区域从第 2 行第 4 列到第 5 列构成第 3 个行程；

区域从第3行第2列到第5列构成第4个行程。

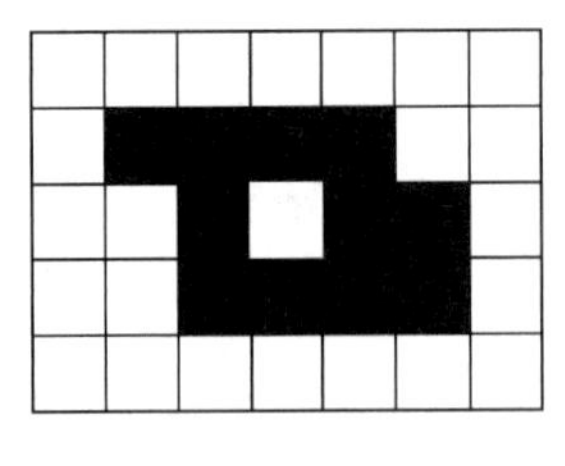

图4-19 区域

表4-2 区域行程编码表

行程	行	开始列	结束列
1	1	1	4
2	2	2	2
3	2	4	5
4	3	2	5

行程分析：

(1) 行方向构成行程，即不同的行就是不同的行程；

(2) 行程长度为结束列－开始列＋1；

(3) 一个行程只能有一个区域，但是一个区域可以有多个行程；

(4) 相邻两行的行程可以按照四连通或者八连通构成一个区域。

区域可以表示为该区域全部行程的一个并集：

$$R=\bigcup_{i=1}^{n} r_i \tag{4-6}$$

此处r_i表示一个行程，也可以表示一个区域。在图4-19中，如果每个像素占用一个字节，那么采用二值图像来描述区域要占用35个字节；如果每个像素占用一位，那么采用二值图像来描述此区域需要占用5个字节。采用行程编码表示此区域时，如果区域的坐标值保存在16位整数中，那么只需要24个字节即可，虽然与每个像素只占一个位的二值图像相比，行程编码没有节约任何存储空间，但同每像素占用一个字节的二值图像相比，行程编码已节省了存储空间。究其原因，是在应用行程编码的过程中，仅需存储区域的边界信息，而无须保存整个区域的所有细节，这种压缩信息的方式有效地减少了所需的存储空间。

一般来说，区域边界上的点的数量与区域面积的平方根成比例。由于二值图像法至少需要保存区域外接矩形内所有像素点，所以同二值图像法相比，使用行程编码通常会明显减少存储空间的使用。例如，对于一个$w\times h$的矩形区域，采用行程编码只需要存储h个行程，而二值图像需要保存$w\times h$个像素点(即$w\times h$或$w\times h/8$个字节，取决于二值图像中每个像素是占一个字节还是一位)。同理，直径是d的圆采用行程编码只需保存d个行程，而二值法需要保存$d\times d$个像素。通过说明能够看出，采用行程编码通常可以显著地降低内存的使用。

第2章对连通性进行了描述，很多时候需要在用行程法描述的区域上计算连通区域的数目，依据连通性的定义判断两个行程是否交叠。

2. 区域行程有关算子说明

• gen_region_runs(: Region : Row, ColumnBegin, ColumnEnd :)

作用：根据同行坐标值生成同行行程。

Region：生成的同行行程区域。

Row：生成的区域所在的行。

ColumnBegin、ColumnEnd：生成的区域开始列与结束列。

根据所在的行、开始列及结束列生成区域。这里的参数 Row 可以是数组。例如，使用 gen_region_runs(Region1，[100，120]，[50，50]，[100，100])算子生成的实际上是一个区域，如果考虑连通区域则，生成的就是两个区域，如图 4-20 所示。

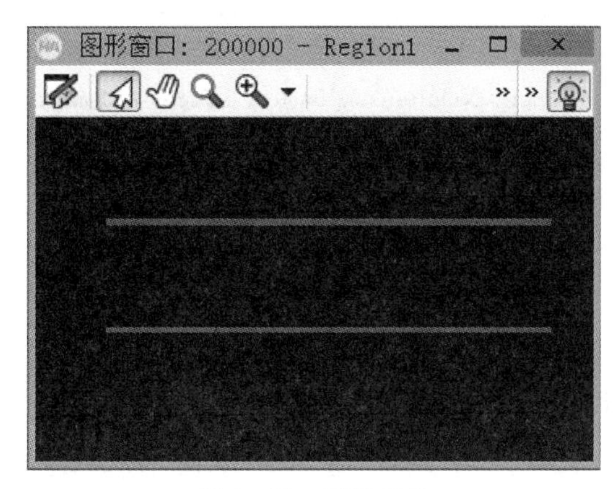

图 4-20　区域行程

生成行程区域以后，可以使用 get_region_runs 算子获得行程坐标。

• get_region_runs(Region:::Row，ColumnBegin，ColumnEnd)

作用：获得区域的行程坐标。此算子与 gen_region_runs 算子为互逆运算操作。

Region：计算行程坐标的区域。

Row：区域所在的行。

ColumnBegin、ColumnEnd：区域所在开始列与结束列。

• runlength_features (Regions:::NumRuns，KFactor，LFactor，MeanLength，Bytes)

作用：统计区域行程的特征。

Regions：将要消除的区域对象。

NumRuns：行程个数。

KFactor、LFactor：K 特征与 L 特征。

$$\text{KFactor}=\frac{\text{NumRuns}}{\sqrt{\text{Area}}} \tag{4-7}$$

K 特征等于行程个数除以区域面积的开方，L 特征等于平均每行所包含的个数。

MeanLength：行程平均长度。

Bytes：行程编码所占内存大小。

想消除一定长度的行程可以使用算子 eliminate_runs。

• eliminate_runs(Region：RegionClipped：ElimShorter，ElimLonger：)

作用：消除长度小于 ElimShorter 和长度大于 ElimLonger 的行程。

Region：想消除一定行程所在的区域。

RegionClipped：消除行程后获得的区域。

ElimShorter：保留行程长度的最小值。

ElimLonger：保留行程长度的最大值。

【例4-12】 区域行程实例。

```
* 根据同行坐标生成行程区域
gen_region_runs (Region, 100, 50, 200)
* 获得行程区域坐标
get_region_runs (Region, Row, ColumnBegin, ColumnEnd)
* 统计区域行程特征
runlength_features (Region, NumRuns, KFactor, LFactor, MeanLength, Bytes)
dev_clear_window ()
* 生成圆
gen_circle (Circle, 200, 200, 100.5)
set_system ('neighborhood', 8)
* 消除指定长度的行程
eliminate_runs (Circle, RegionClipped, 100, 205)
```

执行程序，结果如图4-21所示。

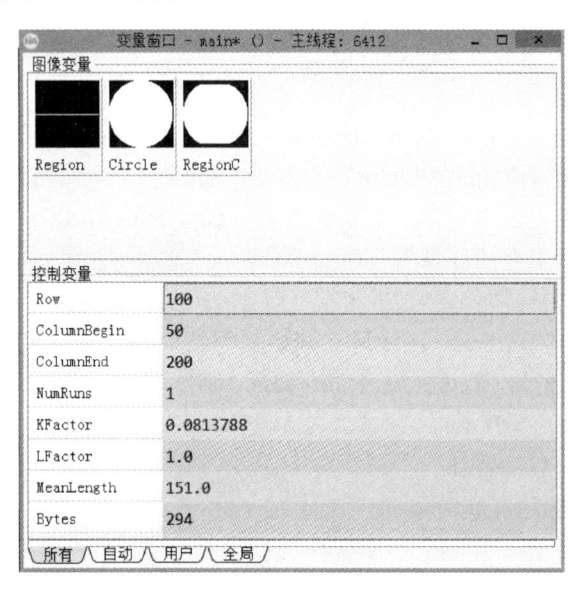

图4-21 行程实例

4.2.4 Region的区域特征

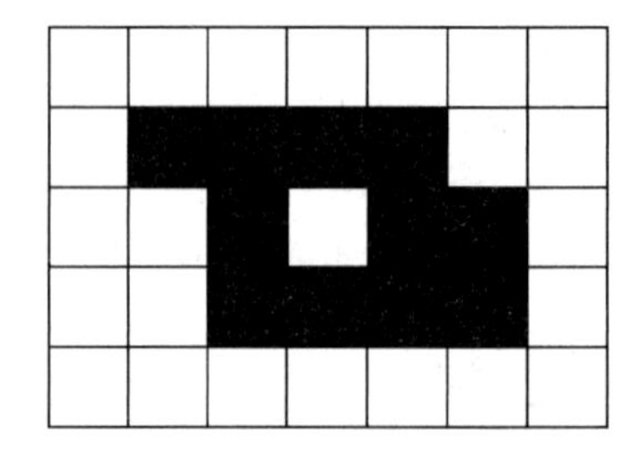

图4-22 区域

1. 区域的面积与中心特征

1) 区域的面积

区域面积等于区域包含像素点个数，对于图4-22所示的区域求黑色区域面积。

方法1：把像素点一个一个加起来。区域面积为11。

方法2：利用行程求面积，区域面积等于各行程像素数的和。第1个行程像素数为4，第2个行程像素数为1，第3个行程像素数为2，第4个行程像素数为4，即区域面积等于4+1+2+4=11。

2）区域的中心

区域的中心坐标是计算区域内所有像素点坐标的平均值。中心点行坐标等于区域内所有像素点行坐标相加的和除以面积，中心点列坐标等于区域内所有像素点列坐标相加的和除以面积。

对于图 4-22 所示的区域，中心点行坐标计算公式为

$$\text{Row}=\frac{1+1+1+1+2+2+2+3+3+3+3}{11}=2.0 \tag{4-8}$$

中心列坐标计算公式为

$$\text{Column}=\frac{1+2+2+2+3+3+4+4+4+5+5}{11}=3.182 \tag{4-9}$$

利用 area_center 算子可以求取区域的面积和中心坐标，其格式为

area_center(Regions : : Area, Row, Column)

作用：得到区域的面积与中心坐标。

Regions：进行计算的区域。

Area：计算得到区域面积。

Row、Column：计算得到区域的中心行、列坐标。

2. 区域矩特征

矩特征主要表征图像区域的几何特征，又称为几何矩。由于其具有旋转、平移、尺度等不变特征，因此又称为不变矩。在图像处理中不变矩可以作为一个重要的特征来表示区域。

$p+q$ 阶特征矩 $m_{p,q}$ 的公式为

$$m_{p,q}=\sum_{(r,c)\in R} r^p c^q \tag{4-10}$$

其中，(r, c)表示区域内点的坐标，R 表示区域，p、q 表示行、列坐标的次幂。

通过式(4-10)可知，区域面积就是(0, 0)阶特征矩，即

$$a=\sum_{(r,c)\in R} r^0 c^0 \tag{4-11}$$

其中，a 为面积。

图 4-22 所示区域的特征矩计算公式为

$$m_{p,q}=1^p1^q+1^p2^q+1^p3^q+1^p4^q+2^p2^q+2^p4^q+2^p5^q+3^p2^q+3^p3^q+3^p4^q+3^p5^q \tag{4-12}$$

对于特征选取，我们期望一些特征可以不随物体大小变化而变化，考虑用特征矩除以面积即可得到我们想要的归一化矩：

$$n_{p,q}=\frac{1}{a}\sum_{(r,c)\in R} r^p c^q \tag{4-13}$$

由式(4-13)可以得出区域中心是一阶归一化矩。由区域归一化矩公式可以得到区域的重心公式：

$$(n_{1,0}, n_{0,1})=\left(\frac{1}{a}\sum_{(r,c)\in R} r^1 c^0, \frac{1}{a}\sum_{(r,c)\in R} r^0 c^1\right) \tag{4-14}$$

值得注意的是，尽管重心是从像素精度的数据计算得到的，但它是一个亚像素精度特征。

对于特征选取，我们期望一些特征可以不随图像的位置变化而变化。将归一化矩减去重心就得到了中心矩：

$$\mu_{p,q}=\frac{1}{a}\sum_{(r,c)\in R}(r-n_{1,0})^{p}(c-n_{0,1})^{q} \quad (4-15)$$

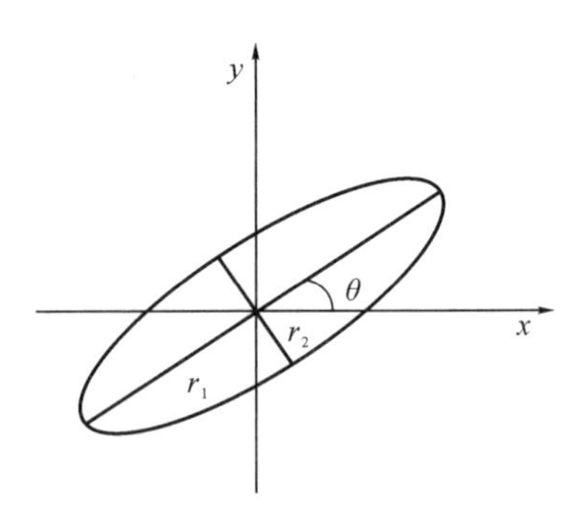

图 4-23 椭圆几何参数

3. 区域等效椭圆特征

二阶中心矩的一个重要应用就是可以定义一个区域的方向与范围，而区域的方向和范围可以用等效椭圆来表示。椭圆各参数如图 4-23 所示，其中的等效椭圆中心与区域中心一致，椭圆的长半轴 r_1 与短半轴 r_2 以及相对于 x 轴正方向的夹角 θ 可以通过二阶矩算出：

$$r_1=\sqrt{2\left(\mu_{2,0}+\mu_{0,2}+\sqrt{(\mu_{2,0}-\mu_{0,2})^2+4\mu_{1,1}^2}\right)} \quad (4-16)$$

$$r_2=\sqrt{2\left(\mu_{2,0}+\mu_{0,2}-\sqrt{(\mu_{2,0}-\mu_{0,2})^2+4\mu_{1,1}^2}\right)} \quad (4-17)$$

$$\theta=\frac{1}{2}\arctan\frac{2\mu_{1,1}}{\mu_{0,2}-\mu_{2,0}} \quad (4-18)$$

通过二阶中心矩计算出椭圆参数，可以得到区域的一个重要特性，即各向异性。此特征在区域缩放时保持不变，它可以描述区域的细长程度。使用 elliptic_axis 算子可以求等效椭圆参数，其格式为

elliptic_axis(Regions: : :Ra, Rb, Phi)

作用：计算等效椭圆参数。

Regions：进行计算的区域。

Ra、Rb、Phi：计算得到等效椭圆的长半轴、短半轴、相对于 x 轴正方向的夹角。

【例 4-13】 区域等效椭圆实例。

```
read_image (Image, 'fabrik')
dev_open_window (0, 0, 512, 512, 'black', WindowID)
dev_set_color ('white')
dev_set_draw ('fill')
regiongrowing (Image, Regions, 1, 1, 3, 400)
*获得区域等效椭圆参数
elliptic_axis (Regions, Ra, Rb, Phi)
area_center (Regions, Area, Row, Column)
dev_set_draw ('margin')
dev_set_colored (6)
*生成椭圆
disp_ellipse (WindowID, Row, Column, Phi, Ra, Rb)
```

执行程序，结果如图 4-24 所示。

图 4-24 区域等效椭圆特征

4. 区域凸性特征

将区域内任意两点进行连线，连线上的所有点都在区域内就称这个区域为凸集。凸包

则是区域内所有点构成的最小凸集。

图 4-25(a)是非凸区域，图 4-25(b)是对应的凸包区域。

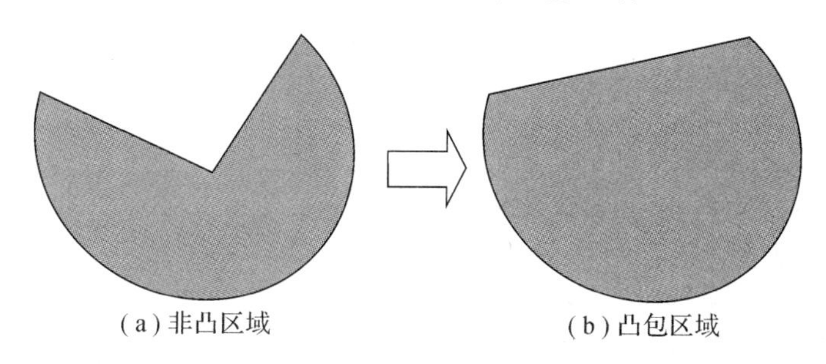
(a) 非凸区域　　(b) 凸包区域

图 4-25　区域凸性示意图

对于非凸区域，可以使用凸性来描述区域凸的程度。凸性为某区域的面积与该区域对应凸包面积的比值。由凸性定义可知，图 4-25(a)的区域面积与图 4-25(b)的区域面积之比就是凸性数值。使用 convexity 算子可以计算区域的凸性数值，其格式为

convexity(Regions:::Convexity)

作用：计算区域的凸性。

Regions：要计算的凸性的区域。

Convexity：计算得到区域的凸性值。

外接圆和外接矩形都是在凸包的基础上生成的，所以在计算最小外接圆和最小外接矩形时都是先计算区域的凸性，然后计算最小外接圆和最小外接矩形。最小外接矩形又分为平行于坐标轴的最小外接矩形和任意方向的最小外接矩形。获得最小外接圆或最小外接矩形参数可以使用如下算子：

• smallest_circle(Regions:::Row, Column, Radius)

作用：计算最小外接圆参数。

Regions：进行计算的区域。

Row、Column：区域外接圆圆心行、列坐标。

Radius：区域外接圆半径。

• smallest_rectangle1(Regions:::Row1, Column1, Row2, Column2)

作用：计算平行坐标轴的最小外接矩形参数。

Regions：进行计算的区域。

Row1、Column1：平行坐标轴的最小外接矩形左上角点坐标。

Row2、Column2：平行坐标轴的最小外接矩形右下角点坐标。

• smallest_rectangle2(Regions:::Row, Column, Phi, Length1, Length2)

作用：计算区域任意方向最小外接矩形参数。

Regions：进行计算的区域。

Row、Column 任意方向最小外接矩形左上角坐标。

Phi：任意方向最小外接矩形方向。

Length1、Length2：任意方向最小外接矩形长宽的一半。

【例 4-14】 区域凸性相关实例。

```
read_image (Image, 'screw_thread.png')
```

```
get_image_size (Image，Width，Height)
dev_open_window (0，0，Width/2，Height/2，'white'，WindowHandle)
threshold (Image，Region，0，100)
fill_up (Region，RegionFillUp)
*生成凸性
circularity (RegionFillUp，Circularity)
*将区域转换成最小平行坐标轴的外接矩形
shape_trans (RegionFillUp，RegionTrans，'rectangle1')
circularity (RegionTrans，Circularity1)
*求区域最小平行坐标轴外接矩形参数
smallest_rectangle1 (RegionTrans，Row1，Column1，Row2，Column2)
circularity (RegionTrans，Circularity2)
*将区域转换成任意方向最小外接矩形
shape_trans (RegionFillUp，RegionTrans1，'rectangle2')
circularity (RegionTrans1，Circularity3)
*求区域任意方向最小外接矩形参数
smallest_rectangle2 (RegionTrans1，Row，Column，Phi，Length1，Length2)
circularity (RegionTrans1，Circularity4)
*将区域转换成最小外接圆
shape_trans (RegionFillUp，RegionTrans2，'outer_circle')
*求区域最小外接圆参数
smallest_circle (RegionTrans2，Row3，Column3，Radius)
circularity (RegionTrans2，Circularity5)
```

执行程序，结果如图 4-26 所示。

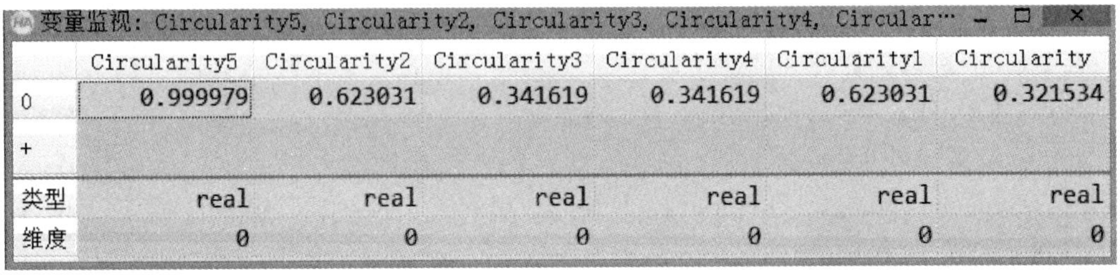

变量监视: Circularity5, Circularity2, Circularity3, Circularity4, Circular…

	Circularity5	Circularity2	Circularity3	Circularity4	Circularity1	Circularity
0	0.999979	0.623031	0.341619	0.341619	0.623031	0.321534
+						
类型	real	real	real	real	real	real
维度	0	0	0	0	0	0

图 4-26　凸性数值

5. 区域轮廓长度特征

区域轮廓长度是区域的另一个特征，区域轮廓是跟踪区域边界获得一个轮廓，然后将区域边界上的全部点连接到一起。轮廓长度是欧几里得长度，平行于坐标轴与垂直坐标轴的两个相邻轮廓点之间的距离为 1，对角线的距离为$\sqrt{2}$。使用 contlength 算子可以计算区域轮廓的长度，其格式为

contlength(Regions: : :ContLength)

作用：计算区域的轮廓长度。

Regions：将要计算轮廓长度的区域。

ContLength：计算得到区域的轮廓长度值。

6. 区域圆度特征

1）用 circularity 算子计算区域的圆度

圆度(circularity)是区域的面积与外接圆的面积之比。比值越接近 1，则形状越接近圆，圆度 C 的取值范围为 $0<C<1$。圆度示意图如图 4-27 所示。

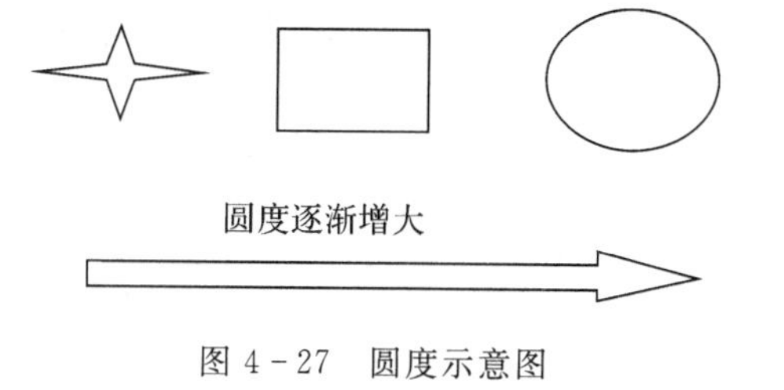

图 4-27 圆度示意图

圆度的计算公式为

$$C=\frac{F}{\pi\times r^2} \tag{4-19}$$

式中，F 是区域的面积，r 是外接圆的半径。

使用 circularity 算子可以计算区域的圆度，其格式为

circularity(Regions: : :Circularity)

作用：计算区域的圆度。

Regions：要计算圆度的区域。

Circularity：区域的圆度值。

2）用 roundness 算子计算区域的圆度

圆度(roundness)是区域边界点到区域中心点距离的偏差。区域所有边界点到中心的距离越接近，则圆度值越大。使用 roundness 算子可以计算区域的圆度，其格式为

roundness(Regions: : :Distance, Sigma, Roundness, Sides)

作用：计算区域的圆度。

Regions：将要计算圆度的区域。

Distance：区域边界点到中心的距离。

Sigma：区域边界点到中心的距离方差。

Roundness：区域圆度。

Sides：多边形数量。

$$\text{Distance}=\frac{1}{F}\sum \| p-p\_i \| \tag{4-20}$$

$$\text{Sigma}^2=\frac{1}{F}\sum(\| p-p\_i \| -\text{Distance})^2 \tag{4-21}$$

$$\text{Roundneess}=1-\frac{\text{Sigma}}{\text{Distance}} \tag{4-22}$$

其中，p 是区域的中心，p_i 是像素，F 是轮廓的面积。

7. 区域矩形度特征

矩形度为区域的面积除以与本区域有相同一阶矩和二阶矩矩形区域的面积。越接近矩形，矩形度的值越接近 1，矩形度的取值范围为 $0<R<1$。矩形度示意图如图 4-28 所示。

使用 rectangularity 算子可以计算区域的矩形度，其格式为

rectangularity(Regions: : :Rectangularity)

作用：计算区域的矩形度。

Regions：将要计算矩形度的区域。

图 4-28　矩形度示意图

Rectangularity：区域的矩形度数值。

8. 区域紧密度特征

区域的紧密度公式为

$$C=\frac{L^2}{4F\pi} \tag{4-23}$$

其中，L 是轮廓的长度，F 是区域的面积。

圆的紧密度为 1，其他图形紧密度大于 1。有时紧密度也称为粗糙度，圆的边界是绝对光滑的，所以粗糙度值最小。矩形有四个角，其他边是光滑的，矩形的粗糙度比圆的大。其他弯曲更多的图形相比来说更加粗糙，粗糙度更大，如图 4-29 所示。

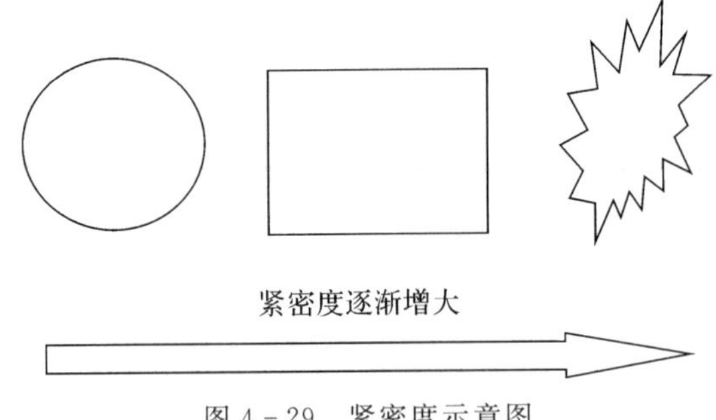

图 4-29　紧密度示意图

9. 区域离心率特征

离心率是通过等效椭圆得到的，离心率能够说明区域的细长度，值越大区域越细长。使用 eccentricity 算子计算区域的离心率，其格式为

eccentricity(Regions: : :Anisometry, Bulkiness, StructureFactor)

作用：计算区域的离心率。

Regions：将要计算离心率的区域。

Anisometry：区域的离心率。

Bulkiness：区域的膨松度。

StructureFactor：区域的结构因子。

$$\text{Anisometry}=\frac{R_a}{R_b} \tag{4-24}$$

$$\text{Bulkiness}=\frac{\pi\times R_a\times R_b}{A} \tag{4-25}$$

$$\text{StructureFactor}=\text{Anisometry}\times\text{Bulkiness}-1 \tag{4-26}$$

其中，R_a 是等效椭圆的长半轴，R_b 是等效椭圆的短半轴，A 是区域面积。通过公式可以得出圆的离心率最小，其值等于 1。

【例 4 - 15】 区域特征实例。

```
dev_open_window (0, 0, 512, 512, 'white', WindowHandle)
* 生成矩形
gen_rectangle1 (Rectangle, 30, 20, 200, 300)
* 生成圆形
gen_circle (Circle, 200, 200, 100.5)
* 矩形区域凸性
convexity (Rectangle, Convexity)
* 圆形区域凸性
convexity (Circle, Convexity1)
* 矩形区域圆度
circularity (Rectangle, Circularity)
* 圆形区域圆度
circularity (Circle, Circularity1)
* 矩形区域矩形度
rectangularity (Rectangle, Rectangularity)
* 圆形区域矩形度
rectangularity (Circle, Rectangularity1)
* 矩形区域紧密度
compactness (Rectangle, Compactness)
* 圆形区域紧密度
compactness (Circle, Compactness1)
* 矩形区域离心率
eccentricity (Rectangle, Anisometry1, Bulkiness1, StructureFactor)
* 圆形区域离心率
eccentricity (Circle, Anisometry, Bulkiness, StructureFactor1)
```

执行程序，结果如图 4 - 30 所示。

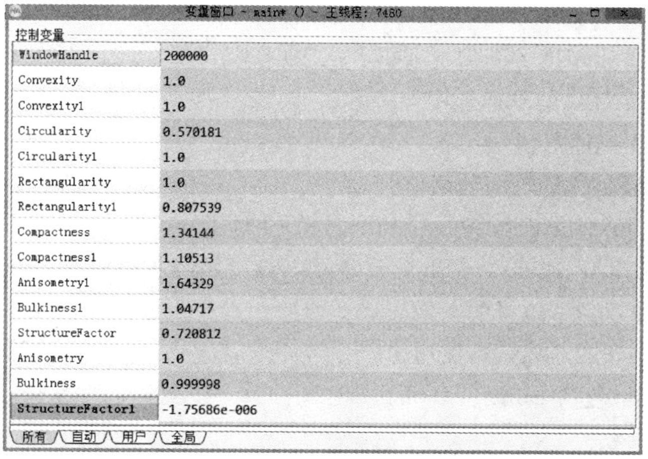

控制变量

变量	值
WindowHandle	200000
Convexity	1.0
Convexity1	1.0
Circularity	0.570181
Circularity1	1.0
Rectangularity	1.0
Rectangularity1	0.807539
Compactness	1.34144
Compactness1	1.10513
Anisometry1	1.64329
Bulkiness1	1.04717
StructureFactor	0.720812
Anisometry	1.0
Bulkiness	0.999998
StructureFactor1	-1.75686e-006

所有　自动　用户　全局

图 4 - 30　区域特征

4.3 HALCON XLD 轮廓

4.3.1 XLD 初步介绍

1. XLD 的定义

图像中 Image 和区域 Region 这些数据结构是像素精度的，在实际工业应用中，需要比图像像素分辨率更高的精度，这时需要提取亚像素精度数据，亚像素精度数据可以通过亚像素阈值分割或者亚像素边缘提取来获得。在 HALCON 中 XLD(Extended Line Descriptions)代表亚像素边缘轮廓和多边形，XLD 轮廓如图 4-31 所示。

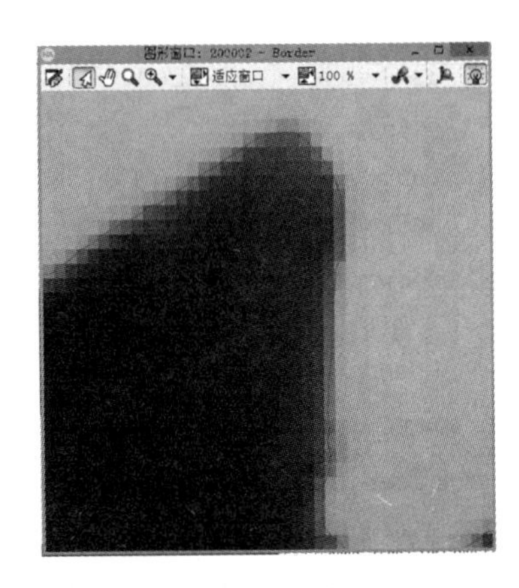

图 4-31 XLD 轮廓

通过图 4-31 的 XLD 轮廓可以看出：

(1) XLD 轮廓可以描述直线边缘轮廓或多边形，即一组有序的控制点集合，控制点顺序用来说明彼此相连的关系。这样就可以理解 XLD 轮廓由关键点构成，但并不像像素坐标那样一个点紧挨一个点。

(2) 典型的轮廓提取是基于像素网格的，此种轮廓上的控制点之间的距离平均为一个像素。

(3) 轮廓只是用浮点数表示 XLD 各点的行、列坐标。提取 XLD 并不是沿着像素与像素交界的地方，而是经过插值之后的位置。

2. Image 转换成 XLD

将单通道 Image 转换成 XLD 可以使用 threshold_sub_pix、edges_sub_pix 等算子。

• threshold_sub_pix(Image: Border: Threshold:)

作用：从具有像素精度的图像提取得到 XLD 轮廓。

Image：要提取 XLD 的单通道图像。

Border：提取得到的 XLD 轮廓。

Threshold：提取 XLD 轮廓的阈值。

• edges_sub_pix(Image: Edges: Filter, Alpha, Low, High:)

作用：使用 Deriche、Lanser、Shen 或者 Canny 滤波器提取图像得到亚像素边缘。

Image：要提取亚像素边缘的图像。

Edges：提取得到的亚像素精度边缘。

Filter：滤波器，包括'canny'、'sobel'等。

Alpha：光滑系数。

Low：振幅小于 Low 的不作为边缘。

High：振幅大于 High 的不作为边缘。

关于边缘提取还要注意一点，当振幅大于低阈值、小于高阈值时，判断此边缘点是否与已知边缘点相连，相连则认为该点是边缘点，否则不是边缘点。

3. XLD 的特征

查看 XLD 特征的步骤与查看 Region 特征的步骤相似。

单击工具栏中的“特征检测”，选择 XLD，在图形窗口选择要查看的 XLD 特征，可看到 XLD 的特征属性及其相对应的数值，如图 4-32 所示。XLD 特征分为四部分：

(1) 基础特征：XLD 面积、中心、宽高、左上角及右下角坐标。

(2) 形状特征：圆度、紧密度、长度、矩形度、凸性、偏心率、外接矩形的方向及两边的长度等。

(3) 云点特征：云点面积、中心、等效椭圆半轴及角度、云点方向等。

(4) 几何矩特征：二阶矩等。

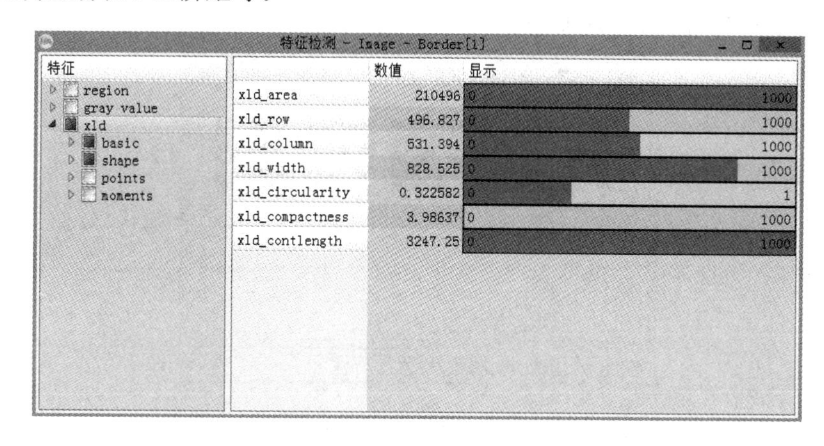

图 4-32　XLD 特征检测

XLD 轮廓的很多操作与 Region 类似，比如选取特定特征的 XLD 轮廓。

4. 选取特定特征的 XLD 轮廓

选取特定特征的 XLD 轮廓的常用的算子有 select_shape_xld 与 select_contours_xld 算子。

- select_shape_xld(XLD：SelectedXLD：Features，Operation，Min，Max：)

作用：选择特定形状特征要求的 XLD 轮廓或多边形。

XLD：要提取的 XLD 轮廓。

SelectedXLD：提取得到的 XLD 轮廓。

Features：提取 XLD 的特征依据。

Operation：特征之间的逻辑关系(and、or)。

Min、Max：特征值的范围。

- select_contours_xld(Contours：SelectedContours：Feature，Min1，Max1，
  Min2，Max2：)

作用：选择多种特征要求的 XLD 轮廓(如长度开闭等特征，不支持多边形)。

Contours：要提取的 XLD 轮廓。

SelectedContours：提取得到的 XLD 轮廓。

Features：提取 XLD 轮廓的特征依据。

Min1、Max1，Min2、Max2：特征值的要求范围。

【例 4-16】 选择特定 XLD 轮廓实例。

```
read_image (Image, 'mixed_03.png')
* 从具有像素精度的图像提取得到 XLD 轮廓
threshold_sub_pix (Image, Border, 128)
* 提取图像得到亚像素边缘
edges_sub_pix (Image, Edges, 'canny', 1, 20, 40)
* 选择特定形状特征要求的 XLD 轮廓或多边形
select_shape_xld (Edges, SelectedXLD, 'area', 'and', 3000, 99999)
* 选择多种特征要求的 XLD 轮廓
select_contours_xld (Border, SelectedContours, 'contour_length', 1, 200, -0.5, 0.5)
```

执行程序，结果如图 4-33 所示。

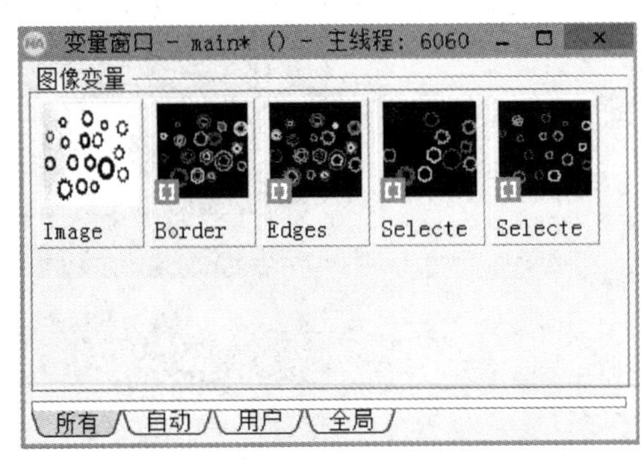

图 4-33　图像转换 XLD 轮廓

4.3.2　XLD 的数据结构分析

1. XLD 数据结构介绍

XLD 轮廓的很多属性存储在 XLD 的数据结构中，为了描述不同的边缘轮廓，HALCON 规定了几种不同的 XLD 数据结构，对于不同的数据结构一般是通过不同的算子获得的。HALCON 中 XLD 的结构体成员为

```
typedef struct con_type
{
  HITEMCNT num;                    //XLD 轮廓点的个数
  HSUBCOOK * row;                  //XLD 轮廓点行坐标
  HSUBCOOK * column;               //XLD 轮廓点列坐标
  Hcont_class;                     //XLD 轮廓是否交叉及交叉位置
  INT4 num_attrib;                 //附加属性个数
  Hcont _attrib * attribs;         //XLD 轮廓附加点属性
  INT4 num_global;                 //XLD 轮廓附加的全局属性个数
  Hcont_global_attrib * attrib;    //XLD 轮廓附加的每个轮廓的属性
  INT4 h;                          //辅助属性
}Hcont;
```

下面讲解两种 XLD 数据结构。

(1) XLD_cont(array)：由轮廓的亚像素点组成，包括一些附加属性(如方向)。

(2) XLD_poly(array)：多边形逼近轮廓用来表示多边形轮廓，既可以由多边形的顶点构成多边形轮廓，也可以由一组控制点组成，多由其他轮廓 XLD、区域 Region 或者点生成。

2. 区域或多边形转换成亚像素轮廓的算子

• gen_contour_region_xld(Regions：Contours：Mode：)

作用：区域 Region 转换成 XLD 轮廓。

Regions：将要转换的区域。

Contours：转换得到的 XLD 轮廓。

Mode：转换模式，有边界方式和中心方式两种。

边界方式是以区域的外边界点为边缘点构成 XLD，如图 4-34(a)所示。

中心方式是以边界点的中心为边缘点构成 XLD，如图 4-34(b)所示。

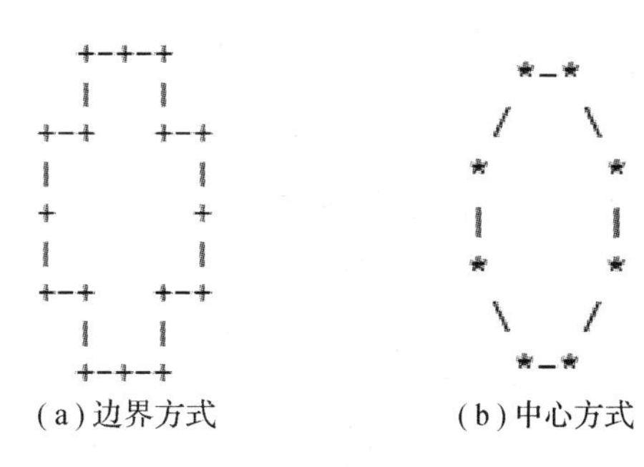

图 4-34　边界方式和中心方式

边界及孔洞是以区域的边界点以及区域内部的孔洞边界为边缘点构成 XLD，在由区域生成 XLD 时，多数是以像素的边界或像素的中心为边界生成相应的 XLD，因为这时的精度是像素级别的，所以此时生成的 XLD 区域不用于精确计算。根据图像获得的 XLD 才是亚像素级别的。

有时候需要得到已生成的 XLD 轮廓的坐标点，使用的算子为 get_contour_xld。

• get_contour_xld(Contour：：：Row，Col)

作用：获得 XLD 的坐标点。

Contour：输入的 XLD 轮廓。

Row、Column：获得 XLD 点的行坐标与列坐标。

• gen_contour_polygon_xld(：Contour：Row，Col：)

作用：由多边形坐标点生成 XLD。

Contour：生成的 XLD。

Row、Column：生成 XLD 轮廓所需点的行、列坐标。

• gen_polygons_xld(Contours：Polygons：Type，Alpha：)

作用：多边形逼近轮廓生成多边形 XLD。

Contour：输入的 XLD 轮廓。

Polygons：生成的多边形 XLD。

Type：多边形逼近方式，包括'ramer'、'ray'、'sato'。其各项含义如下：

(1) ramer 算法：根据此算法逼近的多边形到轮廓的距离最多 Alpha 个像素单位。

(2) ray 算法：不需要参数 Alpha，算子逼近最长的线且到轮廓的距离最短。

(3) sato 算法：此算子由到轮廓结束点距离最远点逼近成多边形。

Alpha：逼近方式阈值。

• gen_ellipse_contour_xld(：ContEllipse：Row，Column，Phi，Radius1，Radius2，StartPhi，EndPhi，PointOrder，Resolution：)

作用：生成椭圆XLD。

ContEllipse：生成的椭圆XLD。

Row、Column、Phi：椭圆中心坐标及长轴角度。

Radius1、Radius2：椭圆长半轴与短半轴的长度。

StartPhi、EndPhi：生成椭圆的角度范围。

PointOrder：椭圆XLD点的排序。

Resolution：椭圆XLD上相邻点之间的最远距离。

- gen_circle_contour_xld(：ContCircle：Row，Column，Radius，StartPhi，EndPhi，PointOrder，Resolution：)

作用：生成圆(圆弧)XLD。

ContCircle：生成的圆弧XLD。

Row、Column：圆心坐标。

Radius：圆的半轴。

StartPhi、EndPhi：生成圆的角度范围。

PointOrder：圆XLD点的排序。

Resolution：圆XLD上相邻点之间的最远距离。

【例4-17】 区域或多边形转换成亚像素轮廓的相关实例。

```
read_image (MvtecLogo, 'mvtec_logo.png')
get_image_size (MvtecLogo, Width, Height)
dev_open_window (0, 0, Width, Height, 'white', WindowHandle)
threshold (MvtecLogo, Region, 0, 125)
*区域Region转换成XLD轮廓
gen_contour_region_xld (Region, Contours, 'border')
select_shape_xld (Contours, SelectedXLD, 'area', 'and', 14500, 99999)
*获得XLD的坐标点
get_contour_xld (SelectedXLD, Row, Col)
dev_clear_window ()
*由多边形坐标点生成XLD
gen_contour_polygon_xld (Contour, Row, Col)
*多边形逼近轮廓生成多边形XLD
gen_polygons_xld (Contour, Polygons, 'ramer', 2)
```

执行程序，结果如图4-35所示。

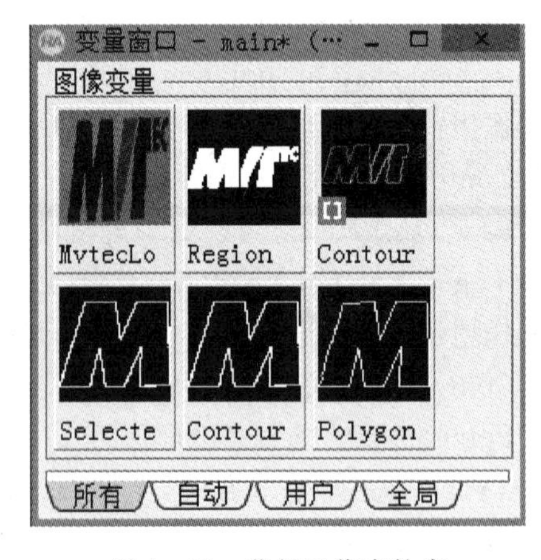

图4-35 获得亚像素轮廓

3. XLD轮廓附加属性

图像进行边缘信息提取时XLD会附带其他属性，通过算子可以获得这些属性，属性包括角度、边缘方向等。

通过query_contour_attribs_xld算子可以查询XLD包含哪些属性。

• query_contour_attribs_xld(Contour:::Attribs)

作用：查询 XLD 包含哪些属性名称。

Contour：将要查询的 XLD 轮廓。

Attribs：查询 XLD 包含的属性名称。

使用 edges_sub_pix 获得 XLD 轮廓时一般会获得三种常用附加属性：

(1) edge_direction：边缘方向。

(2) angle：垂直于边缘方向的法向量角度。

(3) response：边缘振幅。

• get_contour_attrib_xld(Contour::Name: Attrib)

作用：计算 XLD 包含属性的属性值。

Contour：将要查询的 XLD 轮廓。

Name：XLD 的属性名称。

Attrib：对应 XLD 属性名称的属性值。

使用 get_contour_attrib_xld 算子的前提是这个 XLD 轮廓包括该属性，使用 get_contour_attrib_xld 算子之前最好用 query_contour_attribs_xld 算子查询 XLD 属性名称是否存在。

【例 4-18】 XLD 轮廓附加属性实例。

```
dev_open_window (0, 0, 512, 512, 'white', WindowHandle1)
read_image (Image, 'screw_thread.png')
*阈值分割得到 XLD 轮廓
threshold_sub_pix (Image, Border, 128)
*亚像素边缘提取
edges_sub_pix (Image, Edges, 'canny', 1, 20, 40)
threshold (Image, Region, 0, 100)
select_shape_xld (Edges, SelectedXLD1, 'area', 'and', 20000, 99999)
*填充区域
fill_up (Region, RegionFillUp)
*根据区域生成 XLD 轮廓，选择边界方式
gen_contour_region_xld (RegionFillUp, Contours, 'border')
area_center_xld (Contours, Area, Row1, Column, PointOrder)
*选择指定特征要求的 XLD 轮廓
select_shape_xld (Contours, SelectedXLD, 'area', 'and', 150, 9999999)
*获得 XLD 轮廓坐标
get_contour_xld (SelectedXLD, Row, Col)
*生成一个点构成的 XLD
gen_contour_polygon_xld (Contour, 150, 450)
*生成 XLD 构成的直线
gen_contour_polygon_xld (Contour1, [150, 300], [400, 500])
query_contour_attribs_xld (SelectedXLD1, Attribs)
get_contour_attrib_xld (SelectedXLD1, 'angle', Attrib)
```

执行程序，结果如图 4-36 所示。

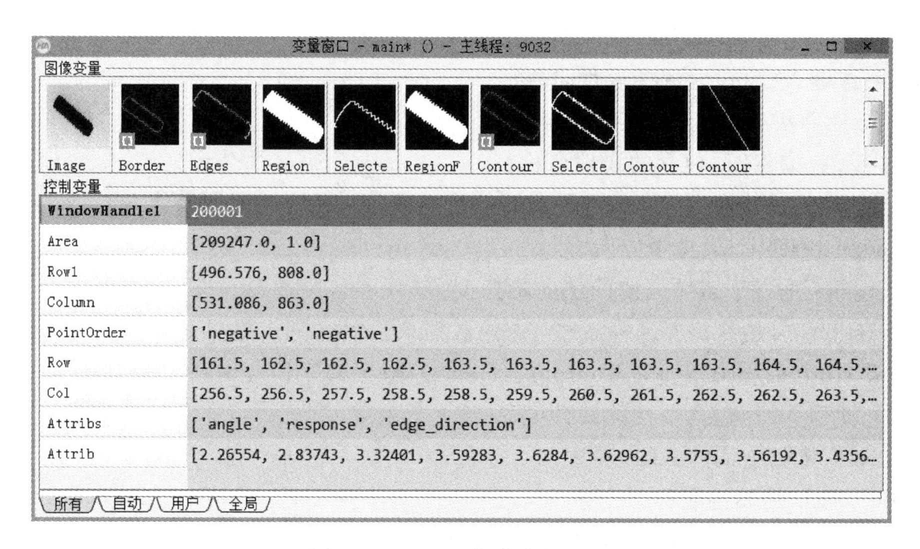

图 4-36　XLD 轮廓附加属性

4.3.3　XLD 的特征分析

1. XLD 与 XLD 点云

本节主要讲解 XLD 的特征及其形状转换。XLD 的很多特征同 Region 的特征相似。XLD 的点都是浮点级，精度可以达到亚像素级别。

XLD 与 XLD 点云的区别与联系如下：

点云其实是点的集合。XLD 点云不再把 XLD 看作整体，可以理解为 XLD 内部点的操作，当把 XLD 看作点云时，XLD 的点就没有了排列次序。XLD 可以看作点云的情况有：

(1) XLD 是自相交；

(2) XLD 的结束点与开始点之间的区域无法构成封闭的 XLD。

对于操作对象是 XLD 的算子，如果在算子中包含关键字_points，则算子会把 XLD 看作点云。

通过下面两个算子，观察 XLD 点与 XLD 点云的区别：

- area_center_xld(XLD : : : Area, Row, Column, PointOrder)

作用：求 XLD 面积中心及点的排列次序。

XLD：输入的 XLD 轮廓。

Area：计算得到 XLD 的面积。

Row、Column：计算得到的 XLD 中心坐标。

PointOrder：点的排列顺序，'positive'为逆时针方向排序，'negative'为顺时针方向排序。

- area_center_points_xld(XLD : : : Area, Row, Column)

作用：求 XLD 点云的面积与中心。

XLD：输入的 XLD 轮廓。

Area：计算得到 XLD 点云的面积。

Row、Column：计算得到 XLD 的中心坐标。

以下实例假设生成两个多边形 XLD 轮廓，一个封闭，一个不封闭。

【例 4-19】 生成封闭多边形 XLD 轮廓实例。

```
gen_contour_polygon_xld(Contour, [10, 100, 100, 50, 10], [10, 10, 100, 100, 10])
area_center_xld (Contour, Area, Row, Column, PointOrder)
area_center_points_xld (Contour, Area1, Row1, Column1)
```

执行程序，结果如图 4-37(a)所示。

【例 4-20】 生成不封闭多边形 XLD 轮廓实例。

```
gen_contour_polygon_xld(Contour1, [10, 100, 100, 50], [10, 10, 100, 100])
area_center_xld (Contour1, Area2, Row2, Column2, PointOrder1)
area_center_points_xld (Contour1, Area3, Row3, Column3)
```

执行程序，结果如图 4-37(b)所示。

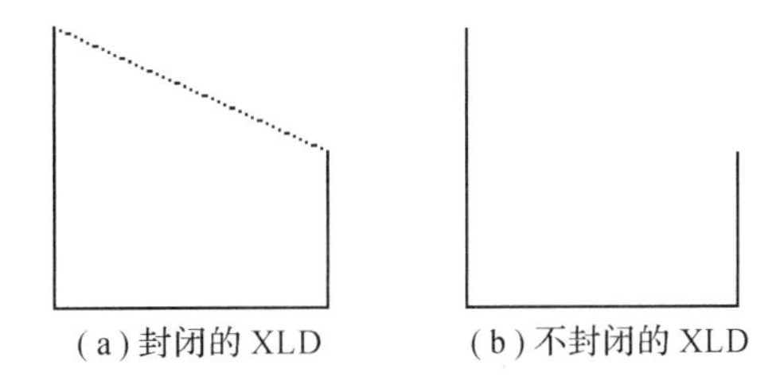

图 4-37　生成封闭及不封闭 XLD

封闭 XLD 与不封闭 XLD 的特征属性及其相对应的数值如图 4-38 所示。

通过图 4-38(a)可得，XLD 的中心与 XLD 点云的中心接近，但是面积差异很大，XLD 点云的面积为 4，这是因为生成多边形 XLD 的关键点就是 4 个，其中开始点与结束点重合，只需要计算一次，而 XLD 的面积为所围区域的面积。

通过图 4-38(a)和图 4-38(b)的对比发现，不封闭的 XLD 求取的面积及中心与封闭的 XLD 求取的面积及中心相同，计算这些特征前算子会自动封闭 XLD。

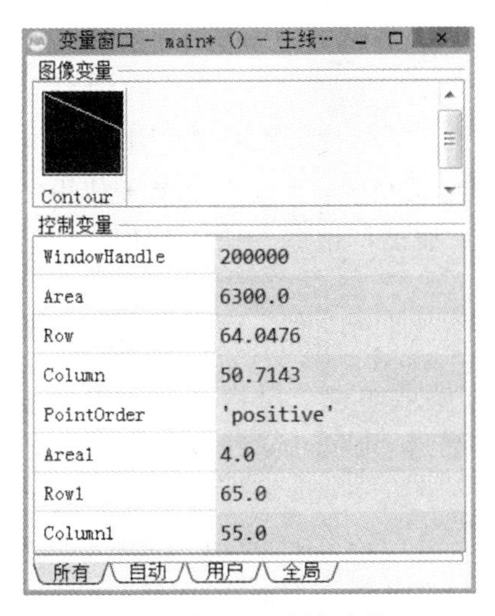

(a) 封闭 XLD 变量说明

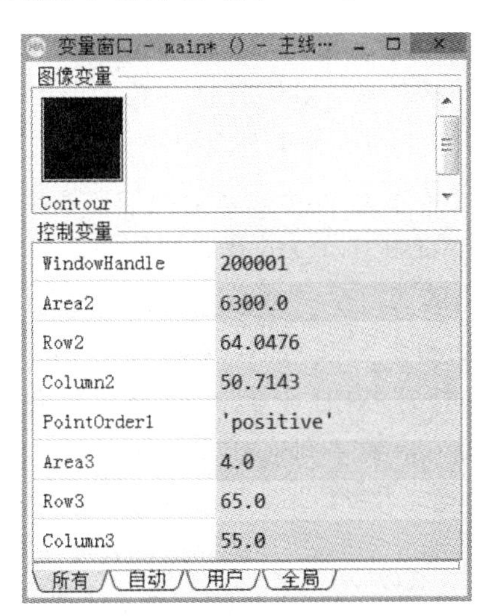

(b) 不封闭 XLD 变量说明

图 4-38　封闭及不封闭 XLD 的变量对比

2. XLD 的其他特征

在讲解 XLD 的其他特征之前，需要使用 test_self_intersection_xld 算子判断 XLD 是否自相交。只有在 XLD 不自相交的时候有些特征参数才有意义。

- test_self_intersection_xld(XLD::CloseXLD: DoesIntersect)

作用：判断 XLD 是否自相交。

XLD：需要判断的 XLD 对象。

CloseXLD：选择是否需要闭合 XLD。

DoesIntersect：由封闭的轮廓判断是否自相交。

XLD 自相交的情况：① 开始点是交叉点；② 结束点是交叉点；③ 开始点与结束点都是交叉点；④ 除开始点与结束点外其他都是交叉点。

可以使用 close_contours_xld 算子将不封闭的 XLD 进行封闭。

- close_contours_xld(Contours: ClosedContours::)

作用：闭合 XLD 轮廓。

Contours：将要闭合的 XLD 对象。

ClosedContours：闭合后的 XLD 对象。

- elliptic_axis_xld(XLD:::Ra, Rb, Phi)

作用：获得 XLD 的等效椭圆参数。

XLD：计算等效椭圆参数的 XLD 对象。

Ra、Rb、Phi：分别为等效椭圆的长轴、短轴、主轴方向。

XLD 等效椭圆的定义与 Region 等效椭圆的定义相同。使用此算子之前最好使用 test_self_intersection_xld 算子判别是否自相交，如果是非封闭的，则将 XLD 进行封闭，否则 elliptic_axis_xld 算子计算结果没有意义。

- circularity_xld(XLD:::Circularity)
- convexity_xld(XLD:::Convexity)
- compactness_xld(XLD:::Compactness)

作用：以上三个算子分别用于计算 XLD 的圆度、凸性、紧密度。XLD 的圆度、凸性、紧密度的定义与 Region 圆度、凸性、紧密度的定义相同。上述三个算子使用之前最好用 test_self_intersection_xld 算子判别是否自相交，如果自相交，则算子计算结果没有意义。对于非封闭的 XLD，三个算子都能自动进行封闭。

- diameter_xld(XLD:::Row1, Column1, Row2, Column2, Diameter)

作用：计算 XLD 上距离最远的两个点及最远距离。使用之前最好用 test_self_intersection_xld 算子判别是否自相交，如果自相交，则 diameter_xld 算子计算结果没有意义。

- smallest_rectangle1_xld(XLD:::Row1, Column1, Row2, Column2)

作用：获得平行于坐标轴的最小外接矩形的左上角与右下角坐标。

XLD：输入的 XLD 轮廓。

Row1、Column1，Row2、Column2：计算得到矩形的左上角与右下角坐标。

• smallest_rectangle2_xld(XLD:::Row, Column, Phi, Length1, Length2)

作用：获得任意角度的最小外接矩形中心坐标。

XLD：输入的XLD轮廓。

Row、Column：最小外接矩形中心坐标。

Phi：主轴与 x 轴正方向的夹角。

Length1、Length2：矩形长边和短边长度的一半。

• moments_xld(XLD:::M11, M20, M02)

作用：获得XLD封闭区域的二阶矩，矩的计算使用格林理论。使用之前最好用test_self_intersection_xld算子判别是否自相交，如果自相交，则算子计算结果没有意义。对于非封闭的XLD，算子自动进行封闭。

【例4-21】 XLD特征实例。

```
*生成区域圆
gen_circle (Circle, 135.5, 135.5, 135.5)
*生成椭圆XLD
gen_ellipse_contour_xld (ContEllipse, 135.5, 135.5, 0, 100, 50, 0, rad(360), 'positive', 1.5)
*生成圆XLD
gen_circle_contour_xld (ContCircle1, 135.5, 135.5, 135.5, 0, 6.28318, 'positive', 1)
*根据圆弧生成多边形，多边形的边到圆的最大距离为35
gen_polygons_xld (ContCircle1, Polygons, 'ramer', 35)
*测试圆XLD是否自相交
test_self_intersection_xld (ContCircle1, 'true', DoesIntersect)
*获得XLD的中心、面积及点排序
area_center_xld (ContCircle1, Area, Row, Column, PointOrder)
*获得圆区域的中心及面积
area_center (Circle, Area1, Row1, Column1)
*根据点生成三角形XLD
gen_contour_polygon_xld(Contour_triangle, [249, 350, 225, 249], [299, 299, 349, 299])
*获得三角形XLD的中心、面积及点排序
area_center_xld (Contour_triangle, Area2, Row2, Column2, PointOrder1)
test_self_intersection_xld (Contour_triangle, 'true', DoesIntersect1)
*XLD作为点云求中心面积
area_center_points_xld (Contour_triangle, Area3, Row3, Column3)
*获得已生成多边形XLD各点长度及角度
get_polygon_xld (Polygons, Row4, Col4, Length1, Phi1)
*获得椭圆XLD的等效椭圆参数
elliptic_axis_xld (Contour_triangle, Ra, Rb, Phi)
*获得椭圆XLD的圆度
circularity_xld (Contour_triangle, Circularity)
*获得椭圆XLD的凸性
convexity_xld (Contour_triangle, Convexity)
*获得椭圆XLD的紧密度
```

```
compactness_xld (Contour_triangle, Compactness)
 * 计算 XLD 上距离最远的两个点及最远距离
diameter_xld (Contour_triangle, Row11, Column11, Row21, Column21, Diameter)
 * 获得平行于坐标轴的最小外接矩形的左上角与右下角坐标
smallest_rectangle1_xld (Contour_triangle, Row12, Column12, Row22, Column22)
 * 获得任意角度的最小外接矩形中心坐标
smallest_rectangle2_xld (Contour_triangle, Row5, Column4, Phi2, Length11, Length2)
 * 获得 XLD 封闭区域的二阶矩
moments_xld (Contour_triangle, M11, M20, M02)
```

执行程序，结果如图 4－39 所示。

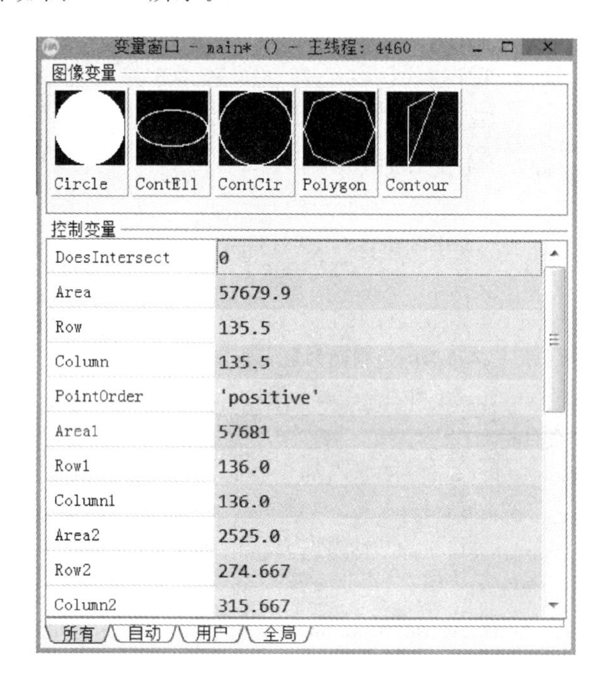

图 4－39　XLD 特征实例

4.3.4　XLD 的回归参数

1. 回归参数的理论基础

在数据的统计分析中，数据变量 x 与 y 的相关性研究非常重要。通过在直角坐标系中作散点图的方式，有时会发现很多统计数据近似一条直线，它们之间存在正相关或者负相关性。虽然这些数据是离散的、不连续的，我们无法得到一个确定描述这种相关性的函数方程，但既然数据分布接近一条直线，那么就可以通过画直线的方式得到一个近似描述这种关系的直线。但是这样的直线可能有很多条，我们希望找出其中的一条，它能够准确地反映这些变量之间的真实关系。换言之，要找出一条直线，使这条直线"最贴近"已知的数据点，设此直线方程为

$$\hat{y}=a+bx \tag{4-27}$$

式(4－27)叫作 y 对 x 的回归直线方程，x_i 为 x 轴方向上的各点的观察值，对应的 y 轴

方向的各点观察值记作 y_i。离差 $y_i-\hat{y}_i(i=1, 2, 3, \cdots, n)$刻画了实际观察值 y_i 与回归直线上相应值 $\hat{y}_i$纵坐标上的偏离程度。实际上我们希望这 n 个离差构成的总离差越小越好，只有这样才能使直线最贴近已知点，求回归直线方程的过程其实就是求离差最小值的过程。一个很自然的想法是把各个离差加起来作为总离差，因为离差有正有负，直接相加会互相抵消，无法反映这些数据的贴近程度，所以总离差不能用 n 个离差之和来表示，通常是用 n 个离差的平方和来作为总离差，公式如下：

$$\sum e_l^2=\sum_{i=1}^{n}(y_i-\hat{y})^2=\sum_{i=1}^{n}(y_i-a-bx_i)^2 \tag{4-28}$$

由于平方又叫二乘方，所以这种使“总离差平方和最小”的方法叫作最小二乘法。

式(4－28)取最小值时得到的直线就是通过最小二乘法得到的回归直线，如图4－40所示。

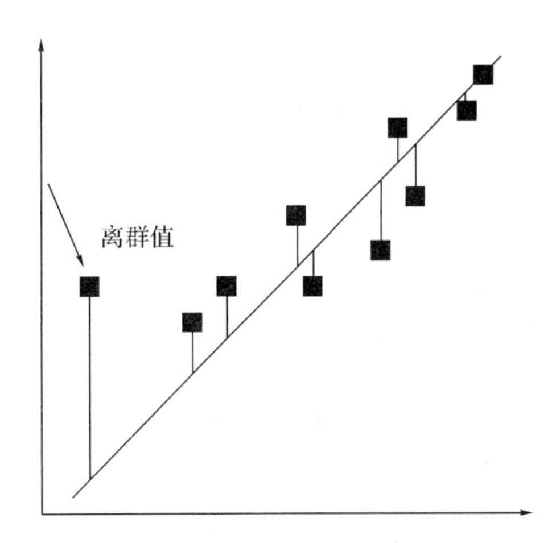

图 4－40　回归直线图

为了更好地拟合回归直线，在第一次拟合回归直线后，存在很多离群值需要排除，这些离群值就是距离第一次拟合回归直线距离较远的点。

2. 回归参数关键算子说明

• regress_contours_xld(Contours：RegressContours：Mode，Iterations：)

作用：计算 XLD 轮廓的回归直线。

Contours：计算回归直线的 XLD 轮廓。

RegressContours：计算得到的回归直线。

Mode：离散值对待策略。

Iterations：迭代次数。

Mode 常用方式如下：

(1) Mode='no'，不排除偏离值；

(2) Mode='drop'，大于平均值的都舍弃；

(3) Mode='gauss'，用高斯分布来确定各距离点占用的权重比；

(4) Mode='median'，利用中位数的标准差来舍弃偏离值。

这个函数可以计算 XLD 的回归直线，其中回归直线的全局属性也会保留在回归直线

XLD 内部，包括：① 回归直线的法向量；② 轮廓点到回归直线的平均距离；③ 轮廓点到回归直线距离的标准差。

这些参数可以通过 get_regress_params_xld 算子获得。

- get_regress_params_xld(Contours : : :Length, Nx, Ny, Dist, Fpx, Fpy, Lpx, Lpy, Mean, Deviation)

作用：获得轮廓 XLD 的参数 。

Contours：将要处理的 XLD 对象。

Length：得到的 XLD 点的个数。

Nx、Ny：回归直线的法向量。

Dist：原点到回归直线的距离。

Fpx、Fpy：轮廓的开始点到回归直线的投影。

Lpx、Lpy：轮廓的结束点到回归直线的投影。

Mean：轮廓点到回归直线的平均距离。

Deviation：轮廓点到回归直线距离的标准差。

【例 4-22】 XLD 回归直线实例。

```
dev_open_window (0, 0, 512, 512, 'white', WindowHandle)
gen_circle_contour_xld (ContCircle, 290, 260, 100, 0, 1, 'positive', 1)
query_contour_global_attribs_xld (ContCircle, Attribs)
* 计算 XLD 轮廓的回归直线
regress_contours_xld (ContCircle, RegressContours, 'no', 1)
query_contour_global_attribs_xld (RegressContours, Attribs1)
get_contour_global_attrib_xld (RegressContours, 'regr_norm_row', Attrib)
* 获得轮廓 XLD 的参数
get_regress_params_xld (RegressContours, Length, Nx, Ny, Dist, Fpx, Fpy, Lpx, Lpy,
                        Mean, Deviation)
```

执行程序，结果如图 4-41 所示。

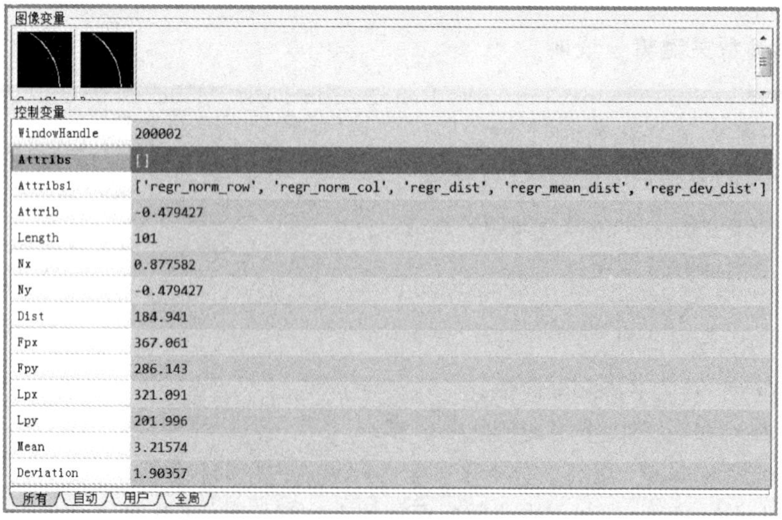

图像变量

控制变量

WindowHandle	200002
Attribs	[]
Attribs1	['regr_norm_row', 'regr_norm_col', 'regr_dist', 'regr_mean_dist', 'regr_dev_dist']
Attrib	-0.479427
Length	101
Nx	0.877582
Ny	-0.479427
Dist	184.941
Fpx	367.061
Fpy	286.143
Lpx	321.091
Lpy	201.996
Mean	3.21574
Deviation	1.90357

所有 自动 用户 全局

图 4-41 XLD 回归直线实例

4.4　Handle 句柄

句柄是一个是用来标识对象或者项目的标识符，可以用来描述窗体、文件等，值得注意的是句柄不能是常量。

Windows 之所以要设立句柄，根本上源于内存管理机制的问题，即虚拟地址。简而言之，数据的地址需要变动，变动以后就需要有人来记录、管理变动的情况，因此系统用句柄来记载数据地址的变更。在程序设计中，句柄是一种特殊的智能指针，当一个应用程序要引用其他系统(如数据库、操作系统)所管理的内存块或对象时，就要使用句柄。

句柄与普通指针的区别在于，指针包含的是引用对象的内存地址，而句柄则是由系统所管理的引用标识，该标识可以被系统重新定位到一个内存地址上。这种间接访问对象的模式增强了系统对引用对象的控制。

在 20 世纪 80 年代的操作系统(如 Mac OS 和 Windows)的内存管理中句柄被广泛应用，UNIX 系统的文件描述符也属于句柄。和其他桌面环境一样，Windows API 大量使用句柄来标识系统中的对象，并建立操作系统与用户空间之间的通信渠道。例如，桌面上的一个窗体就可由一个 HWND 类型的句柄来标识。目前许多操作系统仍然把指向私有对象的指针以及进程传递给客户端的内部数组下标称为句柄。

句柄项目包括：① 模块(module)；② 任务(task)；③ 实例(instance)；④ 文件(file)；⑤ 内存块(block of memory)；⑥ 菜单(menu)；⑦ 控件(control)；⑧ 字体(font)；⑨ 资源(resource)，包括图标(icon)、光标(cursor)、字符串(string)等；⑩ GDI 对象(GDI object)，包括位图(bitmap)、画刷(brush)、元文件(metafile)、调色板(palette)、画笔(pen)、区域(region)以及设备描述表(device context)。

句柄是 Windows 用来标识被应用程序所建立或使用的对象的唯一整数，Windows 使用各种各样的句柄标识应用程序实例、窗口、控件、位图、GDI 对象等。Windows 句柄有点像 C 语言中的文件句柄。

从上面的定义可以看到，句柄是一个标识符，是用来标识对象或者项目的。从数据类型上来看，它只是一个 32 位(或 64 位)的无符号整数。应用程序几乎总是通过调用一个 Windows 函数来获得一个句柄，之后其他的 Windows 函数就可以使用该句柄，以引用相应的对象。在 Windows 编程中会用到大量的句柄，如 HINSTANCE(实例句柄)、HBITMAP(位图句柄)、HDC(设备描述表句柄)、HICON(图标句柄)等。

4.5　Tuple 数组

Tuples 数组可以理解为 C 语言中的数组。在 C 语言中，对数组的多种操作都可以在 Tuples 中找到。

在处理数组时，需要注意以下两点：

(1) 数组的变量类型，即数组中存储的数据的类型，常见的类型有 int、double、string 等。

(2) 数组的变量长度，即数组的大小或容量。数组变量的第一个索引值为 0。

正确地指定数组的变量类型和变量长度是至关重要的，因为这样才能确保数组正确地存储和处理所需的数据。

1. Tuple 数组定义和赋值

(1) 定义空数组。

```
Tuple :=[]
```

(2) 指定数据定义数组。

```
Tuple :=[1, 2, 3, 4, 5, 6]
Tuple2 :=[1, 8, 9, 'hello']
Tuple3 :=[0x01, 010, 9, 'hello']  //Tuple2 与 Tuple3 值一样
tuple :=gen_tuple_const(100, 47)  //创建一个具有 100 个元素的，每个元素都为 47 的数据
```

(3) Tuple 数组更改指定位置的元素值(数组下标从 0 开始)。

```
Tuple[2]=10
Tuple[3]='unsigned'   //Tuple 数组元素为 Tuple :=[1, 2, 10, 'unsigned', 5, 6]
```

(4) 求数组的个数。

```
Number :=|Tuple|      //Number=6
```

(5) 合并数组。

```
Union :=[Tuple, Tuple2]//Union=[1, 2, 3, 4, 5, 6, 1, 8, 9, 'hello']
```

(6) 生成 1～100 内的数。

```
数据间隔为 1
Num1 :=[1, 100]
数据间隔为 2
Num2 :=[1, 2, 100]
```

(7) 提取 Tuple 数组指定下标的元素。

```
T :=Num2[2]          //T=5
```

(8) 已知数组生成子数组。

```
T :=Num2[2, 4]       //T=[5, 7, 9]
```

2. Tuple 基础算术运算

情况一：假设 A1、A2、A 是 Tuple 数组，则

(1) Tuple 数组加减乘除运算。

```
Tuple_add(A1, A2, A)     //数组 A :=A1+A2
Tuple_sub(A1, A2, A)     //数组 A :=A1-A2
Tuple_mult(A1, A2, A)    //数组 A :=A1×A2
//若 T :=[1, 2, 3]*[1, 2, 3], 则进行运算后得到 T :=[1, 4, 9]
//若 T :=[1, 2, 3]*2+2, 则进行运算后得到 T :=[4, 6, 8]
Tuple_div(aA1, A2, A)    //数组 A :=A1/A2
```

(2) Tuple 数组取模。

```
Tuple_div(A1, A2, A)        //数组 A1%A2，结果保存到 A 中
```

(3) Tuple 数组取反。

```
Tuple_div(A1, A)            //数组 A=-A1
```

情况二：假设 T、T1 为数组，则

(1) Tuple 数组取整。

```
Tuple_int(T, T1)            //数组 T1:=int(T)，当 T=3.5 时，进行运算后得到 T1=3
Tuple_round(T, T1)          //数组 T1:=round(T)，当 T=3.5 时，进行运算后得到 T1=4
```

(2) Tuple 数组转为实数。

```
Tuple_real(T, T1)           //数组 T1:=real(T)，当 T=100 时，进行运算后得到 T1=100.0
```

3. Tuple 位运算

假设 L、L1、L2 为数组，则

(1) 按位左移运算：将对应数据的二进制位逐位左移若干位，并在空出的位置补零，最高位溢出舍弃。每左移一位可以实现二倍乘运算。

```
Tuple_lsh(L1, L2, L)      //数组 L=lsh(L1, L2)，当 L1=8、L2=2 运算得 L=32
```

(2) 按位右移运算：将对应数据的二进制位逐位右移若干位，舍弃出界数字。每右移一位可以实现二倍除运算。如果当前的数为无符号数，那么高位补零，如果当前数据为有符号数据，那么根据符号位决定区域补零还是补 1。

```
Tuple_rsh(L1, L2, L)      //数组 L=rsh(L1, L2)，当 L1=8、L2=2 时，进行运算后得到 L=2
```

(3) 按位与运算：将参与运算的两个数据按照对应的二进制数逐位进行逻辑与运算。

```
Tuple_band(L1, L2, L)     //数组 L=band(L1, L2)，当 L1=4、L2=7 时，进行运算后得到 L=4
```

(4) 按位或运算：将参与运算的两个数据按照对应的二进制数逐位进行逻辑或运算。

```
Tuple_bor(L1, L2, L)      //数组 L=bor(L1, L2)，当 L1=5、L2=7 时，进行运算后得到 L=7
```

(5) 按位异或：将参与运算的两个数据按照对应的二进制数逐位进行逻辑异或运算。

```
Tuple_bor(L1, L2, L)      //数组 L=bor(L1, L2)，当 L1=5、L2=7 时，进行运算后得到 L=2
```

(6) 按位求反：求反运算用于求整数的二进制反码，即分别将操作数各二进制位上的 1 变为 0，0 变为 1，在计算机系统中数值一律用补码来表示和存储。

```
Tuple_bnot(2, T)          //T=-3
Tuple_bnot([-3, 2], T)    //T=[2, -3]
```

4. Tuple 字符串运算

(1) 字符串合并运算。

```
T:='TEXT1'+'TEXT'               //T='TEXT1TEXT'
T:=3.1+(2+'TEXT')               //T='3.12TEXT'
```

(2) 字符串相关运算。

```
T1:='1TEXT1'
T2:='220'+T1{1:4}+'122'         //T='220TEXT122'
```

(3) 取字符串长度。

```
Length:=strlen(T1)              //Length=6
```

(4) 选择字符串的位置。

```
Index:=strstr(T2, T1)           //Index=-1，表示未查找到
```

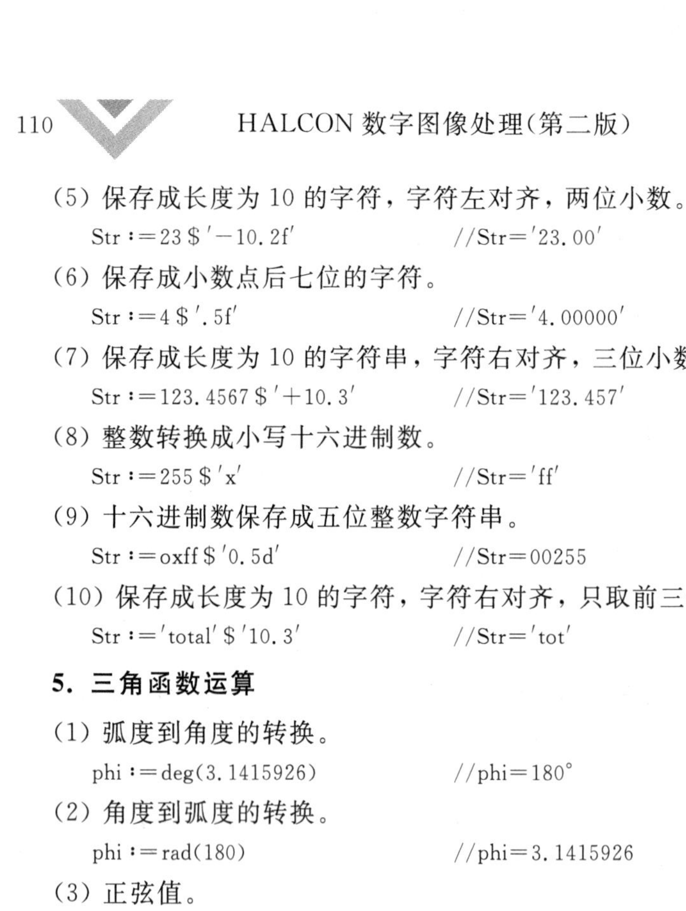

(5) 保存成长度为 10 的字符，字符左对齐，两位小数。

```
Str:=23$'-10.2f'            //Str='23.00'
```

(6) 保存成小数点后七位的字符。

```
Str:=4$'.5f'                //Str='4.00000'
```

(7) 保存成长度为 10 的字符串，字符右对齐，三位小数。

```
Str:=123.4567$'+10.3'       //Str='123.457'
```

(8) 整数转换成小写十六进制数。

```
Str:=255$'x'                //Str='ff'
```

(9) 十六进制数保存成五位整数字符串。

```
Str:=oxff$'0.5d'            //Str=00255
```

(10) 保存成长度为 10 的字符，字符右对齐，只取前三位。

```
Str:='total'$'10.3'         //Str='tot'
```

5. 三角函数运算

(1) 弧度到角度的转换。

```
phi:=deg(3.1415926)         //phi=180°
```

(2) 角度到弧度的转换。

```
phi:=rad(180)               //phi=3.1415926
```

(3) 正弦值。

```
val:=sin(30)                //val=0.5
```

(4) 余弦值。

```
val:=cos(60)                //val=0.5
```

(5) 正切值。

```
val:=tan(45)                //val=1.61978
```

6. 数值函数运算

```
V1:=[1.5, 4, 10]
V2:=[4, 2, 20]
```

(1) 数组中的最小值。

```
val_min:=min(V1)            //val_min=1.5
```

(2) 数组中的最大值。

```
val_max:=max(V1)            //val_min=10
```

(3) 两数组对应位置最小值。

```
val_min2:=min2(V1, V2)      //val_min2=[1.5, 2, 10]
```

(4) 两数组对应位置最大值。

```
val_max2:=max2(V1, V2)      //val_max2=[4, 4, 20]
```

7. 数组元素求和

```
val_sum:=sum(V1)            //val_mean=15.5
```

(1) 数组元素求均值。

```
val_mean:=mean(V1)          //val_min=5.1667
```

(2) 数组元素求绝对值。

```
val_abs:=abs[-10, -9]       //val_abs=[10, 9]
```

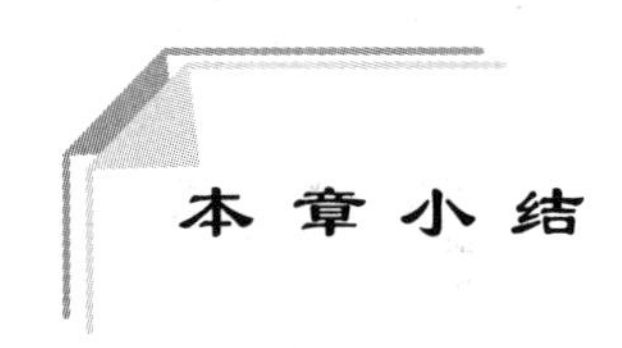

本章小结

本章详细介绍了 HALCON 的数据结构，以及图形参数组成部分 Image、Region、XLD 的特点及相互转换。控制参数主要介绍了 Handle 和 Tuple 数组。HALCON 数据结构是 HALCON 学习的基础，因此本章是后续章节 HALCON 编程部分的基础。

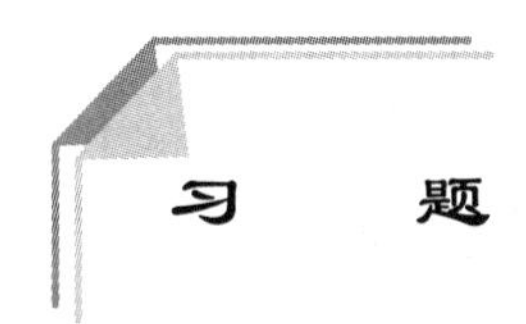

习　　题

4.1　将图 4-42 所示图像进行阈值分割，将得到的区域转换成凸区域、最小外接圆、平行于坐标轴的最大内接矩形等区域。

4.2　计算图 4-43 所示区域的行程数量、区域面积、区域中心及区域的特征矩。

4.3　对图 4-44 进行阈值分割得到两直线区域，求两个区域的方向、交集与并集。

图 4-42　字母

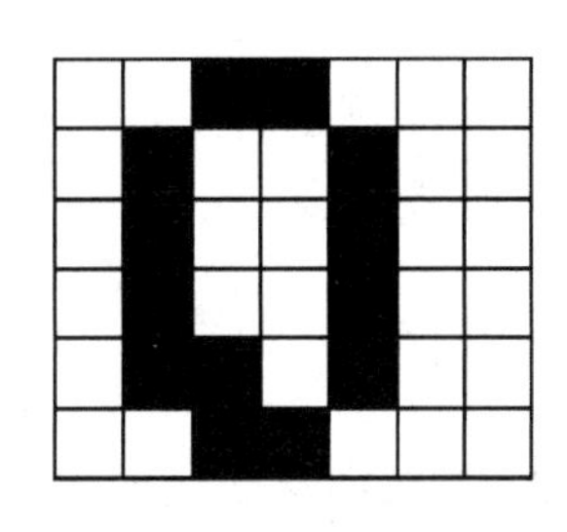

图 4-43　区域

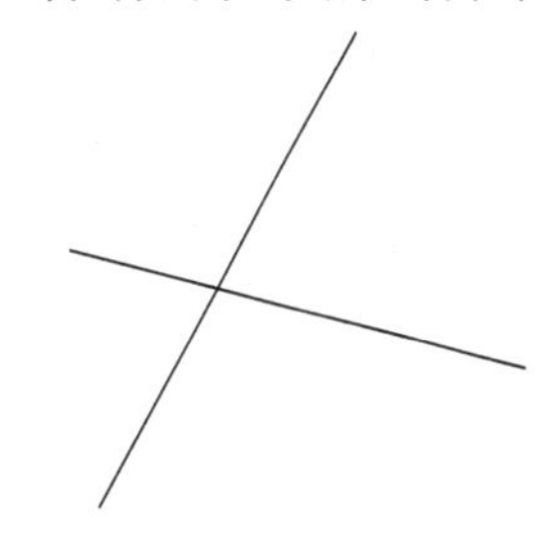

图 4-44　直线

4.4　利用 gen_ellipse_contour_xld 算子生成椭圆 XLD，求椭圆 XLD 的圆度、凸性、紧密度、等效椭圆参数及回归直线。

4.5　求 Val_mean 的值。

```
Tuple :=[1, 2, 10]
Tuple[3]=10
T :=Tuple [1, 3]
val_mean :=mean(T)
```

第5章

图像运算

图像运算指以图像为单位进行的操作(该操作对图像中的所有像素同时进行)，运算的结果是得到一幅灰度分布与原图像灰度分布不同的新图像(原图像指的是参与运算的图像)。具体的运算主要包括算术和逻辑运算，它们通过改变像素的值来达到图像增强的效果。算术和逻辑运算中每次只涉及一个空间像素的位置，所以可以“原地”完成，即在(x, y)坐标位置执行算术运算或逻辑运算后，所得结果便可以存储至目标图像的对应位置，因为在之后的运算中那个位置不会再使用。换句话说，设两幅图像$f(x, y)$和$h(x, y)$的算术或逻辑运算的结果是$g(x, y)$，则可直接将$g(x, y)$覆盖$f(x, y)$或$h(x, y)$，即从存放原输入图像的空间中直接得到输出图像。

本章主要以图像运算中的图形变换与校正为主，以图像运算中的逻辑运算为辅，并有相应的 HALCON 算子及例程验证处理效果。

5.1 图像的代数运算

图像的代数运算也称为算数运算，即将多幅图像之间的像元一一对应，并做相应的加、减、乘、除运算。图像之间的运算也就是矩阵之间的运算。

四种运算的相应公式如下：

(1) 加法运算：

$$C(x, y)=A(x, y)+B(x, y) \tag{5-1}$$

图像的加法运算可以用于图像合成，也可以通过该运算降低图像的随机噪声，该方法必须要保证噪声之外的图像运算前后是不变的。

(2) 减法运算：

$$C(x, y)=A(x, y)-B(x, y) \tag{5-2}$$

减法运算常用来检测多幅图像之间的变化，也可以用来把目标从背景中分离出来，比如运动检测、感兴趣区域的获取。

(3) 乘法运算：

$$C(x, y)=A(x, y) * B(x, y) \tag{5-3}$$

乘法运算常用来提取局部区域，通过掩模运算，将二值图像和原图像做乘法运算，可以实现图像的局部提取。

（4）除法运算：

$$C(x, y)=\frac{A(x, y)}{B(x, y)} \tag{5-4}$$

除法运算一般用来校正阴影，实现归一化。

5.1.1　图像加法

图像的加法运算一般用于几幅图像的平均处理。下面通过 HALCON 实例，用平均处理的方法进行图像的去噪，介绍图像加法的用途。

考虑一幅将噪声 $\eta(x, y)$ 加入原始图像 $f(x, y)$ 中所形成的带有噪声的图像 $g(x, y)$，即

$$g(x, y)=f(x, y)+\eta(x, y) \tag{5-5}$$

这里假设每个坐标点 (x, y) 上的噪声都不相关且均值为零，我们处理的目标就是通过累加一组噪声图像 $\{g_i(x, y)\}$ 来减少噪声。

如果噪声符合上述条件限制，就会得到对 K 幅不同的噪声图像取平均形成的图像 $\overline{g}(x, y)$，即

$$\overline{g}(x, y) = \frac{1}{K}\sum_{i=1}^{k} g_i(x, y) \tag{5-6}$$

那么

$$E\{\overline{g}(x, y)\}=f(x, y) \tag{5-7}$$

$$\sigma_{\overline{g}(x, y)}^{2}=\frac{1}{K}\sigma_{\eta(x, y)}^{2}$$

当 K 增加时，由式(5-6)和式(5-7)看出，在各个 (x, y) 位置上像素值的噪声变化率将减小。由于 $E\{\overline{g}(x, y)\}=f(x, y)$，意味着在图像均值处理中，随着噪声图像使用量的增加，$\overline{g}(x, y)$ 越来越趋近于 $f(x, y)$。而在实际应用中，输出图像过程中会引入模糊图像，还会夹杂其他人为影响，所以图像 $g_i(x, y)$ 必须被配准。

【例 5-1】　图像的加法运算在去除噪点方面的应用。

如图 5-1 所示，小猫的身体部分有白点(噪点)，通过下面的例程，生成了图 5-2 所示的白噪声图，接着，通过加法运算可消除噪点的影响，如图 5-3 所示。

图 5-1　原图

```
read_image(CAT, 'cat')
* 读取图像，如图 5-1 所示
rgb1_to_gray(CAT, GCAT)
* 将三通道(RGB)图像转换成灰度图
convert_image_type(GCAT, CAT1, 'real')
* 数据类型转换成实数
gen_image_const(CAT2, 'real', 432, 768)
* 生成同样大小的空图像，灰度值默认是 0
for Index :=1 to 10 by 1
* 循环生成 10 幅白噪声图，如图 5-2 所示
    add_noise_white(CAT1, ImageNoise1, 90)
    * 增加图像的白噪声，参数根据噪点的尺寸确定
    add_image(ImageNoise1, CAT2, image, 1, 0)
    * 白噪声图像和空图像相加
    endfor
    scale_image(image, ImageScal, 0.1, 0)
    * 对生成的 10 幅图像求取平均值
```

图 5-2　白噪声图

图 5-3　图像加法去除噪点

【例 5-2】 图像相加的 HALCON 例程。

该例程是显示图像的合成，可以通过这种处理达到一种虚幻的效果。注意，需要合成的图像尺寸要相同，如图 5-4 所示。

(a) Image1(图像 1)

(b) Image2(图像 2)

图 5-4　需要合成的两幅图片

下面的例程主要是为了表达图像加法能实现的效果。

```
read_image (Image1, 'patras')
* 读取图像 1
read_image (Image2, 'brycecanyon1')
* 读取图像 2
crop_part (Image1, ImagePart1, 0, 0, 512, 480)
crop_part (Image2, ImagePart2, 0, 0, 512, 480)
* 在读取的两幅图像上分别切割出指定大小的区域，要保证两张图片大小相同
dev_open_window_fit_image (ImagePart1, 0, 0, -1, -1, WindowHandle)
* 打开具有给定最小和最大范围的新图形窗口，以便保留给定图像的纵横比
set_display_font (WindowHandle, 16, 'mono', 'true', 'false')
* 显示文字字体设置
dev_display (ImagePart1)
* 显示图片
disp_message (WindowHandle, 'Image 1', 'window', 12, 12, 'black', 'true')
* 显示文字
disp_continue_message (WindowHandle, 'black', 'true')
* 此过程在屏幕右下角的给定颜色中显示"单击""运行""继续"
stop ()
dev_display (ImagePart2)
* 显示图片
disp_message (WindowHandle, 'Image 2', 'window', 12, 12, 'black', 'true')
disp_continue_message (WindowHandle, 'black', 'true')
stop ()
add_image(ImagePart1, ImagePart2, ImageResult, 0.5, 0)
* 将两幅图片通过加法运算合并
dev_display (ImageResult)
* 显示最终图片(如图 5-5 所示)
disp_message (WindowHandle, 'Resulting image of the addition', 'window', 12, 12,
              'black', 'true')
```

图 5-5　合成之后的图像

5.1.2 图像减法

两幅图像 $f(x, y)$与 $h(x, y)$的差异表示为

$$g(x, y)=f(x, y)-h(x, y) \tag{5-8}$$

图像的差异是通过计算这两幅图像所对应像素点的差异而提出的。减法处理最主要的作用就是增强两幅图像的差异。

【例 5-3】 通过 HALCON 例程，介绍图像减法的用途及效果，如图 5-6 所示。

(a) Image1　(b) Image2　(c) 做减法运算后

图 5-6 基于图像减法运算处理效果

```
dev_close_window ()
* 关闭窗口
dev_update_off ()
* 关闭更新窗口
read_image (Scene00, 'autobahn/scene_00')
read_image (Scene01, 'autobahn/scene_01')
* 读取两幅图像
convert_image_type (Scene00, ImageConverted1, 'int2')
convert_image_type (Scene01, ImageConverted2, 'int2')
* 数据类型转换成整数类型
dev_open_window_fit_image (ImageConverted1, 0, 0, -1, -1, WindowHandle)
set_display_font (WindowHandle, 16, 'mono', 'true', 'false')
dev_display (ImageConverted1)
disp_message (WindowHandle, 'Image 1', 'window', 12, 12, 'black', 'true')
disp_continue_message (WindowHandle, 'black', 'true')
stop ()
dev_display (ImageConverted2)
disp_message (WindowHandle, 'Image 2', 'window', 12, 12, 'black', 'true')
disp_continue_message (WindowHandle, 'black', 'true')
stop ()
sub_image (ImageConverted1, ImageConverted2, ImageSub, 1, 0)
* 减去其中一幅图像，获得另一幅图像
dev_display (ImageSub)
disp_message (WindowHandle, 'Resulting image of the subtraction', 'window', 12, 12,
              'black', 'true')
```

在实践中，大多数图像由 8 位码显示(即使 24 bit 的彩色图像也由 3 组 8 位码的通道组成)，因此像素值的大小不会超出 0～255 的范围。在差值图像中，像素值的取值最小为－255，最大为 255，因此显示这一结果需要某种标度。

标度差值图像主要可采用以下两种方法：

一种方法是对每个像素值再加 255，然后除以 2。这种做法无法保证像素的取值可以覆盖 0～255 的全部 8 bit 范围，但所有像素值一定都在这个范围之内。这种方法的优点是快速且简单，局限性是整个显示范围没有得到充分利用，在除以 2 的过程中固有的结尾误差通常将导致精确度的损失。

另一种方法在一定程度上可以弥补这类损失误差，首先提取最小差值，并且把它的负值加到所有差值图像的像素中(这样就可以创作出一幅最小像素值为零的改进差值图像)。然后通过用 255/Max 值(Max 为改进的差值图像中的最大像素取值)去乘以每个像素，最后将图像中的所有像素标定到 0～255 的范围。很明显，这种方法与前一种方法相比更复杂且难以实现。

5.1.3　图像乘法

图像的乘法运算可以用来将图像中需要的部分提取出来，也就是将掩模图与待处理的图像相乘。这里需要注意的是，掩模图和待处理图像必须是同一通道的图像。

在图像乘法变换中，输入图像(Image1)的灰度值区间($g1$，$g2$)中的灰度值有如下变换：

$$g' = g1 * g2 * \text{Mult} + \text{Add} \qquad (5-9)$$

【例 5－4】　通过一个简单的 HALCON 例程，了解图像乘法运算能达到的图像处理效果，如图 5－7 所示。

(a) Image1

(b) 掩模图

(c) 做乘法运算后

图 5－7　基于图像乘法运算处理效果

下面的例程可把图片中的小狗提取出来，边界为方框。

```
read_image (Image, 'DOG.jpeg')
read_image (Image1, 'YANMO.jpg')
* 读取两张图片，DOG 是待处理的图像，YANMO 是掩模图
rgb1_to_gray (Image, GrayImage)
rgb1_to_gray (Image1, GrayImage1)
* 将 RGB 三通道图像转换成灰度图
mult_image (GrayImage, GrayImage1, ImageResult, 0.005, 0)
* 将两幅图像相乘，获得目标图像
```

5.1.4 图像除法

除法运算可用于校正成像设备的非线性影响。这在特殊形态的图像(如断层扫描等医学图像)处理中常常用到。图像除法也可以用来检测图像间的区别，但是除法操作给出的是相应像素间的变化比率，而不是每个像素的绝对差异，因而也称图像除法为比率变换。

在图像除法运算中，输入图像(Image1)的灰度值区间($g1$，$g2$)中的灰度值有如下变换：

$$g' = g1/g2 * \text{Mult} + \text{Add} \tag{5-10}$$

【例 5-5】 通过一个简单的 HALCON 例程，了解图像除法运算能达到的图像处理效果，如图 5-8 所示。

(a)待处理图像 (b)掩模图 (c)做除法运算后

图 5-8 基于图像除法运算处理效果

```
dev_close_window ()
dev_update_off ()
read_image (Scene00, 'autobahn/scene_00')
gen_image_gray_ramp (ImageGrayRamp, 0.2, 0.2, 128, 256, 256, 512, 512)
* 创建灰度斜坡图
dev_open_window_fit_image (Scene00, 0, 0, -1, -1, WindowHandle)
* 打开一个适合图片尺寸的窗口
set_display_font (WindowHandle, 16, 'mono', 'true', 'false')
* 设置字体
dev_display (Scene00)
disp_message (WindowHandle, 'Divide the image by a gray value ramp', 'window', 12, 12,
            'black', 'true')
disp_continue_message (WindowHandle, 'black', 'true')
stop ()
dev_display (ImageGrayRamp)
disp_message (WindowHandle, 'Created gray value ramp', 'window', 12, 12, 'black',
            'true')
disp_continue_message (WindowHandle, 'black', 'true')
stop ()
div_image (Scene00, ImageGrayRamp, ImageResult, 255, 0)
* 将待处理图像和创建的灰度斜坡图相除，得到处理结果图
```

```
dev_display (ImageResult)
disp_message (WindowHandle, 'Resulting image of the division', 'window', 12, 12, 'black',
            'true')
```

5.1.5　图像逻辑运算(位操作)

位操作是程序设计中对图像按位操作或者对二进制数的一元、二元操作。在许多旧的微处理器上，位运算比加减运算略快，而且一般来说位运算比乘除法运算快很多。在现代架构中，情况并非如此：位运算的运算速度通常和加减运算相同，但仍然快于乘法运算。可以说，图像的位操作就是对图像像素的操作。

【例 5-6】 结合 HALCON 算子介绍图像逻辑处理后的效果。

图 5-9(a)～(d)是待处理的原图，其中图 5-9(b)是掩模图，图 5-9(e)是图 5-9(a)、(b)按位与之后的效果图，图 5-9(f)是图 5-9(a)、(b)按位或之后的效果图，图 5-9(g)是图 5-9(c)、(d)按位非操作之后的效果图，图 5-9(h)是图 5-9(d)按位取反之后的效果图，图 5-9(i)是图 5-9(c)按位左移的效果图，图 5-9(j)是图 5-9(d)按位右移的效果图。

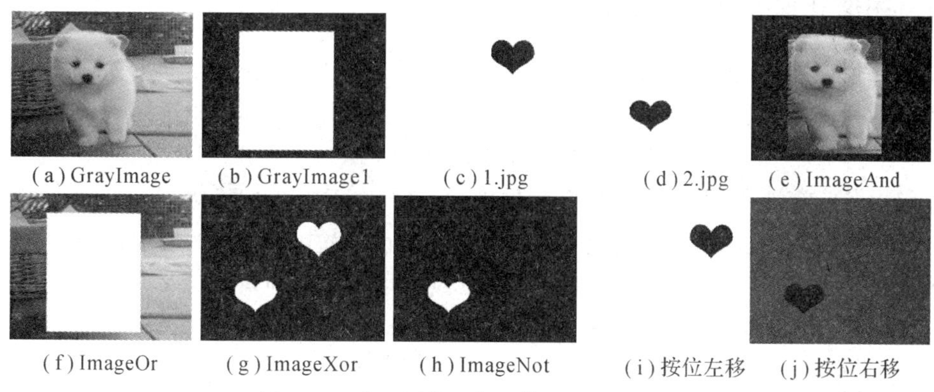

图 5-9　基于图像逻辑运算的处理效果图

```
read_image (Image, 'DOG. tif')
read_image (Image1, 'YANMO. tif')
read_image (Image2, '1. jpg')
read_image (Image3, '2. jpg')
* 读取四张图片
rgb1_to_gray (Image, GrayImage)
rgb1_to_gray (Image1, GrayImage1)
* 将三通道图片转换成灰度图片
bit_and (GrayImage, GrayImage1, ImageAnd)
* 按位与
bit_or (GrayImage, GrayImage1, ImageOr)
* 按位或
bit_xor (Image2, Image3, ImageXor)
* 按位异或运算
bit_not (Image3, ImageNot)
* 灰度值取反操作
```

```
bit_lshift (Image2, ImageLShift, 3)
* 对图像进行按位左移
bit_rshift(Image3, ImageRShift, 3)
* 对图像进行按位右移
```

5.2 图像的几何变换

图像的几何变换是指用数学建模方法来描述图像位置、大小、形状等变化的方法，它通过数学建模实现对数字图像进行几何变换的处理。图像几何变换主要包括图像平移变换、比例缩放、旋转、仿射变换、透视变换和图像插值等，其实质就是改变像素的空间位置或估算新空间位置上的像素值。

5.2.1 图像几何变换的一般表达式

图像几何变换就是建立一幅图像与其变换后的图像中所有各点之间的映射关系，其通用数学表达式为

$$[u, v]=[X(x, y), Y(x, y)] \tag{5-11}$$

式中，$[u, v]$为变换后图像像素的笛卡尔坐标，(x, y)为原始图像像素的笛卡尔坐标，$X(x, y)$和$Y(x, y)$分别定义了水平和垂直两个方向上的空间变换的映射函数。这样就得到了原始图像与变换后图像像素的对应关系。如果$X(x, y)=x$，$Y(x, y)=y$，则有$[u, v]=(x, y)$，即变换后图像仅仅是原图像的简单复制。

1. 点变换

图像处理其实就是针对图像中每个像素点的处理，图像运算作为图像处理中关键的部分也是相同的道理。这里通过介绍对每个像素点的处理(点变换)，来帮助读者理解图像处理。

首先介绍比例变换。针对某点的比例变换，也就是将某点的坐标按给定的比例进行变换，如式(5-12)所示，其中x、y是原坐标，x^*、y^*是新坐标。

$$[x \quad y]\begin{vmatrix} a & 0 \\ 0 & b \end{vmatrix}=|ax, \quad by|=|x^* \quad y^*| \tag{5-12}$$

原点变换：坐标为(x, y)的点，经过变换之后到达原点$(0, 0)$的位置。

$$|x \quad y|\begin{vmatrix} a & b \\ c & d \end{vmatrix}=|0 \quad 0| \tag{5-13}$$

翻转：翻转变换也称为镜像变换，可以x轴镜像、以y轴镜像，或者指定某条直线镜像。

绕x轴：

$$|x \quad y|\begin{vmatrix} 1 & 0 \\ 0 & -1 \end{vmatrix}=|x \quad -y|=|x^* \quad y^*| \tag{5-14}$$

绕y轴：

$$|x \quad y|\begin{vmatrix}-1 & 0\\ 0 & 1\end{vmatrix}=|-x \quad y|=|x^* \quad y^*| \tag{5-15}$$

绕 $x=y$ 轴：

$$|x \quad y|\begin{vmatrix}0 & 1\\ 1 & 0\end{vmatrix}=|y, \quad x|=|x^* \quad y^*| \tag{5-16}$$

剪移：通俗地讲，就是在保证某点横坐标(或纵坐标)不变的前提下，对其纵坐标(或横坐标)进行变换处理，如图 5-10 所示。

$$|x \quad y|\begin{vmatrix}1 & b\\ 0 & 1\end{vmatrix}=|x, \quad bx+y|=|x^* \quad y^*| \tag{5-17}$$

$$|x \quad y|\begin{vmatrix}1 & 0\\ c & 1\end{vmatrix}=|cx+y, \quad y|=|x^* \quad y^*| \tag{5-18}$$

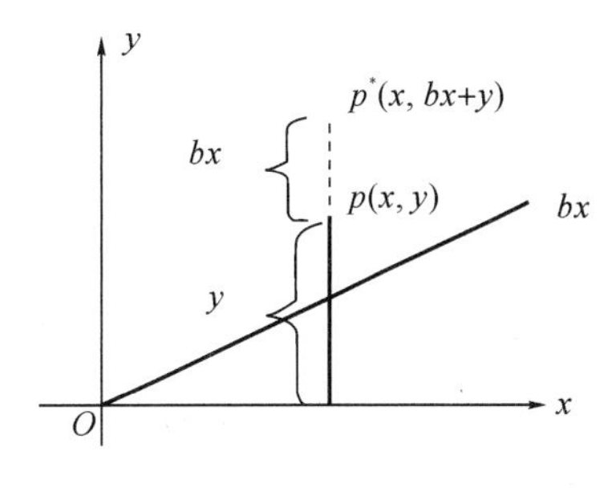

图 5-10　图像变换的坐标表示

2. 直线变换——两个点的变换

直线变换是对一条直线上像素点的操作。简单来说，两点确定一条直线，在判断直线的一些性质(如斜率)或两条直线是否平行等时，只需要判断直线上的两个点即可。

如果已知 $\begin{vmatrix}A\\ B\end{vmatrix}\begin{vmatrix}a & b\\ c & d\end{vmatrix}=\begin{vmatrix}A^*\\ B^*\end{vmatrix}$，此矩阵可以看作是一条由两点确定的直线的变换过程，那么经过该变换后，两条平行直线是否平行？

令$(x_1, y_1)(x_2, y_2)$为两条平行线中一条直线上的两点，

$$\begin{vmatrix}x_1 & y_1\\ x_2 & y_2\end{vmatrix}\begin{vmatrix}a & b\\ c & d\end{vmatrix}=\begin{vmatrix}ax_1+cy_1 & bx_1+dy_1\\ ax_2+cy_2 & bx_2+dy_2\end{vmatrix}=\begin{vmatrix}x_1^* & y_1^*\\ x_2^* & y_2^*\end{vmatrix}=\begin{vmatrix}A^*\\ B^*\end{vmatrix}$$

原两条平行线的斜率为

$$m_1=\frac{y_2-y_1}{x_2-x_1}=m_1'$$

变换后直线的斜率为

$$m_2=\frac{y_2^*-y_1^*}{x_2^*-x_1^*}=\frac{bx_2+dy_2-(bx_1+dy_1)}{ax_2+cy_2-(ax_1+cy_1)}=\frac{b+dm_1}{a+cm_1}$$

同理，m_1'线变换后斜率为

$$m_2'=\frac{b+dm_1'}{a+cm_1'}$$

故 $m_2=m_2'$，说明平行线变换后仍平行。

3. 单位正方形变换

单位正方形变换有图像校正的影子，在单位正方形和平行四边形(也可以是一些不规则的四边形)之间建立映射关系，来达到互相转换的效果。

下列等式中的 A、B、C、D 代表单位正方形的四个顶点，通过式(5-19)所示变换变成 A^*、B^*、C^*、D^*(代表四边形的顶点)。图 5-11 是单位正方形变换的坐标点示意图，图 5-12 是平行四边形变换坐标点示意图。

$$\begin{vmatrix} A \\ B \\ C \\ D \end{vmatrix} \begin{vmatrix} a & b \\ c & d \end{vmatrix} = \begin{vmatrix} 0 & 0 \\ 1 & 0 \\ 1 & 1 \\ 0 & 1 \end{vmatrix} \begin{vmatrix} a & b \\ c & d \end{vmatrix} = \begin{vmatrix} 0 & 0 \\ a & b \\ a+c & b+d \\ c & d \end{vmatrix} = \begin{vmatrix} A^* \\ B^* \\ C^* \\ D^* \end{vmatrix} \tag{5-19}$$

变换后面积为

$$\begin{aligned} A_T &= (a+c)(b+d) - \frac{1}{2}ab - \frac{1}{2}cd - \frac{c}{2}(b+b+d) - \frac{b}{2}(c+a+c) \\ &= ad - bc \\ &= \det[T] \quad (\det[T]\text{是变换矩阵行列式的值}) \end{aligned}$$

其中，$\begin{vmatrix} a & b \\ c & d \end{vmatrix}$代表单位正方形变换中的映射关系，通过这种映射关系可以实现单位正方形和单位平行四边形之间的转换。式(5-19)可适用于任意形状，任意多边形可理解为由无数个小正方形组成。

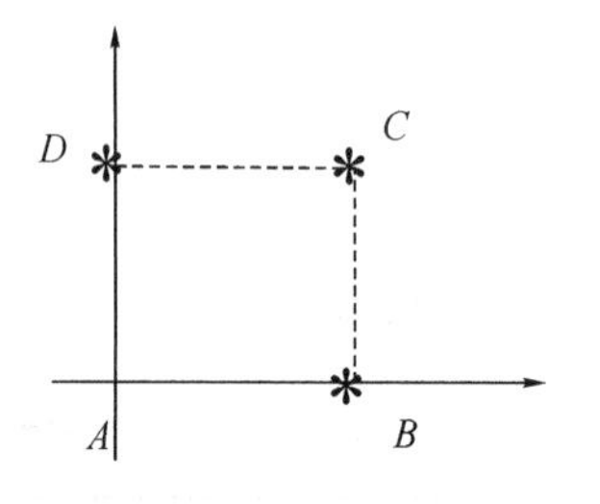

图 5-11 正方形变换

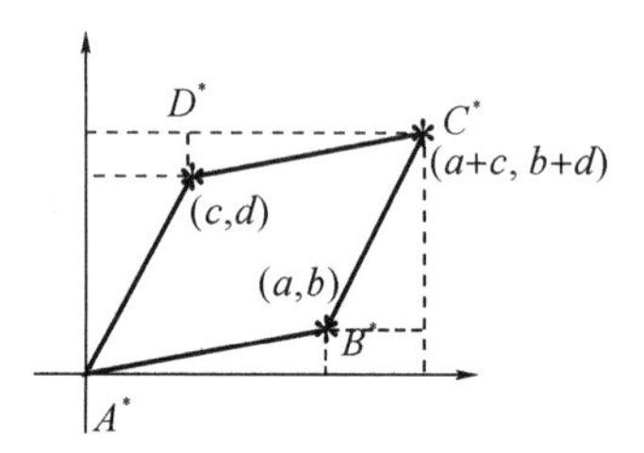

图 5-12 平行四边形变换

5.2.2 图像变换之仿射变换

如果所拍摄对象在机械装置上或者其他稳定性不高的装置上，那么目标对象的位置和旋转角度就不能保持恒定，因此必须对物体进行平移和旋转角度修正。有时由于物体和摄像机间的距离发生变化，因而导致图像中物体的尺寸发生了明显变化，这些情况下使用的变换称为仿射变换。

仿射变换的一般表达式为

$$\begin{bmatrix} u \\ v \end{bmatrix} = \boldsymbol{A} \begin{bmatrix} x \\ y \\ 1 \end{bmatrix} = \begin{bmatrix} a_2 & a_1 & a_0 \\ b_2 & b_1 & b_0 \end{bmatrix} \begin{bmatrix} x \\ y \\ 1 \end{bmatrix} \tag{5-20}$$

式中，仿射变换矩阵即矩阵 **A**，包括线性部分和平移部分，其中 a_0 和 b_0 是平移部分，$\begin{bmatrix} a_2 & a_1 \\ b_2 & b_1 \end{bmatrix}$是线性部分。

HALCON 中做仿射变换的算子是

affine_trans_image(Image: ImageAffinTrans: HomMat2D, Interpolation, AdaptImageSize:)

作用：针对图像做仿射变换。

Image：原图。

ImageAffinTrans：变换后的图像。

HomMat2D：变换矩阵。

Interpolation：插值方法。

AdaptImageSize：自动调节输出图像大小，如果设置为 true，则图像右下角对齐。

插值方法有四种，分别是：

(1) nearest_neighbor：最邻近插值法，插值时选择最邻近坐标的像素值，速度快，但处理质量较低。

(2) bilinear：双线性插值的一种，灰度值由最邻近的四个点像素决定，缩放变换时没有平滑处理，结果可能有混叠效应，速度和质量一般。

(3) constant：双线性插值的一种，灰度值由最邻近的四个点像素决定，做放缩变换时，应用均值滤波，防止混叠效应，速度和质量一般。

(4) weighted：双线性插值的一种，灰度值由最邻近的四个点像素决定，做缩放变换时，高斯滤波被应用，防止混叠效应，质量最好，速度最慢。

HALCON 中进行仿射变换的思路就是先定义仿射变换单位矩阵(或者直接生成)，然后再向变换矩阵中添加需要做的变换矩阵，多个组合矩阵可以先后添加进去，当添加完所有的变换矩阵后，再做仿射变换。当然，如果有多个变换矩阵，要考虑先后添加的顺序。

HALCON 中定义变换矩阵的算子是

hom_mat2d_identity(: : : HomMat2DIdentity)

定义完变换矩阵后，HomMat2DIdentity 是单位矩阵：

$$\text{HomMat2DIdentity}=\begin{bmatrix}1 & 0 & 0\\ 0 & 1 & 0\\ 0 & 0 & 1\end{bmatrix}$$

仿射变换中的特殊情况是平移变换、比例缩放和旋转变换。仿射变换具有如下性质：

(1) 仿射变换只有六个自由度(对应变换中的六个系数)，因此仿射变换后互相平行的直线仍然为平行直线，三角形映射后仍然是三角形，但不能保证四边形以上的多边形映射为等边数的多边形。

(2) 仿射变换的乘积和逆变换仍是仿射变换。

(3) 仿射变换能够实现平移、旋转、缩放等几何变换。

1. 平移变换

图像的平移变换就是将图像中的所有像素点按照要求的偏移量进行垂直、水平移动。平移变换只是改变了原有目标在画面上的位置，而图像的内容则不发生变化。若将图像像素点(x, y)平移到$(x+x_0, y+y_0)$，则变换函数为$u=X(x, y)=x+x_0$，$v=Y(x, y)=y+y_0$，其矩阵表达式为

$$\begin{bmatrix}u\\ v\end{bmatrix}=\begin{bmatrix}x\\ y\end{bmatrix}+\begin{bmatrix}x_0\\ y_0\end{bmatrix} \tag{5-21}$$

式中，x_0 和 y_0 分别为 x 和 y 的坐标平移量。

相关算子：

hom_mat2d_translate(: : HomMat2D, T_x, T_y : HomMat2DTranslate)

作用：在 2D 齐次仿射变换中增加平移变换。T_x、T_y 分别是行、列的平移量，即

$$\text{HomMat2DTranslate}=\begin{bmatrix}1 & 0 & T_x\\0 & 1 & T_y\\0 & 0 & 1\end{bmatrix}\times \text{HomMat2D}$$

2. 比例缩放

图像缩放是指将给定的图像在 x 轴方向按比例缩小到原图的 $1/S_x$，在 y 轴方向按比例缩小到原图的 $1/S_y$，从而获得一幅新的图像。如果 $S_x=S_y$，则称这样的比例缩放为图像的全比例缩放。如果 $S_x\neq S_y$，则图像比例缩放会改变原始图像像素间的相对位置，产生几何畸变。

若图像坐标(x, y)缩小到原图的 $1/(S_x, S_y)$，则变换函数为

$$\begin{bmatrix}u\\v\end{bmatrix}=\begin{bmatrix}S_x & 0\\0 & S_y\end{bmatrix}\begin{bmatrix}x\\y\end{bmatrix} \tag{5-22}$$

式中，S_x 和 S_y 分别为 x 和 y 坐标的缩放因子，其值大于 1 表示放大，小于 1 表示缩小。

相关算子：

hom_mat2d_scale(: : HomMat2D, Sx, Sy, Px, Py : HomMat2DScale)

作用：在 2D 齐次仿射变换中增加缩放变换，Sx、Sy 表示缩放倍数，Px、Py 表示基准点，此点固定不变，内部原理其实是在缩放变换过程中需要对变换进行平移，使得点(P_x, P_y)移动到原点，然后再缩放变换，最后再把变换移到原来的点(P_x, P_y)，即

$$\text{HomMat2DScale}=\begin{bmatrix}1 & 0 & P_x\\0 & 1 & P_y\\0 & 0 & 1\end{bmatrix}\times\begin{bmatrix}S_x & 0 & 0\\0 & S_y & 0\\0 & 0 & 1\end{bmatrix}\times\begin{bmatrix}1 & 0 & -P_x\\0 & 1 & -P_y\\0 & 0 & 1\end{bmatrix}\times \text{HomMat2D}$$

如果基准点是原点，就可以直接做缩放变换：

$$\text{HomMat2DScale}=\begin{bmatrix}S_x & 0 & 0\\0 & S_y & 0\\0 & 0 & 1\end{bmatrix}\times \text{HomMat2D}$$

3. 旋转变换

图像的旋转是指以图像中的某一点为原点以逆时针或顺时针方向旋转一定的角度。图像的旋转属于图像的位置变换，通常是以图像的中心为原点，将图像上的所有像素都旋转一个相同的角度。旋转后，图像的大小一般会改变。

将输入图像绕笛卡尔坐标系的原点逆时针旋转 θ 角度，则变换后图像坐标为

$$\begin{bmatrix}u\\v\end{bmatrix}=\begin{bmatrix}\cos\theta & -\sin\theta\\\sin\theta & \cos\theta\end{bmatrix}\begin{bmatrix}x\\y\end{bmatrix} \tag{5-23}$$

HALCON 中旋转变换的算子：

hom_mat2d_rotate(: : HomMat2D, Phi, Px, Py : HomMat2DRotate)

作用：在 2D 齐次仿射变换中增加旋转变换。Phi 为旋转角度，Px、Py 为旋转的基准点(固定点)，也就是旋转的中心，旋转过程中，此点坐标不会改变。内部原理是在旋转变换过程中，需要对变换进行平移，使得点(P_x, P_y)移动到原点，然后再旋转变换，最后再移回原来的点(P_x, P_y)。

$$\text{HomMat2DR}=\begin{bmatrix}1 & 0 & P_x\\0 & 1 & P_y\\0 & 0 & 1\end{bmatrix}\times\begin{bmatrix}\cos(\text{Phi}) & -\sin(\text{Phi}) & 0\\\sin(\text{Phi}) & \cos(\text{Phi}) & 0\\0 & 0 & 1\end{bmatrix}\times\begin{bmatrix}1 & 0 & -P_x\\0 & 1 & -P_y\\0 & 0 & 1\end{bmatrix}\times\text{HomMat2D}$$

4. 综合变换

图像先进行平移，然后进行比例变换，最后进行旋转的复合几何变换表达式为

$$\begin{aligned}\begin{bmatrix}u\\v\end{bmatrix}&=\begin{bmatrix}\cos\theta & -\sin\theta\\\sin\theta & \cos\theta\end{bmatrix}\begin{bmatrix}S_x & 0\\0 & S_y\end{bmatrix}\left\{\begin{bmatrix}x\\y\end{bmatrix}+\begin{bmatrix}x_0\\y_0\end{bmatrix}\right\}\\&=\begin{bmatrix}S_x\cos\theta & -S_y\sin\theta\\S_x\sin\theta & S_y\cos\theta\end{bmatrix}\begin{bmatrix}x\\y\end{bmatrix}+\begin{bmatrix}S_x x_0\cos\theta-S_y y_0\sin\theta\\S_x x_0\sin\theta+S_y y_0\cos\theta\end{bmatrix}\end{aligned}\tag{5-24}$$

显然上式是线性的，故可以表示成如下的线性表达式：

$$\begin{bmatrix}u\\v\end{bmatrix}=\begin{bmatrix}a_2 & a_1\\b_2 & b_1\end{bmatrix}\begin{bmatrix}x\\y\end{bmatrix}+\begin{bmatrix}a_0\\b_0\end{bmatrix}\tag{5-25}$$

设定加权因子 a_i 和 b_i 的值，可以得到不同的变换。

【例 5－7】 基于图像变换的 HALCON 例程，如图 5－13 所示。

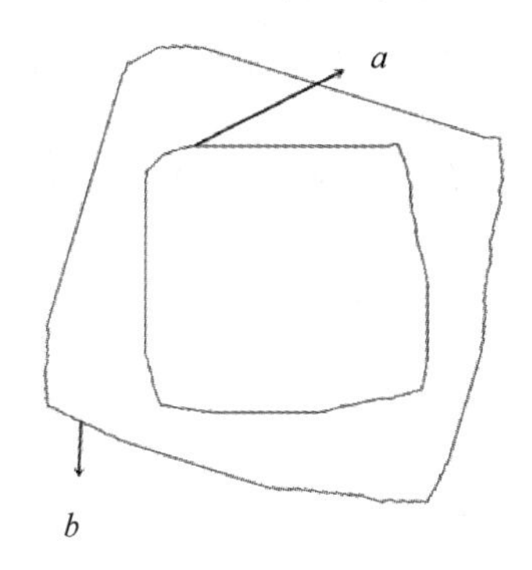

图 5－13　图像变换处理前后图(a 为所画 Region，b 为变换之后)

```
dev_close_window ()
dev_open_window (0, 0, 512, 512, 'white', WindowID)
* 设置窗口背景为白色
dev_set_color('black')
* Draw with the mouse an arbitrary region into the window
draw_region (Region, WindowID)
* 在窗口中画出 Region 区域，如图 5-13 中内轮廓闭合曲线 a
hom_mat2d_identity (HomMat2DIdentity)
* 定义仿射变换矩阵
hom_mat2d_rotate (HomMat2DIdentity, -0.3, 256, 256, HomMat2DRotate)
* 在 2D 齐次仿射变换中增加旋转变换，-0.3 代表旋转角度，负值代表顺时针旋转；256、
256 代表基准点，此点固定不变
hom_mat2d_scale (HomMat2DRotate, 1.5, 1.5, 256, 256, HomMat2DScale)
* 在 2D 齐次仿射变换中增加缩放变换，1.5、1.5 代表缩放倍数
hom_mat2d_translate (HomMat2DScale, 32, 32, HomMat2DTranslate)
* 在 2D 齐次仿射变换中增加平移变换，32、32 为行列的平移量
```

```
affine_trans_region (Region, RegionAffineTrans, HomMat2DScale, 'nearest_neighbor')
* 针对 region 做仿射变换，Region 为变换前的区域，RegionAffineTrans 为变换后的区域，HomMat2D 为仿射变换矩阵，Interpolate 为插值方法，插值方法在后面有详解
dev_clear_window ()
dev_set_draw ('margin')
dev_set_color('red')
dev_display (Region)
dev_set_color ('green')
dev_display (RegionAffineTrans)
```

图 5-14 是图像在经历旋转、缩放、平移期间的坐标矩阵变化。

矩阵监察：HomMat2DIdentity

	0	1	2
0	1.0	0.0	0.0
1	0.0	1.0	0.0
2	0.0	0.0	1.0

3 rows, 3 columns

(a) 原图坐标矩阵

矩阵监察：HomMat2DRotate

	0	1	2
0	0.955336	0.29552	-64.2193
1	-0.29552	0.955336	87.087
2	0.0	0.0	1.0

3 rows, 3 columns

(b) 旋转后坐标矩阵

矩阵监察：HomMat2DScale

	0	1	2
0	1.433	0.44328	-224.329
1	-0.44328	1.433	2.63055
2	0.0	0.0	1.0

3 rows, 3 columns

(c) 缩放后坐标矩阵

矩阵监察：HomMat2DTranslate

	0	1	2
0	1.433	0.44328	-192.329
1	-0.44328	1.433	34.6305
2	0.0	0.0	1.0

3 rows, 3 columns

(d) 平移后坐标矩阵

图 5-14 图像变换中的矩阵变化

5.2.3 投影变换

把物体的三维图像表示转变为二维表示的过程称为投影变换，其表达式为

$$\begin{bmatrix} u' \\ v' \\ w' \end{bmatrix} = \begin{bmatrix} a_{11} & a_{12} & a_{13} \\ a_{21} & a_{22} & a_{23} \\ a_{31} & a_{32} & a_{33} \end{bmatrix} \begin{bmatrix} x \\ y \\ 1 \end{bmatrix} \tag{5-26}$$

投影变换的向前映射函数可以表示为

$$\begin{cases} u = \dfrac{u'}{w'} = \dfrac{a_{11}x + a_{12}y + a_{13}}{a_{31}x + a_{32}y + a_{33}} \\ v = \dfrac{v'}{w'} = \dfrac{a_{21}x + a_{22}y + a_{23}}{a_{31}x + a_{32}y + a_{33}} \end{cases}$$

式中，$a_{31} \neq 0$，$a_{32} \neq 0$。

投影变换也是一种平面映射，正变换和逆变换都是单值的，而且可以保证任意方向上的直线经过投影变换后仍然保持直线，但是由于投影变换具有九个自由度(其变换系数为

九个)，故可以实现平面四边形到四边形的映射。

其实仿射变换也可以称为特殊的投影变换，只需令变换矩阵中的 a_{31}、a_{32}、a_{33} 为 0 即可，这一点体现在 HALCON 的算子中，只需要看所定义变换矩阵的类型即可，即HomMat2D 的类型。

投影变换的算子：

hom_vector_to_proj_hom_mat2d(::Px，Py，Pw，Qx，Qy，Qw，
　　Method：HomMat2D)

作用：用于确定投影变换矩阵 HomMat2D。Px、Py、Pw、Qx、Qy、Qw 指的是剩下的 6 个不指定为 0 的自由度，以此确定投影变换矩阵。

5.2.4　灰度插值

在数字图像中，其灰度值只在整数位置(x，y)被定义，即规定所有的像素值都位于栅格整数坐标处，而通过几何变换后的灰度值往往会出现在原始图像中相邻像素值的点之间。为此，需要通过插值运算来获得变换后不在采样点上的像素的灰度值。常用的灰度值插值方法有最近邻插值法、双线性插值法和卷积插值法三种。

1. 最近邻插值法

最近邻插值也称作零阶插值，也就是令变换后像素的灰度值等于距它最近的输入像素的灰度值。该方法造成的空间偏移误差为 $1/\sqrt{2}$ 像素，计算简单。但当图像中像素灰度级有细微变化时，该方法会在图像中产生人工处理的痕迹。

2. 双线性插值法

双线性插值也称为一阶插值，该方法通常是沿图像矩阵的每一列(行)进行插值，然后对插值后所得的矩阵再沿着行(列)方向进行线性插值。

例如，令 $f(x, y)$表示(x, y)坐标处的像素灰度值，根据四点(0，0)、(0，1)、(1，0)、(1，1)来进行双线性插值。首先对(0，0)和(1，0)两点进行线性插值，得到$(x, 0)$点的像素灰度值为

$$f(x, 0)=f(0, 0)+x[f(1, 0)-f(0, 0)] \tag{5-27}$$

对(0，1)和(1，1)两点进行线性插值，得

$$f(x, 1)=f(0, 1)+x[f(1, 1)-f(0, 1)]$$

然后进行水平方向的线性插值，得

$$f(x, y)=f(x, 0)+y[f(x, 1)-f(x, 0)]$$

当对相邻四个像素点采用双线性插值时，所得表面在邻域处是吻合的，但是斜率不吻合，并且双线性灰度值的平滑作用可能使图像的细节产生退化，这种现象在进行图像放大时尤为明显。

3. 卷积插值法

当图像放大时，图像像素的灰度值插值可以通过卷积来实现。卷积插值法就是在输入图像的两行列中间插入零值，然后通过低通模板滤波便可得到插值后的图像，如式(5-28)所示。

$$\begin{bmatrix} x_{11} & x_{12} \\ x_{21} & x_{22} \end{bmatrix} \rightarrow \begin{bmatrix} x_{11} & 0 & x_{12} \\ 0 & 0 & 0 \\ x_{21} & 0 & x_{22} \end{bmatrix} \tag{5-28}$$

常用的低通模板如以下矩阵模型所示：

柱形：$\begin{bmatrix} 1 & 1 \\ 1 & 1 \end{bmatrix}$

棱锥形：$\frac{1}{4}\begin{bmatrix} 1 & 2 & 1 \\ 2 & 4 & 2 \\ 1 & 2 & 1 \end{bmatrix}$

钟形：$\frac{1}{16}\begin{bmatrix} 1 & 3 & 3 & 1 \\ 3 & 9 & 9 & 3 \\ 3 & 9 & 9 & 3 \\ 1 & 3 & 3 & 1 \end{bmatrix}$

三次 B 样条：$\frac{1}{64}\begin{bmatrix} 1 & 4 & 6 & 4 & 1 \\ 4 & 16 & 24 & 16 & 4 \\ 6 & 24 & 36 & 24 & 6 \\ 4 & 16 & 24 & 16 & 4 \\ 1 & 4 & 6 & 4 & 1 \end{bmatrix}$

【例 5-8】 基于 HALCON 的灰度值插值法举例。

此示例采用最近邻插值法，将图像旋转和循环命令结合来达到动态的效果，如图 5-15 所示。

(a)原图

(b)阈值处理

(c)图像变换之后

图 5-15 插值法示例

```
dev_update_window ('off')
dev_update_var ('off')
dev_update_time ('off')
dev_update_pc ('off')
dev_set_color ('red')
read_image(Image, 'forest_road')
threshold (Image, Region, 160, 255)
 * 阈值分割获得 Region
opening_circle (Region, RegionOpening, 9.5)
 * 用于消除小区域(小于圆形结构元件)并平滑区域的边界
hom_mat2d_identity (HomMat2DIdentity)
```

```
Scale :=1
for Phi :=0 to 360 by 1
    hom_mat2d_rotate (HomMat2DIdentity, rad(Phi), 256, 256, HomMat2DRotate)
    hom_mat2d_scale (HomMat2DRotate, Scale, Scale, 256, 256, HomMat2DScale)
    affine_trans_image (Image, ImageAffinTrans, HomMat2DScale, 'nearest_neighbor',
                        'false')
affine_trans_region (RegionOpening, RegionAffineTrans, HomMat2DScale,
                     'nearest_neighbor')
* 针对图像做仿射变换，这里选择的插值方式为最近邻插值法
    dev_display (ImageAffinTrans)
    dev_display (RegionAffineTrans)
    Scale :=Scale / 1.005
endfor
dev_update_pc ('on')
dev_update_time ('on')
dev_update_var ('on')
dev_update_window ('on')
```

5.3 基于 HALCON 的图像校正

前几节介绍了图像的一些基本变换及图像的灰度值插值原理等，接下来结合HALCON算子及例程了解基于图像变换的图片处理效果及产生畸变的图像的校正方法。

在成像过程中，普通工业镜头(小孔成像原理)都会带来透视畸变，也就是常见的近大远小现象，除非相机和被拍摄平面保持绝对垂直，否则透视畸变是不可避免的。因此，通过三维空间的仿射变换(变换坐标系使得相机不垂直于被测平面)，可以产生透视畸变效果，也就是相当于进行了投影变换。

仿射变换可以看作是投影变换的特殊形式，把投影变换矩阵的最后一行变为[0, 0, 1]或者[0, 0, 0, 1]，即可变为仿射变换矩阵，也可以证明仿射变换是投影变换的特殊形式。也就是说，对于平移、缩放、切变(切向变换简称切变)等图像变换，仿射变换和投影变换都可以实现。

【例5-9】 使用仿射变换和投影变换实现图片顺时针转90°，如图5-16所示。

(a)原图

(b)旋转后

图5-16 图像变换效果图

(1) 基于仿射变换的实现方法。

```
hom_mat2d_identity (HomMat2DIdentity)
hom_mat2d_rotate (HomMat2DIdentity, rad(-90), 256, 256,
          HomMat2DRotate)
affine_trans_image (Image, ImageAffinTrans, HomMat2DRotate,
          'constant', 'false')
```

(2) 基于投影变换的实现方法。

```
hom_vector_to_proj_hom_mat2d ([0, 0, 512, 512], [0, 512, 512, 0], [1, 1, 1, 1],
    [0, 512, 512, 0], [512, 512, 512, 0, 0], [1, 1, 1, 1], 'dlt', HomMat2D)
projective_trans_image (Image, TransImage, HomMat2D, 'bilinear', 'false', 'false')
```

以上两种方法的变换矩阵分别是

仿射变换矩阵(3×3)：$\begin{bmatrix} 6.12323e-017 & 1.0 & 0.0 \\ -1.0 & 6.12323e-017 & 512.0 \\ 0.0 & 0.0 & 1.0 \end{bmatrix}$

投影变换矩阵(3×3)：$\begin{bmatrix} 1.38944e-016 & -0.00195311 & 3.20463e-015 \\ 0.00195311 & -3.68757e-020 & -0.999994 \\ -1.05421e-019 & -2.74773e-020 & -0.00195311 \end{bmatrix}$

【例 5-10】 投影畸变的产生及基于投影变换的图像校正，效果如图 5-17 所示。

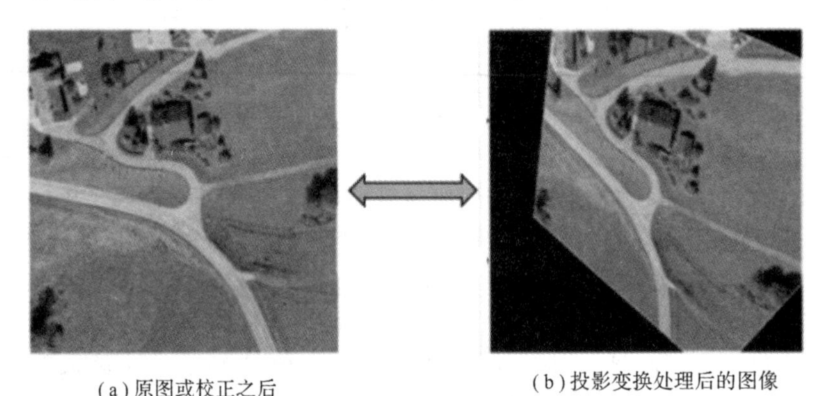

(a) 原图或校正之后　　(b) 投影变换处理后的图像

图 5-17　图像校正与投影变换

(1) 进行一系列的旋转变换，产生三维仿射变换矩阵，也就是使得相机和被摄平面不垂直。

```
hom_mat3d_identity (HomMat3D)
hom_mat3d_rotate (HomMat3D, rad(Gamma), 'z', PrincipalRow, PrincipalColumn, Focus,
          HomMat3D)
hom_mat3d_rotate (HomMat3D, rad(Beta), 'y', PrincipalRow, PrincipalColumn, Focus,
          HomMat3D)
hom_mat3d_rotate (HomMat3D, rad(Alpha), 'x', PrincipalRow, PrincipalColumn, Focus,
          HomMat3D)
```

(2) 把三维仿射变换矩阵转化成投影变换矩阵。

```
hom_mat3d_project (HomMat3D, PrincipalRow, PrincipalColumn, Focus, ProjectionMatrix)
```

(3) 进行投影变换，也就是图 5-17(b)所示的效果。

```
projective_trans_image (Image, TransImage, ProjectionMatrix, 'bilinear', 'false', 'false')
```

【例 5-11】 通过一个完整的例程介绍投影变换在图像校正中的应用，如图 5-18 所示。

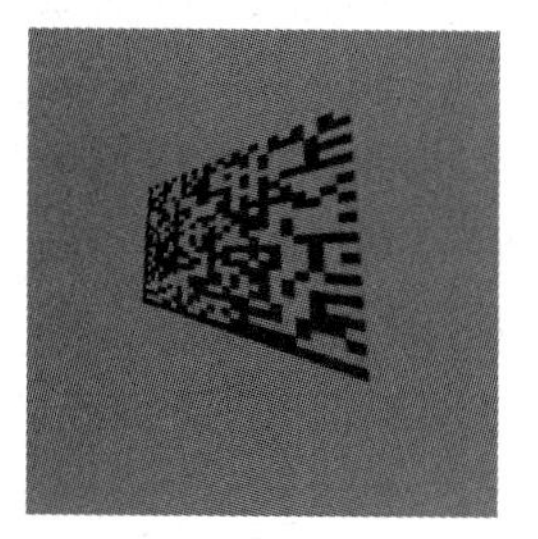
(a) 待校正图像

(b) 顶点处的 XLD 十字标线

(c) 执行结果

图 5-18　图像校正示意图

```
dev_update_off ()
dev_close_window ()
read_image (Image_slanted, 'datacode/ecc200/ecc200_to_preprocess_001')
dev_open_window_fit_image (Image_slanted, 0, 0, -1, -1, WindowHandle)
* 打开适合图片的窗口
dev_set_color ('white')
dev_set_line_width (3)
stop ()
XCoordCorners :=[130, 225, 290, 63]
YCoordCorners :=[101, 96, 289, 269]
gen_cross_contour_xld (Crosses, XCoordCorners, YCoordCorners, 6, 0.78)
* 为每个输入点生成十字形状的 XLD 轮廓，6 代表组成十字横线的长度，0.78 代表角度
dev_display (Image_slanted)
dev_display (Crosses)
stop ()
hom_vector_to _proj_hom_mat2d (XCoordCorners, YCoordCorners, [1, 1, 1, 1], [70, 270,
            270, 70], [100, 100, 300, 300], [1, 1, 1, 1], 'normalized _ dlt',
            HomMat2D)
* 生成投影变换需要的变换矩阵，这里是齐次变换矩阵
projective_trans_image (Image_slanted, Image_rectified, HomMat2D, 'bilinear',
                'false', 'false')
* 在待处理的图像上应用投影变换矩阵，并将结果输出到 Image_rectified 中
create_data_code_2d_model ('Data Matrix ECC 200', [], [], DataCodeHandle)
* 为上述 2D 数据代码创建模型，DataCodeHandle 为数据代码模型
find_data_code_2d (Image_rectified, SymbolXLDs, DataCodeHandle, [], [],
            ResultHandles, DecodedDataStrings)
* 检测输入图像中的 2D 数据模型代码，并读取编码数据，SymbolXLDs 是成功解码后的符
号生成的 XLD 轮廓
dev_display (Image_slanted)
```

```
dev_display (Image_rectified)
dev_display (SymbolXLDs)
disp_message (WindowHandle, 'Decoding successful ', 'window', 12, 12, 'black', 'true')
set_display_font (WindowHandle, 12, 'mono', 'true', 'false')
disp_message (WindowHandle, DecodedDataStrings, 'window', 350, 70, 'forest green', 'true')
clear_data_code_2d_model (DataCodeHandle)
```

以上示例主要说明了投影畸变的产生和校正。图 5-17(a)是相机垂直于被摄平面时拍摄的，没有投影畸变现象，图 5-17(b)是对图像进行了一系列的三维仿射变换，因此产生了投影畸变现象。图 5-17(a)到图 5-17(b)恰恰就是进行了一次二维投影变换，而且这种变换是可逆的，图 5-18 中的校正过程也是同理，所以也可以通过投影变换的方法将畸变图校正，这就是基于 HALCON 投影变换的图像校正。

本章小结

在第 2 章中，已经提及了图像像素的一些基础的数字化运算，如像素邻域的判别、线性与非线性计算等。本章是对图像运算的深入描述，最终目的是实现图像的校正。

本章首先介绍了图像运算中的代数运算，即加减乘除运算和位运算，对每一种运算的功能都进行了详细介绍，并且通过实例将处理效果展现出来。然后介绍了图像几何运算，包括点变换、线变换和单位正方形变换。接着由浅入深引出了本章的重点内容——仿射变换。

仿射变换要求读者从矩阵的角度去考虑，包括平移、旋转、缩放等。其实在进行仿射变换的过程中，会涉及灰度插值，之所以将灰度插值的详细知识放在后面介绍，是因为在学习这一部分知识的时候，可以先了解仿射变换的效果，再通过效果究其本质。

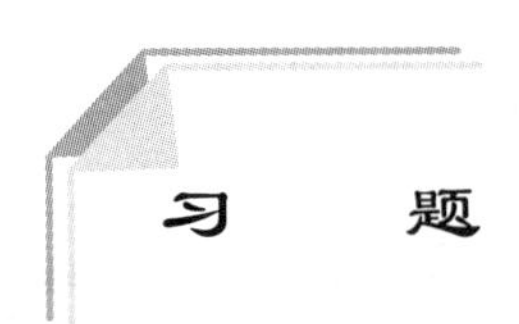

习　题

5.1　如图 5-19 所示，在小猫的身体部位有白色斑点，要求自己制作掩模图，先将有斑点部位提取出来，再进行去噪处理，最后得出没有斑点或者明显优化过的效果图。

图 5-19　待处理图片

5.2　写出仿射变换和投影变换的变换矩阵，并简要说明其差别。

5.3　灰度值插值有几种？简要描述每种插值方法的原理。

5.4　简要描述本章最后二维码校正实例(例 5-11)的处理思路。

第6章

图像增强

图像增强是数字图像处理的基本内容之一，其目的是改善图像的视觉效果，以便于人眼或机器对图像的进一步理解。图像增强针对给定图像的应用场合，有目的地强调图像的整体或局部特性，将原来不清晰的图像变得清晰或强调某些感兴趣的特征，扩大图像中不同特征之间的差别，抑制不感兴趣的特征，改善图像质量，丰富信息量，加强图像判读和识别效果，满足某些特殊分析的需要。本章将从空间域和频域方面分别介绍图像增强技术。首先介绍图像增强的概念和分类；随后讲解灰度变换和直方图处理方法；最后讲解图像的平滑和锐化，其中包括空间域和频域的不同滤波方法。

6.1 图像增强的概念和分类

1. 图像增强的基本概念

图像在获取的过程中，会由于多种因素的影响而产生质量的退化，甚至会淹没图像的特征，这会给分析带来困难。图像增强就是指通过某种图像处理方法对退化的某些图像特征，如边缘、轮廓、对比度等进行处理，以改善图像的视觉效果，提高图像的清晰度，或是突出图像中的某些“有用”信息，压缩其他“无用”信息，将图像转化为更适合人或计算机分析处理的形式。也就是说，图像增强是通过一定的处理手段有选择地突出图像中感兴趣的特征或者抑制图像中某些不需要的特征，以得到对具体应用来说视觉效果更“好”或更“有用”的图像的技术。在图像增强过程中，不需要分析图像降质的原因，处理后的图像也不一定逼近原图像。图像增强的结果往往具有针对性，很难量化描述，一般靠人的主观感觉加以评价，因此没有通用的量化理论，图像增强的方法可根据具体应用有选择地使用。

2. 图像增强的分类

图像增强技术根据增强处理时所处的空间不同可以分为两类：空间域法和频域法。空间域可以简单地理解为包含图像像素的空间。空间域法是指在空间域中，直接对图像进行各种线性或非线性运算，对图像的像素灰度值做增强处理。空间域法又分为点运算和模板处理两大类。点运算是作用于单个像素的空间域处理方法，包括图像灰度变换、直方图修正、局部统计等技术；模板处理是作用于像素邻域的处理方法，包括图像平滑、图像锐化等技术。频域法则是在图像的变换域中把图像看成一种二维信号，对其进行基于二维傅里叶变换的信号增强，常用的方法包括低通滤波、高通滤波以及同态滤波等。图6-1概括了常用的图像增强方法。

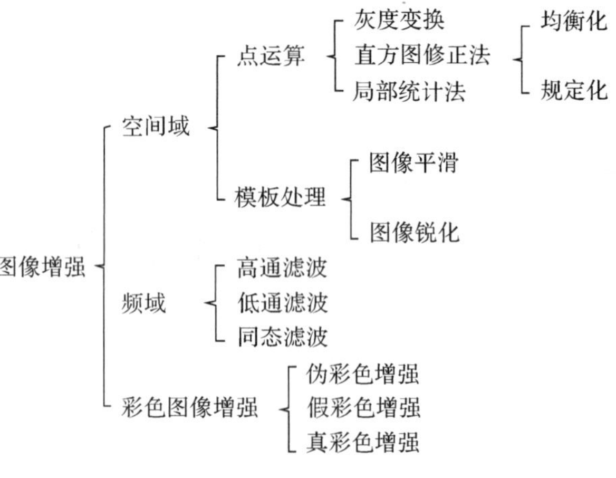

图6-1 图像增强常用方法

图像增强按照所处理对象的不同，还可以分为灰度图像增强和彩色图像增强；按照处理的效果，还可以分为空间纹理信息增强、时间信息增强以及光谱信息增强等。

图像增强效果好坏与否不仅与具体的增强算法有关，还与待增强图像的数据特性有关，故某种对一类特定图像效果较好的增强算法不一定适合用于其他图像的增强。一般情况下，为了得到比较满意的增强效果，常常需要同时对几种增强算法进行大量的实验，从中选出视觉效果较好、计算量较少同时满足要求的算法作为最优增强算法。

6.2 灰度变换

6.2.1 灰度变换的基础知识

图像的灰度变换是图像增强处理技术中一种非常基础、直接的空间域图像处理方法。由于成像系统限制或噪声等影响，获取的图像往往因为对比度不足、动态范围小等原因存在视觉效果不好的缺点。灰度变换是根据某种目标条件按一定变换关系逐像素点改变原图像中灰度值的方法，有时又被称为图像的对比度增强或对比度拉伸。该变换可使图像动态范围增大，对比度得到扩展，图像变得更加清晰，特征明显，是图像增强的重要手段之一。灰度变换常用的方法有三种：线性灰度变换、分段线性灰度变换和非线性灰度变换。

灰度变换一般不改变像素点的坐标信息，只改变像素点的灰度值，表达式为

$$g(x, y)=T[f(x, y)] \tag{6-1}$$

式中：$f(x, y)$为待处理的数字图像，即需要增强的数字图像；$g(x, y)$为处理后的数字图像，即增强的数字图像；T定义了一种作用于f的操作，对单幅数字图像而言，一般定义在点(x, y)的邻域。

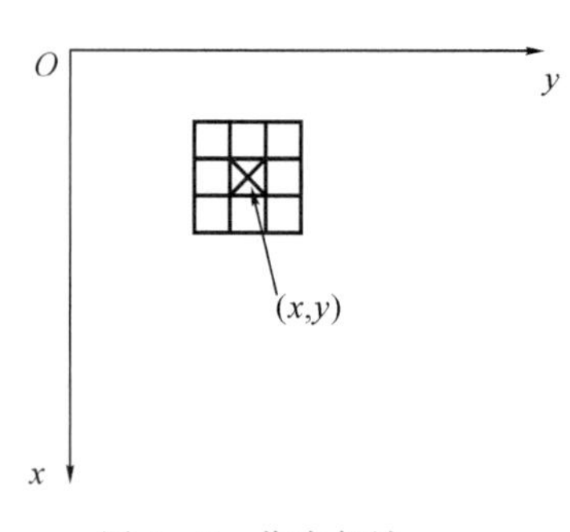

图6-2 像素邻域

定义一个点(x, y)邻域的主要方法是利用中心在(x, y)点的正方形或矩形子图像，如图6-2所示。当邻域为单个像素，即1×1时，输出仅仅依赖f在(x, y)处的像素灰度值，此时的处理方式通常称为点处理。

6.2.2　线性灰度变换

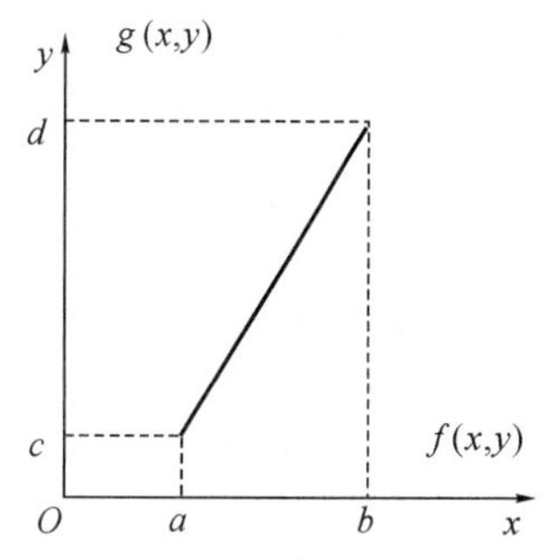

图 6-3　线性灰度变换

假定原图像 $f(x, y)$ 的灰度范围为 $[a, b]$，变换后的图像 $g(x, y)$ 的灰度范围线性地扩展至 $[c, d]$，如图 6-3 所示。那么，对于图像中的任一点的灰度值 $f(x, y)$，经变换后为 $g(x, y)$，其数学表达式为

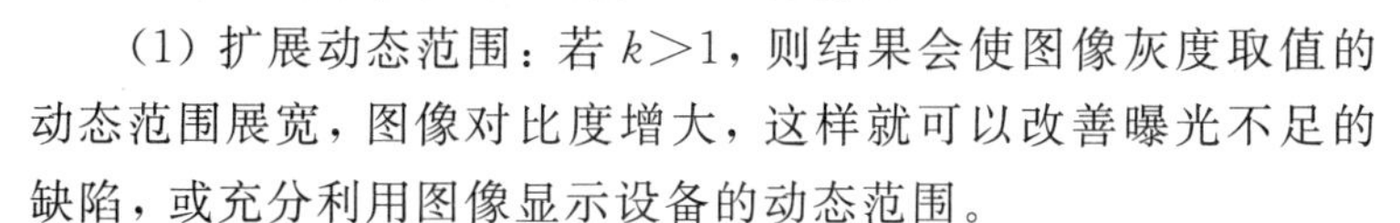

$$g(x, y)=k\times[f(x, y)-a]+c \tag{6-2}$$

式中，$k=\dfrac{d-c}{b-a}$，为变换函数的斜率。

根据 k 的取值大小，有如下几种情况：

(1) 扩展动态范围：若 $k>1$，则结果会使图像灰度取值的动态范围展宽，图像对比度增大，这样就可以改善曝光不足的缺陷，或充分利用图像显示设备的动态范围。

(2) 改变取值区间：若 $k=1$，则变换后灰度动态范围不变，灰度取值区间会随 a 和 c 的大小而上下平移，其效果是使整个图像更暗或更亮。

(3) 缩小动态范围：若 $0<k<1$，则变换后图像动态范围会变窄，图像对比度变小。

(4) 反转或取反：若 $k<0$，则变换后图像的灰度值会反转，即图像中亮的变暗，暗的变亮。当 $k=-1$ 时，输出图像为输入图像的底片效果。

【例 6-1】 对图像进行线性灰度变换。

程序如下：

```
* 读取图像
read_image (Image, 'lena')
* 关掉窗口
dev_close_window()
* 得到图像的尺寸
get_image_size (Image, Width, Height)
* 打开合适大小的窗口
dev_open_window_fit_size (0, 0, Height, Height, -1, -1, WindowHandle)
* 显示图像
dev_display (Image)
* 图像灰度化
rgb1_to_gray (Image, GrayImage)
* 保存灰度图像
dump_window (WindowHandle, 'bmp', 'result/原图')
* 图像取反
invert_image (GrayImage, ImageInvert)
* 保存取反图像
dump_window (WindowHandle, 'bmp', 'result/取反')
* 增加对比度
emphasize (GrayImage, ImageEmphasize, Width, Height, 1)
* 保存图像
```

```
dump_window (WindowHandle, 'bmp', 'result/增加对比度')
* 减小对比度
scale_image (GrayImage, ImageScaled1, 0.5, 0)
* 保存图像
dump_window (WindowHandle, 'bmp', 'result/减小对比度')
* 增加亮度
scale_image (GrayImage, ImageScaled2, 1, 100)
* 保存图像
dump_window (WindowHandle, 'bmp', 'result/增加亮度')
* 减小亮度
scale_image (GrayImage, ImageScaled3, 1, -100)
* 保存图像
dump_window (WindowHandle, 'bmp', 'result/减小亮度')
```

图像线性灰度变换的效果如图 6-4 所示。

(a)灰度化　(b)取反　(c)增加对比度　(d)减小对比度　(e)增加亮度　(f)减小亮度

图 6-4　线性灰度变换效果示例

例程中主要算子介绍如下：

• invert_image(Image: ImageInvert::)

作用：反转图像。

Image：输入图像。

ImageInvert：输出图像。

• emphasize(Image: ImageEmphasize: MaskWidth, MaskHeight, Factor:)

作用：增强图像对比度。

Image：输入图像。

ImageEmphasize：输出图像。

MaskWidth：低通掩模宽度。

MaskHeight：低通掩模高度。

Factor：对比度强度。

- scale_image(Image：ImageScaled：Mult，Add：)

作用：缩放图像的灰度值。

Image：输入图像。

ImageScaled：缩放后图像。

Mult：比例因子。

Add：补偿值。

6.2.3　分段线性灰度变换

为了突出图像中感兴趣的目标或灰度区间，相对抑制那些不感兴趣的灰度区间，可采用分段线性灰度变换，它将图像灰度区间分成两段乃至多段分别作线性变换。进行变换时，把 0～255 整个灰度值区间分为若干线段，每一个直线段都对应一个局部的线性变换关系。常用的三段线性变换如图 6－5 所示。

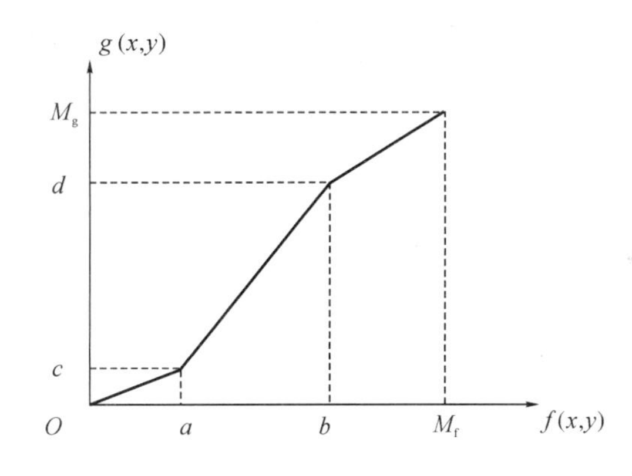

图 6－5　分段线性灰度变换

在图 6－5 中，感兴趣目标的灰度范围[a，b]被拉伸到[c，d]，其他区间灰度被压缩，对应分段线性灰度变换表达式为

$$g(x, y)=\begin{cases}\dfrac{c}{a}f(x, y) & 0\leqslant f(x, y)\leqslant a\\[2mm] \dfrac{d-c}{b-a}[f(x, y)-a]+c & a\leqslant f(x, y)\leqslant b\\[2mm] \dfrac{M_g-d}{M_f-b}[f(x, y)-b]+d & b\leqslant f(x, y)\leqslant M_f\end{cases} \tag{6-3}$$

式中，参数 a 和 b 给出需要转换的灰度范围，c 和 d 决定线性变换的斜率。通过调节节点的位置及控制分段直线的斜率，可对任意灰度区间进行拉伸或压缩。分段线性灰度变换在数字图像处理中有增强对比度的效果，如图 6－6 所示。

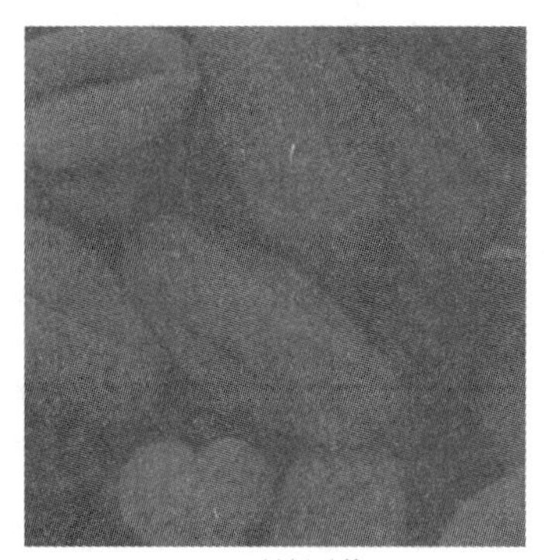
(a)原始图像

(b)分段线性变换后图像

图 6-6　分段线性灰度变换效果

【例 6-2】 对图像进行分段线性灰度变换。

程序如下：

```
*读取图像
read_image (Image, '原图')
get_image_size (Image, Width, Height)
dev_close_window ()
dev_open_window_fit_image (Image, 0, 0, -1, -1, WindowHandle)
*显示图像
dev_display (Image)
*得到最大和最小灰度值
min_max_gray (Image, Image, 0, Min, Max, Range)
*扩展灰度范围
scale_image_max (Image, ImageScaleMax)
*保存图像
write_image (ImageScaleMax, 'bmp', 0, 'result/结果.bmp')
```

其运行结果如图 6-7 所示。

(a)原始图像

(b)扩展灰度范围后图像

图 6-7　分段线性灰度变换示例

例程中主要算子介绍如下：

• min_max_gray(Regions, Image:: Percent: Min, Max, Range)

作用：确定区域内的最小和最大灰度值。

Regions：需要计算的区域。

Image：输入的图像。

Percent：低于(高于)绝对最大值(最低)的百分比。

Min：最小灰度值。

Max：最大灰度值。

Range：最大灰度值与最小灰度值的差值。

- scale_image_max(Image：ImageScaleMax::)

作用：最大灰度值在取值范围0～255之间展开。

Image：输入图像。

ImageScaleMax：增强后图像。

6.2.4　非线性灰度变换

单纯的线性灰度变换可以在一定程度上解决视觉上的图像整体对比度问题，但是对图像细节部分的增强较为有限，结合非线性灰度变换技术可以解决这一问题。非线性灰度变换不是对图像的整个灰度范围进行扩展，而是有选择地对某一灰度范围进行扩展，其他范围的灰度则有可能被压缩。非线性灰度变换在整个灰度值范围内采用统一的变换函数，利用变换函数的数学性质实现对不同灰度值区间的扩展与压缩。常用的非线性灰度变换是对数变换和指数变换。

1. 对数变换

图像灰度的对数变换可以扩张数值较小的灰度范围或者压缩数值较大的灰度范围。对数变换是一种非线性映射交换函数，可以用于扩展输入图像中范围较窄的低灰度值像素，压缩输入图像中范围较宽的高灰度值像素，使得原本低灰度值的像素部分能更清晰地呈现出来。对数变换函数如式(6-4)所示，变换曲线如图6-8所示，变换效果如图6-9所示。

$$g(x,\ y)=a+\frac{\ln[f(x,\ y)+1]}{b\cdot\ln c} \tag{6-4}$$

式中，a、b、c是为了便于调整曲线的位置和形状而引入的参数，它们使输入图像的低灰度范围得到扩展，高灰度范围得到压缩，使之与人的视觉特性相匹配，从而可以清晰地显示图像细节。

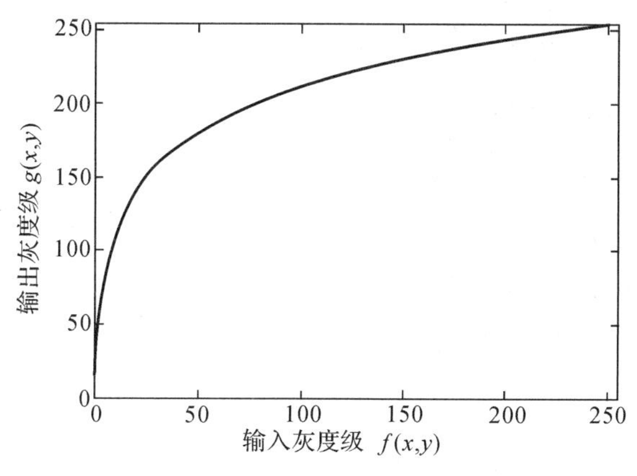

图6-8　对数曲线示例

(a)原始图像

(b)对数变换后图像

图 6-9 对数变换效果

【例 6-3】 对图像进行对数变换。

程序如下:

```
read_image(Image, 'monkey')
get_image_size (Image, Width, Height)
dev_close_window ()
dev_open_window_fit_size (0, 0, Height, Height, -1, -1, WindowHandle)
dev_display (Image)
* 将图像转换为灰度图像
rgb1_to_gray (Image, GrayImage)
* 对灰度图像进行对数变换
log_image (GrayImage, LogImage, 'e')
* 保存图像
dump_window (WindowHandle, 'bmp', 'result/log')
```

其运行结果如图 6-10 所示。

(a)灰度图像

(b)对数变换后图像

图 6-10 对数变换示例

例程中主要算子介绍如下:

log_image(Image: LogImage: Base:)

作用:对图像进行对数变换。

Image:输入图像。

LogImage:变换后图像。

Base:对数的底数。

2. 指数变换

指数变换的一般表达式为

$$g(x, y)=a[f(x, y)+\varepsilon]^{\gamma} \tag{6-5}$$

式中：a 为缩放系数，可以使图像的显示与人的视觉特性相匹配；ε 为补偿系数，避免底数为 0；γ 为伽马系数，其值的选择对变换函数的特性有很大影响，决定了输入图像和输出图像之间的灰度映射方式。其中：当 $\gamma<1$ 时，把输入的较窄的低灰度值映射到较宽的高灰度输出值；当 $\gamma>1$ 时，把输入的较宽的高灰度值映射到较窄的低灰度输出值；当 $\gamma=1$ 时，相当于正比变换。

指数变换的映射关系如图 6-11 所示。与对数变换的不同之处在于，指数变换可以根据 γ 的不同取值有选择性地增强低灰度区域的对比度或是高灰度区域的对比度。指数变换效果如图 6-12 所示。

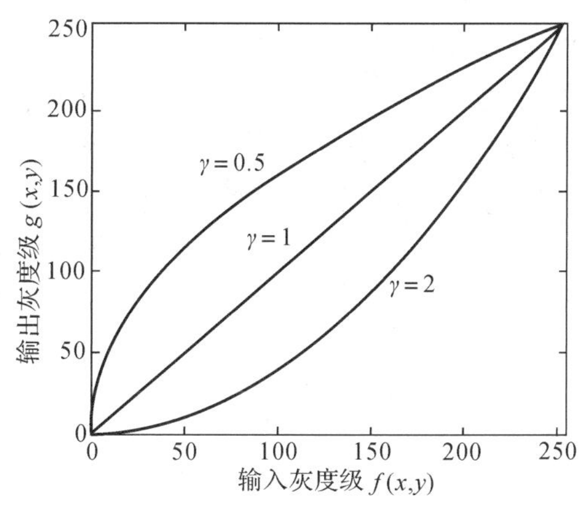

图 6-11　指数变换曲线图

(a) 原始图像　(b) $\gamma=0.5$　(c) $\gamma=1$　(d) $\gamma=2$

图 6-12　指数变换效果

【例 6-4】 对图像进行指数变换。

程序如下：

```
read_image(Image, 'monkey')
get_image_size (Image, Width, Height)
dev_close_window ()
dev_open_window_fit_size (0, 0, Height, Height, -1, -1, WindowHandle)
dev_display (Image)
*将图像转换为灰度图像
rgb1_to_gray (Image, GrayImage)
```

```
* 对灰度图像进行指数变换，γ值为 0.5
pow_image (GrayImage, PowImage, 0.5)
* 保存图像
dump_window (WindowHandle, 'bmp', 'result/0.5')
* 对灰度图像进行指数变换，γ值为 1
pow_image (GrayImage, PowImage, 1)
* 保存图像
dump_window (WindowHandle, 'bmp', 'result/1')
* 对灰度图像进行指数变换，γ值为 2
pow_image (GrayImage, PowImage, 2)
* 保存图像
dump_window (WindowHandle, 'bmp', 'result/2')
```

程序运行结果如图 6－13 所示。

(a)原始图像

(b) $\gamma=0.5$

(c) $\gamma=1$

(d) $\gamma=2$

图 6－13　图像指数变换示例

例程中主要算子介绍如下：

pow_image(Image：PowImage：Exponent：)

作用：对图像进行指数变换。

Image：输入图像。

PowImage：变换后图像。

Exponent：指数。

6.3 直方图处理

将统计学中直方图的概念引入数字图像处理中，用来表示图像的灰度分布，称为灰度直方图。在数字图像处理中，灰度直方图是一个简单有用的工具，它可以描述图像的概貌和质量，采用修改直方图的方法增强图像是一种实用而有效的处理方法。

6.3.1 灰度直方图的定义和性质

1. 直方图的定义

灰度直方图是指数字图像中每一灰度级与其出现频数间的统计关系，假定数字图像的灰度级 k 范围为 $0\sim L-1$，则数字图像的直方图可定义为

$$p(r_k)=\frac{n_k}{n} \tag{6-6}$$

且

$$\sum_{k=0}^{L-1} p(r_k)=1 \tag{6-7}$$

式中：r_k表示第 k 级灰度，n_k表示第 k 级灰度的像素总数，n 为图像的总像素个数，L 为灰度级数。直方图反映了图像的整体灰度分布情况，从图形上来说，其横坐标为图像中各像素的灰度级别，纵坐标表示具有各灰度级的像素在图像中出现的次数(像素的个数)或概率。图 6－14 是原始图像及其所对应的直方图。

(a) 原始图像

(b) 直方图

图 6－14　原始图像及其对应直方图

2. 直方图的性质

(1) 直方图没有位置信息。直方图是一幅图像各像素灰度值出现次数或频率的统计结果，它只反映该图像中不同灰度值出现的概率，而未反映某一灰度像素所在的位置。也就是说，它只具有一维特征，而丢失了图像的空间位置信息。

(2) 直方图与图像之间为一对多的映射关系。任意一幅图像都有唯一确定的一个直方图与之对应，但不同的图像可能有相同的直方图，即图像与直方图之间是多对一的映射关系。图 6－15 所示四幅不同图像的直方图是相同的。

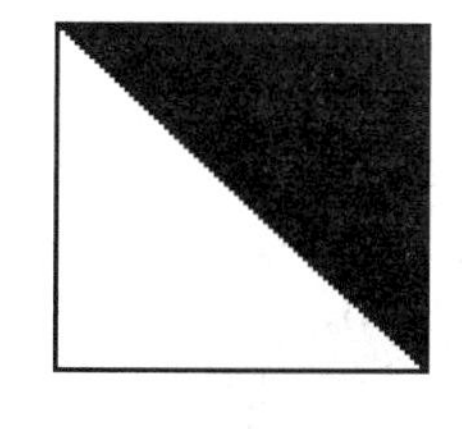

图 6－15　不同图像对应相同的直方图

(3) 直方图的可叠加性。由于直方图是对具有相同灰度值的像素统计得到的，因此，一幅图像各子区的直方图之和等于该图像全图的直方图。

直方图给出了一个直观的指示，可以据此判断一幅图像是否合理地利用了全部被允许的灰度级范围。在实际应用中，如果获得图像的直方图效果不理想，可以人为地改变图像的直方图，使之变成整体均匀分布，或成为某个特定的形状，以满足特定的增强效果，即实时图像的直方图均衡化或直方图规定化处理。

【例 6-5】 对图像求取灰度直方图。

程序如下：

方法一：

```
read_image (Image, 'lena.jpg')
get_image_size (Image, Width, Height)
dev_close_window ()
dev_open_window_fit_size (0, 0, Height, Height, -1, -1, WindowHandle)
dev_display (Image)
rgb1_to_gray (Image, GrayImage)
```

然后单击菜单栏的“灰度直方图”按钮，结果如图 6-16 所示。

(a) 灰度图像

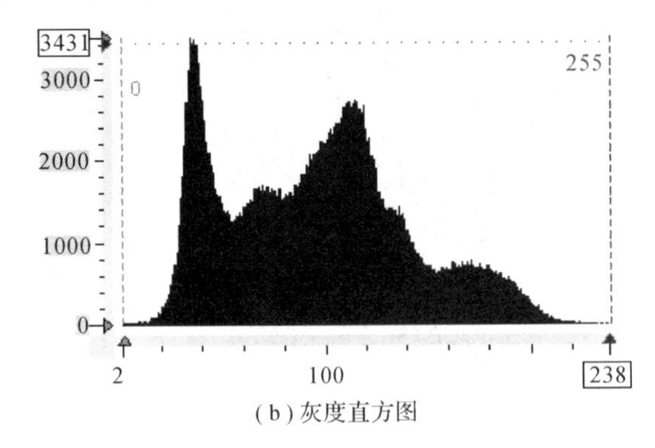

(b) 灰度直方图

图 6-16 求取图像灰度直方图(一)

方法二：

```
read_image (Image, 'lena.jpg')
get_image_size (Image, Width, Height)
dev_close_window ()
dev_open_window_fit_size (0, 0, Height, Height, -1, -1, WindowHandle)
dev_display (Image)
rgb1_to_gray (Image, GrayImage)
 * 计算图像的灰度值分布
gray_histo (GrayImage, GrayImage, AbsoluteHisto, RelativeHisto)
 * 获得灰度直方图
gen_region_histo (Region, RelativeHisto, 255, 255, 1)
```

程序运行结果如图 6-17 所示。

(a) 灰度图像

(b) 窗口句柄

图 6-17 求取图像灰度直方图(二)

例程中主要算子介绍如下：

• gray_histo(Regions, Image::: AbsoluteHisto, RelativeHisto)

作用：计算灰度值分布。

Regions：需要计算的区域。

Image：输入的图像。

AbsoluteHisto：绝对分布。

RelativeHisto：相对分布。

• gen_region_histo(: Region: Histogram, Row, Column, Scale:)

作用：得到直方图。

Region：需要输入的区域。

Histogram：灰度分布。

Row：直方图中心行坐标。

Column：直方图中心列坐标。

Scale：直方图比例。

6.3.2 直方图均衡化

直方图均衡化是一种最常用的直方图修正方法，这种方法的思想是把原始图像的直方图变换为均匀分布的形式，增加像素灰度值的动态范围。也就是说，直方图均衡化是使原图像中具有相近灰度且占有大量像素点的区域的灰度范围展宽，使大区域中的微小灰度变化显现出来，增强图像整体对比度效果，使图像更加清晰。图 6－18(c)、(d)为图 6－18(a)进行直方图均衡化之后的结果。

(a) 原始图像

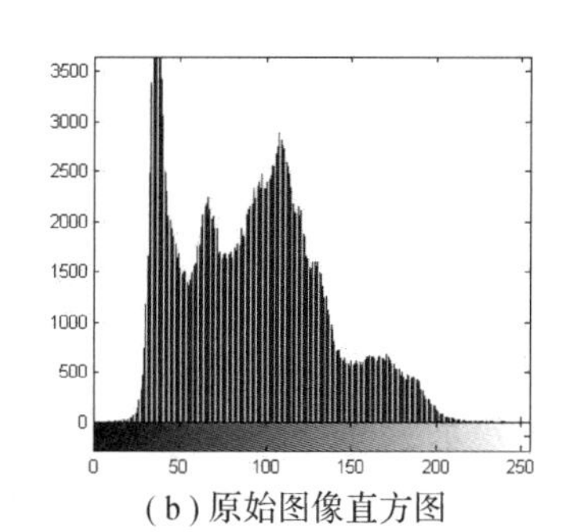

(b) 原始图像直方图

(c) 直方图均衡化后的图像

(d) 直方图均衡化后的图像直方图

图 6－18　直方图均衡化前后对比

1. 原理

设分别用 r 和 s 表示归一化了的原始图像灰度和变换后的图像灰度，即

$$0\leqslant r\leqslant 1,\ 0\leqslant s\leqslant 1\quad (0\text{代表黑色},1\text{代表白色})$$

s 和 r 的变换关系为 $s=T(r)$，变换函数应满足如下条件：

(1) 在 $0\leqslant r\leqslant 1$ 区间，$T(r)$为单调递增函数；

(2) 在 $0\leqslant r\leqslant 1$ 区间，$0\leqslant T(r)\leqslant 1$。

条件(1)保证通过灰度变换，原始图像的每个灰度级 r 都对应产生一个输出灰度级 s，且变换前后灰度级从黑到白的次序不变。条件(2)保证变换后的像素灰度值仍在变换前所允许的动态范围内。

由 s 到 r 的反变换函数为

$$r=T^{-1}(s),\ 0\leqslant s\leqslant 1 \tag{6-8}$$

这里，$T^{-1}(s)$对 s 也满足上述两个条件。

若图像变换前后灰度级的概率密度函数分别为$P_r(r)$和$P_s(s)$，则对于连续图像，直方图均衡化(并归一化)处理后的输出图像灰度级的概率密度函数是均匀的，即

$$P_s(s)=\begin{cases}1,\ 0\leqslant s\leqslant 1\\ 0,\ \text{其他}\end{cases} \tag{6-9}$$

设原图像的灰度范围为$[r,\ \mathrm{d}r]$，包含的像素个数为$P_r(r)\mathrm{d}r$，经过单调递增的一对一变换，变换后的灰度范围为$[s,\ \mathrm{d}s]$，包含的像素个数为$P_s(s)\mathrm{d}s$，变换前后的像素个数应相等，即

$$P_r(r)\mathrm{d}r=P_s(s)\mathrm{d}s \tag{6-10}$$

两边取积分，得

$$s=T(r)=\int_0^r P_r(w)\mathrm{d}w \tag{6-11}$$

式(6-11)称为图像的累积分布函数，该式表明变换函数 $T(r)$单调地从0增加到1，所以满足 $T(r)$在 $0\leqslant r\leqslant 1$ 内单调增加。

对于离散的数字图像，灰度级r_k出现的频率为

$$P_r(r_k)=\frac{n_k}{n},\ 0\leqslant r_k\leqslant 1 \tag{6-12}$$

均衡变换采用求和方式表示累积分布函数为

$$s_k=T(r_k)=\sum_{j=0}^{k}P_r(r_j)=\sum_{j=0}^{k}\frac{n_j}{n} \tag{6-13}$$

式(6-11)和式(6-13)是在灰度取值为[0，1]范围的情况下推导出来的，若原图像的灰度级为$[0,\ L-1]$，为使变换后的灰度值即灰度范围仍与原图像的灰度值和灰度范围相一致，可将式(6-11)和式(6-13)的两边乘以最大灰度级$(L-1)$，此时式(6-13)对应的转换公式为

$$s_k=T(r_k)=(L-1)\sum_{j=0}^{k}\frac{n_j}{n} \tag{6-14}$$

上式计算的灰度值可能不是整数，一般采用四舍五入取整法使其变为整数，即

$$s_k=T(r_k)=\mathrm{INT}\left[(L-1)\sum_{j=0}^{k}\frac{n_j}{n}+0.5\right] \tag{6-15}$$

式中的 INT[·]表示取整。

综上所述，直方图均衡化处理就是用原始图像灰度级的累积分布函数作为变换函数，产生一幅具有均匀直方图的图像，其结果扩展了图像灰度取值的动态范围，增强了图像整体对比度，使图像变得清晰。

2. 步骤

直方图均衡化计算过程如下：

(1) 列出原始图像和变换后图像的灰度级，分别用r_k、s_k(r_k，s_k=0，1，…，$L-1$)表示；

(2) 统计原图像各灰度级的像素个数n_k；

(3) 计算原始图像的归一化灰度直方图$P_r(r_k)=n_k/n$；

(4) 计算图像各个灰度值的累积分布概率，记作P_a，则有

$$P_a(r_k)=\sum_{j=0}^{k}P_r(r_j)$$

(5) 利用灰度变换函数计算变换后的灰度等级，并四舍五入取整：

$$s_k=\text{INT}[(L-1)P_a+0.5]$$

(6) 确定灰度变换关系$r_k \rightarrow s_k$，据此将原图像的灰度等级r_k修改为s_k；

(7) 统计变换后各灰度级的像素个数m_k；

(8) 计算变换后图像的直方图$P_s(s_k)=m_k/n$。

【例 6-6】 假设有一幅图像，共有 64×64 个像素，8 个灰度级，假设各灰度级分布如表 6-1 所示，其灰度直方图如图 6-19(a)所示，将其直方图均衡化。

表 6-1　图像的灰度分布情况

原灰度级	对应像素数	概率	原灰度级	对应像素数	概率
0	790	0.19	4	329	0.08
1	1023	0.25	5	245	0.06
2	850	0.21	6	122	0.03
3	656	0.16	7	81	0.02

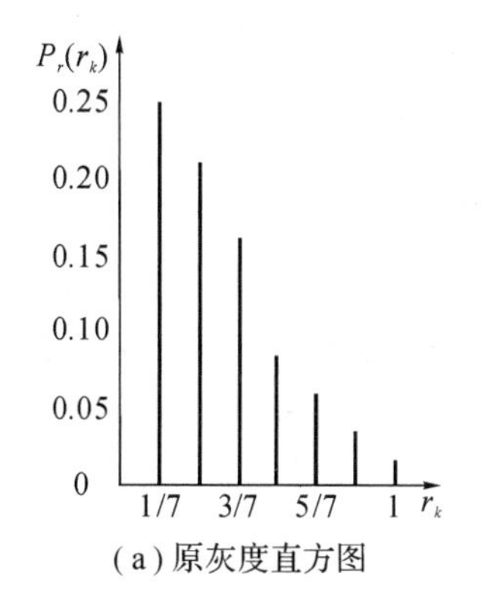

(a) 原灰度直方图

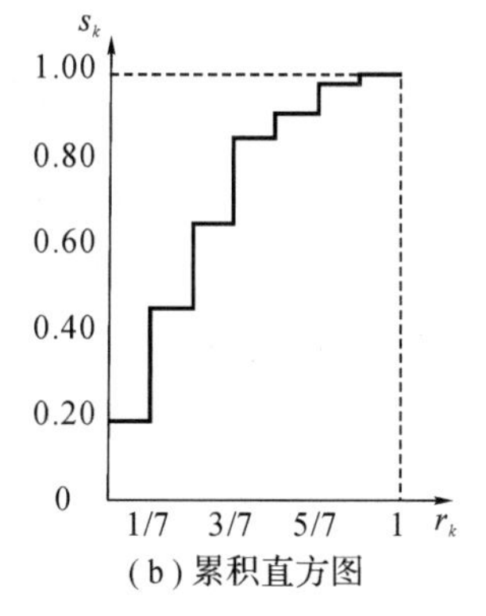

(b) 累积直方图

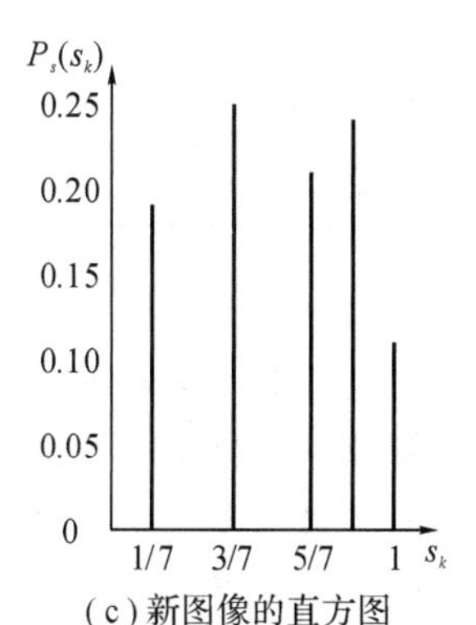

(c) 新图像的直方图

图 6-19　直方图均衡化处理

解　直方图均衡化过程如下：

图像总像素个数 $n=64\times64=4096$。

应用式(6-12)计算原图像的灰度直方图:

$$P_r(r_k)=\frac{n_k}{n}$$

应用式(6-13)计算累积分布概率函数和变换后灰度等级:

$$s_0=T(r_0)=\sum_{j=0}^{0}P_r(r_j)=P_r(r_0)=0.19$$

$$s_1=T(r_1)=\sum_{j=0}^{1}P_r(r_j)=P_r(r_0)+P_r(r_1)=0.44$$

$$s_2=T(r_2)=\sum_{j=0}^{2}P_r(r_j)=P_r(r_0)+P_r(r_1)+P_r(r_2)=0.65$$

$$s_3=T(r_3)=\sum_{j=0}^{3}P_r(r_j)=P_r(r_0)+P_r(r_1)+P_r(r_2)+P_r(r_3)=0.81$$

以此类推，得到 $s_4=0.89$，$s_5=0.95$，$s_6=0.98$，$s_7=1.00$。对应的累积直方图分布如图6-19(b)所示。

计算出的 s_k 按照式(6-15)进行量化取整，得到变换后的灰度级:

$$s_0\to1,\ s_1\to3,\ s_2\to5,\ s_3\to6$$

$$s_4\to6,\ s_5\to7,\ s_6\to7,\ s_7\to7$$

经过变换后，新的灰度级不再是8个，而是变成5个，把相应原图像灰度级的像素个数相加就得到新灰度级的像素数。直方图均衡化的计算过程和计算结果如表6-2所示。

表6-2 直方图均衡化的计算过程

灰度级 r_k	0	1	2	3	4	5	6	7
像素个数 n_k	790	1023	850	656	329	245	122	81
概率 $P_r(r_k)$	0.19	0.25	0.21	0.16	0.08	0.06	0.03	0.02
累积直方图 $P_a(r_k)$	0.19	0.44	0.65	0.81	0.89	0.95	0.98	1.00
变换后的灰度值 s_k	1	3	5	6	6	7	7	7
灰度关系 $r_k\to s_k$	0→1	1→3	2→5	3，4→6		5，6，7→7		
新灰度级像素数 m_k	790	1023	850	985		448		
新图像直方图 $P_s(s_k)$	0.19	0.25	0.21	0.24		0.11		

均衡化处理后的直方图如图6-19(c)所示，从图中可以看出，在均衡化过程中，由于数字图像灰度取值的离散性，通过四舍五入使变换后的灰度值出现了归并现象，原直方图中几个像素较少的灰度级归并到一个新的灰度级上，而像素较多的灰度级间隔被拉大了。虽然变换后的直方图并非完全均匀分布，但相比于原直方图要平坦得多。

【例6-7】 对图像进行直方图均衡化处理。

程序如下:

```
read_image (Image, 'lena.jpg')
get_image_size (Image, Width, Height)
```

```
dev_close_window ()
dev_open_window_fit_size (0, 0, Height, Height, -1, -1, WindowHandle)
dev_display (Image)
rgb1_to_gray (Image, GrayImage)
* 直方图均衡化
equ_histo_image (GrayImage, ImageEquHisto)
* 将运行结果保存为图片
dump_window (WindowHandle, 'bmp', 'result/lena 均衡化')
```

程序运行结果如图 6－20 所示。

(a) 灰度图像

(b) 直方图均衡化后图像

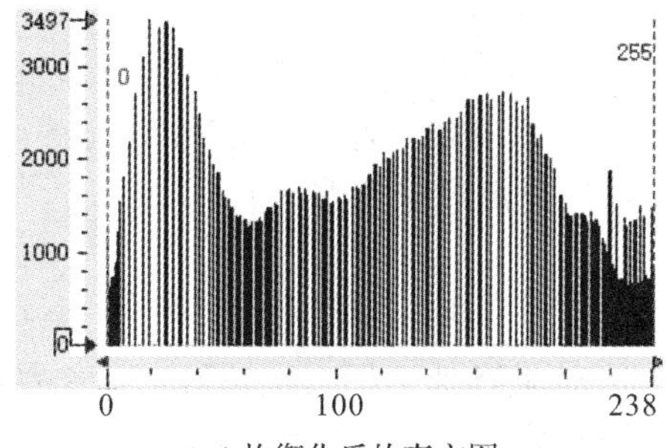

(c) 均衡化后的直方图

图 6－20　图像直方图均衡化处理

例程中主要算子介绍如下：

equ_histo_image(Image: ImageEquHisto::)

作用：直方图均衡化。

Image：输入图像。

ImageEquHisto：均衡化后的图像。

6.3.3　直方图规定化

直方图均衡化能自动增强整个图像的对比度，得到全局均匀化的直方图。但在实际应用中，有时并不需要考虑图像的整体均匀分布直方图，而是希望有针对性地增强某个灰度范围内的图像，这时可以采用比较灵活的直方图规定化。所谓直方图规定化，就是通过一个灰度映射函数，将原灰度直方图改造成所希望的特定形状直方图，以满足特定的增强效果。一般来说，正确地选择规定化的函数可以获得比直方图均衡化更好的效果。

设$P_r(r)$表示原图像的灰度概率密度函数，$P_z(z)$表示期望的输出函数所具有的灰度概率密度函数，即预先规定的直方图。直方图规定化即可找一种变换，使得原图像经变换后，成为概率分布密度为$P_z(z)$的新图像。

分别对$P_r(r)$和$P_z(z)$作直方图均衡化处理：

$$s = T(r) = \int_0^r P_r(w)\mathrm{d}w \tag{6-16}$$

$$u = G(z) = \int_0^z P_z(w)\mathrm{d}w \tag{6-17}$$

上面的式子表明，可以由均衡化后的灰度变量 u 获得期望图像的灰度变量 z。因为对原始图像和期望图像都进行了直方图均衡化处理，所以$P_s(s)$和$P_u(u)$具有相同的均匀概率密度。

如果用原始图像中得到的均匀灰度级 s 代替 u 取反变换，其结果灰度级将是期望的概率密度函数$P_z(z)$的灰度级：

$$z=G^{-1}(u)=G^{-1}(s) \tag{6-18}$$

式(6-18)意味着可以由原始图像均衡化后的图像灰度值来计算期望图像的灰度值 z。直方图规定化处理后的新图像将具有事先规定的概率密度$P_z(z)$，从而达到预期处理效果。

直方图规定化进行图像增强的步骤如下：

(1) 对原图像的直方图进行均衡化，求取均衡化的新灰度级s_k及概率分布，确定 r_k 和 s_k 的映射关系。

(2) 根据规定期望的直方图(即规定期望的灰度概率密度函数$P_z(z_k)$)求变换函数$G(z_k)$的所有值。通常情况下，规定的期望直方图的灰度等级与原图像的灰度等级相同。式(6-17)的离散形式为

$$u_k = G(z_k) = \sum_{j=0}^{k} P_z(z_k),\ k=0,\ 1,\ \cdots,\ L-1 \tag{6-19}$$

(3) 将原直方图对应映射到规定的直方图。

第一，将第(1)步获得的灰度级别应用于反变换函数$z_k=G^{-1}(s_k)$，从而获得 z_k 与 s_k 的映射关系，即找出与 s_k 最接近的$G(z_k)$值。

第二，根据 $z_k=G^{-1}(s_k)=G^{-1}[T(r_k)]$，进一步获得 r_k 和 z_k 的映射关系。

(4) 根据建立的 r_k 和 z_k 的映射关系确定新图像各灰度级别的像素数目，即在新图像中，灰度级为 z_k 的像素个数等于原图像中灰度级为r_k 的像素个数，进而计算其概率分布密度而得到最后的直方图。

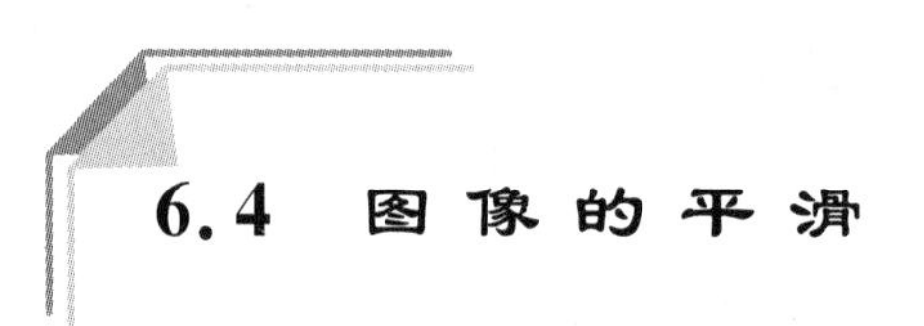

6.4 图像的平滑

图像平滑的主要目的是减少噪声。图像中的噪声种类很多，对图像信号幅度和相位的影响十分复杂，有些噪声和图像信号互相独立不相关，有些是相关的，噪声本身之间也可能相关。因此，要减少图像中的噪声，必须针对具体情况采用不同的方法，否则很难获得满意的处理效果。

6.4.1 图像噪声

“噪声”一词来自声学，原指人们在聆听目标声音时受到其他声音的干扰，这种起干扰作用的声音被称为“噪声”。可以从两方面来理解图像噪声。一方面，从电信号的角度理解，因为图像的形成往往与图像器件的电子特征密切相关，因此，多种电子噪声会反映到图像信号中来。这些噪声既可以在电信号中观察得到，也可以在电信号转变为图像信号后在图像上表现出来。另一方面，图像的形成和显示都和光以及承载图像的媒介密不可分，因此光照、承载媒介造成的噪声等也会在图像中有所反映。

1. 图像噪声的来源

图像系统中的噪声来自多方面，经常影响图像质量的噪声源主要有以下几类：

(1) 由光和电的基本性质所引起的噪声。

(2) 电器的机械运动产生的噪声，如各种接头因抖动引起的电流变化所产生的噪声，磁头、磁带抖动引起的抖动噪声等。

(3) 元器件材料本身引起的噪声，如磁带、磁盘表面缺陷所产生的噪声。

(4) 系统内部设备电路所引起的噪声，如电源系统引入的交流噪声和偏转系统引起的噪声等。

2. 图像噪声的分类

图像噪声可以按产生的原因分为外部噪声和内部噪声两大类。外部噪声是指系统外部干扰通过电磁波或电源串进系统内部而引起的噪声。内部噪声是指系统内部设备、器件、电路所引起的噪声，如散粒噪声、热噪声、光量子噪声等。

噪声按统计特性可以分为平稳和非平稳噪声两种。在实际应用中，其统计特性不随时间变化的噪声称为平稳噪声，其统计特性随时间变化的噪声称为非平稳噪声。

噪声也可按幅度分布形状来区分：幅度分布遵循高斯分布的噪声称为高斯噪声；按瑞利分布的噪声称为瑞利噪声。

噪声还可按频谱形状来区分：频谱幅度均匀分布的噪声称为白噪声，频谱幅度与频率成反比的噪声称为 $1/f$ 噪声，而与频率平方成正比的噪声称为三角噪声等。

按噪声和信号之间关系，噪声亦可分为加性噪声和乘性噪声两类。假定信号为 $s(t)$，噪声为 $n(t)$，噪声不管输入信号大小，总是加到信号上，成为形式 $s(t)+n(t)$，则称此类噪声为加性噪声，如放大器噪声、光量子噪声、胶片颗粒噪声等。如果噪声受图像信息本身调制，成为形式 $s(t)[1+n(t)]$，则称其为乘性噪声。在某些情况下，如果某个位置处信号变化不大，则该点噪声也会比较小。为了分析处理方便，常常将乘性噪声近似认为是加性噪声，而且不论是乘性还是加性噪声，总是假定信号和噪声是互相统计独立的。

3. 图像噪声的特点

(1) 噪声在图像中的分布和大小不规则。

(2) 噪声与图像之间具有相关性。

(3) 噪声具有叠加性。

6.4.2 局部统计法

灰度变换与直方图处理方法均是从图像的整体出发，进而增强图像的对比度。除此之外，还可以从图像的局部着手进行增强。局部统计法是由 Wallis 和 Jong-Sen Lee 提出的用局部均值和方差进行对比度增强的方法。

图像中像素 (x, y) 的灰度值用 $f(x, y)$ 表示，局部平均值和方差是指以像素 (x, y) 为中心的 $(2n+1)\times(2m+1)$ 邻域的灰度的均值 $m_L(x, y)$ 和方差 $\sigma_L^2(x, y)$ $(n\in N^+, m\in N^+)$，如式(6-20)和式(6-21)所示：

$$m_L(x, y)=\frac{1}{(2n+1)(2m+1)}\sum_{i=x-n}^{n+x}\sum_{j=y-m}^{m+y}f(i, j) \tag{6-20}$$

$$\sigma_L^2(x, y)=\frac{1}{(2n+1)(2m+1)}\sum_{i=x-n}^{n+x}\sum_{j=y-m}^{m+y}[f(x, y)-m_L(x, y)]^2 \tag{6-21}$$

若局部统计法使每个像素具有希望的局部均值 m_d 和局部方差 σ_d^2，则像素(x, y)的输出值为

$$g(x, y)=m_d+\frac{\sigma_d^2}{\sigma_L^2(x, y)}[f(x, y)-m_L(x, y)] \tag{6-22}$$

式中，$m_L(x, y)$和 $\sigma_L^2(x, y)$是像素(x, y)的真实的局部均值和方差，则 $g(x, y)$将具有希望的局部均值 m_d 和局部方差 σ_d^2。

在 Wallis 之后，Jong-Sen Lee 改进了算法，即保留像素(x, y)的局部均值，而对它的局部方差做了改动。式(6-22)的改进算法为

$$g(x, y)=m_L(x, y)+k[f(x, y)-m_L(x, y)] \tag{6-23}$$

式中，k 为期望局部标准差和真实局部标准差的比值。

这种改进算法的主要优点是只需计算局部均值 $m_L(x, y)$，而不用计算局部方差 $\sigma_L^2(x, y)$。当 $k>1$ 时，图像得到锐化，与高通滤波类似；当 $k<1$ 时，图像将被平滑，与低通滤波类似；在极端情况即 $k=0$ 时，$g(x, y)$等于局部均值 $m_L(x, y)$。

6.4.3 空域平滑法

1. 邻域平均法

邻域运算和点运算是相对的，点运算的运算结果只跟该点有关，而邻域运算是指进行运算的结果不仅和本像素点灰度值有关，而且和其他周围的像素点的灰度值有关。

邻域平均法也称为均值滤波器，其核心思想是在图像中选择一个子图像(或称为邻域)，用该邻域里所有像素灰度的平均值去替换邻域中心像素的灰度值。考虑到图像中的大部分噪声是随机噪声，表现为灰度级的突变，因此采用邻域平均的方法可以实现削弱噪声的效果。

一幅图像 $f(x, y)$为 $N\times N$ 的阵列，对于邻域平均后的图像 $g(x, y)$，它的每个像素的灰度值由包含(x, y)点邻域的几个像素的灰度级的平均值所决定，因此有

$$g(x, y)=\frac{1}{M}\sum_{(i, j)\in S}f(i, j) \tag{6-24}$$

式中：$x, y=0, 1, 2, \cdots, N-1$，$S$ 是以(x, y)点为中心的邻域的集合，M 是 S 内坐标点的总数。图 6-21 为 4 邻域点和 8 邻域点的集合。

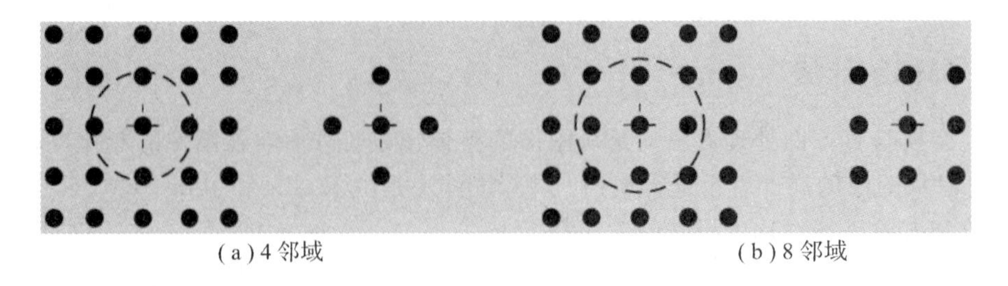

(a) 4 邻域　　(b) 8 邻域

图 6-21　图像邻域平均法

图 6-22(a)为加高斯噪声的图像，采用均值平滑后其图像如图 6-22(b)所示。

(a) 加高斯噪声的图像

(b) 均值平滑后图像(8 邻域)

图 6-22　高斯噪声图像的均值平滑

图像邻域平均法的平滑效果与所用的邻域半径有关，半径越大，则图像的模糊程度越大。图像邻域平均法的优点是算法简单，计算速度快；缺点是在降低噪声的同时使图像产生模糊，特别在边缘和细节处，因为图像的边缘也是灰度突变产生的，所以邻域越大，模糊越厉害。

2. 加权平均法

加权平均与邻域平均类似，但邻域平均的每个点对于平均数的贡献是相等的，而加权平均的每个点对于平均数的贡献并不相等。加权平均中有些点要比其他的点更加重要。加权平均数的概念在描述统计学中具有重要意义，并且在其他数学邻域也产生了影响。如果所有的权重相同，那么加权平均与邻域平均相同。该方法既利用邻域平均的思想，同时也突出了(x, y)点本身的重要性，将(x, y)点加权后也计入平均中，可在一定程度上减少图像模糊。这种利用邻域内像素的灰度值和本点灰度加权值的平均值来代替该点灰度值的方法就称为加权平均法，其计算公式为

$$g(x, y)=f_{\mathrm{aw}}=\frac{1}{M+N}\left[\sum_{(i, j)\in S} f(i, j)+Mf(x, y)\right] \tag{6-25}$$

式中：M 是(x, y)点的权值，N 是 S 内坐标点的总数，S 是以(x, y)点为中心的邻域的集合。

图 6-23(a)为加高斯噪声的图像，采用加权平均平滑后其图像如图 6-23(b)所示。

(a) 加高斯噪声的图像

(b) 加权平均平滑后的图像

图 6-23　高斯噪声图像的加权平均平滑

3. 多图像平均法

多图像平均法的基本思想是在相同条件下采集同一目标物的若干幅图像，然后通过对采集到的多幅图像进行平均的方法来消减随机噪声。

设在相同条件下，获取的同一目标物的 M 幅图像可表示为

$$f(x, y)=\{f_1(x, y), f_2(x, y), \cdots, f_M(x, y)\} \tag{6-26}$$

则多幅图像平均后的输出图像可表示为

$$g(x, y)=\frac{1}{M}\sum_{i=1}^{M} f_i(x, y) \tag{6-27}$$

【例 6-8】 对图像进行均值滤波处理。

程序如下：

```
read_image (Image, 'monkey')
get_image_size (Image, Width, Height)
dev_close_window ()
dev_open_window_fit_size (0, 0, Height, Height, -1, -1, WindowHandle)
dev_display (Image)
* 获得一个高斯噪声分布
gauss_distribution (20, Distribution)
* 将高斯噪声添加到图像
add_noise_distribution (Image, ImageNoise, Distribution)
* 保存噪声图像
dump_window (WindowHandle, 'bmp', 'result/gaussnoise')
* 将噪声图像进行均值滤波
mean_image (ImageNoise, ImageMean, 9, 9)
* 保存滤波图像
dump_window (WindowHandle, 'bmp', 'result/8 邻域平滑')
```

程序运行结果如图 6-24 所示。

(a) 噪声图像

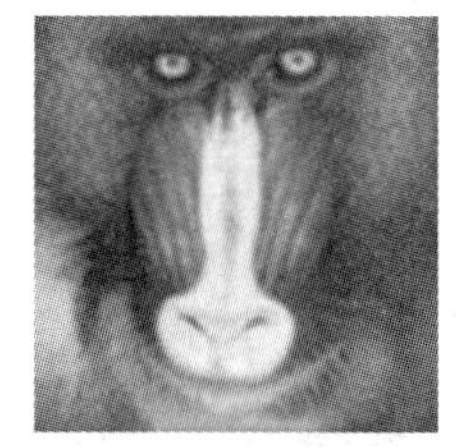

(b) 均值滤波后图像

图 6-24 图像均值滤波处理

例程中主要算子介绍如下：

mean_image(Image: ImageMean: MaskWidth, MaskHeight:)

作用：均值滤波。

Image：需要滤波的图像。

ImageMean：滤波后图像。

MaskWidth：掩模宽度。

MaskHeight：掩模高度。

6.4.4 中值滤波

中值滤波是基于排序统计理论的一种能有效抑制噪声的非线性信号平滑处理技术，它将

每一像素点的灰度值设置为该点某邻域窗口内的所有像素点灰度值的中值。线性滤波平滑噪声的同时，也损坏了非噪声区域的信号，采用非线性滤波可以在保留信号的同时滤除噪声。

中值滤波就是选择一定形式的窗口，使其在图像的各点上移动，用窗内像素灰度值的中值代替窗中心点处的像素灰度值。它对于消除孤立点和线段的干扰十分有用，能减弱或消除傅里叶空间的高频分量，但也会影响低频分量。高频分量往往是图像中区域边缘灰度值急剧变化的部分，该滤波可将这些分量消除，从而使图像得到平滑效果。

通过用中值代替窗口中心灰度值的方式，可以有效地保持阶跃函数及斜坡函数不发生变化，并将周期值小于窗口一半的脉冲抑制。根据中值滤波的这些特点，将其应用于数字图像去噪，可以较好地保留图像边缘信息，并可以去除一定的均匀分布噪声和椒盐噪声。

一维中值滤波就是用一个含有奇数点的一维滑动窗口将窗口中心点的值用窗口内各点的中值代替。若一维的数字序列$\{x_i, i\in Z\}$取窗口长度为n(奇数)，对此一维序列进行中值滤波，就是每次从序列中取出n个数$\{x_{i-k}, \cdots, x_{i-1}, x_i, x_{i+1}, \cdots, x_{i+k}\}$，其中$x_i$为窗口的中心点值，再将以$x_i$为中心点的窗口内的$n$个点的值按其数值大小排序，取这组数据的中值作为滤波后的输出值。一维中值滤波的数学表达式为

$$Y_i = M_{\text{ed}}\{x_{i-k}, \cdots, x_{i-1}, x_i, x_{i+1}, \cdots, x_{i+k}\} \tag{6-28}$$

二维中值滤波是用某种结构的二维滑动模板，将模板内像素按照像素值的大小进行排序，生成单调上升(或下降)的二维数据序列。二维中值滤波的数学表达式为

$$g(x, y) = M_{\text{ed}}\{f(x, y)\} \tag{6-29}$$

式中，$f(x, y)$为二维图像数据序列，$g(x, y)$为窗口数据中值滤波后的值。

一般来说，二维中值滤波器比一维中值滤波器更能抑制噪声。对于一维中值滤波，模板的选择比较单一，不同模板可能只是模板长度不同，而二维模板通常为3×3、5×5的区域，也可以是不同的形状，如线形、圆形、十字形、方形、圆环形等，如图6-25所示。

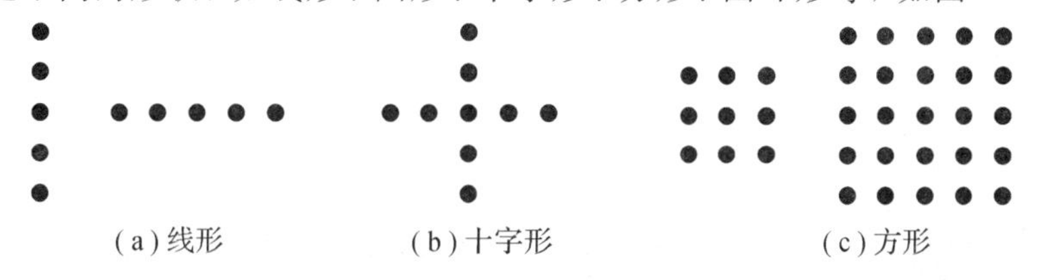

图6-25　常用的二维中值滤波模板

在中值滤波中，模板的选择是比较重要的，不同形状的模板会产生不同的滤波效果，使用中必须根据实际情况进行选择。中值滤波的示例见图6-26。

(a)加椒盐噪声的图像

(b)中值滤波(3×3方形窗)

(c)中值滤波(5×5方形窗)

(d)中值滤波(7×7方形窗)

图6-26　中值滤波效果

【例 6-9】 对图像进行中值滤波处理。

程序如下：

```
read_image (Image, 'monkey')
get_image_size (Image, Width, Height)
dev_close_window ()
dev_open_window_fit_size (0, 0, Height, Height, -1, -1, WindowHandle)
dev_display (Image)
* 获得椒盐噪声分布
sp_distribution (5, 5, Distribution)
* 添加椒盐噪声到图像
add_noise_distribution (Image, ImageNoise, Distribution)
* 保存噪声图像
dump_window (WindowHandle, 'bmp', 'result/椒盐噪声')
* 对噪声图像进行中值滤波，边长为 3
median_image (ImageNoise, ImageMedian, 'square', 3, 'mirrored')
* 保存图像
dump_window (WindowHandle, 'bmp', 'result/median3')
* 对噪声图像进行中值滤波，边长为 5
median_image (ImageNoise, ImageMedian1, 'square', 5, 'mirrored')
* 保存图像
dump_window (WindowHandle, 'bmp', 'result/median5')
* 对噪声图像进行中值滤波，边长为 7
median_image (ImageNoise, ImageMedian2, 'square', 7, 'mirrored')
* 保存图像
dump_window (WindowHandle, 'bmp', 'result/median7')
```

程序运行结果如图 6-27 所示。

(a)噪声图像

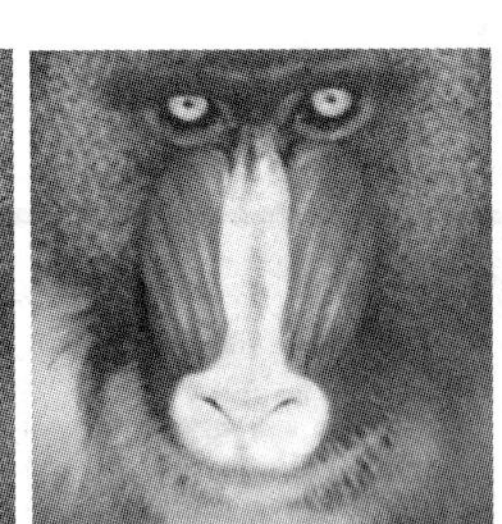
(b)中值滤波(边长为3)

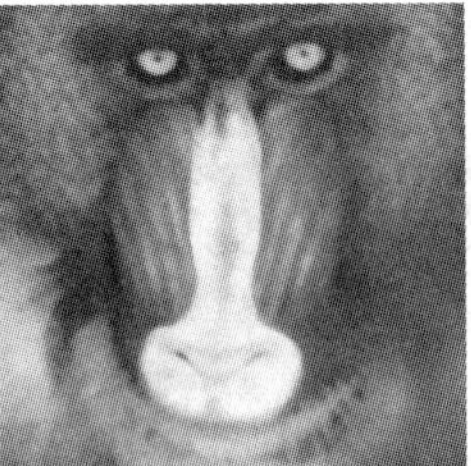
(c)中值滤波(边长为5)

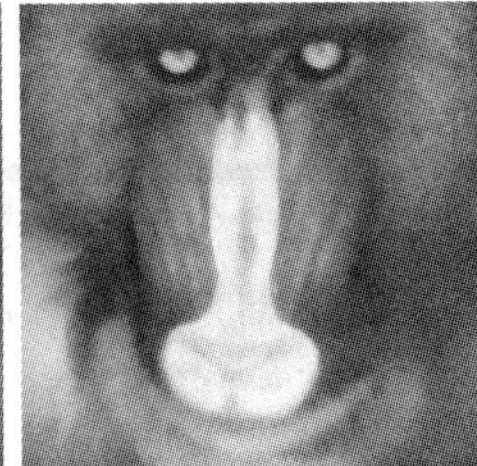
(d)中值滤波(边长为7)

图 6-27 图像中值滤波示例

例程中主要算子介绍如下：

median_image(Image: ImageMedian: MaskType, Radius, Margin:)

作用：中值滤波。

Image：输入图像。

ImageMedian：滤波后图像。

MaskType：掩模类型。

Radius：掩模尺寸。

Margin：边界处理。

6.4.5　频域低通滤波

一幅图像中灰度均匀的平滑区域对应着傅里叶变换中的低频成分，灰度变化频繁的边缘及细节对应着傅里叶变换中的高频成分。根据这些特点，合理构造滤波器，适当地将图像变换域中的高频成分过滤掉，便可以得到图像的平滑结果。其工作原理可表示为

$$G(u,v)=H(u,v)F(u,v) \tag{6-30}$$

式中，$F(u,v)$是噪声图像的傅里叶变换，$G(u,v)$是平滑后图像的傅里叶变换，$H(u,v)$是低通滤波器传递函数。$H(u,v)$可使$F(u,v)$中的高频分量得到衰减，得到$G(u,v)$后再经过傅里叶反变换，即可得到所希望的图像$g(x,y)$。

低通滤波器的系统框图如图 6－28 所示。

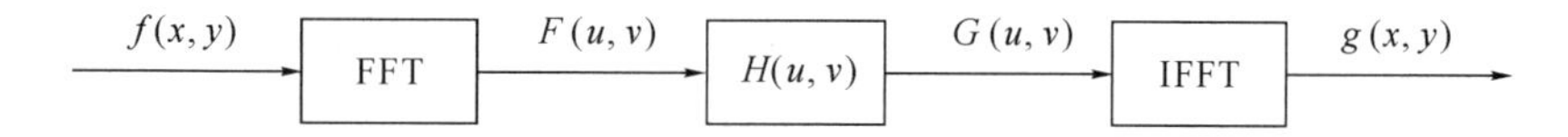

图 6－28　频域低通滤波器系统框图

对于同一幅图像来说，不同的$H(u,v)$产生的平滑效果也是不一样的，下面介绍几种低通滤波器。

1. 理想低通滤波器

理想低通滤波器(ILPF)的传递函数为

$$H(u,v)=\begin{cases}1, & D(u,v)\leqslant D_0\\0, & D(u,v)>D_0\end{cases} \tag{6-31}$$

式中：D_0是一个规定的非负值，称为理想低通滤波器的截止频率；$D(u,v)$是点(u,v)到频率平面原点的距离，即

$$D(u,v)=\sqrt{u^2+v^2} \tag{6-32}$$

理想低通滤波器频率特性曲线如图 6－29 所示。理想低通滤波器平滑处理的机理简单明了，它可以彻底滤除D_0以外的高频分量。但是由于它在通带和阻带转折处太快，即$H(u,v)$在D_0处由 1 突变到 0，频域的突变会引起空域的波动，由它处理后的图像高频能量部分丢失，并在空间域产生较严重的模糊(称为“振铃”现象)。截止频率D_0越低，噪声滤除得越多，振铃现象振荡的频率越低，高频分量损失越严重，图像就越模糊。截止频率D_0越高，噪声滤除得越少，振铃现象振荡的频率越高，高频分量损失越轻微，图像模糊的程度也就越轻微。而正是由于理想低通滤波存在此“振铃”现象，导致其平滑效果下降。图 6－30 为理想低通滤波后的结果。

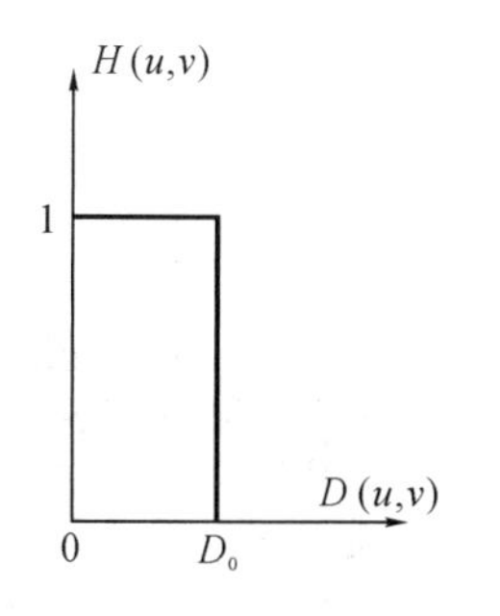

图 6－29　理想低通滤波器频率特性曲线

(a)原始图像

(b)通过理想低通滤波器后的效果图

图 6-30　理想低通滤波

2. 巴特沃斯低通滤波器

巴特沃斯滤波器(BLPF)是电子滤波器的一种，特点是通频带内的频率响应曲线最大限度平坦，没有起伏，而在阻频带则逐渐下降为零，是一种具有最大平坦幅度响应的低通滤波器。n 阶巴特沃斯滤波器的传递函数为

$$H(u, v)=\frac{1}{1+[D_0/D(u, v)]^{2n}} \tag{6-33}$$

式中，n 的大小决定了衰减率。使用巴特沃斯低通滤波器会大大降低处理后图像的模糊程度，这是因为它的 $H(u, v)$ 不是陡峭的截止特性，其尾部包含了大量的高频成分，带阻和带通之间有一个平滑的过渡带，没有明显的不连续性。通常把 $H(u, v)$ 下降到某一值的那一点定为截止频率 D_0。一般将式(6-33)中 $H(u, v)$ 下降到原来值的 1/2 处时的 $D(u, v)$ 定为截止频率点 D_0。

从图 6-31 中巴特沃斯低通滤波器的传递函数特性曲线可以看出，无论在通带内还是阻带内都是频率的单调函数。它的带通与带阻之间无明显的不连续性，因此无振铃现象，模糊程度减小，它的尾部有较多的高频，通过降低它的截止频率可实现一些平滑效果。

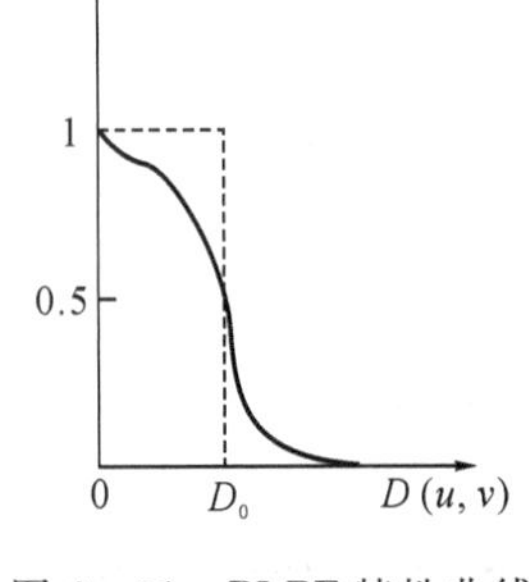

图 6-31　BLPF 特性曲线

另一种常用的巴特沃斯低通滤波器传递函数通常取下降到 $H(u, v)$ 最大值的 $1/\sqrt{2}$ 那一点为截止频率点，式(6-33)可写为

$$H(u, v)=\frac{1}{1+[\sqrt{2}-1][D(u, v)/D_0]^{2n}} \tag{6-34}$$

经过巴特沃斯低通滤波器滤波后的图像如图 6-32 所示。

(a)原始图像

(b)通过巴特沃斯低通滤波器后的效果图

图 6-32　巴特沃斯低通滤波

3. 指数低通滤波器

指数低通滤波器(ELPF)的传递函数为

$$H(u,\ v)=\mathrm{e}^{-[D(u,\ v)/D_0]^n} \tag{6-35}$$

其中，将下降到 $H(u,\ v)$ 最大值的 $1/\mathrm{e}$ 时的 $D(u,\ v)$ 定为截止频率点 D_0。从图6-33所示的ELPF特性曲线中可以看出，ELPF具有较平滑的过渡带，因此平滑后的图像无振铃现象，比BLPF有更快的衰减特性，比BLPF滤波的图像稍模糊一些。

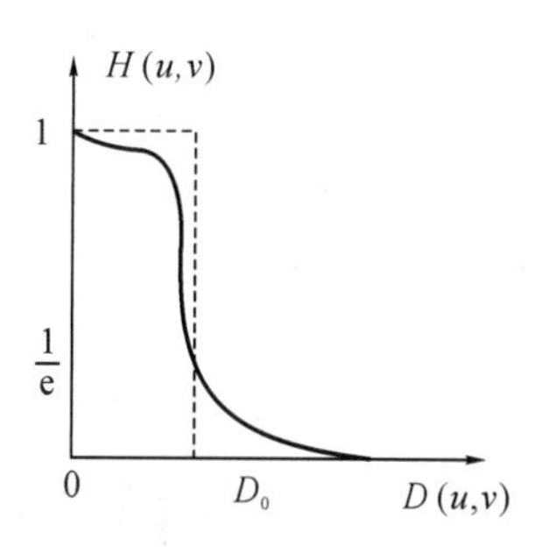

图6-33　ELPF特性曲线

4. 梯形低通滤波器

梯形低通滤波器(TLPF)的传递函数为

$$H(u,\ v)=\begin{cases}1 & D(u,\ v)<D_0\\ 1-\dfrac{D(u,\ v)-D_0}{D_1-D_0} & D_0\leqslant D(u,\ v)\leqslant D_1\\ 0 & D(u,\ v)>D_1\end{cases} \tag{6-36}$$

梯形低通滤波器传递函数的特性曲线如图6-34所示，D_0 为截止频率点。梯形低通滤波器传递函数特性介于理想低通滤波器和具有平滑过渡带的低通滤波器之间，使得其滤波特性具有和其他滤波方法不同的特点，并且其滤波效果也介于两者之间，滤波结果具有一定的振铃效应。

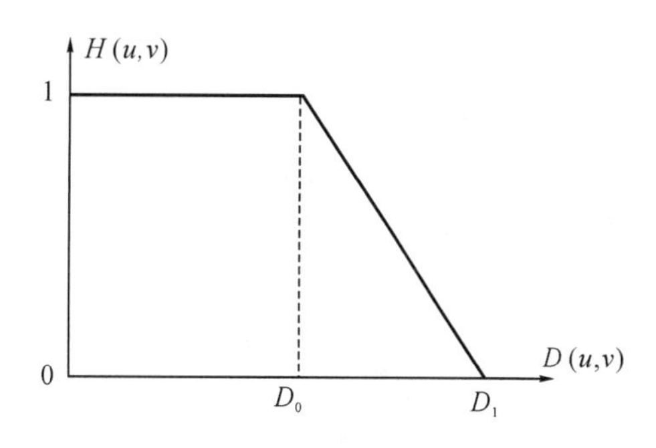

图6-34　TLPF特性曲线

【例6-10】 对图像进行低通滤波处理。

程序如下：

```
read_image (Image, 'monkey')
get_image_size (Image, Width, Height)
dev_close_window ()
dev_open_window_fit_size (0, 0, Height, Height, -1, -1, WindowHandle)
dev_display (Image)
*获得椒盐噪声分布
sp_distribution (5, 5, Distribution)
*将噪声添加到图像
add_noise_distribution (Image, ImageNoise, Distribution)
*保存噪声图像
dump_window (WindowHandle, 'bmp', 'result/noise')
*获得一个低通滤波模型
gen_lowpass (ImageLowpass, 0.1, 'none', 'dc_center', Width, Height)
*对噪声图像进行傅里叶变换，得到频率图像
fft_generic (ImageNoise, ImageFFT, 'to_freq', -1, 'sqrt', 'dc_center', 'complex')
*对频率图像进行低通滤波
```

```
convol_fft (ImageFFT, ImageLowpass, ImageConvol)
* 对得到的频率图像进行傅里叶反变换
fft_generic (ImageConvol, ImageFFT1, 'from_freq', 1, 'sqrt', 'dc_center', 'byte')
* 保存图像
dump_window (WindowHandle, 'bmp', 'result/lowpass')
```

程序运行结果如图 6-35 所示。

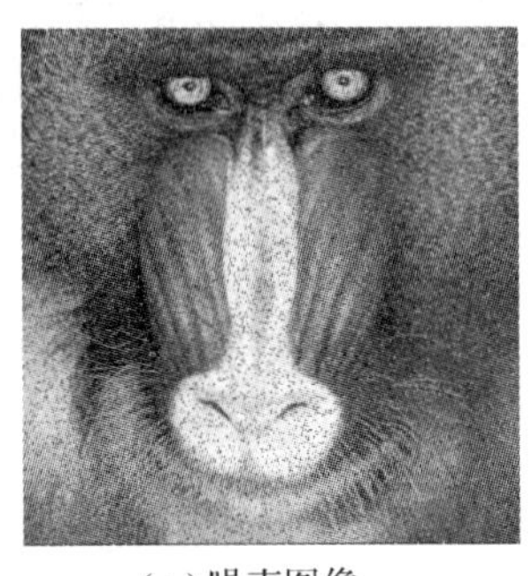
(a)噪声图像

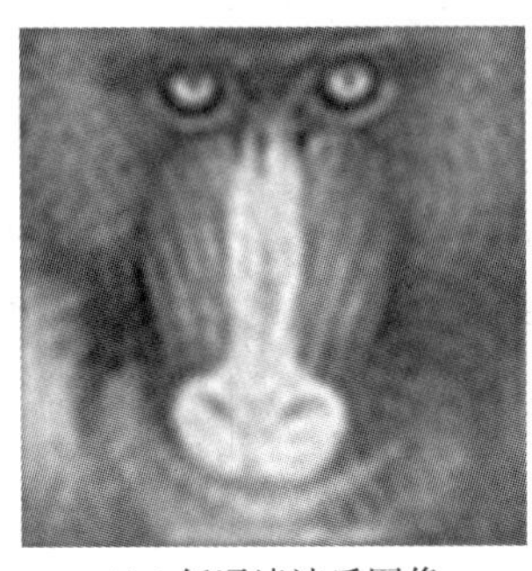
(b)低通滤波后图像

图 6-35 低通滤波

例程中主要算子介绍如下。

• gen_lowpass(: ImageLowpass: Frequency, Norm, Mode, Width, Height:)

作用:生成理想的低通滤波图像。

ImageLowpass:生成的滤波图像。

Frequency:截止频率,决定了生成滤波图像中间白色椭圆区域的大小。

Norm:滤波器归一化引子。

Mode:频率图中心位置。

Width:生成滤波图像宽。

Height:生成滤波图像高。

• fft_generic (Image: ImageFFT: Direction, Exponent, Norm, Mode, ResultType:)

作用:快速傅里叶变换。

Image:输入图像。

ImageFFT:变换后图像。

Direction:变换的方向,频域到空域还是空域到频域。

Exponent:指数的符号。

Norm:变换的归一化因子。

Mode:DC 在频率域中的位置。

ResultType:变换后的图像类型。

• convol_fft(ImageFFT, ImageFilter: ImageConvol::)

作用:频域里卷积图像。

ImageFFT:频域图像。

ImageFilter:滤波器。

ImageConvol：卷积后图像。

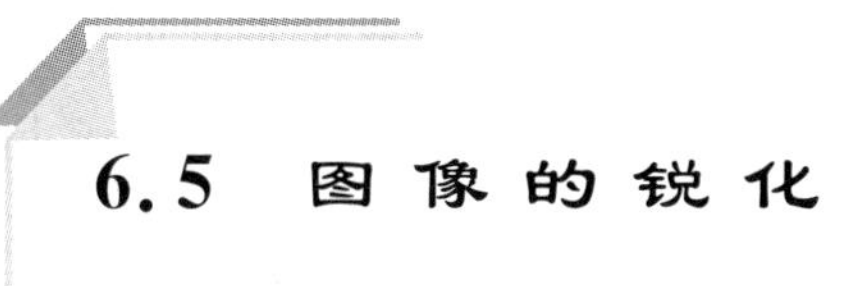

6.5　图像的锐化

图像在形成和传输过程中，由于成像系统聚焦不好或信道的带宽过窄，会使图像目标物轮廓变模糊、细节不清晰。同时，图像平滑后也会变模糊。针对这类问题，需要通过图像锐化处理来实现图像增强。若从频域分析，图像的低频成分主要对应于图像中的区域和背景，而高频成分主要对应于图像中的边缘和细节，图像模糊的实质是表示目标物轮廓和细节的高频分量被衰减，因而在频域可采用高频提升滤波的方法来增强图像。这种使图像目标物轮廓和细节更突出的方法就称为图像锐化，即图像锐化主要是加强高频成分或减弱低频成分。锐化能加强细节和边缘，对图像有去模糊的作用。同时，由于噪声主要分布在高频部分，如果图像中存在噪声，则锐化处理将对噪声有一定的放大作用。

6.5.1　一阶微分算子法

针对由于平均或积分运算而引起的图像模糊，可用微分运算来实现图像的锐化。微分运算是求信号的变化率，有加强高频分量的作用，从而使图像轮廓清晰。为了把图像中向任何方向伸展的边缘和轮廓变清晰，对图像的某种导数运算应该是各向同性的，可以证明，梯度的幅度和拉普拉斯运算是符合上述条件的。

1. 梯度法

对于图像函数 $f(x, y)$，它在点 (x, y) 处的梯度是一个矢量，数学定义为

$$\nabla f(x, y)=\left[\frac{\partial f(x, y)}{\partial x} \quad \frac{\partial f(x, y)}{\partial y}\right]^{\mathrm{T}} \tag{6-37}$$

其方向表示函数 $f(x, y)$ 最大变化率的方向，其大小为梯度的幅度，用 $G[f(x, y)]$ 表示：

$$G[f(x, y)]=\sqrt{\left(\frac{\partial f}{\partial x}\right)^{2}+\left(\frac{\partial f}{\partial y}\right)^{2}} \tag{6-38}$$

由式(6-38)可知，梯度的幅度值就是 $f(x, y)$ 在其最大变化率方向上单位距离所增加的量。对于数字图像而言，式(6-38)可以近似为差分算法：

$$G[f(x, y)]=\sqrt{[f(i, j)-f(i+1, j)]^{2}+[f(i, j)-f(i, j+1)]^{2}} \tag{6-39}$$

式中，各像素的位置见图6-36(a)。

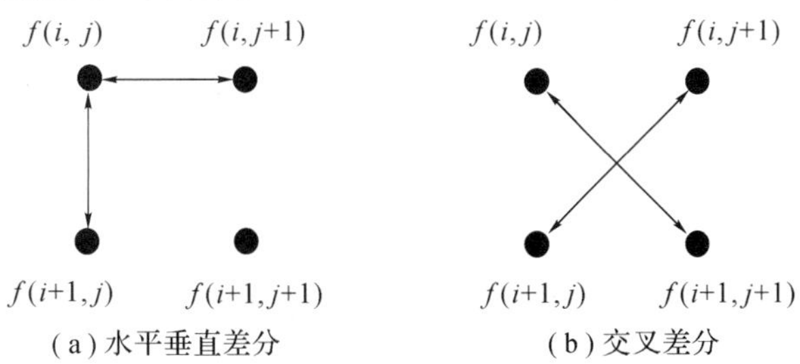

图6-36　求梯度的两种差分算法

式(6-40)为式(6-39)的一种近似差分算法：

$$G[f(x,y)]=|f(i,j)-f(i+1,j)|+|f(i,j)-f(i,j+1)| \tag{6-40}$$

以上梯度法又称为水平垂直差分法，是一种典型的梯度算法。

另一种梯度法叫作罗伯特梯度法(Robert Gradient)，它是一种交叉差分计算法，具体的像素位置见图6-36(b)。其数学表达式为

$$G[f(x,y)]=\sqrt{[f(i,j)-f(i+1,j+1)]^2+[f(i+1,j)-f(i,j+1)]^2} \tag{6-41}$$

式(6-41)可近似表示为

$$G[f(x,y)]=|f(i,j)-f(i+1,j+1)|+|f(i+1,j)-f(i,j+1)| \tag{6-42}$$

由梯度的计算可知，在图像中灰度变化较大的边沿区域其梯度值较大，在灰度变化平缓的区域其梯度值较小，而在灰度均匀区域的梯度值为零。图像经过梯度运算后，会留下灰度值急剧变化的边沿处的点。

当梯度计算完之后，可以根据需要生成不同的梯度图像。例如，使各点的灰度$g(x,y)$等于该点的梯度幅度，即

$$g(x,y)=G[f(x,y)] \tag{6-43}$$

此图像仅显示灰度变化的边缘轮廓。

还可以用式(6-44)表示增强的图像：

$$g(x,y)=\begin{cases} G[f(x,y)] & G[f(x,y)]\geqslant T \\ f(x,y) & \text{其他} \end{cases} \tag{6-44}$$

对图像而言，物体和物体之间、背景和背景之间的梯度变化一般很小，灰度变化较大的地方一般集中在图像的边缘上，也就是物体和背景交界的地方。设定一个合适的阈值T，当$G[f(x,y)]$大于等于T时就认为该像素点处于图像的边缘，对梯度值增加C，以使边缘变亮，而当$G[f(x,y)]$小于T时就认为像素点是同类像素点(同是背景或同是物体)。这样既增加了物体的边界，又同时保留了图像背景原来的状态。梯度锐化效果如图6-37所示。

(a)原始图像

(b)梯度锐化后图像

图6-37　图像的梯度锐化

2. Sobel算子

采用梯度微分锐化图像时，不可避免地会使噪声、条纹等干扰信息得到增强，这里介绍的Sobel算子可在一定程度上解决这个问题。Sobel算子也是一种梯度幅值，它的基本模板如图6-38所示。

-1	-2	-1
0	0	0
1	2	1

(a) 对水平边缘响应最大

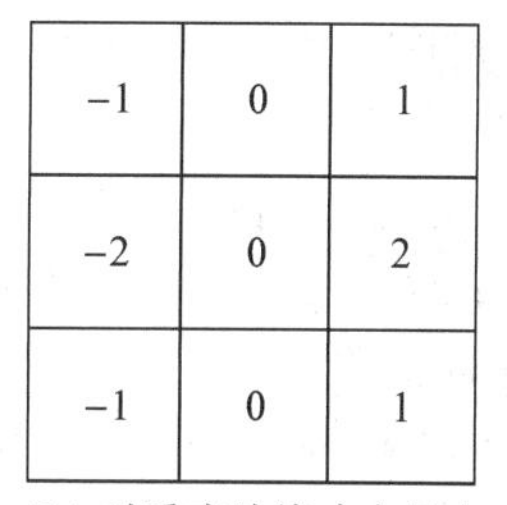

-1	0	1
-2	0	2
-1	0	1

(b) 对垂直边缘响应最大

图 6-38　Sobel 算子模板

将图像分别经过两个 3×3 算子的窗口滤波，所得的结果如式(6-45)所示，就可获得增强后图像的灰度值：

$$g=\sqrt{G_x^2+G_y^2} \tag{6-45}$$

式中，G_x 和 G_y 是图像中对应于 3×3 像素窗口中心点(i, j)的像素在 x 方向和 y 方向上的梯度，定义如下：

$$\begin{aligned} G_x=&[f(i+1, j-1)+2f(i+1, j)+f(i+1, j+1)] \\ &-[f(i-1, j-1)+2f(i-1, j)+f(i-1, j+1)] \end{aligned} \tag{6-46}$$

$$\begin{aligned} G_y=&[f(i-1, j+1)+2f(i, j+1)+f(i+1, j+1)] \\ &-[f(i-1, j-1)+2f(i, j-1)+f(i+1, j-1)] \end{aligned} \tag{6-47}$$

式(6-46)和式(6-47)分别对应图 6-38 所示的两个滤波模板，所对应的像素点如图6-39所示。

$f(i-1, j-1)$　$f(i-1, j)$　$f(i-1, j+1)$

$f(i, j-1)$　$f(i, j)$　$f(i, j+1)$

$f(i+1, j-1)$　$f(i+1, j)$　$f(i+1, j+1)$

图 6-39　Sobel 算子模板对应的像素点

为了简化计算，也可以用 $g=|G_x|+|G_y|$ 来代替式(6-45)的计算，从而得到锐化后的图像。从上面的讨论可知，Sobel 算子不像普通梯度算子那样用两个像素的差值，而是用两列或两行加权和的差值，这就具有了以下两个优点：

(1) 由于引入了平均因素，因而对图像中的随机噪声有一定的平滑作用；

(2) 由于 Sobel 算子是相隔两行或两列的差分，故边缘两侧的元素得到了增强，边缘显得粗而亮。

采用 Sobel 算子的锐化效果如图 6-40 所示。

(a) 原始图像

(b) 锐化图像

图 6-40　图像的 Sobel 锐化

【例 6-11】 对图像用 Sobel 算子进行处理。

程序如下：

```
read_image (Image, 'monkey')
get_image_size (Image, Width, Height)
dev_close_window ()
dev_open_window_fit_size (0, 0, Height, Height, -1, -1, WindowHandle)
dev_display (Image)
* 对图像进行 Sobel 算子处理
sobel_amp (Image, EdgeAmplitude, 'sum_abs', 3)
dump_window (WindowHandle, 'bmp', 'result/sum_abs')
* 对图像进行 x 方向 Sobel 算子处理
sobel_amp (Image, EdgeAmplitude1, 'x', 3)
dump_window (WindowHandle, 'bmp', 'result/x')
* 对图像进行 y 方向 Sobel 算子处理
sobel_amp (Image, EdgeAmplitude2, 'y', 3)
dump_window (WindowHandle, 'bmp', 'result/y')
```

程序运行结果如图 6-41 所示。

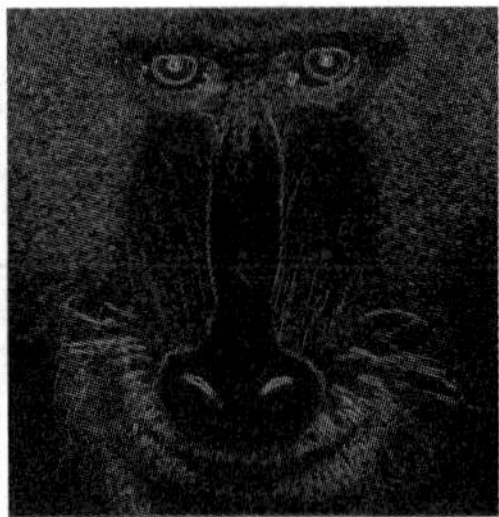
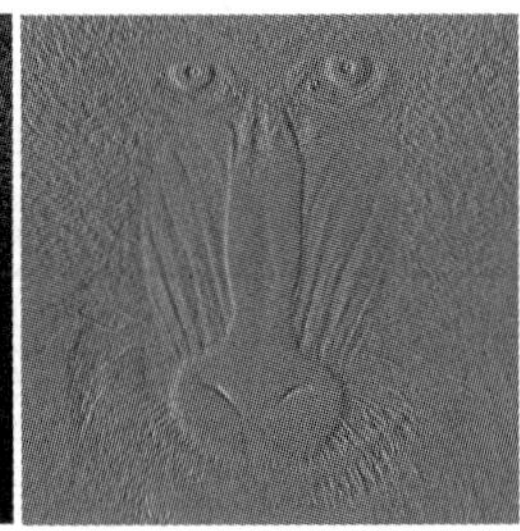

(a) 原始图像　(b) Sobel 算子处理　(c) x 方向算子处理结果　(d) y 方向算子处理结果

图 6-41 图像 Sobel 锐化示例

例程中主要算子介绍如下：

sobel_amp(Image: EdgeAmplitude: FilterType, Size:)

作用：利用 Sobel 算子检测边缘。

Image：输入图像。

EdgeAmplitude：边缘梯度图像。

FilterType：过滤类型。

Size：掩模尺寸。

6.5.2 拉普拉斯算子法

拉普拉斯(Laplace)算子是常用的边缘增强处理算子，它是各向同性的二阶导数。拉普拉斯算子的表达式为

$$\nabla^2 f(x, y) = \frac{\partial^2 f(x, y)}{\partial x^2} + \frac{\partial^2 f(x, y)}{\partial y^2} \tag{6-48}$$

如果图像的模糊是由扩散现象引起的(如胶片颗粒化学扩散、光点散射)，则锐化后的图像 g 的表达式为

$$g=f+k\nabla^2 f \tag{6-49}$$

式中，f、g 分别为锐化前后的图像，k 为与扩散效应有关的系数。式(6-49)表示模糊图像经拉普拉斯算子法锐化后得到的不模糊图像 g。这里对 k 的选择要合理，k 太大会使图像中的轮廓边缘产生过冲，k 太小又会使锐化作用不明显。

对于数字图像，$f(x, y)$的二阶偏导数可近似用二阶差分表示。在 x 方向上，$f(x, y)$的二阶偏导数为

$$\begin{aligned}\frac{\partial^2 f(x, y)}{\partial x^2}&\approx\nabla_x f(i+1, j)-\nabla_x f(i, j)=[f(i+1, j)-f(i, j)]-[f(i, j)-f(i-1, j)]\\&=f(i+1, j)+f(i-1, j)-2f(i, j)\end{aligned} \tag{6-50}$$

类似地，在 y 方向上，$f(x, y)$的二阶偏导数为

$$\frac{\partial^2 f(x, y)}{\partial y^2}=f(i, j+1)+f(i, j-1)-2f(i, j) \tag{6-51}$$

式中，∇_x 表示 x 方向的一阶差分。

因此，拉普拉斯算子$\nabla^2 f$ 可进一步描述为

$$\begin{aligned}\nabla^2 f&=\frac{\partial^2 f(x, y)}{\partial x^2}+\frac{\partial^2 f(x, y)}{\partial y^2}\\&\approx f(i+1, j)+f(i-1, j)+f(i, j+1)\\&\quad+f(i, j-1)-4f(i, j)\end{aligned} \tag{6-52}$$

该算子的 3×3 等效模板如图 6-42 所示。可见数字图像在(i, j)点的拉普拉斯算子可以由(i, j)点灰度值减去该点邻域平均灰度值来求得。

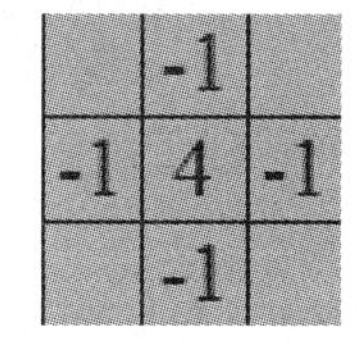

图 6-42　拉普拉斯算子模板

对于图 6-42 所示的拉普拉斯模板，式(6-49)中的常数 k=1时，拉普拉斯锐化后的图像可表示为

$$\begin{aligned}g(i, j)&=f(i, j)+\nabla^2 f(i, j)\\&=4f(i, j)+f(i+1, j)+f(i-1, j)+f(i, j+1)+f(i, j-1)\end{aligned} \tag{6-53}$$

在实际应用中，拉普拉斯算子能对由扩散引起的图像模糊起到增强边界轮廓的效果，如图 6-43 所示。如果不是扩散过程引起的模糊图像，效果并不一定很好。另外，同梯度算子类似，拉普拉斯算子在增强图像的同时，也增强了图像的噪声。因此，用拉普拉斯算子进行边缘检测时，仍然有必要先对图像进行平滑或去噪处理。然而和梯度法相比，拉普拉斯算子对噪声所起的增强效果不明显。

(a)原始图像

(b)拉普拉斯锐化结果

图 6-43　图像的拉普拉斯锐化

【例 6-12】 对图像采用拉普拉斯算子进行处理。

程序如下:

```
read_image (Image, 'monkey')
get_image_size (Image, Width, Height)
dev_close_window ()
dev_open_window_fit_size (0, 0, Height, Height, -1, -1, WindowHandle)
dev_display (Image)
* 对图像进行拉普拉斯算子处理
laplace (Image, ImageLaplace, 'absolute', 3, 'n_4')
dump_window (WindowHandle, 'bmp', 'result/laplace')
```

程序运行结果如图 6-44 所示。

(a)原始图像

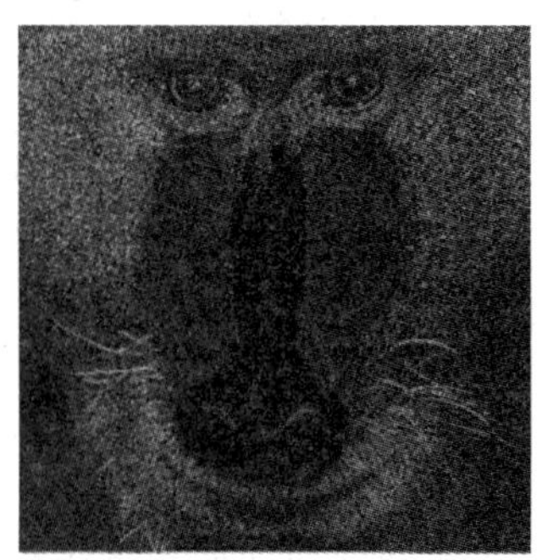
(b)拉普拉斯锐化后图像

图 6-44 图像的拉普拉斯锐化示例

例程中主要算子介绍如下:

laplace(Image: ImageLaplace: ResultType, MaskSize, FilterMask:)

作用:用有限差分计算拉普拉斯算子。

Image:输入图像。

ImageLaplace:拉普拉斯滤波后的图像。

ResultType:图像类型。

MaskSize:掩模尺寸。

FilterMask:拉普拉斯掩模类型。

6.5.3 高通滤波法

图像中的边缘或线条等细节部分与图像频谱的高频分量相对应,因此可采用高通滤波让高频分量顺利通过,使图像的边缘或线条等细节变得清晰,实现图像的锐化。高通滤波可用空域法或频域法来实现。在空间域是用卷积方法,与空域低通滤波的邻域平均法类似,只不过其中的冲激响应方阵 H 不同,例如常见的 3×3 高通卷积模板如下:

$$\boldsymbol{H}=\begin{bmatrix}0 & -1 & 0\\ -1 & 5 & -1\\ 0 & -1 & 0\end{bmatrix},\ \boldsymbol{H}=\begin{bmatrix}-1 & -1 & -1\\ -1 & 9 & -1\\ -1 & -1 & -1\end{bmatrix},\ \boldsymbol{H}=\begin{bmatrix}1 & -2 & 1\\ -2 & 5 & -2\\ 1 & -2 & 1\end{bmatrix} \tag{6-54}$$

类似于低通滤波器,高通滤波也可以在频率域中实现,下面介绍几种高通滤波器。

1. 理想高通滤波器

一个理想高通滤波器(IHPF)的传递函数满足以下条件:

$$H(u, v)=\begin{cases}1 & D(u, v)>D_0\\0 & D(u, v)\leqslant D_0\end{cases} \tag{6-55}$$

图6-45是其特性曲线示意图,可以看出,它在形状上和前面介绍的理想低通滤波器的剖面正好相反。同样,理想高通滤波器也只是一种理想状况下的滤波器,是不能用实际的电子器件实现的。采用理想高通滤波的效果如图6-46所示。

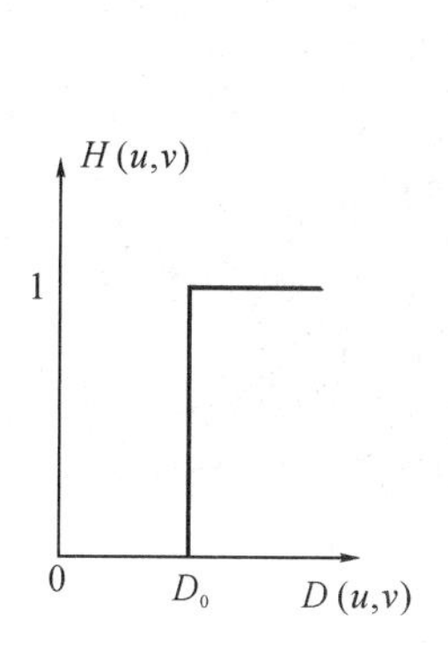

图6-45　IHPF特性曲线

(a)原始图像

(b)理想高通滤波效果图

图6-46　理想高通滤波

2. 巴特沃斯高通滤波器

巴特沃斯高通滤波器(BHPF)的传递函数为

$$H(u, v)=\frac{1}{1+[D_0/D(u, v)]^{2n}} \tag{6-56}$$

式中,n为阶数,D_0为截止频率。阶数为1的巴特沃斯高通滤波器的剖面图如图6-47所示。由图6-47可知,巴特沃斯高通滤波器与巴特沃斯低通滤波器一样在高低频率间的过渡也比较平滑,所以用巴特沃斯高通滤波器得到的输出图像其振铃现象不明显。采用巴特沃斯高通滤波的效果如图6-48所示。

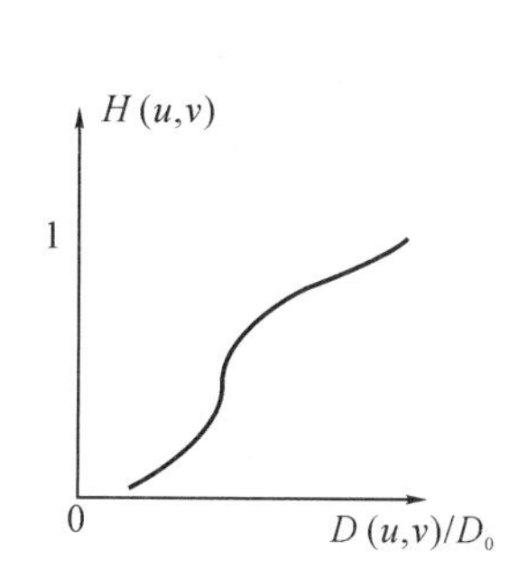

图6-47　BHPF特性曲线

(a)原始图像

(b)巴特沃斯高通滤波效果图

图6-48　巴特沃斯高通滤波

3. 指数高通滤波器

指数高通滤波器(EHPF)的传递函数为

$$H(u, v)=e^{-[D_0/D(u, v)]^n} \tag{6-57}$$

式中，变量 n 控制从原点算起的传递函数 $H(u, v)$ 的增长率。

EHPF 的特性曲线如图 6-49 所示。采用指数高通滤波的效果如图 6-50 所示。

指数高通滤波器的另一种常用的传递函数为

$$H(u, v)=e^{\left[\ln\left(\frac{1}{\sqrt{2}}\right)\right][D_0/D(u, v)]^n} \tag{6-58}$$

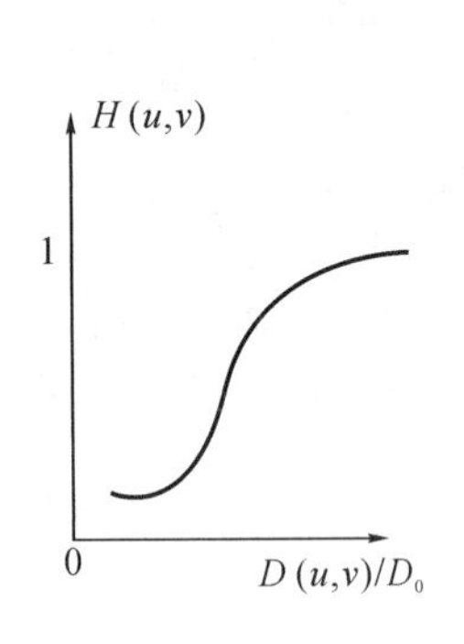

图 6-49 EHPF 特性曲线

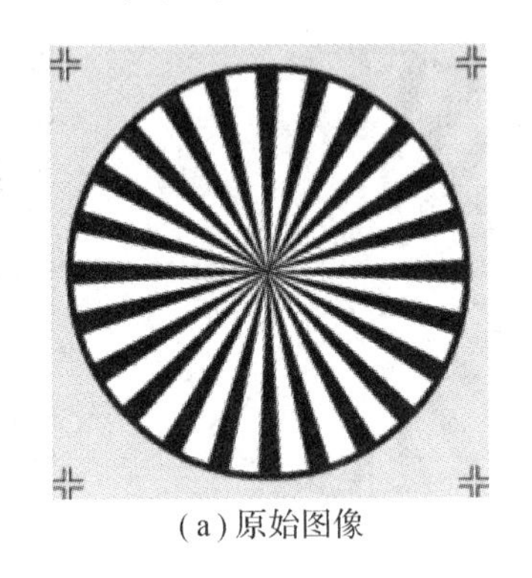

(a) 原始图像

(b) 指数高通滤波效果图

图 6-50 指数高通滤波

4. 梯形高通滤波器

梯形高通滤波器(THPF)的传递函数为

$$H(u, v)=\begin{cases} 0 & D(u, v)<D_0 \\ 1-\dfrac{D(u, v)-D_0}{D_1-D_0} & D_0 \leqslant D(u, v) \leqslant D_1 \\ 1 & D(u, v)>D_1 \end{cases} \tag{6-59}$$

式中，D_0 为截止频率。

THPF 的特性曲线如图 6-51 所示。

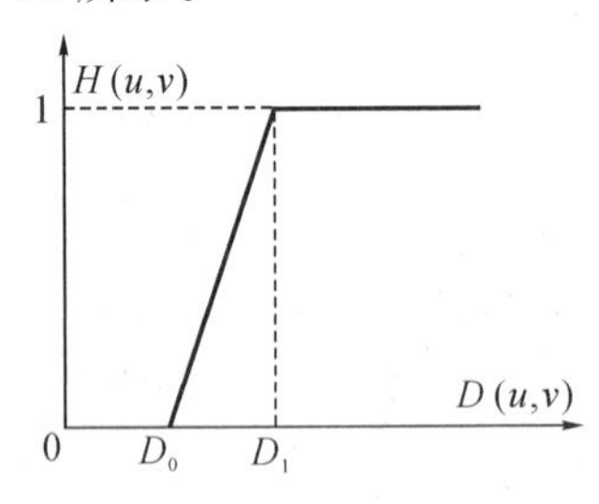

图 6-51 THPF 特性曲线

【例 6-13】 对图像进行高通滤波处理。

程序如下：

```
read_image (Image, 'monkey')
get_image_size (Image, Width, Height)
dev_close_window ()
dev_open_window_fit_size (0, 0, Height, Height, -1, -1, WindowHandle)
```

```
dev_display (Image)
 * 得到高通滤波模型
gen_highpass (ImageHighpass, 0.1, 'none', 'dc_center', Width, Height)
 * 对图像进行傅里叶变换
fft_generic (Image, ImageFFT, 'to_freq', -1, 'sqrt', 'dc_center', 'complex')
 * 对频率图像进行高通滤波
convol_fft (ImageFFT, ImageHighpass, ImageConvol)
 * 对得到的频率图像进行傅里叶反变换
fft_generic (ImageConvol, ImageFFT1, 'from_freq', 1, 'sqrt', 'dc_center', 'byte')
dump_window (WindowHandle, 'bmp', 'result/highpass')
```

程序运行结果如图 6-52 所示。

(a)原始图像

(b)高通滤波后图像

图 6-52　图像高通滤波示例

例程中主要算子介绍如下：

• gen_highpass(：ImageHighpass：Frequency，Norm，Mode，Width，Height：)

作用：生成理想高通滤波。

ImageHighpass：生成的滤波器图像。

Frequency：截止频率，决定了生成滤波图像中间白色椭圆区域的大小。

Norm：滤波器归一化因子。

Mode：频率图中心位置。

Width：生成滤波图像宽。

Height：生成滤波图像高。

• fft_generic(Image：ImageFFT：Direction，Exponent，Norm，Mode，ResultType：)

作用：快速傅里叶变换。

Image：输入图像。

ImageFFT：变换后图像。

Direction：变换的方向，频域到空域还是空域到频域。

Exponent：指数的符号。

Norm：变换的归一化因子。

Mode：DC 在频率域中的位置。

ResultType：变换后的图像类型。

• convol_fft(ImageFFT，ImageFilter：ImageConvol：：)

作用：频域卷积图像。
ImageFFT：频域图像。
ImageFilter：滤波器。
ImageConvol：卷积后图像。

6.6 图像的彩色增强

彩色增强是改善人眼视觉效应的一种重要手段。由于人眼只能区分由黑到白的十几种到二十几种不同灰度级，而对彩色的分辨率可以达到几百种甚至上千种。利用视觉系统的这一特性，将灰度图像变换成彩色图像或改变已有的彩色分布，都会改善图像的可分辨性。彩色增强方法概括起来可以分为真彩色增强、伪彩色增强和假彩色增强。

6.6.1 真彩色增强

真彩色增强的对象是一幅自然的彩色图像。在彩色图像处理中，选择合适的彩色模型是很重要的，经常采用的颜色模型有RGB、HSI等。电视、摄像机和彩色扫描仪等图像输入/输出设备都是依据RGB模型工作的，图像文件也多以RGB模型存储，因此在RGB空间进行真彩色增强非常方便、简单。

在RGB模型下进行增强处理时，可以根据需要调节R、G、B三个分量的大小，达到预期的目的和效果，其原理如图6-53所示。当R、G、B三个分量按比例改变时，图像只是亮度发生了变化，颜色并不会改变。如果只改变三个分量中的一个或两个，图像整体会偏向某种颜色，比如只增加红色分量，那么图像整体偏红，就像在红色光源下获取的图像。

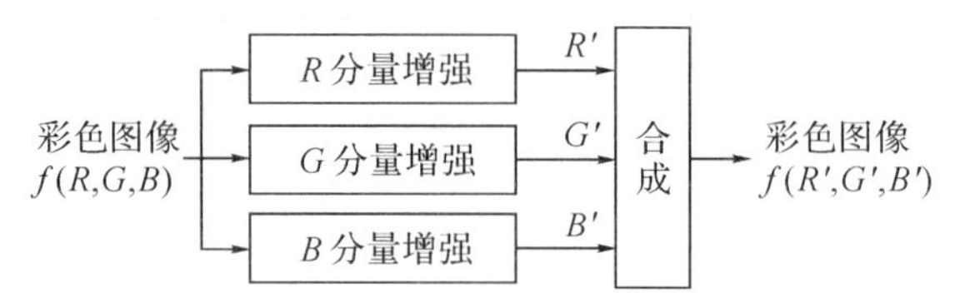

图6-53 真彩色图像RGB直接增强原理图

真彩色图像在RGB模型下的直接增强，尽管可以增加图像中可视细节亮度，但会导致原图像彩色产生较大程度的改变。得到的增强图像中R、G、B三个分量的相对数值与原来不同，这样得到的色调有可能完全没有意义。

对此，利用颜色模型转换方法，先将彩色图像从RGB模型转换成HSI模型，将亮度分量和色度分量分开。再利用灰度图像增强的方法增强其中的某个分量，如仅对I分量(亮度)进行增强处理，H和S分量不变。然后再将结果转换成RGB坐标，以便用彩色显示器显示。这里利用HSI颜色模型中亮度和色度分开的特点，处理的结果既增强了彩色图像的亮度，又不会改变颜色种类，其原理如图6-54所示。

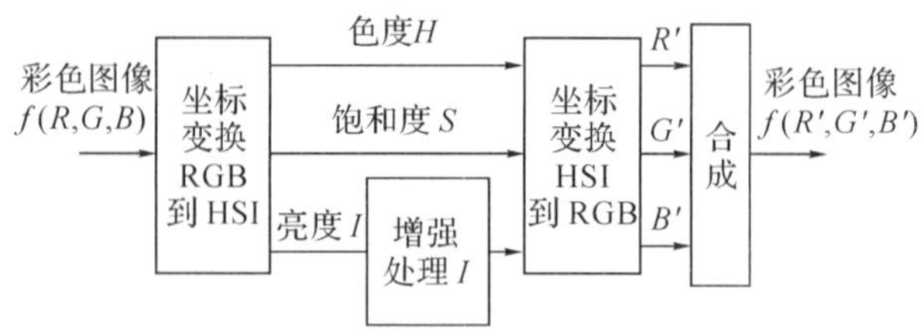

图6-54 真彩色图像的HSI增强原理图

6.6.2 伪彩色增强

伪彩色增强是指通过将每个灰度级匹配到彩色空间上的一点，将单色图像映射为彩色图像的一种变换。它的结果可改善图像的视觉效果，提高分辨率，使得图像的细节更加突出，目标更容易识别。常见的伪彩色增强方法有密度分割法、灰度级彩色处理法和频率域滤波法。

1. 密度分割法

密度分割或密度分层是伪彩色增强中比较简单的一种方法，它是对图像亮度范围进行分割，使分割后的每个亮度区间对应某一种颜色。图6－55为密度分割原理图，就是把灰度图像的灰度级从0(黑)到L(白)分成n个区间L_i，$i=1, 2, \cdots, n$，给每个区间L_i指定一种彩色C_i。对于每个像素点(x, y)，如果$L_{i-1} \leqslant f(x, y) \leqslant L_i$，则$g(x, y)=C_i$，$i=1, 2, \cdots, n$。这样便可以把一幅灰度图像$f(x, y)$变成一幅彩色图像$g(x, y)$。此方法比较直观、简单，缺点是变换出的彩色数目有限。

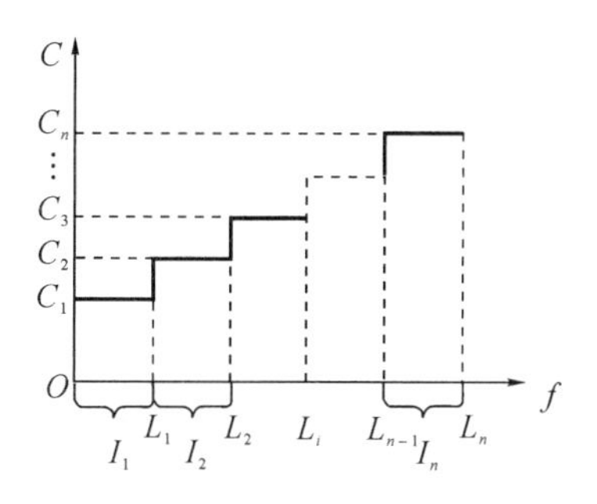

图6－55　密度分割原理图

2. 灰度级彩色处理法

空间域灰度级彩色变换是一种更为常用的伪彩色增强法，其变换过程如图6－56所示。它是根据色度学的原理，将原图像$f(x, y)$的灰度值分别经过相互独立的R、G、B三种不同的变换函数，变成R、G、B三基色分量$R(x, y)$、$G(x, y)$和$B(x, y)$，然后用它们分别控制彩色显示器的红、绿、蓝电子枪，便可以在彩色显示器的屏幕上合成一幅彩色图像。

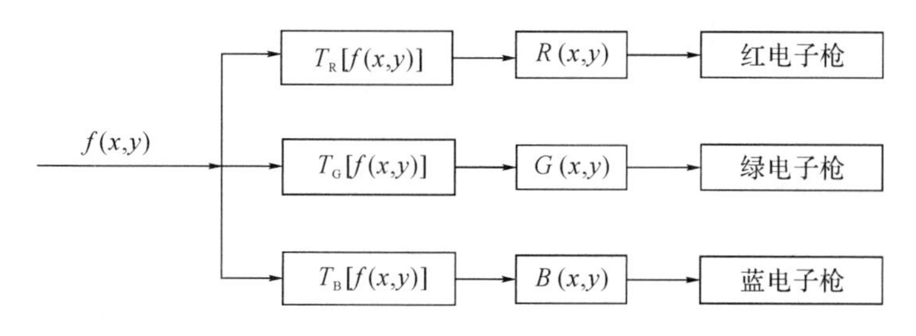

图6－56　灰度级彩色变换法原理图

彩色的含量由变换函数决定，典型的变换函数如图6－57所示。灰度值的取值范围为$[0, L]$，每个变换取不同的分段函数(图6－57(a)～(c))，图6－57(d)是把三种变换画在同一张图上，以便更清楚地对照它们之间的关系。由图6－57(d)可知，在原图像灰度值为零时，输出的彩色图像呈蓝色；灰度值为 $L/2$ 时，呈绿色；灰度值为 L 时，呈红色；为其他值时，由三种基色混合成不同的色调。

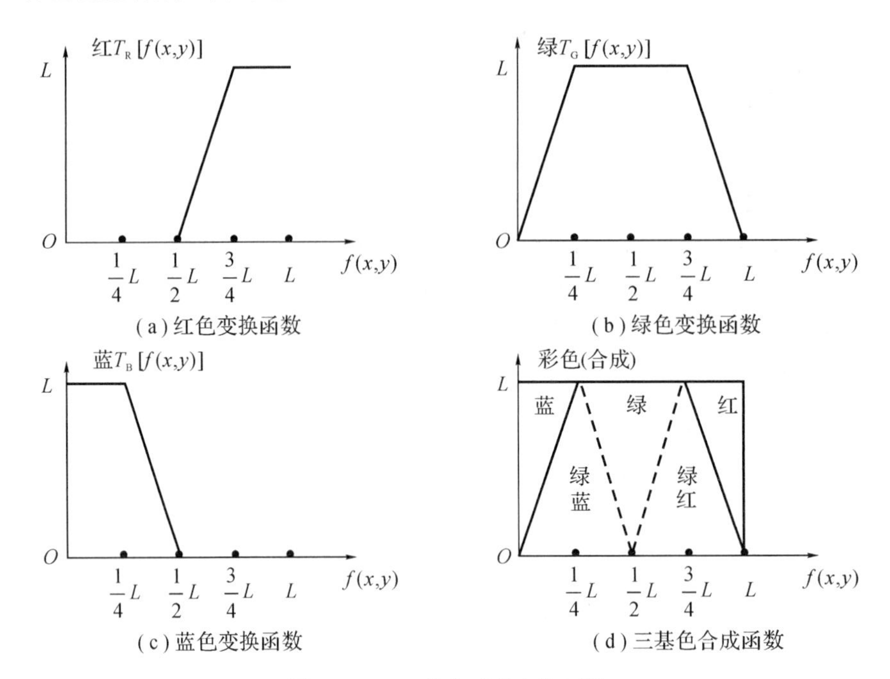

图 6-57 一种典型的变换函数

3. 频率域滤波法

频域伪彩色增强是先把灰度图像经傅里叶变换到频域，在频域内用三个不同传递特性的滤波器分离出三个独立分量，然后通过傅里叶反变换得到三幅代表不同频率分量的单色图像，进而通过对这三幅图像做进一步的增强处理，最后将其分别输入彩色显示器的红、绿、蓝通道，从而实现了频域伪彩色增强，其原理如图 6-58 所示。

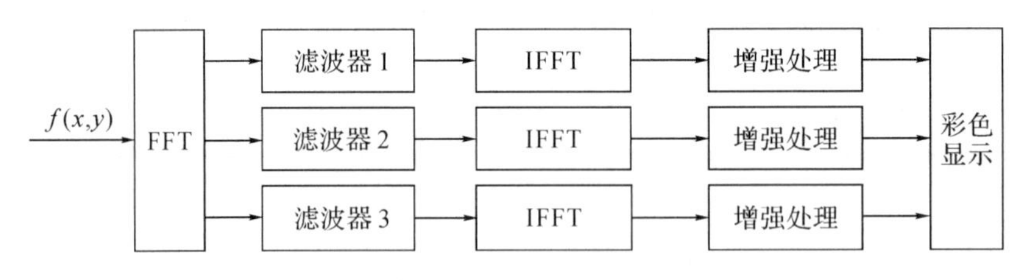

图 6-58 频域伪彩色增强原理图

6.6.3 假彩色增强

假彩色增强是将真实的自然彩色图像或遥感多光谱图像中每一个像素点的 R、G、B 值，通过映射函数变换成新的三基色分量，使图像中各目标呈现出与原图像不同的彩色的过程。假彩色处理是日常生活中经常碰到的一个操作过程，例如调节彩色电视机的色调、饱和度的过程实际上就是假彩色处理。

这种增强方法主要用于：

(1) 把目标物映射到特定的彩色环境中，使目标比本色更引人注目。

(2) 根据眼睛的色觉灵敏度，重新分配图像目标对象的颜色，使目标更加适应人眼对颜色的灵敏度，提高鉴别能力。例如，视网膜中视锥细胞和视杆细胞对可见光区的绿色波长比较敏感，可将原来非绿色描述的图像细节变成绿色以达到提高目标分辨率的目的。

(3) 将遥感多光谱图像处理成彩色图像，使之看起来自然、逼真，更可以通过与其他波段图像的综合获得更多信息，以便区分某些特征。

对于自然彩色图像的假彩色增强，一般采用如下映射关系表示：

$$\begin{bmatrix} \boldsymbol{R}_g \\ \boldsymbol{G}_g \\ \boldsymbol{B}_g \end{bmatrix} = \begin{bmatrix} \alpha_1 & \beta_1 & \gamma_1 \\ \alpha_2 & \beta_2 & \gamma_2 \\ \alpha_3 & \beta_3 & \gamma_3 \end{bmatrix} \begin{bmatrix} \boldsymbol{R}_f \\ \boldsymbol{G}_f \\ \boldsymbol{B}_f \end{bmatrix} \tag{6-60}$$

式中：$\boldsymbol{R}_g$、$\boldsymbol{G}_g$、$\boldsymbol{B}_g$ 为处理后的伪彩色图像的三基色分量；$\boldsymbol{R}_f$、$\boldsymbol{G}_f$、$\boldsymbol{B}_f$ 为原始图像的三基色分量；$\begin{bmatrix} \alpha_1 & \beta_1 & \gamma_1 \\ \alpha_2 & \beta_2 & \gamma_2 \\ \alpha_3 & \beta_3 & \gamma_3 \end{bmatrix}$ 为彩色变换矩阵，根据需要选定。

对于多光谱图像来说，其假彩色增强一般采用多对三的映射：

$$\begin{cases} \boldsymbol{R}_g = T_R[f_1, f_2, \cdots, f_k] \\ \boldsymbol{G}_g = T_G[f_1, f_2, \cdots, f_k] \\ \boldsymbol{B}_g = T_B[f_1, f_2, \cdots, f_k] \end{cases} \tag{6-61}$$

式中：$f_1, f_2, \cdots, f_k$ 分别表示在光谱 k 个不同波段上获得的 k 幅图像；T_R、T_G、T_B 为线性或非线性映射函数；$\boldsymbol{R}_g$、$\boldsymbol{G}_g$、$\boldsymbol{B}_g$ 为显示空间三基色分量。

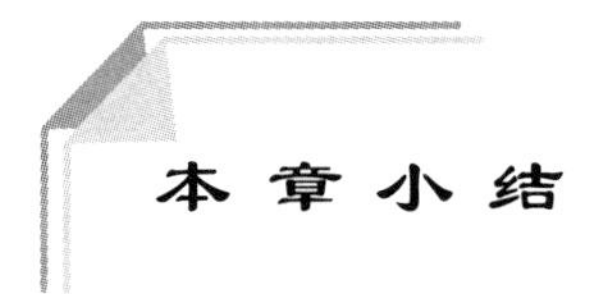

本章小结

前面的章节中介绍了图像运算的一些方法，可以通过改变像素的值来得到图像增强的效果。

本章介绍了图像增强的具体实现方法，主要分为两大类：频率域法和空间域法。前者把图像看成一种二维信号，对其进行基于二维傅里叶变换的信号增强。采用低通滤波(即只让低频信号通过)法，可去掉图像中的噪声；采用高通滤波法，则可增强边缘等高频信号，使模糊的图像变得清晰。

空间域法中具有代表性的算法有局部求平均值法和中值滤波(取局部邻域中的中间像素值)法等，它们可用于去除或减弱噪声。

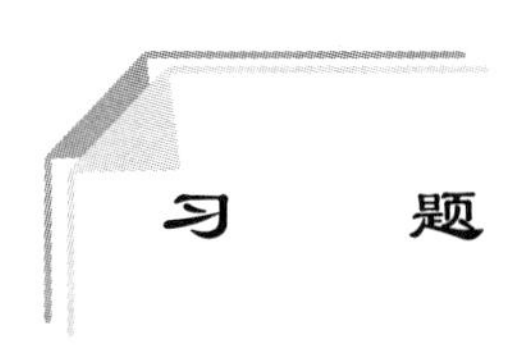

习　题

6.1　图像增强的目的是什么？它包含哪些内容？

6.2　图像滤波的主要目的是什么？主要方法有哪些？

6.3　什么是图像平滑？试简述均值滤波和中值滤波的区别。

6.4　什么是图像锐化？图像锐化有哪几种方法？

6.5　设有 64×64 像素大小的图像，灰度为 16 级，概率分布如表 6-3 所示，试进行直方图均衡化，并画出处理前后的直方图。

表 6-3　概 率 分 布

r	n_k	$P_k(r_k)$	r	n_k	$P_k(r_k)$
$r_0=0$	800	0.195	$r_8=8/15$	150	0.037
$r_1=1/15$	650	0.160	$r_9=9/15$	130	0.031
$r_2=2/15$	600	0.147	$r_{10}=10/15$	110	0.027
$r_3=3/15$	430	0.106	$r_{11}=11/15$	96	0.013
$r_4=4/15$	300	0.073	$r_{12}=12/15$	80	0.019
$r_5=5/15$	230	0.056	$r_{13}=13/15$	70	0.017
$r_6=6/15$	200	0.049	$r_{14}=14/15$	50	0.012
$r_7=7/15$	170	0.041	$r_{15}=15/15$	30	0.007

6.6　伪彩色增强与假彩色增强有何异同点？

第7章

图像分割

图像分割是指将图像中具有特殊意义的不同区域划分开来，这些区域是互不相交的，每一个区域满足灰度、纹理、彩色等特征的某种相似性准则。图像分割是图像分析过程中最重要的步骤之一。

图像分割的方法有很多种，有些分割方法可以直接应用于大多数图像，而有些则只适用于特殊情况，要视具体情况来定。一般采用的图像分割方法有阈值分割、边缘检测、区域生长、Hough 变换等。

图像分割在科学研究和工程领域中都有着广泛的应用。在工业上，图像分割应用于对产品质量的检测；在医学上，图像分割应用于计算机断层成像(CT)、X 光透视、细胞的检测等；在交通、机器人视觉等各个领域中，图像分割都有着广泛的应用。

7.1 阈值分割

阈值分割是一种按图像像素灰度幅度进行分割的方法，它是把图像的灰度分成不同的等级，然后用设置灰度门限(阈值)的方法确定有意义的区域或要分割物体的边界。阈值分割的一个难点是在图像分割之前，无法确定图像分割生成区域的数目；另一个难点是阈值的确定，因为阈值的选择直接影响分割的精度及分割后的图像进行描述分析的正确性。对于只有背景和目标两类对象的灰度图像来说，阈值选取过高，容易把大量的目标误判为背景；阈值选取过低，又容易把大量的背景误判为目标。一般来说，阈值分割可以分成三步：① 确定阈值；② 将阈值与像素灰度值进行比较；③ 把像素分类。阈值分割常见的方法一般有实验法、根据直方图谷底确定阈值法、迭代选择阈值法、最小误差均方误差法和最大类间方差法。

7.1.1 实验法

实验法通过人眼的观察，对已知某些特征的图像试验不同的阈值，观察是否满足要求。实验法的缺点是适用范围窄，使用前必须事先知道图像的某些特征，如平均灰度等，而且分割后的图像质量的好坏受主观局限性的影响很大。

【例 7－1】 实验法确定阈值图像分割实例，如图 7－1 所示。

(a)原图

(b)阈值分割后

图 7-1 实验法确定阈值图像分割结果

程序如下：

```
read_image (Image, 'fabrik')
* 阈值分割得到的效果如图 7-1(b)所示
threshold (Image, Regions, 179, 255)
dev_display(Image)
dev_display(Regions)
```

7.1.2 根据直方图谷底确定阈值法

如果图像的前景物体内部和背景区域的灰度值分布都比较均匀，那么这个图像的灰度直方图具有明显双峰，此时可以选择两峰之间的谷底对应的灰度值 T 作为阈值进行图像分割。T 值的选取如图 7-2 所示。按下式进行二值化，就可将目标从图像中分割出来：

$$g(x)=\begin{cases}255 & f(x,\ y)\geqslant T \\ 0 & f(x,\ y)<T\end{cases} \tag{7-1}$$

其中，$g(x)$为阈值运算后的二值图像。计算图像中所有像素点的灰度值，同时根据图像的灰度直方图确定阈值 T。当像素点的灰度值小于 T 时，此像素点的灰度值设为 0；当像素点的灰度值大于或等于 T 时，此像素点的灰度值设为 255。

此种单阈值分割方法简单易操作，但是当两个峰值相差很远时不适用，而且此种方法容易受到噪声的影响，进而导致阈值选取的误差。对于有多个峰值的直方图，可以选择多个阈值，这些阈值的选取一般没有统一的规则，要根据实际情况运用，具体如图 7-3 所示。

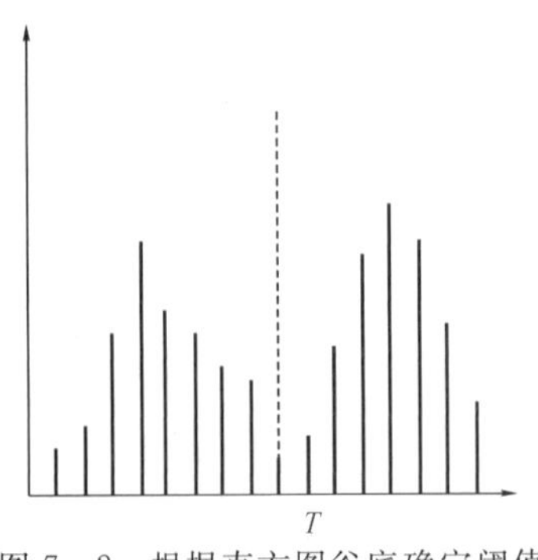

图 7-2 根据直方图谷底确定阈值

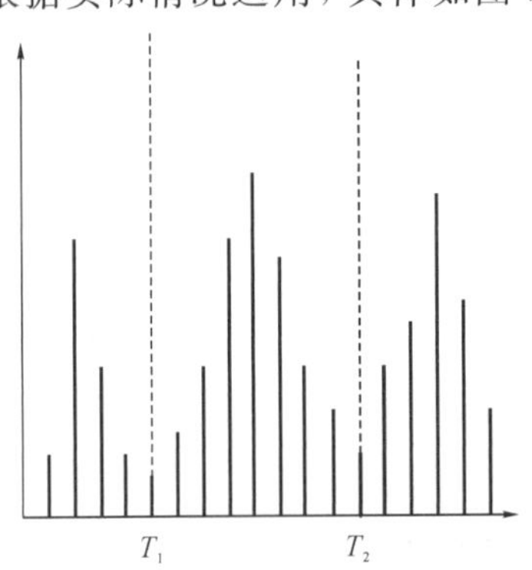

图 7-3 多峰值直方图确定阈值

注意：由于直方图是各灰度的像素统计，其峰值和谷底不一定代表目标和背景，因此，如果没有图像其他方面的知识，只靠直方图进行图像分割是不一定准确的。

【例 7-2】 根据直方图谷底确定阈值分割实例，如图 7-4 所示。

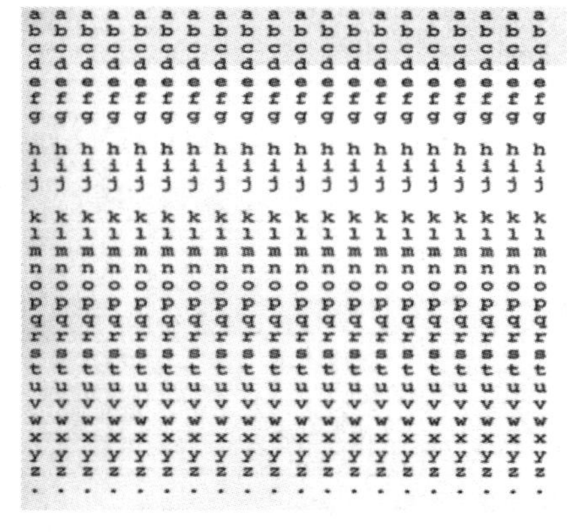

(a) 原图

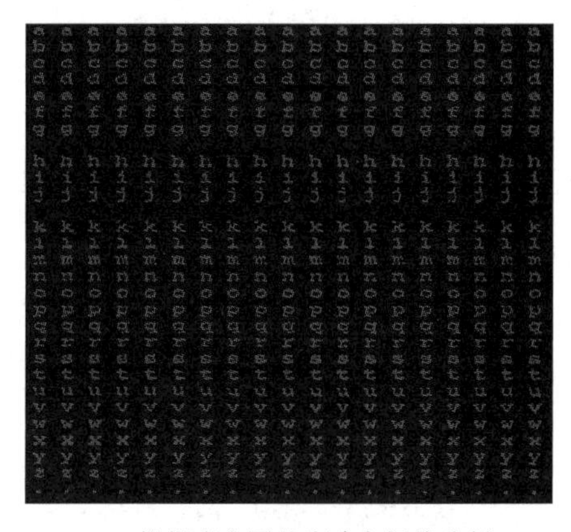

(b) 根据直方图谷底确定阈值分割

图 7-4　根据直方图谷底确定阈值分割结果

程序如下：

```
read_image (Image, 'letters')
get_image_size (Image, Width, Height)
dev_close_window ()
dev_open_window (0, 0, Width / 2, Height / 2, 'black', WindowID)
dev_set_color ('red')
* 计算图像的灰度直方图
gray_histo (Image, Image, AbsoluteHisto, RelativeHisto)
* 从直方图中确定灰度值阈值
histo_to_thresh (RelativeHisto, 8, MinThresh, MaxThresh)
dev_set_colored (12)
* 根据上面计算得到的 MinThresh、MaxThresh 进行阈值分割，结果如图 7-4(b)所示
threshold (Image, Region, MinThresh[0] , MaxThresh[0] )
dev_display(Region)
```

7.1.3　迭代选择阈值法

迭代选择阈值法的基本思路是：开始选择一个阈值作为初始估计值，然后按照某种规则不断地更新这一估计值，直到满足给定的条件为止。这个过程的关键是选择什么样的迭代规则。一个好的迭代规则必须既能够快速收敛，又能够在每一个迭代过程中产生优于上一次迭代的结果。下面是一种迭代选择阈值算法：

(1) 选择一个 T 的初始估计值。

(2) 利用阈值 T 把图像分为两个区域 R_1 和 R_2。

(3) 对区域 R_1 和 R_2 中的所有像素计算平均灰度值 μ_1 和 μ_2。

(4) 计算新的阈值：

$$T=\frac{1}{2}(\mu_1+\mu_2) \tag{7-2}$$

(5) 重复步骤(2)～(4)，直到此迭代所得到的 T 值小于事先定义的参数 T。

【例 7-3】 迭代选择阈值法分割实例。

程序如下：

```
dev_update_off ()
dev_close_window ()
dev_open_window (0, 0, 512, 512, 'black', WindowHandle)
set_display_font (WindowHandle, 14, 'mono', 'true', 'false')
ImagePath := '../iteration/'
read_image (Image, ImagePath+ 'dip_switch_01')
dev_resize_window_fit_image (Image, 0, 0, -1, -1)
dev_display (Image)
Message := 'Test image for binary_threshold'
disp_message (WindowHandle, Message, 'window', 12, 12, 'black', 'true')
*通过参数 smooth_histo 和 light 来平滑图像的灰度直方图只得到一个最小值，将图像分成两部分，程序选择图像中灰度值最大的一部分作为阈值得到的结果
binary_threshold (Image, RegionSmoothHistoLight, 'smooth_histo', 'light', UsedThreshold)
*显示原图
dev_display (Image)
*显示迭代选择阈值法得到的结果，具体如图 7-5 所示
dev_display (RegionSmoothHistoLight)
*显示程序的附加注释信息
Message := 'Bright background segmented globally with'
Message[1] := 'Method = \'smooth_histo\''
Message[2] := 'Used threshold: ' + UsedThreshold
disp_message (WindowHandle, Message, 'window', 12, 12, 'black', 'true') Message :=
            'Bright background segmented globally with'
Message[2] := 'Used threshold: ' + UsedThreshold
disp_message (WindowHandle, Message, 'window', 12, 12, 'black', 'true')
```

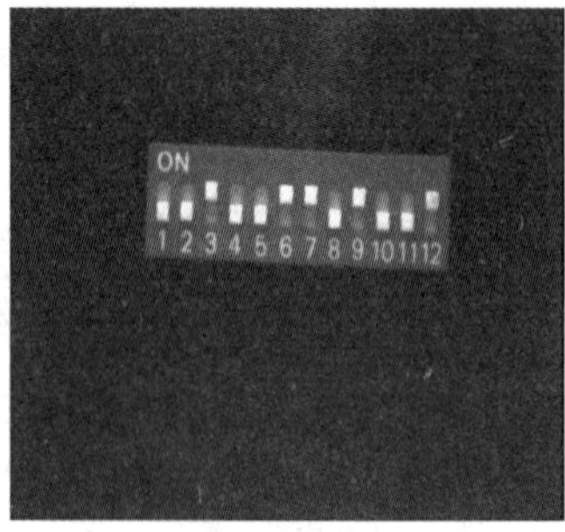

(a) 原图

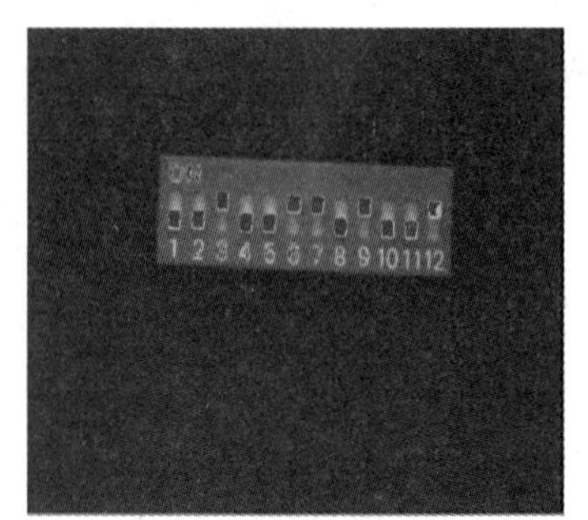

(b) 迭代选择阈值法分割结果

图 7-5 迭代选择阈值法分割结果

7.1.4 最小均方误差法

最小均方误差法也是最常用的阈值分割法之一。这种方法通常以图像中的灰度为模式

特征，假设各模式的灰度是独立分布的随机变量，并假设图像中待分割的模式服从一定的概率分布。一般来说，这种方法采用的是正态分布，即高斯概率分布。

首先假设一幅图像仅包含前景和背景两个主要的灰度区域。令 z 表示灰度值，$P(z)$ 表示灰度值概率密度函数的估计值，则描述图像中整体灰度变换的混合密度函数为

$$P(z)=P_1P_1(z)+P_2P_2(z) \tag{7-3}$$

其中，P_1 是前景中灰度值为 z 的像素出现的概率，P_2 是背景中灰度值为 z 的像素出现的概率，两者的关系为

$$P_1+P_2=1 \tag{7-4}$$

即图像中的像素只能属于前景或者背景，没有第三种情况。现要选择一个阈值 T，将图像上的像素进行分类。采用最小均方误差法的目的是选择 T 时，使对一个给定像素进行分类时出错的概率最小，如图 7-6 所示。

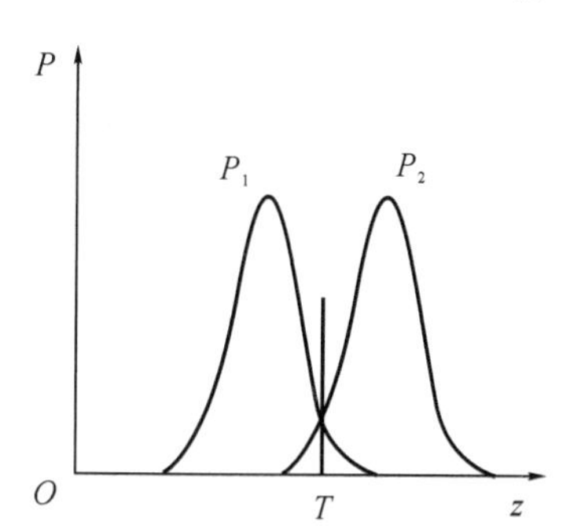

图 7-6　最小均方误差法确定阈值

当选定阈值 T 时，将一个背景点当成前景点进行分类错误的概率为

$$E_1(T)=\int_{-\infty}^{T}P_2(z)\mathrm{d}z \tag{7-5}$$

当选定阈值 T 时，将一个前景点当成背景点进行分类错误的概率为

$$E_2(T)=\int_{T}^{+\infty}P_1(z)\mathrm{d}z \tag{7-6}$$

总错误率为

$$E(T)=P_2E_1(T)+P_1E_2(T) \tag{7-7}$$

要找到出错最少的阈值 T，需要将 $E(T)$ 对 T 求微分并使微分式等于 0，于是结果为

$$P_1P_1(T)=P_2P_2(T) \tag{7-8}$$

根据这个等式解出 T，即为最佳阈值。

下面讨论如何得到 T 的解析式。

要想得到 T 的分析表达式，则需要已知两个密度概率函数的解析式。一般假设图像的前景和背景的灰度分布都满足正态分布，即使用高斯密度概率函数。此时，

$$P_1(z)=\frac{1}{\sqrt{2\pi}\sigma_1}\exp\left[-\frac{(z-\mu_1)^2}{2{\sigma_1}^2}\right] \tag{7-9}$$

$$P_2(z)=\frac{1}{\sqrt{2\pi}\sigma_2}\exp\left[-\frac{(z-\mu_2)^2}{2{\sigma_2}^2}\right] \tag{7-10}$$

若 $\sigma^2=\sigma_1^2=\sigma_2^2$，则单一阈值为

$$T=\frac{\mu_1+\mu_2}{2}+\frac{\sigma^2}{\mu_1-\mu_2}\ln\left(\frac{P_2}{P_1}\right) \tag{7-11}$$

若 $P_1=P_2=0.5$，则最佳阈值是均值的平均值，即位于曲线 $P_1(z)$ 和 $P_2(z)$ 的交点处，且

$$T=\frac{\mu_1+\mu_2}{2} \tag{7-12}$$

一般来讲，确定能使均方误差最小的参数很复杂，而上述讨论也在图像的前景和背景都为正态分布的条件下成立。但是，前景和背景是否都为正态分布，也是一个具有挑战性的问题。

7.1.5 最大类间方差法

最大类间方差法是由Otsu在1978年提出来的，这是一种比较典型的图像分割方法，也称为Otsu分割法。在使用该方法对图像进行阈值分割时，选定的分割阈值应该使前景区域的平均灰度、背景区域的平均灰度与整幅图像的平均灰度之间差别最大，这种差异用方差来表示。该算法在判别分析最小二乘法原理的基础上推导得出，计算简单，是一种稳定、常用的算法。

设图像中灰度值为i的像素数为n_i，灰度值i的范围为$[0, L-1]$，则总的像素数为

$$N = \sum_{i=0}^{L-1} n_i \tag{7-13}$$

各灰度值出现的概率为

$$p_i = \frac{n_i}{N} \tag{7-14}$$

对于P_i有

$$\sum_{i=0}^{L-1} p_i = 1 \tag{7-15}$$

把图像中的像素用阈值T分成C_0和C_1两类，C_0由灰度值在$[0, T-1]$的像素组成，C_1由灰度值在$[T, L-1]$的像素组成，则区域C_0和C_1的概率分别为

$$P_0 = \sum_{i=0}^{T-1} p_i \tag{7-16}$$

$$P_1 = \sum_{i=T}^{L-1} p_i = 1 - P_0 \tag{7-17}$$

区域C_0和C_1的平均灰度分别为

$$\mu_0 = \frac{1}{P_0}\sum_{i=0}^{T-1} i p_i = \frac{\mu(T)}{P_0} \tag{7-18}$$

$$\mu_1 = \frac{1}{P_1}\sum_{i=T}^{L-1} i p_i = \frac{\mu - \mu(T)}{1 - P_0} \tag{7-19}$$

式中，μ是整幅图像的平均灰度，其表达式为

$$\mu = \sum_{i=0}^{L-1} i p_i = \sum_{i=0}^{t-1} i p_i + \sum_{i=T}^{L-1} i p_i = P_0\mu_0 + P_1\mu_1 \tag{7-20}$$

两个区域的总方差为

$$\sigma_B^2 = P_0\ (\mu_0 - \mu)^2 + P_1\ (\mu_1 - \mu)^2 = P_0 P_1\ (\mu_0 - \mu_1)^2 \tag{7-21}$$

让T在$[0, L-1]$范围内依次取值，使σ_B^2最大的T值便是最佳区域分割阈值。

【例7-4】 最大类间方差法阈值分割HALCON实例。

程序如下：

```
dev_close_window ()
Imagepath :='../最大类间方差法进行阈值分割/'
read_image (Image, Imagepath+'fabrik.png')
```

```
dev_set_draw ('margin')
get_image_pointer1 (Image, Pointer, Type, Width, Height)
dev_open_window (0, 0, Width * 0.4, Height * 0.4, 'black', WindowHandle)
dev_display (Image)
* 最大方差初始化为0
MaxVariance := 0.0
* 最佳分割灰度阈值从1遍历到255，初始阈值的选取可以取图像平均灰度值
for ImgThreshold := 1 to 255 by 1
    dev_display (Image)
    * 区域分割
    threshold (Image, Region, ImgThreshold, 255)
    * 获得前景区域像素个数
    area_center (Region, Area, Row, Column)
    * 获得前景区域均值和方差
    intensity (Region, Image, Mean, Deviation)
    * 获得背景区域像素个数、均值和方差
    complement (Region, RegionComplement)
    area_center (RegionComplement, Area1, Row1, Column1)
    intensity (RegionComplement, Image, Mean1, Deviation1)
    * 计算类间方差
    Otsu := Area * 1.0/[Width * Height] * Area1 * 1.0/[Width * Height] *
            pow(Mean - Mean1, 2)
    * 获取最大类间方差最佳阈值
    if (Otsu>MaxVariance)
        MaxVariance := Otsu
        BestThreshold := ImgThreshold
    endif
endfor
dev_display (Image)
dev_set_color ('green')
dev_set_draw ('fill')
* 选取亮色目标，最终的阈值效果如图7-7(b)所示
threshold (Image, Region1, BestThreshold, 255)
```

(a)原图

(b)阈值分割后

图7-7 最大类间方差法阈值分割结果

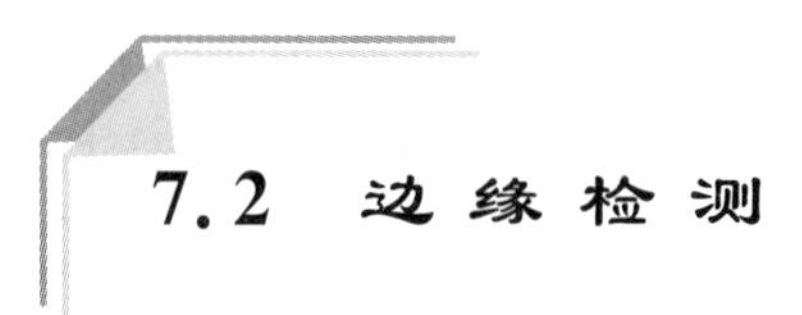

7.2 边缘检测

7.2.1 边缘检测概述

图像的边缘是图像的基本特征，边缘上的点是指图像周围像素灰度产生变化的那些像素点，即灰度值导数较大的地方。边缘检测的基本步骤如图 7-8 所示。

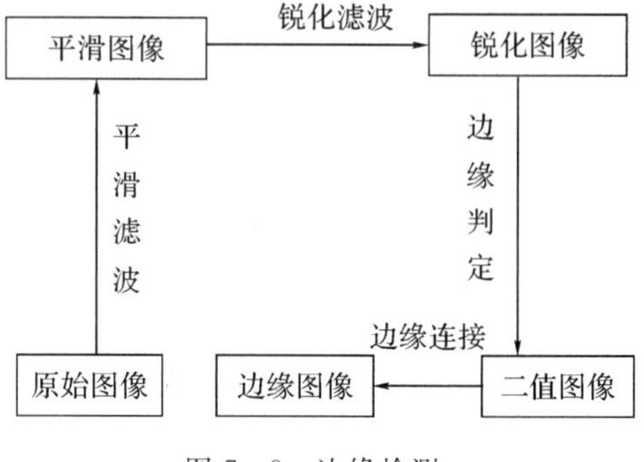

图 7-8 边缘检测

(1) 平滑滤波：由于梯度计算易受噪声的影响，因此首先应该进行滤波去除噪声。同时应该注意到，降低噪声的能力越强，边界强度的损失越大。

(2) 锐化滤波：为了检测边缘，必须确定某点邻域中灰度的变化。锐化操作加强了存在灰度局部变化位置的像素点。

(3) 边缘判定：虽然图像中存在许多梯度不为零的点，但是对于特定的应用，不是所有的点都有意义。这就要求操作者根据具体的情况选择或者去除处理点，具体的方法包括二值化处理和过零检测等。

(4) 边缘连接：将间断的边缘连接为有意义的完整边缘，同时去除假边缘。

7.2.2 边缘检测原理

边缘的具体性质如图 7-9 所示。

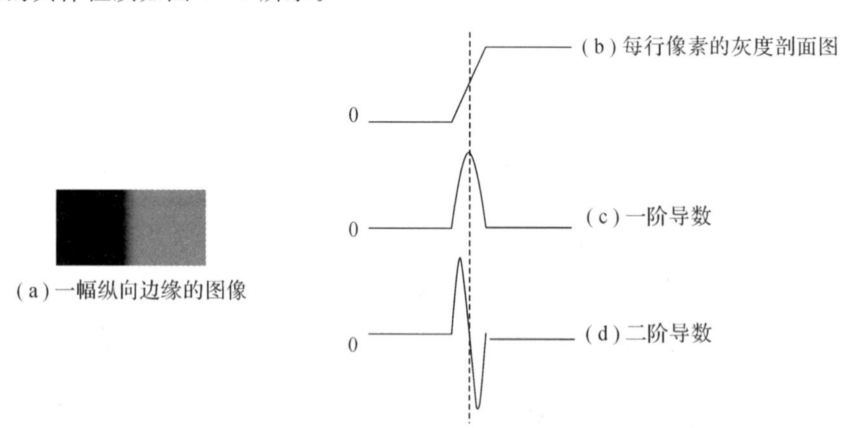

图 7-9 边缘的性质

从数学上看，图像的模糊相当于图像被平均或积分，为实现图像的锐化，必须用它的反运算“微分”加强高频分量作用，使轮廓清晰。梯度对应一阶导数，对于一个连续图像函数 $f(x, y)$，梯度矢量定义为

$$\nabla f(x, y)=[G_x \quad G_y]^{\mathrm{T}}=\left[\frac{\partial f}{\partial x} \quad \frac{\partial f}{\partial y}\right]^{\mathrm{T}} \tag{7-22}$$

梯度的幅度为

$$|\nabla f(x, y)| = \text{mag}(\nabla f(x, y)) = (G_x^2 + G_y^2)^{1/2} \tag{7-23}$$

梯度的方向为

$$\phi(x, y) = \arctan\left(\frac{G_y}{G_x}\right) \tag{7-24}$$

7.2.3 边缘检测方法的分类

通常将边缘检测方法分为两类：基于查找的方法和基于零穿越的方法。除此之外，还有 Canny 边缘检测方法、统计判别方法等。

(1) 基于查找的方法就是通过寻找图像一阶导数中的最大值和最小值来检测边界，通常是将边界定位在梯度最大的方向，是基于一阶导数的边缘检测方法。

(2) 基于零穿越的方法是通过寻找图像二阶导数零穿越来寻找边界，通常是拉普拉斯过零点或者非线性差分表示的过零点，是基于二阶导数的边缘检测方法。

基于一阶导数的边缘检测算子包括 Roberts 算子、Sobel 算子、Prewitt 算子等，它们都是梯度算子；基于二阶导数的边缘检测算子主要是高斯-拉普拉斯边缘检测算子。

7.2.4 典型算子

1. Roberts 算子

Roberts 算子利用局部差分算子寻找边缘，边缘定位较准，但容易丢失一部分边缘，同时由于图像没有经过平滑处理，因此不具有抑制噪声的能力。该算子对具有陡峭边缘且含噪声少的图像处理效果较好。

$$G(x, y) = \sqrt{\{[f(x, y) - f(x+1, y+1)]^2 + [f(x+1, y) - f(x, y+1)]^2\}} \tag{7-25}$$

$G(x, y)$称为 Roberts 交叉算子。在实际应用中为简化计算，用梯度函数的 Roberts 绝对值来近似：

$$G(x, y) = |f(x, y) - f(x+1, y+1)| + |f(x+1, y) - f(x, y+1)| \tag{7-26}$$

$G(x, y)$用卷积模板表示为$G(x, y) = |G_x| + |G_y|$，其中的G_x和G_y由图 7-10 所示模板表示。

$$\begin{bmatrix} -1 & 0 \\ 0 & 1 \end{bmatrix} \quad \begin{bmatrix} 0 & -1 \\ 1 & 0 \end{bmatrix}$$

图 7-10 Roberts 边缘检测算子

【例 7-5】 Roberts 边缘提取分割实例。

程序如下：

```
read_image (Image, 'fabrik')
* * 用 Roberts 滤波器提取边缘
roberts (Image, ImageRoberts, 'roberts_max')
* 进行阈值分割得到的效果如图 7-11(b)所示
threshold (ImageRoberts, Region, 9, 255)
* 进行区域骨骼化，具体效果如图 7-11(c)所示
```

```
skeleton (Region, Skeleton)
dev_display (Image)
dev_set_color ('red')
dev_display (Skeleton)
```

(a)原图

(b)阈值分割后

(c)边缘提取并骨骼化

图 7-11 Roberts边缘提取分割结果

2. Sobel算子

考虑到采用3×3的模板可以避免在像素之间内插点上计算梯度，设计出如图7-12所示的点(x, y)周围点的排列。Sobel算子即是如此排列的一种梯度幅值。

a_0	a_1	a_2
a_7	(x,y)	a_3
a_6	a_5	a_4

图 7-12 Sobel算子和Prewitt算子的8邻域像素点

$$G(x, y)=\sqrt{G_x^2+G_y^2} \tag{7-27}$$

其中：

$$G_x=\{f(x+1, y-1)+2f(x+1, y)+f(x+1, y+1)\} \\ -\{f(x-1, y-1)+2f(x-1, y)+f(x-1, y+1)\}$$

$$G_y=\{f(x-1, y+1)+2f(x+1, y)+f(x+1, y+1)\} \\ -\{f(x-1, y-1)+2f(x, y-1)+f(x+1, y-1)\}$$

其中的偏导数用下式计算：

$$\begin{cases} G_x=(a_0+ca_7+a_6)-(a_2+ca_3+a_4) \\ G_y=(a_0+ca_1+a_2)-(a_6+ca_5+a_4) \end{cases}$$

其中，常数$c=2$。

和其他的梯度算子一样，G_x和G_y可用卷积模板来实现(如图7-13所示)。算子把重点放在接近于模板中心的像素点。

$$\begin{bmatrix} 1 & 0 & -1 \\ 2 & 0 & -2 \\ 1 & 0 & -1 \end{bmatrix} \begin{bmatrix} 1 & 2 & 1 \\ 0 & 0 & 0 \\ -1 & -2 & -1 \end{bmatrix}$$

图 7-13 Sobel边缘检测算子

Sobel算子很容易在空间上实现。Sobel算子边缘检测器不但会产生较好的边缘检测效果，同时因为Sobel算子引入了局部平均，使其受噪声的影响也比较小。当使用较大的模板时，其抗噪声特性会更好，但是这样会增大计算量，并且得到的边缘比较粗糙。

Sobel算子是根据当前像素点的8邻域点的灰度加权进行计算的算法，根据在边缘点处达到极值这一现象进行边缘检测。因此，Sobel算子对噪声具有平滑作用，可提供较为精确的边缘方向信息，但是，正是由于局部平均的影响，它同时也会检测出许多伪边缘，且边缘定位精度不够高。对于精度要求不是很高的情况，这是一种较为常用的边缘检测方法。

【例7-6】 Sobel边缘提取分割HALCON实例。

程序如下(为方便观看效果进行骨骼化):

```
*读取图像
read_image(Image, 'fabrik')
*Sobel 滤波
sobel_amp (Image, EdgeAmplitude, 'sum_abs', 3)
*阈值分割得到边缘,得到的效果如图 7-14(b)所示
threshold (EdgeAmplitude, Region, 10, 255)
*边缘骨骼化,得到的效果如图 7-14(c)所示
skeleton (Region, Skeleton)
*显示原图像
dev_display (Image)
dev_set_color ('red')
*显示骨骼化的边缘
dev_display (Skeleton)
```

(a)原图

(b)Sobel 滤波

(c)边缘骨骼化

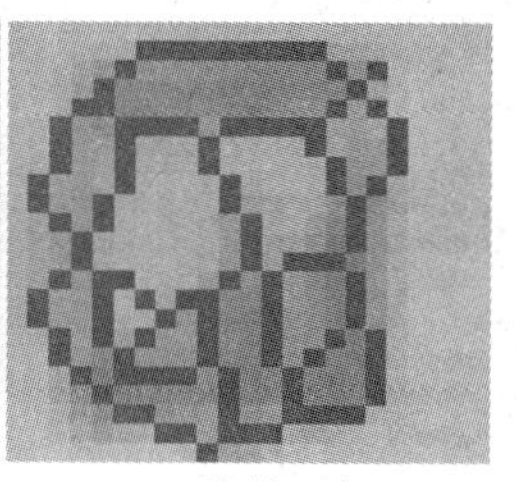
(d)边缘局部

图 7-14 Sobel 边缘提取分割结果

3. Prewitt 算子

Prewitt 算子和 Sobel 算子的方程完全一样,只是常量 $c=1$,其卷积模板如图 7-15 所示。

由于常量 c 不同,Prewitt 算子与 Sobel 算子不同的地方在于没有把重点放在接近模板中心的像素点。当用两个掩模板(卷积算子)组成边缘检测器时,通常取较大的幅度作为输出值,这使得它们对边缘的走向比较敏感。取它们的平方和的开方可以获得性能更一致的全方位的响应,这与真实的梯度值更接近。另一种方法是,可以将 Prewitt 算子扩展成 8 个方向,即模板边缘算子,这些算子样板由理想的边缘子图构成。依次用边缘样板检测图像,与被检测区域原图相似的样板给出最大值。用这个最大值作为算子的输出值 $P(x, y)$,这样可将边缘像素检测出来。定义 Prewitt 边缘检测算子模板如图 7-16 所示。

$$\begin{bmatrix}-1 & -1 & -1\\ 0 & 0 & 0\\ 1 & 1 & 1\end{bmatrix} \quad \begin{bmatrix}-1 & 0 & 1\\ -1 & 0 & 1\\ -1 & 0 & 1\end{bmatrix}$$

图 7-15 Prewitt 边缘检测算子

$$\begin{bmatrix}1 & 1 & 1\\ 1 & -2 & 1\\ -1 & -1 & -1\end{bmatrix} \quad \begin{bmatrix}1 & 1 & 1\\ 1 & -2 & -1\\ 1 & -1 & -1\end{bmatrix} \quad \begin{bmatrix}1 & 1 & -1\\ 1 & -2 & -1\\ 1 & 1 & -1\end{bmatrix} \quad \begin{bmatrix}1 & -1 & -1\\ 1 & -2 & -1\\ 1 & 1 & 1\end{bmatrix}$$

(a)1方向　(b)2方向　(c)3方向　(d)4方向

$$\begin{bmatrix}-1 & -1 & -1\\ 1 & -2 & 1\\ 1 & 1 & 1\end{bmatrix} \quad \begin{bmatrix}-1 & -1 & 1\\ -1 & -2 & 1\\ 1 & 1 & 1\end{bmatrix} \quad \begin{bmatrix}-1 & 1 & 1\\ -1 & -2 & 1\\ -1 & 1 & 1\end{bmatrix} \quad \begin{bmatrix}1 & 1 & 1\\ -1 & -2 & 1\\ -1 & -1 & 1\end{bmatrix}$$

(e)5方向　(f)6方向　(g)7方向　(h)8方向

图 7-16 Prewitt 边缘检测算子模板

【例 7-7】 Prewitt 边缘提取分割实例。

程序如下:

```
read_image (Image, 'fabrik')
* 进行 Prewitt 边缘提取得到的效果如图 7-17(b)所示
prewitt_amp (Image, ImageEdgeAmp)
* 进行阈值分割,如图 7-17(c)所示
threshold (ImageEdgeAmp, Region, 20, 255)
skeleton (Region, Skeleton)
dev_display (Image)
dev_set_color ('red')
dev_display (Skeleton)
```

(a) 原图

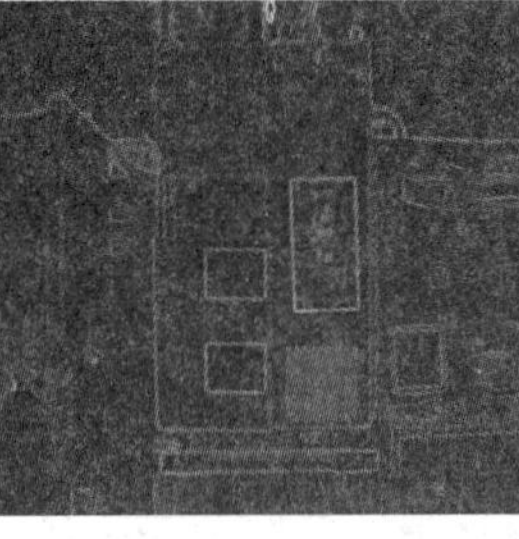
(b) Prewitt 边缘提取

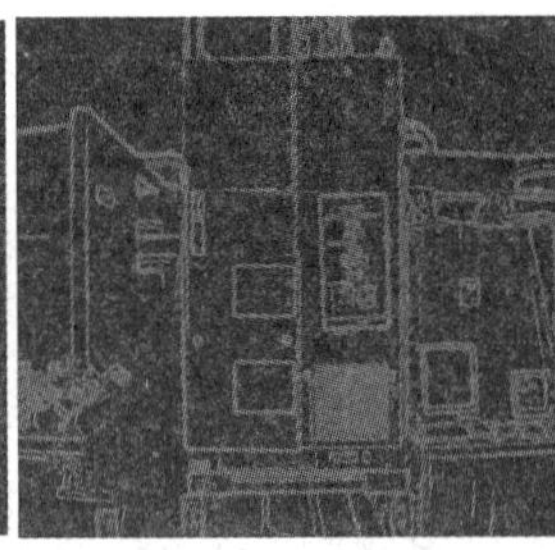
(c) 阈值分割后

(d) 骨骼化

图 7-17 Prewitt 边缘提取分割结果

4. Kirsch 算子

Kirsch 算子由 $K_0 \sim K_7$ 八个方向的模板决定,将 $K_0 \sim K_7$ 的模板元素分别与当前像素点的 3×3 模板区域的像素点相乘,然后选八个值中最大的值作为中央像素的边缘强度。

$$g(x, y) = \max(g_0, g_1, \cdots, g_T) \tag{7-28}$$

其中:

$$g_i(x, y) = \sum_{k=-1}^{1} \sum_{l=-1}^{1} K_i(k, l) f(x+k, y+l)$$

若 g_i 最大,说明此处边缘的方向为 i 方向,Kirsch 算子八个方向的模板如图 7-18 所示。

$$\begin{bmatrix} 5 & 5 & 5 \\ -3 & 0 & -3 \\ -3 & -3 & -3 \end{bmatrix} \begin{bmatrix} -3 & 5 & 5 \\ -3 & 0 & 5 \\ -3 & -3 & -3 \end{bmatrix} \begin{bmatrix} -3 & -3 & 5 \\ -3 & 0 & 5 \\ -3 & -3 & 5 \end{bmatrix} \begin{bmatrix} -3 & -3 & -3 \\ -3 & 0 & 5 \\ -3 & 5 & 5 \end{bmatrix}$$

$$\begin{bmatrix} -3 & -3 & -3 \\ -3 & 0 & -3 \\ 5 & 5 & 5 \end{bmatrix} \begin{bmatrix} -3 & -3 & -3 \\ 5 & 0 & -3 \\ 5 & 5 & -3 \end{bmatrix} \begin{bmatrix} 5 & -3 & -3 \\ 5 & 0 & -3 \\ 5 & -3 & -3 \end{bmatrix} \begin{bmatrix} 5 & 5 & -3 \\ 5 & 0 & -3 \\ -3 & -3 & -3 \end{bmatrix}$$

图 7-18 Kirsch 算子八个方向模板

【例 7-8】 Kirsch 边缘提取分割实例。

程序如下:

```
read_image (Image, 'fabrik')
* 使用 Kirsch 算子检测边缘，结果如图 7-19(b)所示
kirsch_amp (Image, ImageEdgeAmp)
* 进行阈值分割，结果如图 7-19(c)所示
threshold (ImageEdgeAmp, Region, 70, 255)
* 区域骨骼化
skeleton (Region, Skeleton)
* 显示图像
dev_display (Image)
* 设置区域显示颜色
dev_set_color ('red')
* 骨骼化区域显示
dev_display (Skeleton)
```

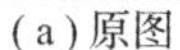

(a)原图

(b)Kirsch 滤波

(c)阈值分割后

(d)骨骼化

图 7-19　Kirsch 边缘提取分割结果

5. 高斯-拉普拉斯算子

拉普拉斯算子是一个二阶导数，对噪声具有很大的敏感度，而且其幅值会产生双边缘。另外，边缘方向的不可检测性也是拉普拉斯算子的缺点，因此，一般不以其原始形式用于边缘检测。为了弥补拉普拉斯算子的缺陷，美国学者 Marr 提出了一种算法，在使用拉普拉斯算子之前一般先进行高斯低通滤波，可表示为

$$\nabla^2[G(x, y) * f(x, y)] \tag{7-29}$$

其中，$f(x, y)$为图像，$G(x, y)$为高斯函数，表示为

$$G(x, y)=\frac{1}{2\pi\sigma^2}\exp\left(-\frac{x^2+y^2}{2\sigma^2}\right) \tag{7-30}$$

其中，σ 是标准差。用高斯卷积模糊一幅图像，图像模糊的程度是由 σ 决定的。

由于在线性系统中卷积与微分的次序可以交换，因此由式(7-29)得

$$\nabla^2[G(x, y) * f(x, y)]=\nabla^2 G(x, y) * f(x, y) \tag{7-31}$$

式(7-31)说明了可以先对高斯算子进行微分运算，然后再与图像进行 $f(x, y)$卷积，其效果等价于在运用拉普拉斯之前首先进行高斯低通滤波。

计算式(7-30)的二阶偏导，则有

$$\frac{\partial^2 G(x, y)}{\partial x^2}=\frac{1}{2\pi\sigma^4}\left[\frac{x^2}{\sigma^2}-1\right]\exp\left(-\frac{x^2+y^2}{2\sigma^2}\right) \tag{7-32}$$

$$\frac{\partial^2 G(x, y)}{\partial y^2}=\frac{1}{2\pi\sigma^4}\left[\frac{y^2}{\sigma^2}-1\right]\exp\left(-\frac{x^2+y^2}{2\sigma^2}\right) \tag{7-33}$$

可得

$$\nabla^2 G(x,\ y)=-\frac{1}{\pi\sigma^4}\left[1-\frac{x^2+y^2}{2\sigma^2}\right]\exp\left(-\frac{x^2+y^2}{2\sigma^2}\right) \tag{7-34}$$

式(7-34)称为高斯-拉普拉斯算子，简称 LOG 算子，也称为 Marr 边缘检测算子。

应用 LOG 算子时，高斯函数中标准差参数 σ 的选择很关键，对图像边缘检测效果有很大的影响，对于不同图像应选择不同参数。σ 较大时，表明在较大的子域内平滑运算更趋于平滑，有利于抑制噪声，但不利于提高边界定位精度，σ 较小时效果相反。可根据图像的特征选择 σ，一般 σ 取 1～10。取不同的 σ 值进行处理可以得到不同的过零点图，其细节丰富程度亦不同。

LOG 算子克服了拉普拉斯算子抗噪声能力较差的缺点，但是在抑制噪声的同时也可能将原有的比较尖锐的边缘也平滑掉，造成这些尖锐边缘无法被检测到。

常用的 LOG 算子是 5×5 的模板，如图 7-20 所示。

$$\begin{bmatrix} 0 & 0 & -1 & 0 & 0 \\ 0 & -1 & -2 & -1 & 0 \\ -1 & -2 & 16 & -2 & -1 \\ 0 & -1 & -2 & -1 & 0 \\ 0 & 0 & -1 & 0 & 0 \end{bmatrix}$$

图 7-20　LOG 算子

【例 7-9】 高斯-拉普拉斯边缘提取分割实例。

程序如下：

```
dev_close_window ()
read_image (Image, 'mreut')
get_image_size (Image, Width, Height)
dev_open_window (0, 0, Width, Height, 'black', WindowID)
set_display_font (WindowID, 14, 'mono', 'true', 'false')
* 进行高斯-拉普拉斯变换，效果如图 7-21(b)所示
laplace_of_gauss (Image, ImageLaplace, 5)
* 通过提取高斯-拉普拉斯图像上的零交叉点进行边缘检测，效果如图 7-21(c)所示
zero_crossing (ImageLaplace, RegionCrossing2)
```

(a)原图

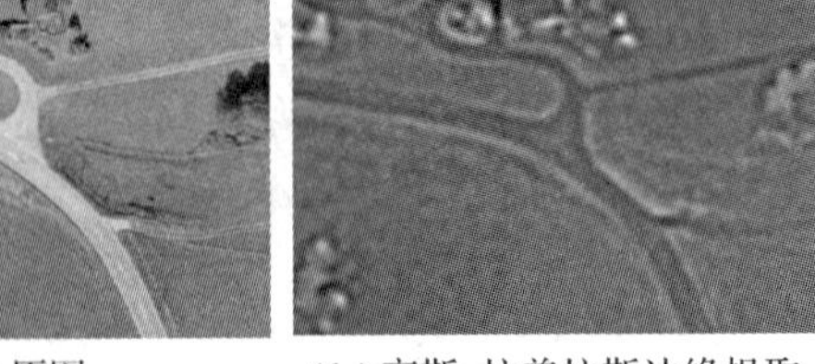
(b)高斯-拉普拉斯边缘提取

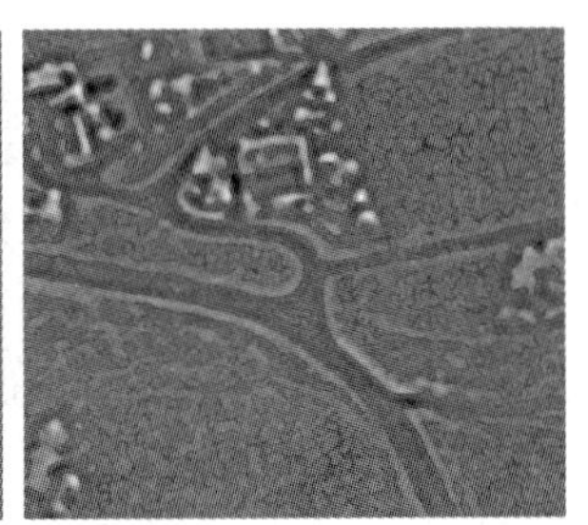
(c)零交叉边缘检测效果图

图 7-21　高斯-拉普拉斯边缘提取结果

6. Canny 算子

Canny 边缘检测算子是一种具有较好边缘检测性能的算子，利用高斯函数的一阶微分

性质，把边缘检测问题转换为检测准则函数极大值的问题，能在噪声抑制和边缘检测之间取得较好的折中。一般来说，图像边缘检测必须能有效地抑制噪声，且有较高的信噪比，这样检测的边缘质量也越高。Canny 边缘检测就是极小化由图像信噪比和边缘定位精度乘积组成的函数表达式，得到最优逼近算子。与 Marr 的 LOG 边缘检测类似，Canny 也属于先平滑后求导的方法。

1）Canny 算子的三个最优准则

Canny 对边缘检测质量进行分析，提出以下三个准则：

（1）信噪比准则。对边缘的错误检测率要尽可能低，尽可能地检测出图像的真实边缘，且尽可能减少检测出虚假边缘，获得一个比较好的结果。在数学上，就是使信噪比 SNR 尽量大。输出信噪比越大，错误率越小。

$$\mathrm{SNR}=\frac{\left|\int_{-w}^{+w}G(-x)f(x)\mathrm{d}x\right|}{n_0\left[\int_{-w}^{+w}f^2(x)\mathrm{d}x\right]^{1/2}} \tag{7-35}$$

其中，$f(x)$是边界为$[-w, w]$的有限滤波器的脉冲响应，$G(x)$代表边缘，n_0是高斯噪声的均方根。

（2）定位精度准则。检测出的边缘要尽可能接近真实边缘。数学上就是寻求滤波函数$f(x)$在式(7－36)中 Loc 变量的值尽量大。

$$\mathrm{Loc}=\frac{\left|\int_{-w}^{+w}G'(-x)f'(x)\mathrm{d}x\right|}{n_0\left[\int_{-w}^{+w}f'^2(x)\mathrm{d}x\right]^{1/2}} \tag{7-36}$$

其中，$G'(-x)$、$f'(x)$分别是$G(-x)$、$f(x)$的一阶导数。

（3）单边缘响应原则。对同一边缘要有低的响应次数，即对单边缘最好只有一个响应。滤波器对边缘响应的极大值之间的平均距离为

$$d_{\max}=2\pi\left[\frac{\int_{-w}^{+w}f'^2(x)\mathrm{d}x}{\int_{-w}^{+w}f''^2(x)\mathrm{d}x}\right]^{1/2}\approx kW \tag{7-37}$$

因此在 $2W$ 宽度内，极大值的数目为

$$N=\frac{2W}{kW}=\frac{2}{k} \tag{7-38}$$

显然，只要固定了 k，就固定了极大值的个数。

有了这三个准则，寻找最优的滤波器的问题就转化为泛函的约束优化问题了，其解可以用高斯的一阶导数去逼近。

2）Canny 边缘检测算法

Canny 边缘检测的基本思想是首先对图像选择一定的高斯滤波器进行平滑滤波，然后采用非极值抑制技术处理，得到最后的边缘图像。其步骤如下：

（1）用高斯滤波器平滑图像。这里使用了一个省略系数的高斯函数 $H(x, y)$：

$$H(x, y)=\exp\left(-\frac{x^2+y^2}{2\sigma^2}\right) \tag{7-39}$$

$$G(x, y)=f(x, y)*H(x, y) \tag{7-40}$$

其中，$f(x, y)$是图像数据。

(2) 用一阶偏导的有限差分来计算梯度的幅值和方向。利用一阶差分卷积模板：

$$H_1=\begin{vmatrix}-1 & -1\\ 1 & 1\end{vmatrix},\quad H_2=\begin{vmatrix}1 & -1\\ 1 & -1\end{vmatrix}$$

$$\varphi_1(x, y)=f(x, y)*H_1(x, y),\quad \varphi_2(x, y)=f(x, y)*H_2(x, y)$$

计算得到幅值为

$$\varphi(x, y)=\sqrt{\varphi_1^2(x, y)+\varphi_2^2(x, y)} \tag{7-41}$$

方向为

$$\theta_\varphi=\arctan\frac{\varphi_2(x, y)}{\varphi_1(x, y)} \tag{7-42}$$

(3) 对梯度幅值进行非极大值抑制。仅仅得到全局梯度并不足以确定边缘，为确定边缘，必须保留局部梯度最大的点，而抑制非极大值，即将非局部最大值点置零，以得到细化的边缘。

如图 7-22 所示，4 个扇区的标号为 0～3，对应 3×3 邻域的 4 种可能梯度方向组合。

在每一点上，邻域的中心像素 M 与沿着梯度线的两个像素相比。如果 M 的梯度值不比沿梯度线的两个相邻像素梯度大，则令 $M=0$。

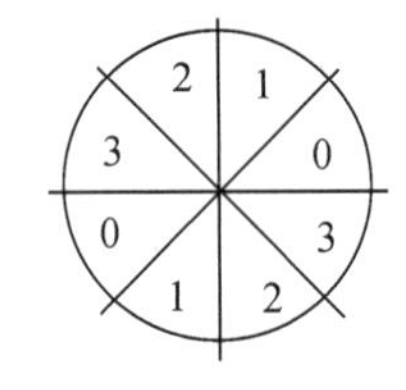

1	2	3
8		4
7	6	5

图 7-22　非极大值抑制

(4) 用双阈值算法检测边缘和连接边缘。使用两个阈值 T_1 和 $T_2(T_1<T_2)$，从而可以得到两个阈值边缘图像 $N_1[i, j]$和 $N_2[i, j]$。由于 $N_2[i, j]$使用高阈值得到，因而含有较少的假边缘，但有间断。双阈值法要在 $N_2[i, j]$中把边缘连接成轮廓，当到达轮廓的端点时，该算法就在 $N_1[i, j]$的 8 邻域点位置寻找可以连接到轮廓上的边缘，这样算法不断地在 $N_1[i, j]$中收集边缘，直到将 $N_2[i, j]$连接起来为止。T_2 用来找到每条线段，T_1 用来在这些线段的两个方向上延伸寻找边缘的断裂处，并连接这些边缘。

【例 7-10】 Canny 边缘提取分割实例。

程序如下：

```
read_image (Image, 'fabrik')
* 使用 Canny 算法进行边缘提取，结果如图 7-23(b)所示
edges_image (Image, ImaAmp, ImaDir, 'canny', 0.5, 'nms', 12, 22)
threshold (ImaAmp, Edges, 1, 255)
* 骨骼化，结果如图 7-23(c)所示
skeleton (Edges, Skeleton)
* 将骨骼化的区域转化为 XLD 轮廓
gen_contours_skeleton_xld (Skeleton, Contours, 1, 'filter')
dev_display (Image)
dev_set_colored (6)
dev_display (Contours)
```

7. 亚像素级别的边缘提取

提取边缘时根据提取的边缘为像素或是亚像素分为像素边缘提取和亚像素边缘提取。

(a) 原图

(b) Canny 边缘提取

(c) 边缘轮廓化显示

图 7-23　Canny 边缘提取分割结果

首先简单介绍亚像素的定义。面阵摄像机的成像面以像素为最小单位。例如，某 CMOS 摄像机芯片，其两个像素之间有 5.2 μm 的距离，在宏观上可以看作是连在一起的。但是在微观上，它们之间还有更小的东西存在，这个更小的东西称为“亚像素”。

【例 7-11】 亚像素边缘提取分割实例。

程序如下：

```
read_image (Image, 'fabrik')
* 利用 Sobel 算法提取亚像素级别上的边缘，结果如图 7-24(b)所示
edges_sub_pix (Image, Edges, 'sobel', 0.5, 7, 22)
dev_set_part (0, 0, 511, 511)
dev_display (Image)
dev_set_colored (6)
* 边缘可视化
dev_display (Edges)
```

(a) 原图

(b) Sobel 亚像素边缘提取

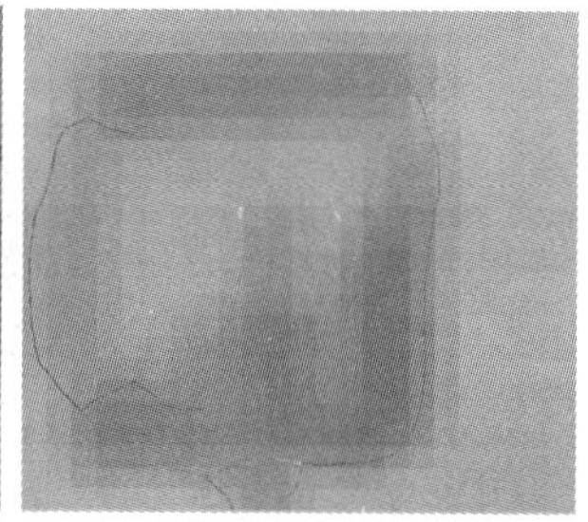
(c) 亚像素边缘局部放大图

图 7-24　亚像素边缘提取分割结果

7.3　区域分割

区域分割利用了图像的空间性质，认为分割出来的同一区域的像素应具有相似的性质。传统的区域分割方法有区域生长法和区域分裂与合并法，其中最基础的是区域生长法。本节对基于区域的图像分割方法中的区域生长法和区域分裂与合并法进行详细介绍。

7.3.1 区域生长法

区域生长也称为区域生成，其基本思想是将一幅图像分成许多小的区域，并将具有相似性质的像素集合起来构成区域。具体来说，就是先对需要分割的区域找一个种子像素作为生长的起始点，然后将种子像素周围邻域中与种子像素有相同性质或相似性质的像素(根据某种事先确定的生长或相似准则来判断)合并到种子像素所在的区域中。最后进一步将这些新像素作为新的种子像素继续进行上述操作，直到再没有满足条件的像素可被包括进来为止，图像分割随之完成。其实质就是把具有某种相似性质的像素连通起来，从而构成最终的分割区域。它利用了图像的局部空间信息，可有效地克服其他方法存在的图像分割空间不连续的缺点。

图 7－25 给出了一个简单的区域生长例子。图 7－25(a)为原始图像，数字表示像素的灰度，灰度值为 4 的像素点为初始生长点。生长的规则为种子像素与所考虑的邻近点像素灰度值差的绝对值小于阈值 $T=3$。种子在像素 8 邻域内第一次生长结果如图 7－25(b)所示，因为灰度值为 2、3、4、5 的像素点都满足准则生长条件合并进入区域，而灰度值为 7 的点不符合生长准则，故不能合并进入区域。第二次区域生长结果如图 7－25(c)所示。

5	5	8	6	9
4	5	3	8	7
3	4	5	7	7
3	2	7	8	6
3	3	3	3	5

(a) 原始图像

5	5	8	6	9
4	5	3	8	7
3	4	5	7	7
3	2	7	8	6
3	3	3	3	5

(b) 第一次区域生长结果

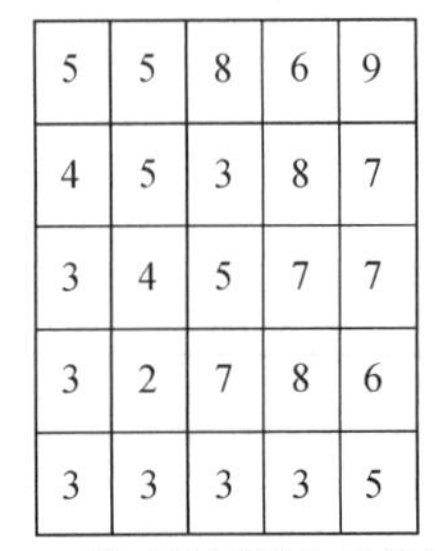

5	5	8	6	9
4	5	3	8	7
3	4	5	7	7
3	2	7	8	6
3	3	3	3	5

(c) 第二次区域生长结果

图 7－25 区域生长实例

区域生长法的研究重点：一是区域相似性特征度量和区域生长准则的设计；二是算法的高效性和准确性。区域生长方法的优点是计算简单。其缺点是需要人工交互以获得种子像素点，这样使用者必须在每个需要分割的区域中植入一个种子点；区域生长方式对噪声敏感，导致分割出的区域有空洞或者在局部应该分开的区域被连接起来。

上述例子就是最简单的基于区域灰度差的生长过程，但是这种方法得到的分割效果对区域生长起点的选择具有较大的依赖性。为了克服这个问题，可将包括种子像素在内的某个邻域的平均值与要考虑的像素进行比较，如果所考虑的像素与种子像素灰度值差的绝对值小于某个阈值 T，则将该像素包括进种子像素所在区域。

对一个含有 N 个像素的图像区域 R，其均值为

$$k=\frac{1}{N}\sum_{R}f(x,\ y) \tag{7-43}$$

对像素的比较测试表示为

$$\max_{R}|f(x,\ y)-k|=T \tag{7-44}$$

如果以灰度分布相似性作为生长准则来决定合并的区域，则需要比较邻接区域的累积直方图并检测其相似性，过程如下：

(1) 把图像分成互不重叠的合适小区域。小区域的尺寸大小对分割的结果具有较大影

响，太大时分割的形状不理想，一些小目标会被淹没难以分割出来；如果过小，则检测分割可靠性就会降低，因为不同的图像可能具有相似直方图。

(2) 比较各个邻接小区域的累积灰度直方图，根据灰度分布的相似性进行区域合并，直方图的相似性常采用柯尔莫哥洛夫-斯米诺夫(Kolmogorov-Smimov)距离检测或平滑差分检测，如果检测结果小于给定的阈值，则将两区域合并。

柯尔莫哥洛夫-斯米诺夫检测：

$$\max_R |h_1(z)-h_2(z)|<T \tag{7-45}$$

平滑差分检测：

$$\sum_z |h_1(z)-h_2(z)|<T \tag{7-46}$$

式中，$h_1(z)$和$h_2(z)$分别是邻接两个区域的累积灰度直方图，T为给定的阈值。

(3) 通过重复过程(2)中的操作将各个区域依次合并，直到邻接的区域不满足式(7-45)或式(7-46)或其他设定的终止条件为止。

7.3.2 区域分裂与合并法

从上面图像分割的方法中了解到，图像阈值分割法可以认为是从上到下(从整幅图像根据不同的阈值分成不同区域)对图像进行分开，而区域生长法相当于从下往上(从种子像素开始不断接纳新像素最后构成整幅图像)不断对像素进行合并。如果将这两种方法结合起来对图像进行划分，便是区域分裂与合并法。因此，区域分裂与合并法的实质是先把图像分成任意大小而且不重叠的区域，然后再合并或分裂这些区域以满足分割的要求。区域分裂与合并法需要采用图像的四叉树结构作为基本数据结构，下面对其简单介绍。

1. 四叉树

图像除了用各个像素表示之外，还可以根据应用目的的不同，以其他方式表示。四叉树就是其中最简单的一种。图像的四叉树可以用于图像分割，也可以用于图像压缩。四叉树通常要求图像的大小为2的整数次幂，设$N=2^n$，对于$N\times N$大小的图像$f(m, n)$，它的金字塔数据结构是一个从1×1到$N\times N$逐次增加的$n+1$个图像构成的序列。序列中，1×1图像是$f(m, n)$所有像素灰度的平均值构成的序列，实际上是图像的均值。序列中2×2图像是将$f(m, n)$划分为四个大小相同且互不重叠的正方形区域，各区域的像素灰度平均值分别作为2×2图像相应位置上的四个像素的灰度。同样，对已经划分的四个区域分别再进行一分为四，然后求各区域的灰度平均值将其作为4×4图像的像素灰度。重复这个过程，直到图像尺寸变为$N\times N$为止，如图7-26所示。

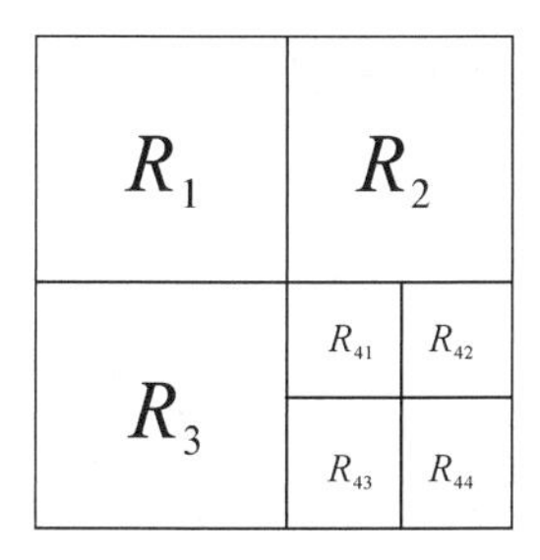

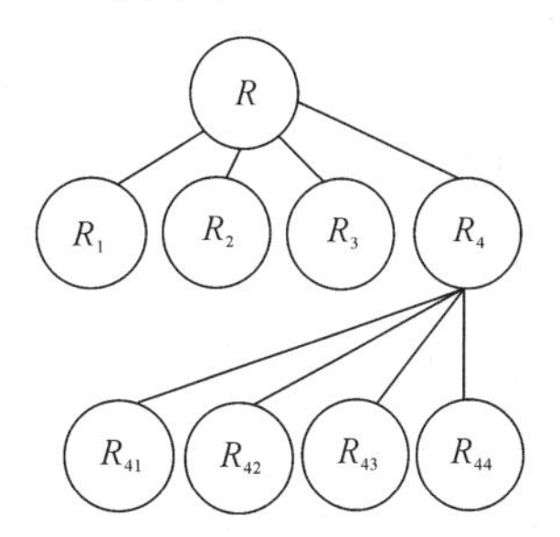

图7-26 四叉树数据结构的几种不同表示

实际中，常先把图像分成任意大小且不重叠的区域，然后再合并或分裂这些区域以满足分割的要求，即分裂合并法。一致性测度可以选择基于灰度统计特征(如同质区域中的方差)，假设阈值为 T，则算法步骤为：

(1) 对于任一 R_i，如果 $V(R_i)>T$，则将其分裂成互不重叠的四等分；

(2) 对相邻区域 R_i 和 R_j，如果 $V(R_i \cup R_j) \leqslant T$，则将二者合并；

(3) 如果进一步的分裂或合并都不可能了，则终止算法。

也可以从相反方向构造此四叉树数据结构。序列中的 $N \times N$ 图像就是原始图像 $f(m, n)$。将 $f(m, n)$ 划分成 $N/2 \times N/2$ 个大小相同且互不重叠的正方形区域，各区域含有四个像素，各区域中四个像素灰度平均值分别作为相应位置上 $N/2 \times N/2$ 图像像素的灰度，然后再将 $N/2 \times N/2$ 图像划分成 $N/2 \times N/2$ 个大小相同互不重叠的正方形区域，各区域中四个像素灰度平均值分别为相应位置上的 $N/4 \times N/4$ 图像像素的灰度，以此类推。采用四叉树数据结构的主要优点是可以首先在较低分辨率的图像上进行需要的操作，然后根据操作结果决定是否在高分辨率图像上进一步处理及如何处理，从而节省图像分割需要的时间。

2. 利用四叉树进行图像分割

在图像四叉树分割时，需要用到图像区域内和区域间的均一性。均一性准则是区域是否合并的判断条件，可以选择的形式有：

(1) 区域中灰度最大值与最小值的方差小于某选定值；

(2) 两区域平均灰度之差及方差小于某选定值；

(3) 两区域的纹理特征相同；

(4) 两区域参数统计检验结果相同；

(5) 两区域的灰度分布函数之差小于某选定值。

利用这些“一致性谓语”实现图像分割的基本过程如下：

(1) 初始化：生成图像的四叉树数据结构。

(2) 合并：根据经验和任务需要，从四叉树的某一层开始，由下向上检测每一个节点的一致性准则，如果满足相似性或同质性，则合并子节点。重复对图像进行操作，直到不能合并为止。

(3) 分裂：考虑上一步不能合并的子块，如果它的子节点不满足一致性准则，则将这个节点永久地分为四个子块。如果分出的子块仍然不能满足一致性准则，则继续划分，直到所有的子块都满足为止。这是一个由上至下的检测节点一致性准则的过程，不满足则将子节点分裂。

(4) 由于人为地将图像进行四叉树分解，可能会将同一区域的像素分在不能按照四叉树合并的子块内，因此需要搜索所有的图像块，将邻近的未合并的子块合并为一个区域。

(5) 由于噪声影响或者按照四叉树划分边缘未对准，进行上述操作后可能仍存在大量的小区域，为了消除这些影响，可以将它们按照相似性准则归入邻近的大区域内。

【例 7-12】 区域生长图像分割实例。

程序如下：

```
* 读取图像
read_image (Image, 'fabrik')
dev_set_colored (12)
* 进行区域生长操作，结果如图 7-27 所示
regiongrowing (Image, Regions, 1, 1, 1, 1000)
```

```
* 创建一个空的区域
gen_empty_region (EmptyRegion)
* 依据灰度值或颜色填充两个区域的间隙或分割重叠区域
expand_gray (Regions, Image, EmptyRegion, RegionExpand, 'maximal', 'image', 4)
```

(a)原图

(b)区域生长分割

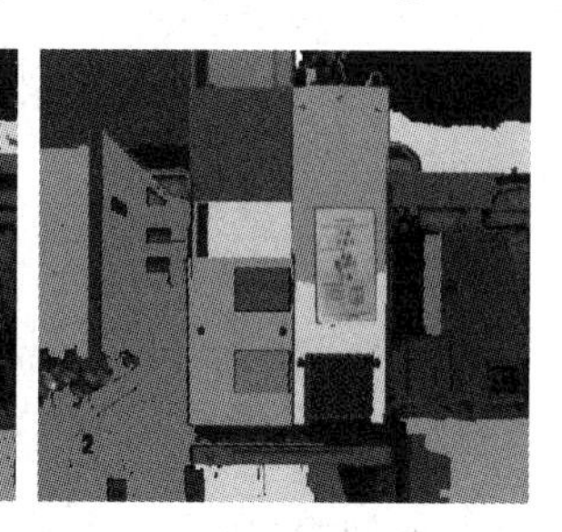
(c)最终结果

图 7-27 区域生长图像分割结果

7.4 Hough 变换

Hough 变换是一种检测、定位直线和解析曲线的有效方法。它是把二值图变换到 Hough 参数空间，在参数空间用极值点的检测来完成目标的检测。

在实际中由于噪声和光照不均等因素，使得在很多情况下所获得的边缘点是不连续的，必须通过边缘连接将它们转化为有意义的边缘。一般的做法是对经过边缘检测的图像进一步使用连接技术，从而将边缘像素组合成完整的边缘。

Hough 变换是一个非常重要的检测间断点边界形状的方法。它通过将图像坐标变换到参数空间来实现直线和曲线的拟合。下面说明 Hough 变换的原理。

7.4.1 直线检测

1. 直角坐标参数空间

在图像 $x-y$ 坐标空间中，经过(x_i, y_i)的直线表示为

$$y_i = ax_i + b \tag{7-47}$$

其中，参数 a 为斜率，b 为截距。

通过点(x_i, y_i)的直线有无数条，且对应不同的 a 和 b 值，它们都满足式(7-47)。如果将 x_i 和 y_i 视为常数，而将原本的参数 a 和 b 视为变量，则式(7-47)可表示为

$$b = -x_i a + y_i \tag{7-48}$$

这样就变换到了参数平面 $a-b$。这个变换就是直角坐标系中对于(x_i, y_i)的 Hough 变换。该直线是图像坐标空间中点(x_i, y_i)在参数空间的唯一方程。考虑图像坐标空间的另一点(x_j, y_j)，它在参数空间中也有相应的一条直线，表示为

$$b = -x_j a + y_j \tag{7-49}$$

这条直线与点(x_i, y_i)在参数空间的直线相交于一点(a_0, b_0)，如图 7-28 所示。

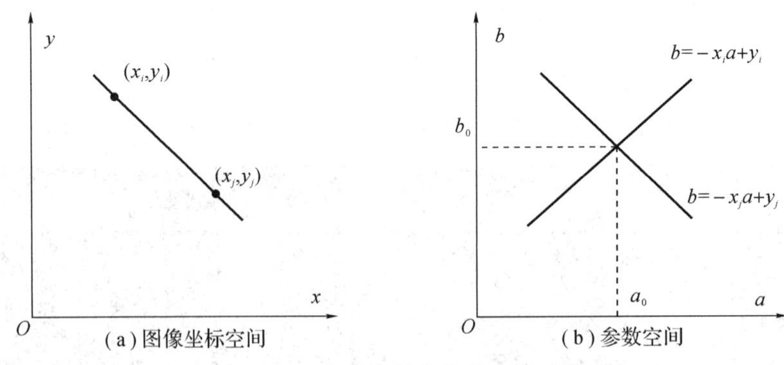

图 7-28 直角坐标中的 Hough 变换

图像坐标空间中过点(x_i, y_i)和(x_j, y_j)的直线上的每一点在参数空间$a-b$上各自对应一条直线，这些直线都相交于点(a_0, b_0)，而a_0、b_0就是图像坐标空间$x-y$中点(x_i, y_i)和点(x_j, y_j)所确定的直线的参数。反之，在参数空间相交于同一点的所有直线，在图像坐标空间都有共线的点与之对应。根据这个特性，给定图像坐标空间的一些边缘点，就可以通过 Hough 变换确定连接这些点的直线方程。

具体计算的时候，可将参数空间视为离散的。建立一个二维累加数组$A(a, b)$，第一维的范围是图像坐标空间中直线斜率的可能范围，第二维的范围是图像坐标空间中直线截距的可能范围。开始时$A(a, b)$初始化为0，然后对图像坐标空间的每一个前景点(x_i, y_i)，将参数空间中每一个a的离散值代入式(7-49)，从而计算出对应的b值。每计算出一对(a, b)，都将对应的数组元素$A(a, b)$加1，即$A(a, b)=A(a, b)+1$。所有的计算都结束后，在参数空间表决结果中找到$A(a, b)$的最大峰值，所对应的a_0、b_0就是原图像中共线点数目最多[共$A(a_0, b_0)$个共线点]的直线方程的参数，接下来可以继续寻找次峰值、第三峰值和第四峰值等，它们对应于原图中共线点数目略少一些的直线。

图 7-28 的 Hough 变换参数空间情况如图 7-29 所示。

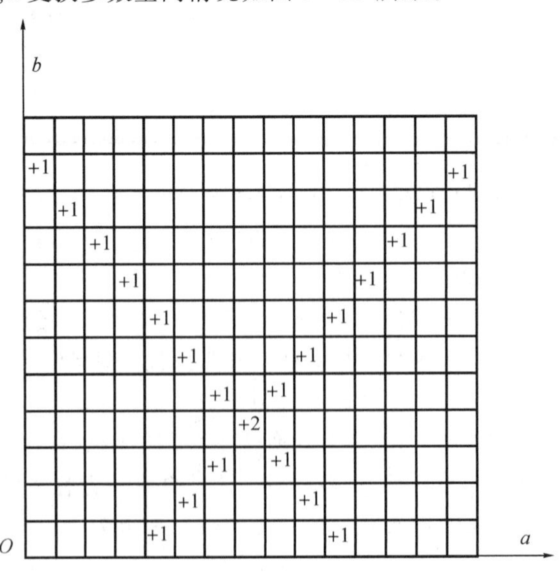

图 7-29 参数空间表决结果

这种利用二维累加器的离散化方法大大简化了 Hough 变换的计算，参数空间 $a-b$ 上的细分程度决定了最终找到直线上点的共线精度。上述的二维累加数组 $A(a, b)$ 也常常被称为 Hough 矩阵。

2. 极坐标参数空间

极坐标系中用如下参数方程表示一条直线：

$$\rho = x\cos\theta + y\sin\theta \tag{7-50}$$

其中，ρ 表示直线到原点的垂直距离，θ 表示 x 轴到直线垂线的角度，取值范围为 $\pm 90°$，如图 7-30 所示。

与直角坐标类似，极坐标中的 Hough 变换也是将图像坐标空间中的点变换到参数空间中。在极坐标表示下，图像坐标空间共线的点变换到参数空间后，在参数空间都相交于同一点，此时所得到的 ρ、θ 即为所求的直线的极坐标参数。与直角坐标不同的是，用极坐标表示时，图像坐标空间的共线的两点 (x_i, y_i) 和 (x_j, y_j) 映射到参数空间是两条正弦曲线，相交于点 (ρ_0, θ_0)，如图 7-31 所示。

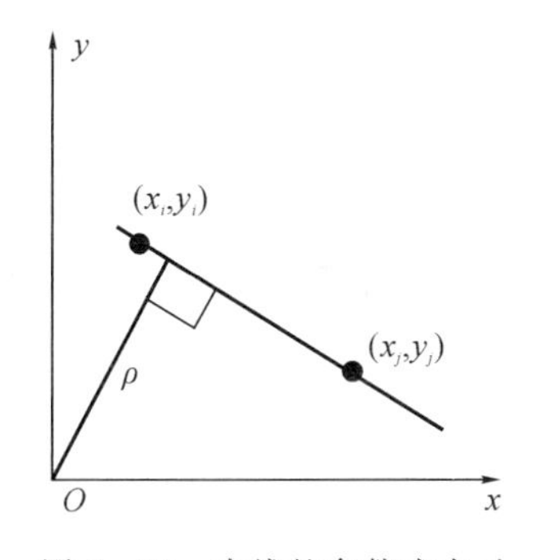

图 7-30 直线的参数式表示

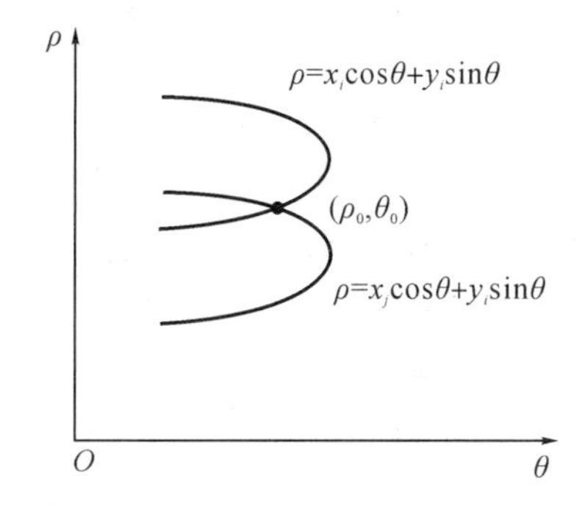

图 7-31 笛卡尔坐标映射到参数空间

具体计算时，与直角坐标类似，也要在参数空间中建立一个二维数组累加器 A，只是取值范围不同。对一幅大小为 $D \times D$ 的图像，通常 ρ 的取值范围为 $[-\sqrt{2}D/2, \sqrt{2}D/2]$，$\theta$ 的取值范围为 $[-90°, 90°]$。计算方法与直角坐标系中累加器的计算方法相同，最后得到最大的 A 所对应的 (ρ, θ)。

7.4.2 曲线检测

Hough 变换同样适用于方程已知的曲线检测。图像坐标空间的一条已知的曲线方程也可以建立其相应的参数空间。由此，图像坐标空间中的一点，在参数空间中就可以映射为相应的轨迹曲线或者曲面。若参数空间中对应各个间断点的曲线或曲面能够相交，就能够找到参数空间的极大值以及对应的参数；若参数空间中对应各个间断点的曲线或者曲面不能相交，则说明间断点不符合某已知曲线。

Hough 变换用于曲线检测时，最重要的是写出图像坐标空间到参数空间的变换公式。例如对于已知的圆方程，其直角坐标的一般方程为

$$(x-a)^2 + (y-b)^2 = r^2 \tag{7-51}$$

式中，(a, b) 为圆心坐标，r 为圆的半径，它们为图像的参数。

那么，参数空间可以表示为 (a, b, r)，图像坐标空间中的一个圆对应参数空间中的

一点。

具体计算的时候与前面讨论的方法相同，只是数组累加器为三维 $A(a, b, r)$。计算过程是让 a、b 在取值范围内增加，解出满足式(7-51)的 r 值，每计算出一个(a, b, r)值，就对数组元素 $A(a, b, r)$加 1。计算结束后找到最大的 $A(a, b, r)$所对应的 a、b、r 就是所求的圆的参数。

7.4.3 任意形状的检测

这里所说的任意形状的检测，是指应用广义 Hough 变换检测某一任意形状边界的图形。首先选取该形状中的任意点(a, b)为参考点，然后从该任意形状图形的边缘每一点上，计算其切线方向 φ 和到参考点(a, b)位置的偏移矢量 $\boldsymbol{r}$，以及 $\boldsymbol{r}$ 与 x 轴的夹角 α，如图 7-32 所示。参考点(a, b)的位置由下式算出：

$$a=x+\boldsymbol{r}(\varphi)\cos(\alpha(\varphi)) \qquad (7-52)$$

$$b=x+\boldsymbol{r}(\varphi)\sin(\alpha(\varphi)) \qquad (7-53)$$

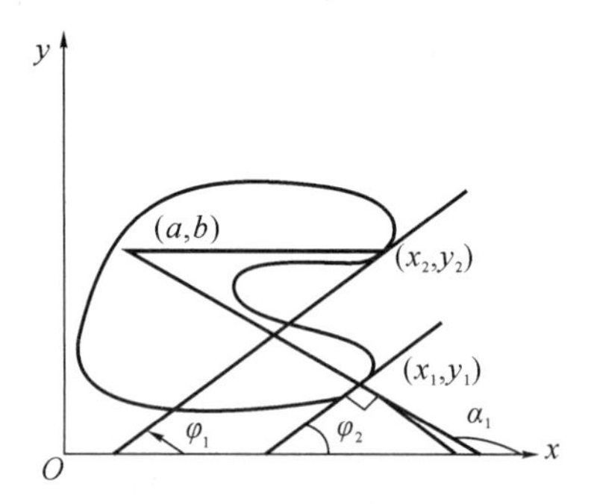

图 7-32 广义 Hough 变换

利用广义 Hough 变换检测任意形状边界的主要步骤如下：

(1) 在预知区域形状的条件下，将物体边缘形状编成参考表，对于每个边缘点计算梯度角 φ_i，对每一个梯度角 φ_i，算出对应于参考点的距离 $\boldsymbol{r}_i$ 和角度 α_i。如图 7-32 所示，同一个梯度角 φ 对应两个点，则参考表表示为

$$\varphi: (\boldsymbol{r}_1, \alpha_1)(\boldsymbol{r}_2, \alpha_2)$$

同理，可以表示出其他梯度角 φ_i 所对应的参考表。

(2) 在参数空间建立一个二维累加数组 $A(a, b)$，初值为 0。对边缘上的每一个点，计算出该点处的梯度角，然后由式(7-52)和式(7-53)计算出每一个可能的参考点的位置值，对相应的数组元素 $A(a, b)$加 1。

(3) 计算结束后，具有最大值的数组元素 $A(a, b)$所对应的 a、b 值即为图像坐标空间中所求的参考点。

求出参考点以后，整个目标的边界就可以确定了。

Hough 变换的优点是抗噪声能力强，能够在信噪比较低的条件下检测出直线或解析曲线；其缺点是需要首先做二值化以及边缘检测等图像预处理工作，会损失掉原始图像中的许多信息。

【例 7-13】 Hough 变换图像分割实例。

程序如下：

```
*读取图像
read_image (Image, 'fabrik')
*获取目标区域图像
rectangle1_domain (Image, ImageReduced, 170, 280, 310, 370)
*用 Sobel 边缘检测算子提取边缘，结果如图 7-33(c)所示
sobel_dir (ImageReduced, EdgeAmplitude, EdgeDirection, 'sum_abs', 3)
dev_set_color ('red')
```

```
* 阈值分割得到边缘区域，结果如图7-33(d)所示
threshold (EdgeAmplitude, Region, 55, 255)
* Reduce the direction image to the edge region
reduce_domain (EdgeDirection, Region, EdgeDirectionReduced)
* 用边缘方向信息进行 Hough 变换，具体效果如图7-33(e)所示
hough_lines_dir (EdgeDirectionReduced, HoughImage, Lines, 4, 2, 'mean', 3, 25, 5, 5,
                 'true', Angle, Dist)
* 根据得到的 Angle、Dist 参数生成线
gen_region_hline (LinesHNF, Angle, Dist)
dev_display (Image)
dev_set_colored (7)
* Display the lines
* 选择显示方式为边缘
dev_set_draw ('margin')
dev_display (LinesHNF)
* Display the edge pixels that contributed to the corresponding lines
dev_set_draw ('fill')
dev_display (Lines)
```

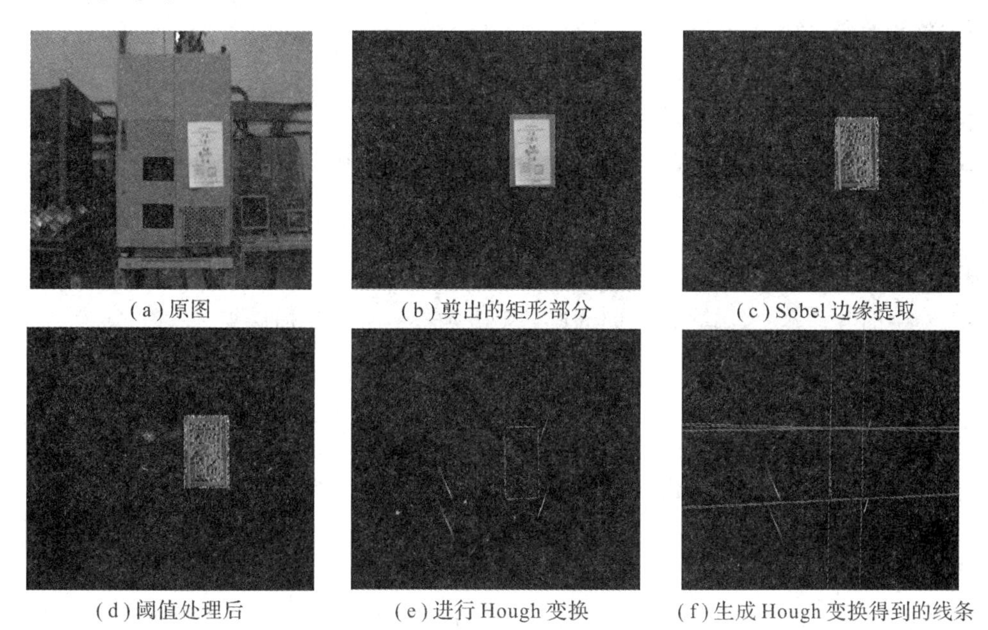

(a) 原图　(b) 剪出的矩形部分　(c) Sobel 边缘提取

(d) 阈值处理后　(e) 进行 Hough 变换　(f) 生成 Hough 变换得到的线条

图 7-33　Hough 变换图像分割

7.5　动态聚类分割

在层次聚类法中，样本只要归入某个类以后就不再改变了，因此要求分类方法的准确

度要高。

动态聚类法就是选择一些初始聚类中心，让样本按某种原则划分到各类中，得到初始分类；然后，用某种原则进行修正，直到分类比较合理为止。动态聚类法的流程框图如图7-34所示，其中每一部分都有很多种方法，不同的组合方式可得到不同的动态聚类算法。动态聚类算法有三个要点：

(1) 选定某种相似性测度作为样本间的相似性度量；

(2) 确定某个评价聚类结果质量的准则函数；

(3) 给定某个初始分类，用迭代的算法找出使函数取极值的聚类结果。

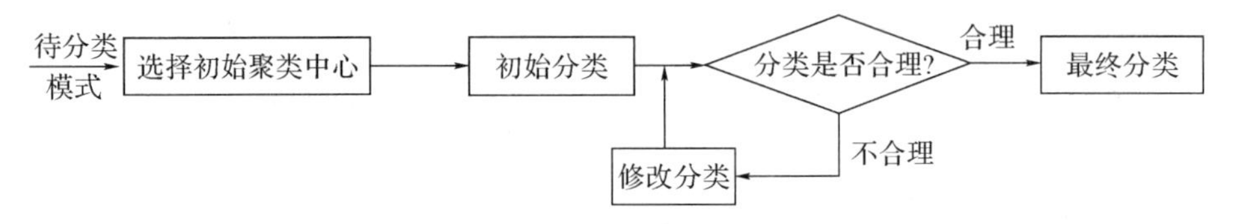

图7-34　动态聚类法的流程框图

下面简要介绍两种典型的动态聚类法：K-均值聚类算法和模糊C-均值聚类算法。

7.5.1　K-均值聚类算法

1. 算法原理

K-均值聚类算法使用的聚类准则是误差平方和准则，通过反复迭代优化聚类结果，使所有样本到各自所属类别的中心的距离平方和达到最小。

K-均值算法又称"C-均值算法"，若N_i是第i聚类Γ_i中的样本数目，m_i是这些样本的均值，即

$$m_i = \frac{1}{N_i}\sum_{y\in\Gamma_i} y \tag{7-54}$$

把Γ_i中的各样本y与均值m_i间的误差平方和对所有类相加后为

$$J_e = \sum_{i=1}^{c}\sum_{y\in\Gamma_i}\| y - m_i \|^2 \tag{7-55}$$

J_e是误差平方和聚类准则，J_e度量了用c个聚类中心m_1，m_2，…，m_c代表c个样本子集Γ_1，Γ_2，…，Γ_c时所产生的总的误差平方。对于不同的聚类，使J_e极小的聚类是误差平方和准则下的最优结果。

把样本y从Γ_k类移入Γ_j类对误差平方和的影响如下：

(1) 设从Γ_k中移出y后的集合为$\widetilde{\Gamma}_k$，它相应的均值是$\widetilde{m}_k$：

$$\widetilde{m}_k = m_k + \frac{1}{N_k - 1}[m_k - y] \tag{7-56}$$

式中的m_k和N_k是$\widetilde{\Gamma}_k$的样本均值和样本数。

(2) 设Γ_j接受y后的集合为$\widetilde{\Gamma}_j$，它相应的均值是$\widetilde{m}_j$：

$$\widetilde{m}_j = m_j + \frac{1}{N_j + 1}[y - m_j] \tag{7-57}$$

式中的m_j和N_j是$\widetilde{\Gamma}_j$的样本均值和样本数。

(3) y 的移动只影响 Γ_k 和 Γ_j 两类，对其他类无任何影响，因此只需要计算这两类的新的误差平方和 $\tilde{J}_k$ 和 $\tilde{J}_j$：

$$\tilde{J}_k = J_k - \frac{N_k}{N_k - 1} \| y - m_k \|^2, \qquad \tilde{J}_j = J_j + \frac{N_j}{N_j + 1} \| y - m_j \|^2 \tag{7-58}$$

如果

$$\frac{N_j}{N_j + 1} \| y - m_j \|^2 < \frac{N_k}{N_k - 1} \| y - m_k \|^2$$

则把样本 y 从 Γ_k 移入 Γ_j 就会使误差平方和减小。只有当 y 离 m_j 的距离比离 m_k 的距离更近时才满足上述不等式。

2. 算法步骤

K-均值聚类算法流程如下：

假设聚 c 个类，则

Step 1：确定 c 个初始聚类群，计算相应的聚类中心 m_1，m_2，…，m_c。

Step 2：选择一个待选样本 y，设 y 现在在 Γ_i 类中。

Step 3：若 $N_i=1$，则转回 Step 2，否则继续向下执行。

Step 4：计算 $\rho_j = \begin{cases} \dfrac{N_j}{N_j+1} \| y - m_j \|^2 & j \neq i \\ \dfrac{N_i}{N_i-1} \| y - m_i \|^2 & j = i \end{cases}$。

Step 5：对于所有的 j，若 $\rho_k < \rho_j$，则把 y 从 Γ_i 类移到 Γ_k 类中。

Step 6：重新计算 m_i 和 m_k 的值，并修改 J_e 值。

Step 7：若连续迭代几次，J_e 不再改变，则停止；否则转回 Step 2 继续执行。

K-均值简化算法流程：

Step 1：确定 c 个初始聚类群，并计算相应的聚类中心 m_1，m_2，…，m_c。

Step 2：对于每个待聚类样本，计算其与 c 个聚类中心的距离，把待聚类样本归到离其最近的一个聚类群中。

Step 3：当每个待分样本都被分到 c 个聚类群中后，重新计算聚类中心 m_1，m_2，…，m_c。

Step 4：重复 Step 2、Step 3，直到 c 个聚类中心不变为止。

7.5.2 模糊 C-均值聚类算法

K-均值聚类算法是误差平方和准则下的聚类算法，它把每个样本严格地划分到某一类，属于硬划分的范畴。实际上，样本并没有严格的属性，它们在性态和类属方面存在着中介性，为了解决这一类问题，研究者们将模糊理论引入 K-均值算法(C-均值)，由此，K-均值由硬聚类被推广为模糊聚类，即模糊 C-均值聚类算法(Fuzzy C-Means，简称 FCM)。

设 $\{x_i, i=1, 2, \cdots, n\}$ 是 n 个样本组成的样本集合，c 为预定的类别数目，$v_i (i=1, 2, \cdots, c)$ 为每个聚类的中心，$\mu_j(x_i)$ 是第 i 个样本对于第 j 类的隶属度函数。用隶属度函数定义的聚类损失函数可以写为

$$J_f = \sum_{j=1}^{c} \sum_{i=1}^{n} [\mu_j(x_i)]^b \| x_i - v_j \|^2 \tag{7-59}$$

其中，$b(b>1)$是一个可以控制聚类结果的隶属程度的常数，在不同的隶属度定义方法下最小化该损失函数，就得到不同的模糊聚类方法。

FCM算法的步骤如下：

Step 1：设定聚类数目 c 和参数 b。

Step 2：初始化各个聚类中心 v_i。

Step 3：重复下面的运算，直到各个样本的隶属度值稳定。

(1) 用当前的聚类中心计算隶属度函数。

(2) 用当前的隶属度函数更新各个聚类中心。

当算法收敛时，即可根据各类的聚类中心和各个样本对于各类的隶属度值完成模糊聚类划分。如果需要，还可以将模糊聚类结果进行去模糊化，把模糊聚类划分转化为确定性分类。

7.6 分水岭算法

分水岭分割方法是一种基于拓扑理论的数学形态学的分割方法，其基本思想是把图像看作测地学上的拓扑地貌，图像中的每一点像素的灰度值表示该点的海拔高度，高灰度值代表山脉，低灰度值代表盆地，每一个局部极小值及其影响区域称为集水盆，而集水盆的边界则形成分水岭。

分水岭的概念和形成可以通过模拟浸入过程来说明。在每一个局部极小值表面刺穿一个小孔，然后把整个模型浸入水中，随着浸入的加深，每一个局部极小值的影响域慢慢向外扩展，在两个集水盆汇合处构筑大坝，即形成分水岭。

有时直接使用图像灰度值代表高度来实现分水岭算法太难，需要进行距离变换，下面简单介绍距离变换。

距离变换于1966年被学者提出，目前已经被应用于图像分析、计算机视觉、模式识别等领域，人们利用它来实现目标细化、骨架提取、形状插值及匹配、黏连物体的分离等。距离变换是针对二值图像的一种变换。在二维空间中，一幅二值图像可以认为仅仅包括目标和背景两种像素，目标的像素值为1，背景的像素值为0。距离变换的结果不是另一幅二值图像，而是一种灰度值图像，即距离图像，图像中的每个像素的灰度值为该像素与距其最近的背景像素间的距离。

距离变换也就是此点的灰度值，代表此点到边界的距离。距离边界越近，灰度值越小；距离边界越远，灰度值越大；中心灰度值越大，边界越趋向于零。

在距离变换过程中根据度量距离的方法不同，对应的距离也有不同的定义：

假设有两个像素点 $P_1(x_1, y_1)$、$P_2(x_2, y_2)$，用不同的距离定义方法计算两点距离的公式分别如式(7-60)～式(7-62)所示。

欧几里得距离：

$$\text{Distance}=\sqrt{(x_1-x_2)^2+(y_1-y_2)^2} \tag{7-60}$$

曼哈顿距离(City Block Distance)：

$$\text{Distance}=|x_2-x_1|+|y_2-y_1| \tag{7-61}$$

象棋格距离(Chessboard Distance)：

$$\text{Distance}=\max(|x_2-x_1|, |y_2-y_1|) \tag{7-62}$$

一个最常见的距离变换算法是通过连续的腐蚀操作来实现的，腐蚀操作的停止条件是所有前景像素都被完全腐蚀。这样根据腐蚀的先后顺就可得到各个前景像素点到前景中心骨架像素点的距离，再根据各个像素点的距离值设置为不同的灰度值，就完成了二值图像的距离变换。

下面简单介绍实现分水岭算法时可能用到的几个算子。

• distance_transform(Region：DistanceImage：Metric，Foreground，Width，Height)

作用：对区域作距离变换获得距离变换图。

Region：距离变换目标区域。

DistanceImage：获得距离信息图。

Metric：度量距离类型('City-block'、'chessboard'、'euclidean')。

Foreground：'true'指针对前景区域(Region)作距离变换，'false'指针对背景区域(整个区域减去 Region)作距离变换。

Width、Height：输出图像的大小设置。

• watersheds(Image：Basins，Watersheds)

作用：直接提取图像的盆地区域和分水岭区域。

Image：需要分割的图像(图像类型只能是 byte/uint2/real)。

Basins：盆地区域。

Watersheds：分水岭区域(至少一个像素宽)。

• watersheds_threshold(Image：Basins：threshold)

作用：阈值化提取分水岭盆地区域。

Image：需要分割的图像(图像类型只能是 byte/uint2/real)。

Basins：分割后得到的盆地区域。

Threshold：分割时的阈值。

此算子应用分为两步：第一步计算分水岭不使用阈值，如同算子 watersheds；第二步使用阈值。此阈值用于合并两个相邻盆地区域，如果两个盆地地区的最小灰度值与分水岭上最小灰度值的差的最大值都小于此阈值 Threshold，那么这两个盆地区域就会合并。假设 B_1、B_2 分别代表相邻盆地区域的最小灰度值，W 代表此两盆地的分水岭最小灰度值，满足式(7-63)条件的分水岭操作将会被取消。

$$\text{Max}(W-B_1, W-B_2)<\text{Threshold} \tag{7-63}$$

【例 7-14】 分水岭算法分割实例。

程序如下：

```
* 读取图像
read_image (Meningg5, 'meningg5')
* 用高斯派生对一个图像进行卷积运算，此时图像类型为 real
derivate_gauss (Meningg5, Smoothed, 2, 'none')
* 转换图像类型，将 real 类型转换为 byte，如图 7-35(c)所示
```

```
convert_image_type (Smoothed, SmoothedByte, 'byte')
* 提取图像的盆地区域和分水岭区域
watersheds (SmoothedByte, Basins, Watersheds)
dev_set_draw ('margin')
dev_set_colored (6)
* 显示最终的分水岭区域，如图 7-35(d)所示
dev_display (Watersheds)
```

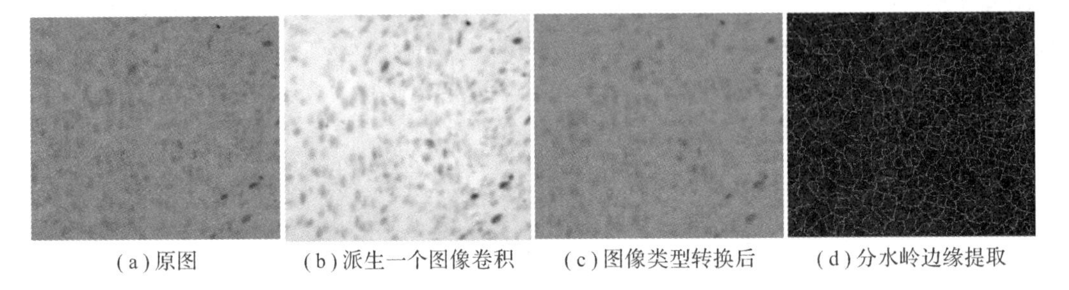

(a)原图　(b)派生一个图像卷积　(c)图像类型转换后　(d)分水岭边缘提取

图 7-35　分水岭算法图像分割结果

本章小结

图像分割问题是一个十分困难的问题。例如，物体及其组成部件的二维表现形式受到光照条件、透视畸变、观察点变化等情况的影响，有时图像前景和背景在视觉上无法进行简易的区分。因此，人们需要不断地学习，不断地探索使用新方法对图像进行处理，以得到预期的效果。

本章主要介绍了图像分割的基本概念、公式推导、适用情况及使用注意事项，具体介绍了阈值分割、边缘检测、区域分割、Hough 变换、动态聚类分割、分水岭算法等图像分割算法。对于选择何种图像分割算法进行处理，还要考虑实际问题的特殊性。本章讨论的方法都是实际应用中普遍使用的具有代表性的技术。

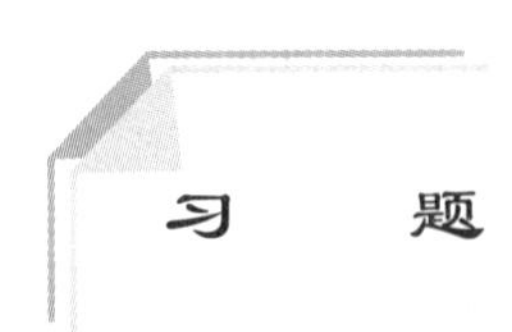

习　题

7.1　简述图像分割的定义，并举出三种图像分割的算法。

7.2　简述利用图像直方图确定图像阈值的图像分割算法。

7.3　列举三种边缘检测算法，并列举其优缺点。

7.4　简述在哪些场合适合用 Hough 变换算法及采用哪种形式的变换法则。

7.5　简述利用区域生长法进行图像分割的过程。

第8章

图像匹配

在数字图像处理领域，常常需要把不同的传感器或同一传感器在不同时间、不同成像条件下对同一景物获取的两幅或多幅图像进行比较，找到该组图像中的共有景物，或是根据一幅图像的已知模式在另一幅图像中寻找相应的模式，此过程称为图像匹配。简单地说，就是从一幅图像中找到另一幅图像中对应点的最佳变换方法。

图像匹配的方法主要分为基于灰度值相关的方法和特征提取方法。

基于灰度值相关的方法直接对原图像和模板图像进行操作，通过区域(矩形、圆形或其他变形模板)属性(灰度信息或频域分析等)的比较来反映它们之间的相似性。归一化互相关函数作为一种相似性测度被广泛用于此类算法中，其数学统计模型以及收敛速度、定位精度、误差估计等均有定量的分析和研究结果。因此，此类方法在图像匹配技术中占有重要地位。但是，此类方法普遍存在的缺陷是时间复杂度高、对图像尺寸敏感等。

特征提取方法一般涉及大量的几何与图像形态学计算，计算量大，没有一般模型可遵循，需要针对不同应用场合选择各自适合的特征。但是，这种方法所提取出的图像特征包含更高层的语义信息，大部分此类方法具有尺度不变性与仿射不变性，如兴趣点检测或在变换域上提取特征，特别是小波特征可实现图像的多尺度分解和由粗到精的匹配。

8.1 基于像素的匹配

图像的灰度值信息包含了图像记录的所有信息。基于图像像素灰度值的匹配是最基本的匹配算法。通常直接利用整幅图像的灰度信息建立两幅图像之间的相似性度量，然后采用某种搜索方法寻找使相似性度量值最大或最小的变换模型的参数值。

8.1.1 归一化互相关灰度匹配

归一化互相关(NCC)是一种典型的基于灰度相关的算法，具有不受比例因子误差影响和抗白噪声干扰能力强等优点。

1. 基本原理

归一化互相关灰度匹配使用的相似性度量定义如下：

$$R(i, j)=\frac{\sum_{m=1}^{M}\sum_{n=1}^{M}[S^{i,j}(m, n)\times T(m, n)]}{\sqrt{\sum_{m=1}^{M}\sum_{n=1}^{M}[S^{i,j}(m, n)]^2}\sqrt{\sum_{m=1}^{M}\sum_{n=1}^{M}[T(m, n)]^2}} \tag{8-1}$$

通过比较参考图像和输入图像在各个位置的相关系数，相关值最大的点就是最佳匹配位置。

设模板 T 叠放在搜索图 S 上平移，模板覆盖下的那块搜索图叫作子图$S^{i,j}$，$(i、j)$为这块子图的左上角像点在 S 图中的坐标，称为参考点。从图 8-1 中可以看出，i 和 j 的取值范围为$(1, N-M-1)$。

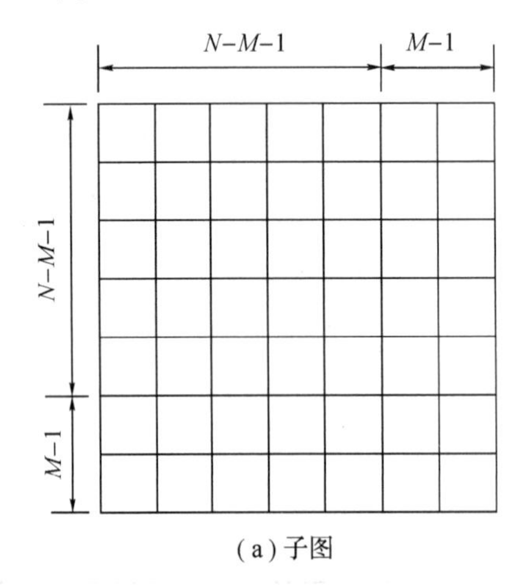

(a) 子图

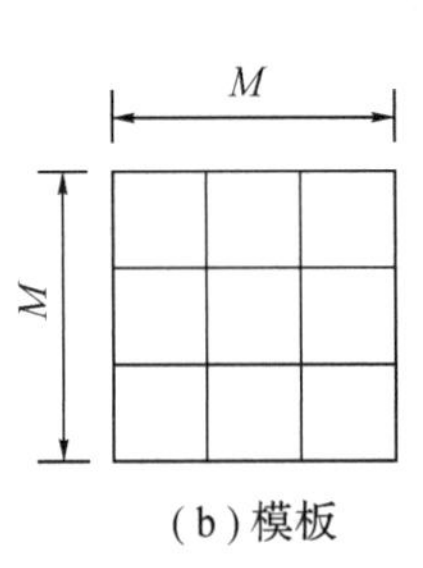

(b) 模板

图 8-1　子图和模板

可以比较 T 和$S^{i,j}$的内容，若两者一致，则 T 和 S 之差为零，所以可以用下列两种测度之一来衡量 T 和$S^{i,j}$的相似程度：

$$D(i, j)=\sum_{m=1}^{M}\sum_{n=1}^{M}[S^{i,j}(m, n)-T(m, n)]^2 \tag{8-2}$$

或

$$D(i, j)=\sum_{m=1}^{M}\sum_{n=1}^{M}|S^{i,j}(m, n)-T(m, n)| \tag{8-3}$$

如果展开式(8-2)，则有

$$D(i, j)=\sum_{m=1}^{M}\sum_{n=1}^{M}[S^{i,j}(m, n)]^2-2\sum_{m=1}^{M}\sum_{n=1}^{M}[S^{i,j}(m, n)\times T(m, n)]+\sum_{m=1}^{M}\sum_{n=1}^{M}[T(m, n)]^2 \tag{8-4}$$

式(8-4)右边第三项表示模板的总能量，是一个常数，与(i, j)无关；第一项是模板覆盖下那块图像子图的能量，它随(i, j)位置而缓慢改变；第二项是子图像和模板的互相关，随(i, j)的改变而改变，T 和$S^{i,j}$匹配时这一项的取值最大，因此可用下列相关函数作相似性测度：

$$R(i, j)=\frac{\sum_{m=1}^{M}\sum_{n=1}^{M}[S^{i,j}(m, n)\times T(m, n)]}{\sum_{m=1}^{M}\sum_{n=1}^{M}[S^{i,j}(m, n)]^2} \tag{8-5}$$

将其归一化为

$$R(i,j)=\frac{\sum_{m=1}^{M}\sum_{n=1}^{M}[S^{i,j}(m,n)\times T(m,n)]}{\sqrt{\sum_{m=1}^{M}\sum_{n=1}^{M}[S^{i,j}(m,n)]^2}\sqrt{\sum_{m=1}^{M}\sum_{n=1}^{M}[T(m,n)]^2}} \tag{8-6}$$

2. 实现步骤

图像的归一化互相关灰度匹配算法实现的步骤描述如下：

(1) 获得待匹配图像、模板图像数据的地址、存储的高度和宽度。

(2) 建立一个目标图像指针，并分配内存，以保存匹配完成后的图像，将待匹配图像复制到目标图像中。

(3) 逐个扫描原图像中的像素点所对应的模板子图，根据式(8-6)求出每一个像素点位置的归一化互相关函数值，找到图像中最大归一化函数值的位置，记录像素点的位置。

(4) 将目标图像所有像素值减半以便和原图像区别，把模板图像复制到目标图像中步骤(3)中记录的像素点位置。

8.1.2　序贯相似性检测算法匹配

图像匹配计算量大的原因在于搜索窗口在这个待匹配的图像上进行滑动，每滑动一次就要做一次匹配相关运算。除匹配点外在其他非匹配点上做的都是“无用功”，从而导致了图像匹配算法的计算量上升。所以，一旦发现模板所在参考位置为非匹配点，就丢弃不再计算，立即换到新的参考点计算，可以大大加速匹配过程。序贯相似性检测算法(SSDA)在待匹配图像的每个位置上以随机不重复的顺序选择像元，并累计模板和待匹配图像在该像元的灰度差，若累计值大于某一指定阈值，则说明该位置为非匹配位置，停止本次计算，进行下一个位置的测试，直到找到最佳匹配位置。SSDA 的判断阈值可以随着匹配运算的进行而不断调整，能够反映出该次的匹配运算是否有可能给出一个超出预定阈值的结果。这样，就可在每一次匹配运算的过程中随时检测该次匹配运算是否有继续进行下去的必要。SSDA 能很快丢弃不匹配点，减少花在不匹配点上的计算量，从而提高匹配速度，算法简单，易于实现。

1. 基本原理

SSDA 根据所采用的匹配相关运算的算法来制定阈值 T 的计算方法，在进行每一个搜索窗口的匹配相关运算时，合理地计算间隔，检测当前所得的相关结果和 SSDA 阈值 T 的比较关系。

SSDA 是用 $\iint|f-t|\,\mathrm{d}_x\,\mathrm{d}_y$ 作为匹配尺度的。图像 $f(x,y)$ 中的点 (u,v) 的非相似度 $m(u,v)$ 可表示为

$$m(u,v)=\sum_{k=1}^{n}\sum_{l=1}^{m}|f(k+u-1,l+v-1)-t(k,l)| \tag{8-7}$$

其中，点 (u,v) 表示的不是模板的中央，而是左上角的位置。

如果在 (u,v) 处有和模板一致的图案，则 $m(u,v)$ 值很小，相反则 $m(u,v)$ 值大。特别

是模板和图像完全不一致的时候，如果在模板内的各像素上与图像的灰度差的绝对值依次增加下去，其和就会急剧增大。因此，在做加法的过程中，如果灰度差的部分和超过了某一阈值，就认为在该位置上不存在和模板一致的图案，从而转移到下一个位置上进行$m(u, v)$的计算。包括$m(u, v)$在内的计算只是加减运算，而且这一计算大多数中途便停止了，因此可大幅度地缩短时间。为了尽早停止计算，可以随机地选择像素的位置进行灰度差的计算。

由于真正的相对应点仅有一个，因此绝大多数情况下都是对非匹配点计算，显然，越早丢弃非匹配点将越节省时间。

SSDA 过程如下：

(1) 定义绝对误差值：

$$\varepsilon(i, j, m_k, n_k)=|S^{i,j}(m_k, n_k)-\hat{S}^{i,j}(i, j)-T(m_k, n_k)+\hat{T}| \tag{8-8}$$

其中

$$\hat{S}^{i,j}(i, j)=\frac{1}{M^2}\sum_{m=1}^{M}\sum_{n=1}^{M}S^{i,j}(m, n) \tag{8-9}$$

$$\hat{T}=\frac{1}{M^2}\sum_{m=1}^{M}\sum_{n=1}^{M}T(m, n) \tag{8-10}$$

(2) 取一个不变阈值T_k。

(3) 在子图$S^{i,j}(m, n)$中随机选取对象点，计算它同 T 中对应点的误差值，然后把这个差值和其他点的差值累加起来，当累加 r 次的误差超过T_k时，则停止累加，并记下次数r，定义 SSDA 的检测曲面为

$$I(i, j)=\{r|\min_{1\leqslant r\leqslant m^2}[\varepsilon(i, j, m_k, n_k)\geqslant T_k]\} \tag{8-11}$$

(4) 把 $I(i, j)$值大的(i, j)点作为匹配点，因为这点上需要很多次累加才使总误差超过T_k，如图 8-2 所示。图中给出了在 A、B、C 三个参考点上得到的误差累计增长曲线。A、B 反映了模板 T 不在匹配点上，这时总误差增长很快，超出阈值，曲线 C 中总误差增长很慢，很可能是一套准确的候选点。

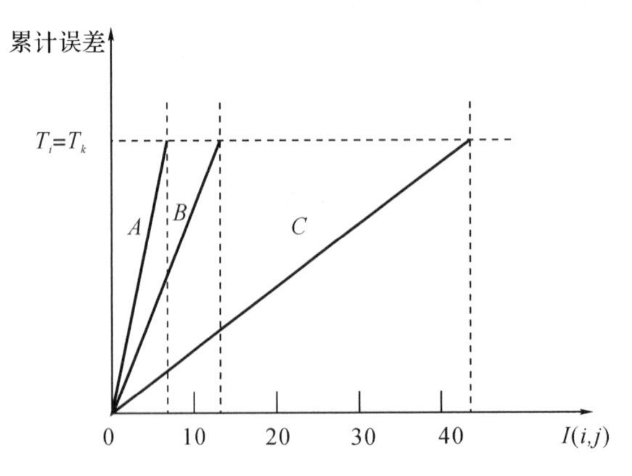

图 8-2　T_k为常数时的累计误差增长曲线

2. 序贯相似性检测算法的改进

对 SSDA 还可以进一步改进提高其计算效率，方法是：

(1) 对于 $N-M+1$ 个参考点的选用顺序可以不逐点推进，即模板不一定对每点都平移到，例如可采用粗、细结合的均匀搜索，即先每隔 M 点搜一下匹配好坏，然后在有极大匹配值的点周围的局部范围内对各参考点位置求匹配。这种策略能否不丢失真正的匹配点，将取决于表面 $I(i, j)$ 的平滑性和单峰性。

(2) 在某参考点 (i, j) 处，对模板覆盖下的 M^2 个点的计算顺序可用于 i、j 无关的随机方式计算误差，也可采用适应图像内容的方式，按模板中突出特征选取伪随机序列，决定计算误差的先后顺序，以便及早抛弃那些非匹配点。

(3) 模板在 (i, j) 点得到的累积误差映射为上述曲面数值的方法是否最佳还可以探索。

(4) 不选用固定阈值 T_k，而改用单调增长的阈值序列，使非匹配点使用更少的计算就可以达到阈值而被丢弃，真匹配点则需要更多次误差累计才达到阈值，如图 8-3 所示。由于除一点以外，绝大多数的情况下都是对非匹配点计算的，因此越早丢弃非匹配点越节省时间。

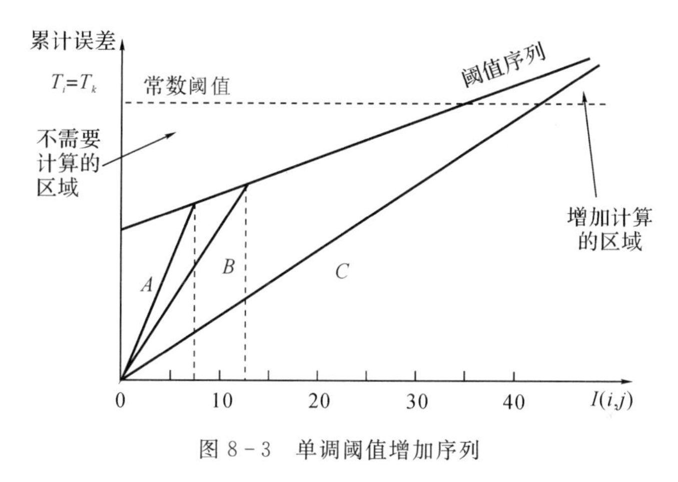

图 8-3　单调阈值增加序列

SSDA 方法比 FFT 相关法快 50 倍，是比较受重视的一种算法。对于二值图，SSDA 还可以简化，这时模板与对应子图中的对象点的差值为

$$|S^{i,j}(m, n)-T(m, n)| = \overline{S}^{i,j}T - \overline{TS}^{i,j} = S^{i,j}(m, n) \oplus T(m, n) \tag{8-12}$$

式中，$\oplus$表示异或处理，由此得到

$$D(i, j) = \sum_{m=1}^{M}\sum_{n=1}^{M}|S^{i,j}(m, n)-T(m, n)| = \sum_{m=1}^{M}\sum_{n=1}^{M}S^{i,j}(m, n) \oplus T(m, n) \tag{8-13}$$

式(8-13)被称为二进制的 Hamming 距离，D 越小，则子图同模板越相似。

3. 实现步骤

图像的序贯相似性检测算法实现步骤如下：

(1) 获得待匹配图像、模板图像数据的地址、存储的高度和宽度。

(2) 建立一个目标图像指针，并分配内存，以保存图像匹配后的图像，将待匹配图像复制到目标图像中。

(3) 逐个扫描原图像中的像素点所对应的模板子图，根据式(8-8)求出每一个像素点位置的绝对误差值，当累加绝对误差值超过阈值时，停止累加，记录像素点的位置和累加次数。

(4) 循环步骤(3)，直到处理完原图像的全部像素点，累加次数最少的像素点为最佳匹配点。

(5) 将目标图像所有像素值减半以便和原图像区别，把模板图像复制到目标图像中步骤(4)记录的像素点位置。

【例 8-1】 基于像素灰度值的模板匹配。

程序如下：

```
read_image (Image, 'cap_exposure/cap_exposure_03')
get_image_size (Image, Width, Height)
dev_close_window ()
dev_open_window (0, 0, Width, Height, 'black', WindowHandle)
dev_update_window ('off')
* 获得圆形 region
gen_circle (Circle, 246, 336, 150)
* 得到区域面积和中心坐标
area_center (Circle, Area, RowRef, ColumnRef)
* 缩小图像的域
reduce_domain (Image, Circle, ImageReduced)
* 创建 NCC 模板
create_ncc_model (ImageReduced, 'auto', 0, 0, 'auto', 'use_polarity', ModelID)
* 设置区域填充模式为边缘
dev_set_draw ('margin')
dev_display (Image)
dev_display (Circle)
stop ()
Rows :=[]
Cols :=[]
* 建立 for 循环
for J :=1 to 10 by 1
    * 循环读取图像
read_image (Image, 'cap_exposure/cap_exposure_' + J $ '02')
    * 在目标图像中寻找模板
find_ncc_model (Image, ModelID, 0, 0, 0.5, 1, 0.5, 'true', 0, Row, Column,
               Angle, Score)
    * 对匹配到的中心与模板中心求取映射关系
vector_angle_to_rigid (RowRef, ColumnRef, 0, Row, Column, 0, HomMat2D)
    * 根据映射关系求出模板对应的图像范围
affine_trans_region (Circle, RegionAffineTrans, HomMat2D, 'nearest_neighbor')
Rows :=[Rows, Row]
Cols :=[Cols, Column]
dev_display (Image)
dev_display (RegionAffineTrans)
    stop ()
```

```
endfor
* 计算找到的位置的标准差。如果检查行和列的单独位置，可以看到标准差主要是由最后四张过度曝光的图像引起的
StdDevRows :=deviation(Rows)
StdDevCols :=deviation(Cols)
* 清除模板内容
clear_ncc_model (ModelID)
```

程序运行的部分结果如图 8-4 所示。

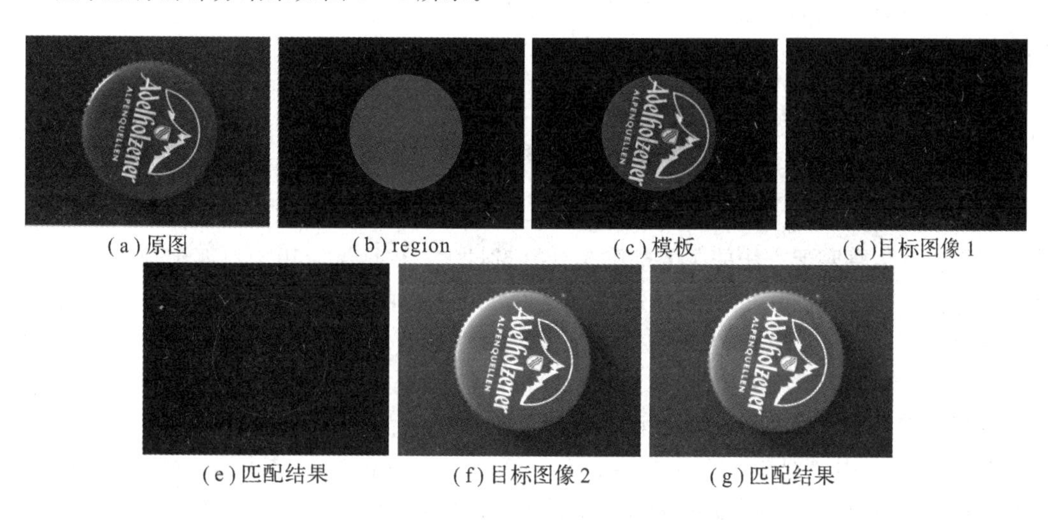

(a)原图　(b)region　(c)模板　(d)目标图像 1

(e)匹配结果　(f)目标图像 2　(g)匹配结果

图 8-4　基于像素灰度值的模板匹配

例程中主要算子介绍如下：

• create_ncc_model (Template::NumLevels, AngleStart, AngleExtent, AngleStep, Metric: ModelID)

功能：使用图像创建 NCC 匹配模板。

Template：模板图像。

NumLevels：最高金字塔层数。

AngleStart：开始角度。

AngleExtent：角度范围。

AngleStep：旋转角度步长。

Metric：物体极性选择。

ModelID：生成模板 ID。

• find_ncc_model (Image::ModelID, AngleStart, AngleExtent, MinScore, NumMatches, MaxOverlap, SubPixel, NumLevels: Row, Column, Angle, Score)

功能：搜索 NCC 最佳匹配。

Image：要搜索的图像。

ModelID：模板 ID。

AngleStart：开始搜索的旋转角度。

AngleExtent：从AngleExtent开始搜索的角度范围。

MinScore：最小分值。

NumMatches：匹配目标个数。

MaxOverlap：最大重叠比值。

SubPixel：是否亚像素级别。

NumLevels：金字塔层数。

Row、Column、Angle：匹配得到的坐标角度。

Score：匹配得到的分值，分数越高匹配越好。

8.2 基于特征的匹配

利用灰度信息匹配方法的主要缺陷是计算量过大，在具体应用中对匹配速度有一定要求时，这些方法就受到很大局限。另外，这些算法对图像的灰度变化比较敏感，尤其是非线性的光照变化，将大大降低算法的性能。此外，对目标的旋转、形变以及遮挡也比较敏感。为了克服这些缺点，可以采用基于图像特征进行匹配的方法。

特征匹配是指建立两幅图像中特征点之间对应关系的过程。用数学语言可以描述为：两幅图像A和B中分别有m和n个特征点(m和n通常不相等)，其中有k对点是两幅图像共同拥有的，则如何确定两幅图像中k对相对应的点对即为特征匹配要解决的问题。

基于图像特征的匹配方法可以克服利用图像灰度信息进行匹配的缺点，由于图像的特征点比像素点要少很多，大大减少了匹配过程的计算量。同时，特征点的匹配度量值对位置的变化比较敏感，可以大大提高匹配的精度。而且，特征点的提取过程可以减少噪声的影响，对灰度变化、图像形变以及遮挡等都有较好的适应能力。

8.2.1 不变矩匹配法

在图像处理中，矩是一种统计特性，可以使用不同阶次的矩计算模板的位置、方向和尺度变换参数。由于高阶矩对噪声和变形非常敏感，因此在实际应用中通常选用低阶矩来实现图像匹配。

1. 基本原理

矩定义为

$$m_{pq} = \iint x^p y^q f(x, y)\mathrm{d}x\mathrm{d}y \qquad p, q = 0, 1, 2, \cdots \tag{8-14}$$

其中，p和q可取所有的非负整数值，参数$p+q$称为矩的阶。

由于p和q可取所有的非负整数值，因此它们产生一个矩的无限集，而且，这个集合完全可以确定函数$f(x, y)$本身。也就是说，集合$\{m_{pq}\}$对于函数$f(x, y)$是唯一的，也只有$f(x, y)$才具有该特定的矩集。

大小为$n\times m$的数字图像$f(i, j)$的矩为

$$m_{pq}=\sum_{i=1}^{n}\sum_{j=1}^{m}i^{p}j^{q}f(i,j) \tag{8-15}$$

各阶矩的物理解释如下：

1）0 阶矩和一阶矩（区域形心位置）

0 阶矩 m_{00} 是图像灰度 $f(i,j)$ 的总和。二值图像的 m_{00} 则表示对象物的面积。如果用 m_{00} 来规格化一阶矩 m_{10} 及 m_{01}，则得到一个物体的重心坐标 $(\bar{i},\bar{j})$：

$$\begin{cases}\bar{i}=\dfrac{m_{10}}{m_{00}}=\dfrac{\sum\limits_{i=1}^{n}\sum\limits_{j=1}^{m}if(i,j)}{\sum\limits_{i=1}^{n}\sum\limits_{j=1}^{m}f(i,j)}\\[2ex]\bar{j}=\dfrac{m_{01}}{m_{00}}=\dfrac{\sum\limits_{i=1}^{n}\sum\limits_{j=1}^{m}jf(i,j)}{\sum\limits_{i=1}^{n}\sum\limits_{j=1}^{m}f(i,j)}\end{cases} \tag{8-16}$$

2）中心矩

所谓的中心矩是以重心作为原点进行计算：

$$\mu_{pq}=\sum_{i=1}^{n}\sum_{j=1}^{m}(i-\bar{i})^{p}(j-\bar{j})^{q}f(i,j) \tag{8-17}$$

中心矩具有位置无关性。中心矩 μ_{pq} 能反映区域中的灰度相对于灰度中心是如何分布的度量。

利用中心矩可以提取区域的一些基本形状特征。例如，μ_{20} 和 μ_{02} 分别表示围绕通过灰度中心的垂直和水平轴线的惯性矩，假如 $\mu_{20}>\mu_{02}$，则可能所计算的区域为一个水平方向延伸的区域。当 $\mu_{30}=0$ 时，区域关于 i 轴对称。同样，当 $\mu_{03}=0$ 时，区域关于 j 轴对称。

利用式(8-17)，可以计算出三阶以下的中心矩：

$$\mu_{00}=\mu_{00}$$

$$\mu_{10}=\mu_{01}=0$$

$$\mu_{11}=m_{11}-\bar{y}m_{10}$$

$$\mu_{20}=m_{20}-\bar{x}m_{10}$$

$$\mu_{02}=m_{02}-\bar{y}m_{01}$$

$$\mu_{30}=m_{30}-3\bar{x}m_{20}+2\bar{x}^{2}m_{10}$$

$$\mu_{12}=m_{12}-2\bar{y}m_{11}-\bar{x}m_{02}+2\bar{y}^{2}m_{10}$$

$$\mu_{21}=m_{21}-2\bar{x}m_{11}-\bar{y}m_{02}+2\bar{x}^{2}m_{01}$$

$$\mu_{03}=m_{03}-3\bar{y}m_{02}+2\bar{y}^{2}m_{01}$$

把中心矩用 0 阶中心矩来规格化，叫作规格化中心矩，记为 η_{pq}，表达式为

$$\eta_{pq}=\frac{\mu_{pq}}{\mu_{00}^{r}} \tag{8-18}$$

其中，$r=(p+q)/2$，$p+q=2, 3, 4, \cdots$。

3）不变矩

μ_{pq} 称为图像的 $p+q$ 阶中心矩，并且具有平移不变性。但是 μ_{pq} 依然对旋转敏感，为了

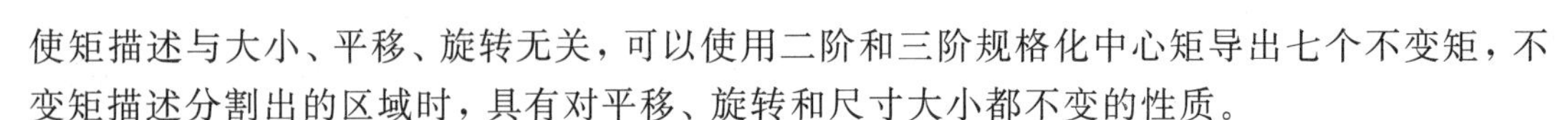

使矩描述与大小、平移、旋转无关，可以使用二阶和三阶规格化中心矩导出七个不变矩，不变矩描述分割出的区域时，具有对平移、旋转和尺寸大小都不变的性质。

利用二阶和三阶规格化中心矩导出的七个不变矩如下：

$$\begin{cases} a_1=\mu_{02}+\mu_{20} \\ a_2=(\mu_{20}-\mu_{02})^2+4\mu_{11}^2 \\ a_3=(\mu_{30}-3\mu_{12})^2+(3\mu_{21}-\mu_{03})^2 \\ a_4=(\mu_{30}+\mu_{12})^2+(\mu_{21}+\mu_{03})^2 \\ a_5=(\mu_{30}-3\mu_{12})(\mu_{30}+\mu_{12})[(\mu_{30}+\mu_{12})^2-3(\mu_{21}+\mu_{03})^2] \\ \qquad +(3\mu_{21}-\mu_{03})(\mu_{21}+\mu_{03})[3(\mu_{30}+\mu_{12})^2-(\mu_{21}+\mu_{03})^2] \\ a_6=(\mu_{20}-\mu_{02})[(\mu_{30}+\mu_{12})^2-(\mu_{21}+\mu_{03})^2]+4\mu_{11}(\mu_{30}+\mu_{12})(\mu_{21}+\mu_{03}) \\ a_7=(3\mu_{21}-\mu_{03})(\mu_{30}+\mu_{12})[(\mu_{30}+\mu_{12})^2-3(\mu_{21}+\mu_{03})^2] \\ \qquad +(3\mu_{12}-\mu_{30})(\mu_{21}+\mu_{03})[3(\mu_{30}+\mu_{12})^2-(\mu_{21}+\mu_{03})^2] \end{cases} \tag{8-19}$$

但是，上述几种矩特征的定义都不具有尺度不变性。通过归一化η_{pq}、μ_{pq}和$a_1 \sim a_7$，实现了尺度不变性。

图像有七个不变的特征矩不变量，这些不变量在比例因子小于2和旋转角度不超过45°的条件下，对于平移、旋转和比例因子的变化都是不变的，所以它们反映了图像的固有特性。因此，两个图像之间的相似性程度可以用它们的七个不变矩之间的相似性来描述。这样的算法称为不变矩匹配算法，它不受几何失真的影响。

如果令实时图的不变矩为$M_i(i=1, 2, \cdots, 7)$，则两图之间的相似度可以用任一种相关算法来度量。归一化计算公式为

$$R=\frac{\sum_{i=1}^{7} M_i N_i}{\left[\sum_{i=1}^{7} M_i^2 \sum_{i=1}^{7} N_i^2\right]^{\frac{1}{2}}} \tag{8-20}$$

其中，R是模板与待匹配图像上的不变矩的相关值。取最大的R所对应的图像作为匹配图像。显然，这种算法在进行相关之前，需要计算七个不变矩，所以，若采用常规的搜索方法，则需要较大的计算量。为了提高算法的处理速度，常常采用分层搜索技术。一般地说，最低搜索级取为3就可以了，因为搜索级太低会影响不变矩的计算精度。

2. 实现步骤

图像的不变矩匹配算法实现的步骤如下：

(1) 获得待匹配图像、模板图像数据的地址、存储的高度和宽度；

(2) 根据式(8-19)求出待匹配图像和模板图像的7个不变矩；

(3) 根据式(8-20)求出待匹配图像和模板图像的相关值。

8.2.2 距离变换匹配法

距离变换是一种常见的二值图像处理算法，用来计算图像中任意位置到最近边缘点的距离。

1. 基本原理

设二值图像I包含两种元素：物体O和背景o'，距离为D，则距离变换定义为

$$D(p)=\min\{\text{dist}(p, q), q\in O\} \tag{8-21}$$

其中，(p, q)为图像的像素点，dist( )为距离测度函数。常见的距离测度函数有切削距离函数、街区距离函数和欧氏距离函数。切削距离和街区距离是欧氏距离的一种近似。

距离变换匹配的原理是计算模板图覆盖下的那块子图与模板图之间的距离，也就是计算子图中的边缘点到模板图中最近的边缘点的距离，这里采用欧氏距离，并对欧氏距离进行近似，认为与边缘 4 邻域相邻的点的距离为 0.3，8 邻域相邻的点的距离为 0.7，不相邻的点的距离都为 1。

欧氏距离变换定义为

$$D[(x_1, y_1)(x_2, y_2)]=\sqrt{(x_1-x_2)^2+(y_1-y_2)^2} \tag{8-22}$$

实际中由于欧氏距离的计算量较大，应用受到限制。在精度要求不高的情况下，近似欧氏距离由于具有较高的计算效率而得到广泛应用。

在二维空间R^2中，S为某一集合，对R^2中任一点r，定义其距离变换为

$$T_s(r)=\min\{\text{dis}(r, s)\mid s\in S\} \tag{8-23}$$

其中 dis()为一般的欧几里得空间距离算子：

$$\text{dis}(a, b)=\sqrt{(x_1-x_2)^2+(y_1-y_2)^2} \tag{8-24}$$

其中，$a=(x_1, y_1)$，$b=(x_2, y_2)$，为两点。距离变换值$T_s(r)$反映点r与集合S的远近程度。

对于两幅二值图像，定义其匹配误差度量准则为

$$P_{\text{match}}=\frac{\sum_{a\in A}g[T_B(a)]+\sum_{b\in B}g[T_A(b)]}{N_A+N_B} \tag{8-25}$$

其中：A、B分别是两幅图像中为“1”的像素点的集合；a、b分别为A、B中的任意点；N_A、N_B分别为A、B中点的个数；$g(\ )$为加权函数，它在x正半轴上是连续递增的，满足

$$\begin{cases} g(0)=0 \\ g(x)>0, \ \forall x>0 \end{cases} \tag{8-26}$$

可以证明，P_{match}有如下性质：

(1) $P_{\text{match}}\geqslant 0$；

(2) 当两个图像完全一致时，$P_{\text{match}}=0$；

(3) 由于$g(\ )$对各点距离变换的值连续加权，当两个图像间发生一定几何失真时，P_{match}不会突然增加，而是随几何失真程度的增强而逐渐增加。

利用这一准则可实现不同成像条件下的图像匹配。首先在参考图中任一可能匹配位置上截取与实测图大小相同的图像块，然后对实测图与各参考图块提取边缘并作二值化，再采用上述准则求出二者的匹配误差P_{match}。搜索完参考图的每一个可能匹配位置，误差最小的即为配准点。由于$g(\ )$对各点距离变换的值连续加权，当两幅图像发生一定几何失真或边缘产生变化时，匹配误差P_{match}只稍微增加，不影响对正确匹配的判断，而采用传统的匹配方法则会造成严重的误匹配。由于边缘算子是局部算子，因此采用这一匹配还具有抗灰度反转的能力。

在图像匹配的实际应用中，正确匹配位置上参考图与实测图的几何失真和边缘变化一般具有一定范围，所以采用截断函数作为加权函数，既可以减少匹配算法的计算量，又可以保证有效克服几何失真及边缘变化的影响。这里匹配误差P_{match}除满足上述 3 个性质外，

还有归一化的性质，即 $0 \leqslant P_{\text{match}} \leqslant 1$。

在匹配误差准则中，难点是 $\sum_{a \in A} g[T_B(a)]$ 的求取，如果对 A 中每个点 a 都做最近邻搜索，计算量将很大，因此可以采用膨胀运算与类似“或”运算来代替。将加权函数离散化：

$$\begin{cases} g(0)=0 \\ g(1)=0.3 \\ g(\sqrt{2})=0.7 \\ g(x)=1, \ x \geqslant 2 \end{cases} \tag{8-27}$$

按照这个加权函数，对参考图块的二值化边缘图中每个点 f 进行膨胀运算：

$$G(f)=g[T_B(f)] \tag{8-28}$$

这样，对 A 中点 a，求取 $g[T_B(a)]$就转化为求 A 的膨胀图，即对相应的点进行比较而保留较小值。

2. 实现步骤

图像的距离变换匹配算法实现的步骤如下：

(1) 获得待匹配图像、模板图像数据的地址、存储的高度和宽度；

(2) 建立一个目标图像指针，并分配内存，以保留图像匹配后的图像，将待匹配图像复制到目标图像中；

(3) 逐个扫描原图像中的像素点所对应的模板子图，根据式(8-27)求出每个像素点位置的最小距离值，记录像素点的位置；

(4) 循环步骤(3)，直到处理完原图像的全部像素点，距离最小的像素点为最佳匹配点；

(5) 将目标图像所有像素值减半以便和原图像区别，把模板图像复制到目标图像中步骤(4)记录的像素点位置。

8.2.3 最小均方误差匹配法

最小均方误差匹配方法是利用图像中的对应特征点，通过解特征点的变换方程来计算图像间的变换参数。

1. 基本原理

对于图像间的仿射变换$(x, y) \rightarrow (x', y')$，变换方程为

$$\begin{pmatrix} x' \\ y' \end{pmatrix} = s\begin{pmatrix} \cos\theta & \sin\theta \\ -\sin\theta & \cos\theta \end{pmatrix}\begin{pmatrix} x \\ y \end{pmatrix} + \begin{pmatrix} tx \\ ty \end{pmatrix} = \begin{bmatrix} x & y & 1 & 0 \\ y & -x & 0 & 1 \end{bmatrix}[s\cos\theta \quad s\sin\theta \quad tx \quad ty]^{\mathrm{T}} \tag{8-29}$$

其中，仿射变换参数由向量 $\boldsymbol{A}=[s\cos\theta \quad s\sin\theta \quad tx \quad ty]^{\mathrm{T}}$表示，根据给定的 n 对相应特征点($n \geqslant 4$)，构造点坐标矩阵为

$$\boldsymbol{X}=\begin{bmatrix} x_1 & y_1 & 1 & 0 \\ y_1 & -x_1 & 0 & 1 \\ \vdots & \vdots & \vdots & \vdots \\ x_n & y_n & 1 & 0 \\ y_n & -x_n & 0 & 1 \end{bmatrix} \tag{8-30}$$

$$Y=[x_1' \quad y_1' \quad \cdots \quad x_n' \quad y_n']^T$$

由最小均方误差原理求解 $E^2=(Y-X\partial)^T(Y-X\partial)$，可以得到参数向量的求解方程为

$$A=(X^TX)^{-1}X^TY \tag{8-31}$$

∂ 解出后，便可以计算得出 E^2。

2. 实现步骤

图像的最小均方误差匹配算法实现的步骤如下：

(1) 获得待匹配图像、模板图像数据的地址、存储的高度和宽度；

(2) 建立一个目标图像指针，并分配内存，以保留图像匹配后的图像，将待匹配图像复制到目标图像中；

(3) 逐个扫描原图像中的像素点所对应的模板子图，根据式(8-30)构造点坐标矩阵，然后根据式(8-31)求出仿射变换向量，解出最小均方误差值；

(4) 循环步骤(3)，直到处理完原图像的全部像素点，最小均方误差值最小的像素点为最佳匹配点；

(5) 将目标图像所有像素值减半以便和原图像区别，把模板图像复制到目标图像中步骤(4)记录的像素点位置。

【例 8-2】 基于形状特征的模板匹配。

程序如下：

```
dev_update_off ()
dev_close_window ()
read_image (Image, 'wafer/wafer_mirror_dies_01')
dev_open_window_fit_image (Image, 0, 0, -1, -1, WindowHandle)
set_display_font (WindowHandle, 16, 'mono', 'true', 'false')
* 设置线的宽度
dev_set_line_width (3)
dev_display (Image)
* 在窗口显示 Determine the position of mirror dies on the wafer
disp_message (WindowHandle, 'Determine the position of mirror dies on the wafer',
              'window', 12, 12, 'black', 'true')
disp_continue_message (WindowHandle, 'black', 'true')
stop ()
* 获得一个矩形 region
gen_rectangle1 (Rectangle, 362, 212, 414, 262)
* 缩小图像的域
reduce_domain (Image, Rectangle, ImageReduced)
* 创建形状模板
create_shape_model (ImageReduced, 'auto', rad(0), rad(1), 'auto', 'auto',
                    'use_polarity', 'auto', 'auto', ModelID)
* 得到形状模板的轮廓
get_shape_model_contours (ModelContours, ModelID, 1)
*  读取图像并处理它们
* 建立 for 循环
for Index :=1 to 4 by 1
* 读取循环图像
```

```
read_image (Image, 'wafer/wafer_mirror_dies_' + Index$'02')
     * 确定镜像模具的位置
count_seconds (S1)
* 在目标图像中寻找模板
find_shape_model (Image, ModelID, rad(0), rad(1), 0.5, 0, 0.0, 'least_squares', 2, 0.5,
                  Row, Column, Angle, Score)
count_seconds (S2)
* 计算运行时间
Runtime := (S2 - S1) * 1000
* 显示结果
* 对得到的结果进行十字标记
gen_cross_contour_xld (Cross, Row, Column, 6, rad(45))
dev_display (Image)
* 显示形状匹配的结果
dev_display_shape_matching_results (ModelID, 'lime green', Row, Column, Angle, 1, 1, 0)
* 设置颜色
dev_set_color ('orange')
* 显示十字标记
dev_display (Cross)
* 显示运行时间
disp_message (WindowHandle, |Score| + ' mirror dies located in ' + Runtime$'.1f'
+ 'ms', 'window', 12, 12, 'black', 'true')
    if (Index != 4)
disp_continue_message (WindowHandle, 'black', 'true')
        stop ()
    endif
endfor
* 清除模板内容
clear_shape_model (ModelID)
```

程序运行部分结果如图 8-5 所示。

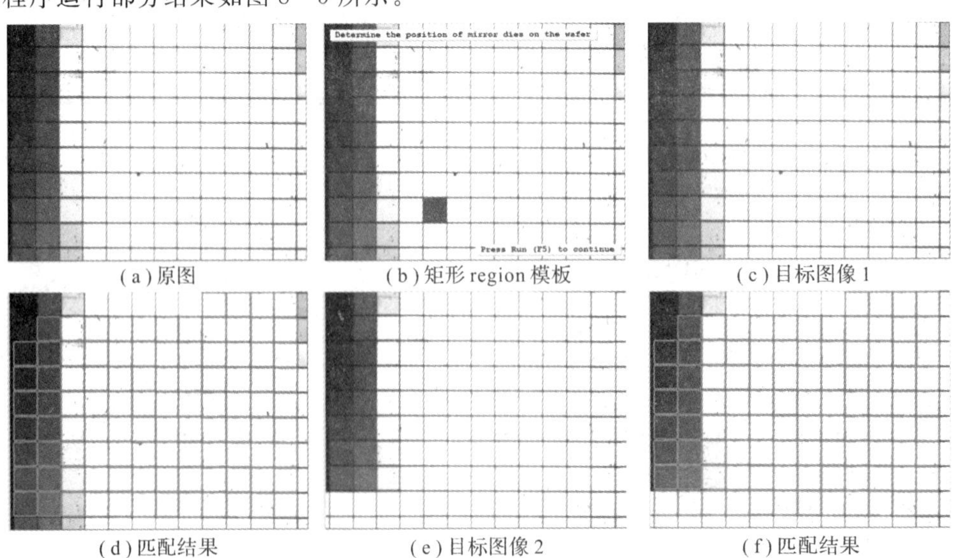

(a)原图　(b)矩形 region 模板　(c)目标图像 1

(d)匹配结果　(e)目标图像 2　(f)匹配结果

图 8-5　基于形状特征的模板匹配

例程中主要算子介绍如下：

- create _ shape _ model (Template:: NumLevels, AngleStart, AngleExtent, AngleStep, Optimization, Metric, Contrast, MinContrast: ModelID)

功能：使用图像创建形状匹配模型。

Template：模板图像。

NumLevels：最高金字塔层数。

AngleStart：开始角度。

AngleExtent：角度范围。

AngleStep：旋转角度步长。

Optimization：优化选项，是否减少模板点数。

Metric：匹配度量极性选择。

Contrast：用阈值或滞后阈值来表示对比度。

MinContrast：最小对比度。

ModelID：生成模板 ID。

- get_shape_contours(: ModelContours: ModelID, Level:)

功能：获取形状模板的轮廓。

ModelContours：得到的轮廓 XLD。

ModelID：输入模板 ID。

Level：对应金字塔层数。

- find_shape_model (Image::ModelID, AngleStart, AngleExtent, MinScore, NumMatches, MaxOverlap, SubPixel, NumLevels, Greediness: Row, Column, Angle, Score)

功能：寻找单个形状模板最佳匹配。

Image：要搜索的图像。

ModelID：模板 ID。

AngleStart：开始角度。

AngleExtent：角度范围。

MinScore：最低分值(模板多少部分匹配出来；可以理解成百分比)。

NumMatches：匹配实例个数。

MaxOverlap：最大重叠。

SubPixel：是否亚像素精度(不同模式)。

NumLevels：金字塔层数。

Greediness：搜索贪婪度。当其值为 0 时，安全但速度慢；当其值为 1 时，速度快但是不稳定，有可能搜索不到，默认值为 0.9。

Row、Column、Angle：获得的缩放、坐标、角度。

Score：获得的模板匹配分值。

8.3 图像金字塔

图像金字塔是一种以多分辨率来解释图像的有效但概念简单的结构，广泛应用于图像分割、机器视觉和图像压缩当中。一幅图像的金字塔是一系列以金字塔形状排列的分辨率逐步降低且来源于同一张原始图的图像集合。其通过梯次向下采样获得，直到达到某个终止条件才停止采样。金字塔的底部是待处理图像的高分辨率表示，而顶部是低分辨率的近似。若将一层一层的图像比喻成金字塔，层级越高，则图像越小，分辨率越低。

常见的图像金字塔有两种：高斯金字塔(Gaussian Pyramid)和拉普拉斯金字塔(Laplacian Pyramid)。高斯金字塔用来向下采样，是主要的图像金字塔。拉普拉斯金字塔用来以金字塔底层图像重建上层未采样图像，也就是数字图像处理中的残差预测，可以对图像进行最大程度的还原，配合高斯金字塔一起使用。这里的向下与向上采样，是对图像的尺寸而言的(和金字塔的方向相反)，向上就是图像尺寸加倍，向下就是图像尺寸减半。两者的简单区别是，高斯金字塔用来向下采样图像，而拉普拉斯金字塔则用来从金字塔底层图像中向上采样重建一个图像。

要从金字塔第 i 层生成第 $i+1$ 层(将第 $i+1$ 层表示为 G_{i+1})，先要用高斯核对 G_i 进行卷积，然后删除所有偶数行和偶数列。因此，新得到的图像面积会变为原始图像的四分之一。按上述过程对输入图像 G_0 执行操作就可产生整个金字塔。

1. 高斯金字塔

高斯金字塔是通过高斯平滑和亚采样获得向下采样图像，也就是说第 i 层高斯金字塔通过平滑、亚采样就可以获得 $i+1$ 层高斯图像。高斯金字塔包含一系列低通滤波器，其截止频率从上一层到下一层是以因子2逐渐增加的，所以高斯金字塔可以跨越很大的频率范围。

为了获取层级为 G_{i+1} 的金字塔图像，可采用如下方法：

(1) 对图像 G_i 进行高斯内核卷积；

(2) 将所有偶数行和列去除，如图8-6所示。

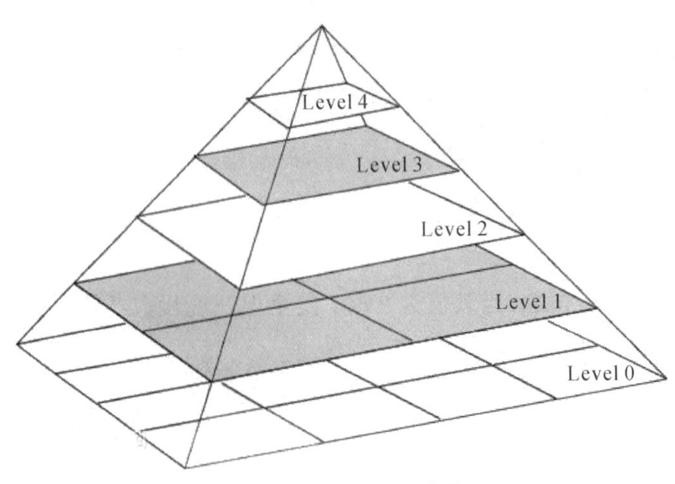

图8-6 高斯图像金字塔

得到的图像即为 G_{i+1} 的图像，显而易见，结果图像只有原始图像的四分之一。通过对输入图像 G_i(原始图像)不停迭代以上步骤，就会得到整个金字塔。同时也可以看到，向下采样会逐渐丢失图像的信息。

以上就是对图像的向下采样操作，即缩小图像。

2. 拉普拉斯金字塔

在高斯金字塔的运算过程中，图像经过卷积和向下采样操作会丢失部分高频细节信息。为描述这些高频信息，人们定义了拉普拉斯金字塔。用高斯金字塔的每一层图像减去其上一层图像上采样并高斯卷积之后的预测图像，得到一系列的差值图像，即为拉普拉斯金字塔分解图像。

如果想放大图像，则需要通过向上采样操作得到，具体做法如下：

(1) 将图像在每个方向扩大为原来的 2 倍，新增的行和列以 0 填充。

(2) 使用先前同样的内核(乘以 4)与放大后的图像卷积，获得"新增像素"的近似值，得到的图像即为放大后的图像，但是与原来的图像相比会发觉比较模糊，因为在缩放的过程中丢失了一些信息。如果想在整个缩小和放大过程中减少信息的丢失，那么就需要用到拉普拉斯金字塔。

基于金字塔分层搜索策略：由高层开始到底层搜索，在高层图像搜索到的模板实例都将追踪到图像金字塔最底层。这个过程中需要将高层的匹配结果映射到金字塔下一层，也就是直接将找到的坐标乘以 2，考虑到匹配位置的不确定性，在下一层搜索区域定位匹配结果周围的一个小区域(如 5×5 的矩阵)，然后在小区域进行匹配，也就是在这个区域内计算相似度，进行阈值分割，提取局部极值。

在模板匹配时，金字塔层数可以尽可能大一些，最高层一定多于 4 个点。金字塔层数太高，有时会识别不出模板，甚至报错；金字塔层数太低，会花费很多时间来寻找目标。金字塔层数不好把握时可以设置为自动选择。

【例 8-3】 图像金字塔应用。

程序如下：

```
dev_update_window ('off')
* 图像采集和窗口大小
*打开和配置图像采集设备
open_framegrabber ('File', 1, 1, 0, 0, 0, 0, 'default', -1, 'default', -1, 'default',
                   'board/board.seq', 'default', -1, 1, FGHandle)
*从指定的图像采集设备获取图像的同步抓取
grab_image (ModelImage, FGHandle)
*得到图像访问路径的指针
get_image_pointer1 (ModelImage, Pointer, Type, Width, Height)
dev_close_window ()
dev_open_window (0, 0, Width, Height, 'white', WindowHandle)
dev_set_part (0, 0, Height -1, Width -1)
dev_display (ModelImage)
* 颜色和可视化的其他设置
dev_set_color ('yellow')
```

```
dev_set_draw ('margin')
dev_set_line_width (2)
set_display_font (WindowHandle, 14, 'courier', 'true', 'false')
disp_continue_message (WindowHandle, 'black', 'true')
stop ()
* ------------------ 应用程序开始 ---------------
* 步骤 1: 选择模型对象
Row1 := 188
Column1 := 182
Row2 := 298
Column2 := 412
* 选择矩形区域
gen_rectangle1 (ROI, Row1, Column1, Row2, Column2)
dev_display (ROI)
* 缩小图像的域
reduce_domain (ModelImage, ROI, ImageROI)
disp_continue_message (WindowHandle, 'black', 'true')
stop ()
* 步骤 2: 创建模型
* 创建图像金字塔，根据金字塔层数和对比度检查要生成的模板是否合适
inspect_shape_model (ImageROI, ShapeModelImages, ShapeModelRegions, 8, 30)
dev_clear_window ()
dev_set_color ('blue')
dev_display (ShapeModelRegions)
* 图像金字塔各层面积
area_center (ShapeModelRegions, AreaModelRegions, RowModelRegions, ColumnModelRegions)
* 提取金字塔层数
count_obj (ShapeModelRegions, HeightPyramid)
for i := 1 to HeightPyramid by 1
    if (AreaModelRegions[i - 1] >= 15)
NumLevels := i
    endif
endfor
* 创建形状模板
create_shape_model (ImageROI, NumLevels, 0, rad(360), 'auto', 'none', 'use_polarity',
                    30, 10, ModelID)
* 获得形状模板轮廓
get_shape_model_contours (ShapeModel, ModelID, 1)
disp_continue_message (WindowHandle, 'black', 'true')
stop ()
* 步骤 3: 在其他图像中找到对象
* 建立循环读图
for i := 1 to 20 by 1
```

```
* 获得图像
grab_image (SearchImage, FGHandle)
* 根据模板进行匹配
find_shape_model (SearchImage, ModelID, 0, rad(360), 0.7, 1, 0.5, 'least_squares', 0,
            0.7, RowCheck, ColumnCheck, AngleCheck, Score)
    if (|Score| == 1)
dev_set_color ('yellow')
    * 求取模板与匹配结果的映射关系
vector_angle_to_rigid (0, 0, 0, RowCheck, ColumnCheck, AngleCheck, MovementOfObject)
    * 根据映射关系得到匹配后的轮廓
affine_trans_contour_xld (ShapeModel, ModelAtNewPosition, MovementOfObject)
dev_display (SearchImage)
dev_display (ModelAtNewPosition)
    endif
    if (i != 20)
disp_continue_message (WindowHandle, 'black', 'true')
    endif
    stop ()
endfor
* ------------------- 应用程序结束 -----------------
* 涂除
* 清除模板内容
clear_shape_model (ModelID)
dev_update_window ('on')
* 关闭采集设备
close_framegrabber (FGHandle)
```

程序部分运行结果如图 8-7 所示。

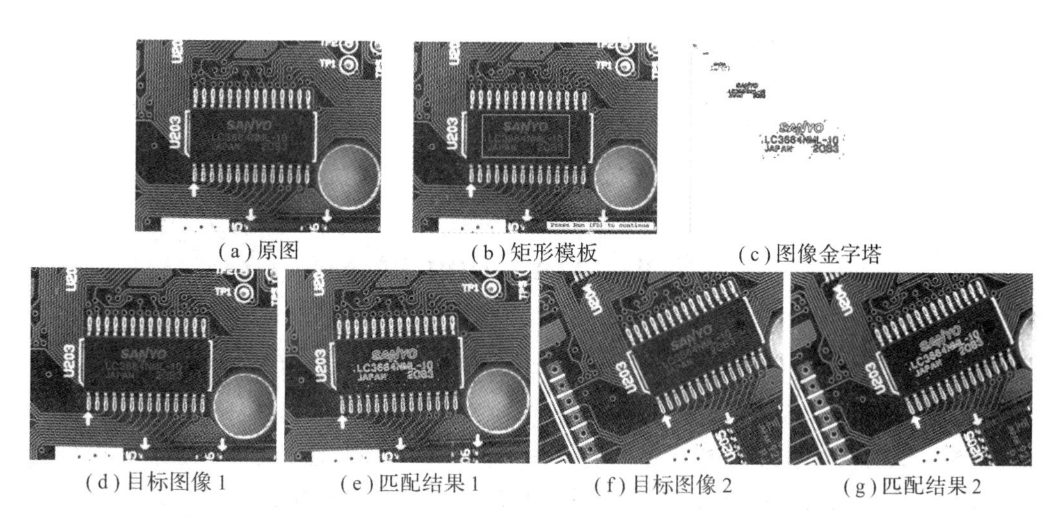

(a) 原图　(b) 矩形模板　(c) 图像金字塔

(d) 目标图像 1　(e) 匹配结果 1　(f) 目标图像 2　(g) 匹配结果 2

图 8-7　基于拉普拉斯金字塔的图像匹配

例程中相关算子介绍如下：

• inspect_shape_model (Image: ModelImages, ModelRegions: NumLevels, Contrast)

功能：根据金字塔层数和对比度检查要生成的模板是否合适。

Image：输入的图像。

ModelImages：获得的金字塔图像。

ModelRegions：模板区域。

NumLevels：金字塔层数。

Contrast：对比度。

一般在创建模板之前可以使用此算子，通过不同的金字塔层数和对比度检查要生成的模板是否合适。

• create_shape_model (Template::NumLevels, AngleStart, AngleExtent, AngleStep, Optimization, Metric, Contrast, MinContrast: ModelID)

功能：使用图像创建形状匹配模型。

Template：模板图像。

NumLevels：最高金字塔层数。

AngleStart：开始角度。

AngleExtent：角度范围。

AngleStep：旋转角度步长。

Optimization：优化选项，是否减少模板点数。

Metric：匹配度量极性选择。

Contrast：以阈值或滞后阈值来表示对比度。

MinContrast：最小对比度。

ModelID：生成模板 ID。

• get_shape_contours(: ModelContours: ModelID, Level:)

功能：获取形状模板的轮廓。

ModelContours：得到的轮廓 XLD。

ModelID：输入模板 ID。

Level：对应金字塔层数。

8.4 Matching 助手

运行 HALCON 软件之后，在菜单栏“助手”里单击“打开新的 Matching”，打开的 Matching 窗口如图 8-8 所示。然后在“创建”选项卡里加载想要创建模板的图像，加载完图像之后，在“模板感兴趣区域”选择想要创建的 region 的形状。选择好形状后，在图像上画出该 region，单击鼠标右键退出，想要创建模板的 region 就选择好了。其中，在工具栏中选择想要进行模板匹配的类型，然后单击“参数”选项卡进行参数设置，如图 8-9 所示。

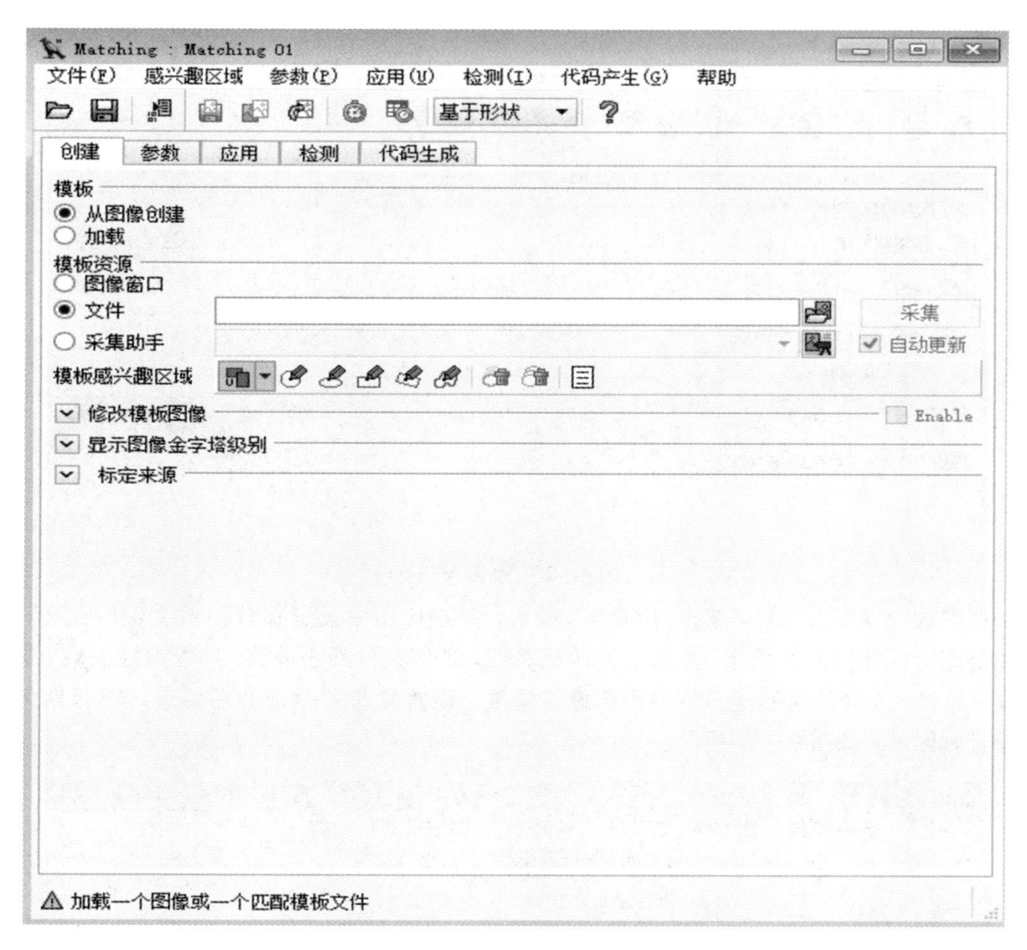

图 8 - 8　Matching 窗口

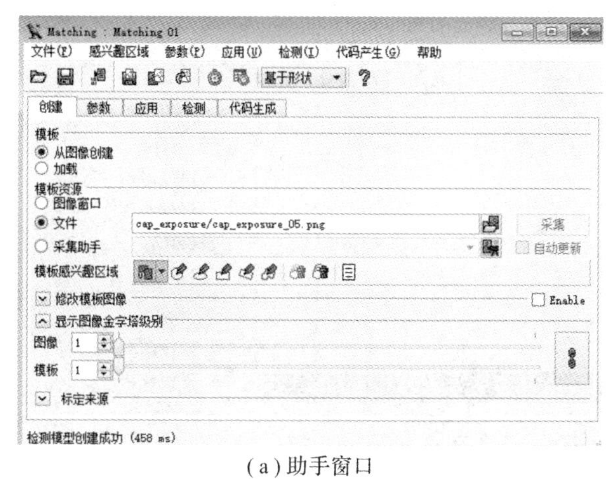

(a) 助手窗口

(b) 模板感兴趣区域

图 8 - 9　助手窗口和创建模板区域

在参数窗口中设置金字塔级别、起始角度、角度范围、角度步长和度量等参数，其中金字塔级别和角度步长一般设置为自动选择，起始角度、角度范围和度量根据模板进行设置。参数设置如图 8 - 10 所示。

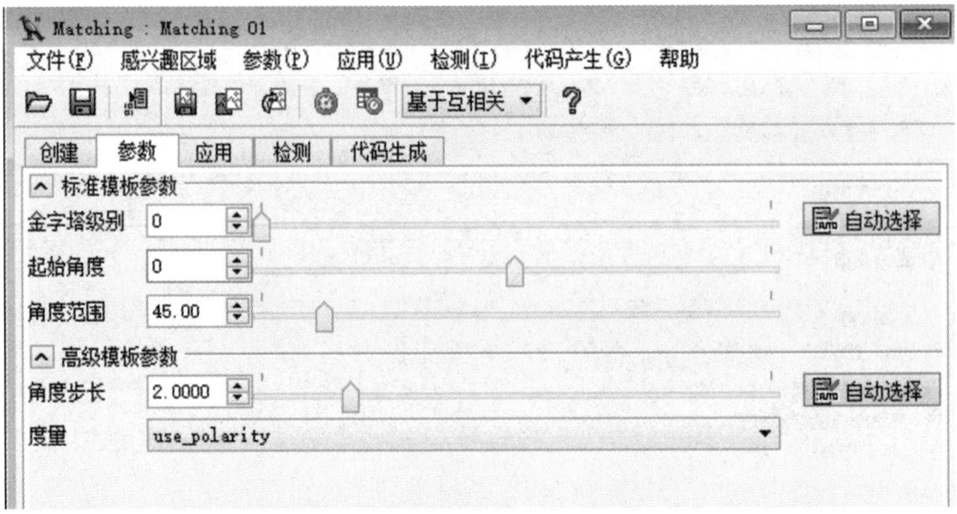

图 8-10 参数窗口

在参数设置完成之后，单击“应用”选项卡，并在应用中设置加载图像文件的路径，选择想要进行模板匹配的图像，然后设置匹配参数，如匹配的最小分数、匹配的最大数、最大重叠、最大金字塔级别和是否精确到亚像素精度。设置完参数后加载需要进行模板匹配的图像进行匹配，如图 8-11 所示。

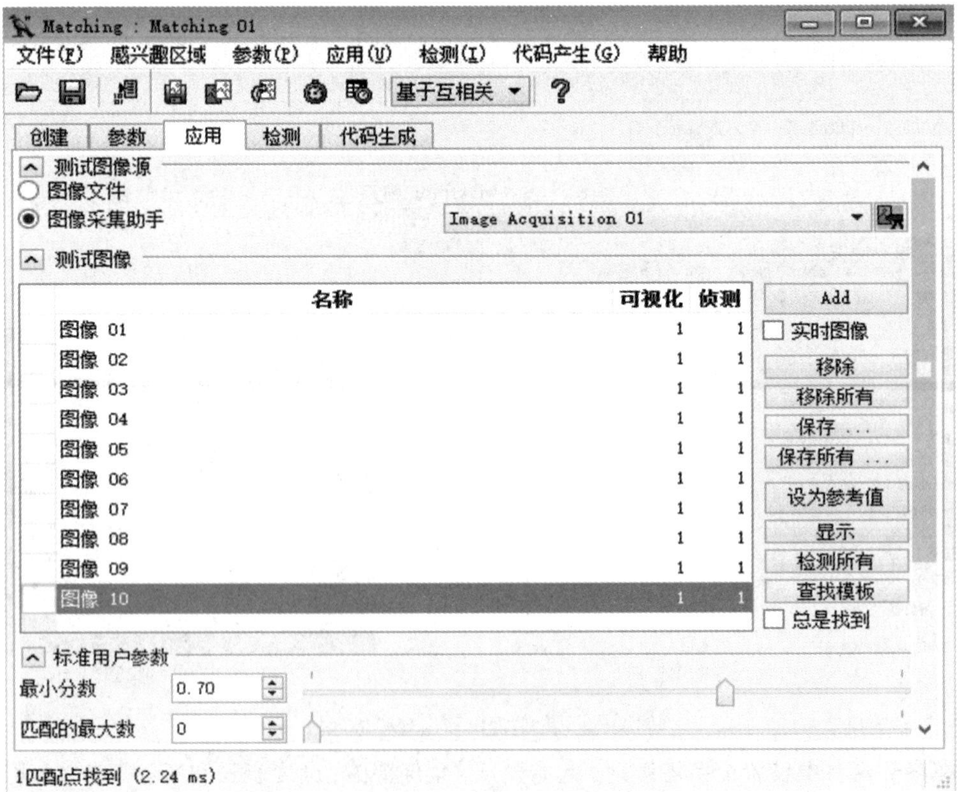

图 8-11 应用窗口

单击“检测”选项卡，在窗口下方单击“执行”按钮之后就会显示模板匹配的结果信息，如图 8-12 所示。

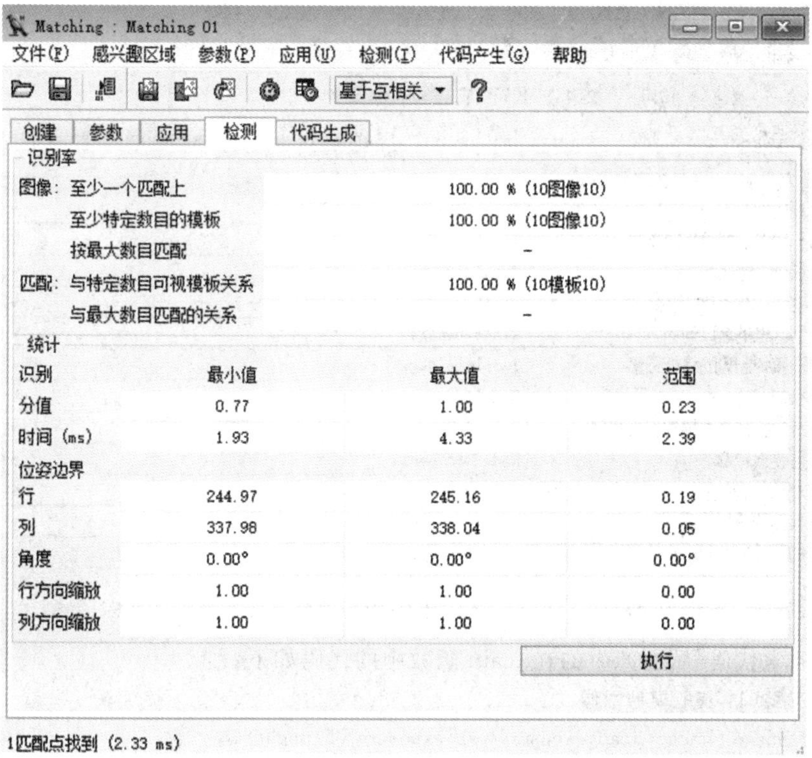

Matching : Matching 01

文件(F)　感兴趣区域　参数(P)　应用(U)　检测(I)　代码产生(G)　帮助

基于互相关

创建　参数　应用　检测　代码生成

识别率

图像：至少一个匹配上	100.00 % (10图像10)
至少特定数目的模板	100.00 % (10图像10)
按最大数目匹配	-
匹配：与特定数目可视模板关系	100.00 % (10模板10)
与最大数目匹配的关系	-

统计

识别	最小值	最大值	范围
分值	0.77	1.00	0.23
时间 (ms)	1.93	4.33	2.39
位姿边界			
行	244.97	245.16	0.19
列	337.98	338.04	0.05
角度	0.00°	0.00°	0.00°
行方向缩放	1.00	1.00	0.00
列方向缩放	1.00	1.00	0.00

执行

1匹配点找到 (2.33 ms)

图 8-12　检测窗口

然后单击“代码生成”选项卡，在“选项”中可以选择插入代码的要求，如图 8-13 所示。在“基于形状模板匹配变量名”中可以查看插入代码时各个变量的名称，如图 8-14 所示。

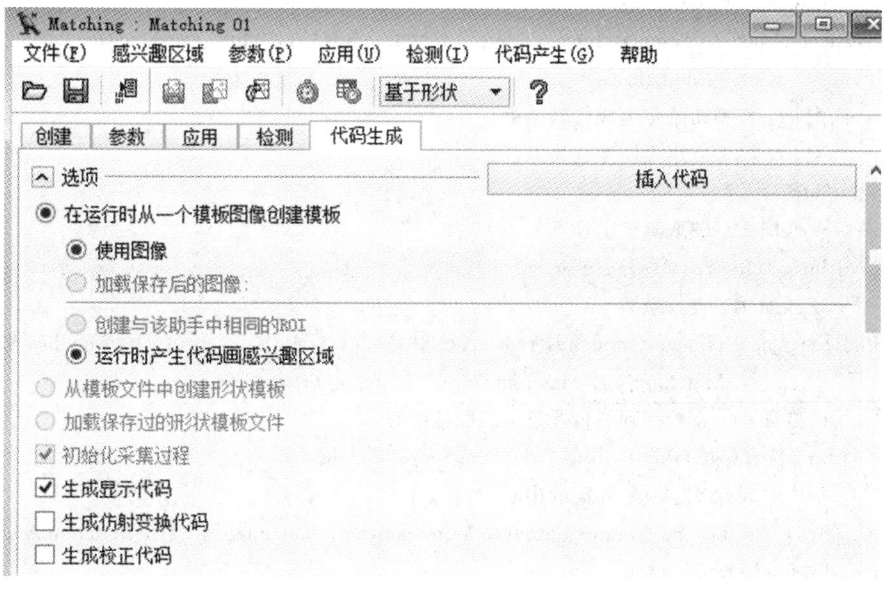

图 8-13　插入代码对话框

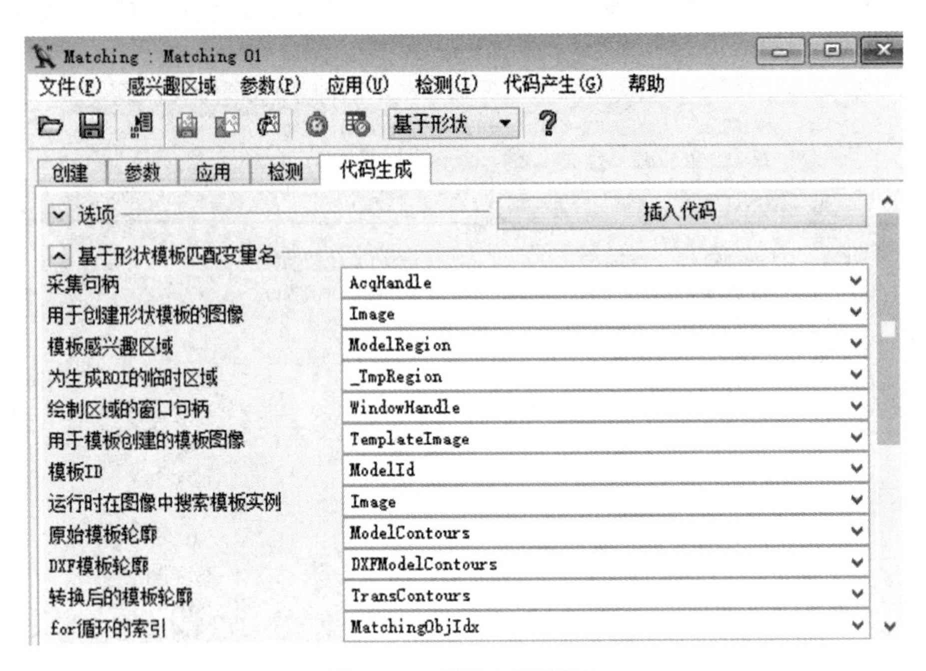

图 8-14　代码中所用变量

单击“插入代码”后所产生的在 main 函数中的代码如下：

```
* 匹配 01：获取模型图像
read_image (Image, 'cap_exposure/cap_exposure_05.png')
* 匹配 01：从基本区域构建 ROI
gen_circle (ModelRegion, 245.496, 337.611, 150.65)
* 匹配 01：简化模型模板
reduce_domain (Image, ModelRegion, TemplateImage)
* 匹配 01：创建关联模型
create_ncc_model (TemplateImage, 'auto', rad(0), rad(45), 'auto', 'use_polarity',
                  ModelId)
* 匹配 01：模型初始化生成代码结束
* 匹配 01：模型应用程序生成代码开始
while (true)
    * 匹配 01：获取测试图像
grab_image (Image, AcqHandle)
    * 匹配 01：查找模型
find_ncc_model (Image, ModelId, rad(0), rad(45), 0.7, 1, 0.5, 'true', 0, MatchingRow,
                MatchingCol, MatchingAngle, MatchingScore)
    * 匹配 01：在检测到的位置显示匹配的中心
    for MatchingObjIdx := 0 to |MatchingScore| - 1 by 1
        * 匹配 01：显示匹配的中心
gen_cross_contour_xld (TransContours, MatchingRow, MatchingCol, 20, MatchingAngle)
dev_display (TransContours)
endfor
```

```
endwhile
* 匹配 01：完成后清除模型
clear_ncc_model (ModelId)
* 匹配 01：模型应用程序生成代码结束
```

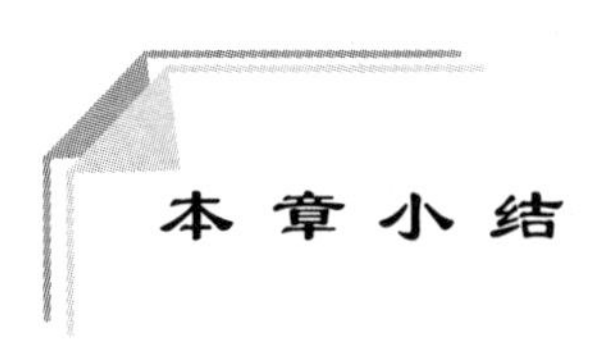

本章小结

本章介绍了图像匹配的概念及主要方法，常见的是基于灰度的匹配和基于特征的匹配。图像匹配是图像处理过程中的重要环节。

本章详细介绍了两种图像匹配方法的算法原理及基于 HALCON 的相应例程，并且介绍了图像金字塔的作用及常用类型，之后详细介绍了 HALCON 软件中匹配助手的使用方法，方便读者学习和使用 HALCON。

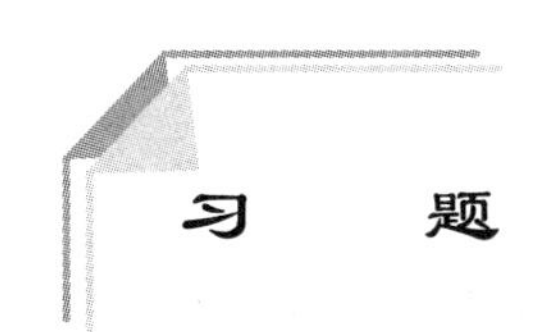

习　题

8.1　图像匹配的目的是什么？常用的方法有哪些？

8.2　在纸上写一些字母，然后对其拍照，试着编写 HALCON 程序将其中的字母识别出来。

8.3　编写 HALCON 程序，找出图 8－15 中所有的数字 3 和 5。

0 1 2 3 4 5 6 7 8 9

0 1 2 3 4 5 6 7 8 9

0 1 2 3 4 5 6 7 8 9

0 1 2 3 4 5 6 7 8 9

0 1 2 3 4 5 6 7 8 9

图 8－15　习题 8.3 图

第 9 章

数学形态学在图像处理中的应用

形态学即数学形态学(Mathematical Morphology)，是分析几何形状和结构的数学方法，它是建立在集合代数的基础上用集合论方法定量描述目标几何结构的学科。这种结构可以是分析对象的宏观性质，如在分析印刷字符的形状时研究的就是其宏观结构；也可以是分析对象的微观性质，如在分析颗粒分布或由小的基元产生的纹理时研究的便是其微观结构。

9.1 数学形态学预备知识

数字图像处理的形态学运算中常把一幅图像或者图像中一个我们感兴趣的区域称作集合。集合用大写字母 A、B、C 等表示，而元素通常是指单个的像素，用该元素在图像中的整型位置坐标 $z=(z_1, z_2)$ 来表示，这里 $z \in Z^2$，其中 Z^2 为二元整数序偶对的集合。

1. 集合与元素的关系

属于与不属于：对于某一个集合 A，若点 a 在 A 之内，则称 a 是属于 A 的元素，记作 $a \in A$；反之，若点 b 不在 A 内，则称 b 是不属于 A 的元素，记作 $b \notin A$，如图 9-1(a)所示。

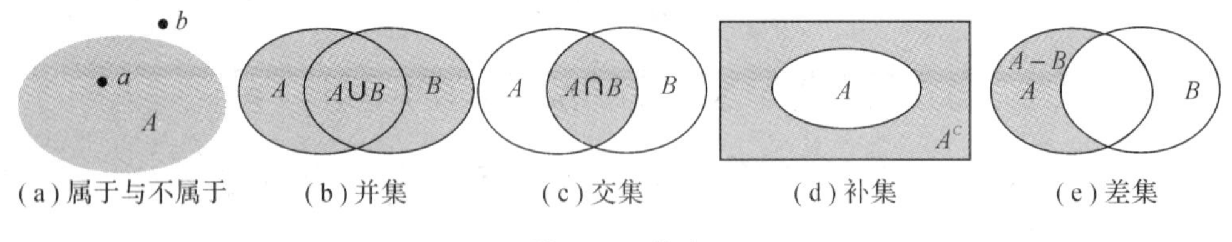

(a) 属于与不属于　(b) 并集　(c) 交集　(d) 补集　(e) 差集

图 9-1　集合

2. 集合与集合的关系

(1) 并集：$C=\{z \mid z \in A \text{ 或 } z \in B\}$，记作 $C=A \cup B$，即 A 与 B 的并集 C 包含集合 A 与集合 B 的所有元素，如图 9-1(b)所示。并集的重要特性为可交换性：$A \cup B=B \cup A$。此外，并集还存在可结合性：$(A \cup B) \cup C=A \cup (B \cup C)$。

通过并集的这两个性质可以推导出非常高效率的形态学实现算法，仅需要对两幅图像进行逻辑或运算。如果区域用行程来表示，则并集计算的复杂度会降低。其计算原理是观察行程的顺序同时合并两个区域的行程，然后将互相交叠的几个行程合并成一个行程。

(2) 交集：$C=\{z|z\in A$ 且 $z\in B\}$，记作 $C=A\cap B$，即 A 与 B 的交集 C 包含同时属于 A 与 B 的所有元素，如图 9-1(c)所示。交集与并集类似，相当于对两幅图像进行逻辑且运算。交集也存在交换性和结合性。

(3) 补集：$A^C=\{z|z\in E$ 且 $z\notin A\}$，即 A 的补集是由全集 E 中所有不属于 A 的元素组成的集合，如图 9-1(d)所示。一个区域的补集可以无限大，所以不能用二值图像来表示，对于二值图像表示的区域，定义时不应含有补集，但用行程编码表示区域时可以使用补集定义，通过增加一个标记来指示保存的是区域还是区域的补集，这能被用来定义一组更广义的形态学操作。

(4) 差集：$A-B=\{z|z\in A, z\notin B\}$，即 A 与 B 的差集由所有属于 A 但不属于 B 的元素构成，如图 9-1(e)所示。差集运算既不能交换也不能结合，差集可以根据交集和补集来定义。

3. 平移与反射

(1) 平移：将一个集合 A 平移距离 x 可以表示为 $A+x$，如图 9-2 所示，其定义为

$$A+x=\{a+x|a\in A\}$$

(2) 反射：设有一幅图像 A，将 A 中所有元素相对原点旋转 180°，即 (x, y) 变成 $(-x, -y)$，所得到的新集合称为 A 的反射集，记为 $-A$，如图 9-3 所示。

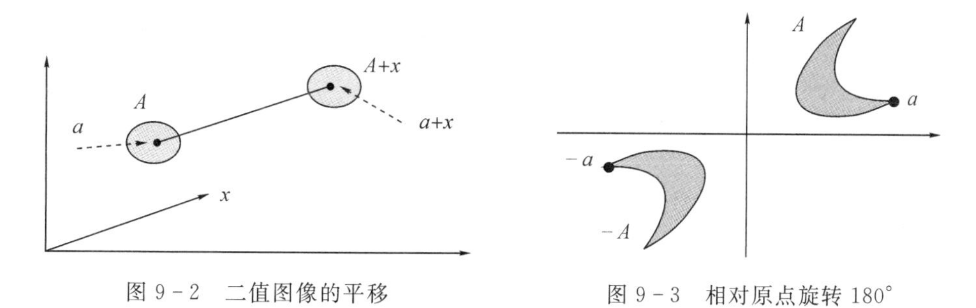

图 9-2　二值图像的平移　　　　图 9-3　相对原点旋转 180°

4. 结构元素

设有两幅图像 A、B，若 A 是被处理的图像，B 是用来处理 A 的图像，则称 B 为结构元素。结构元素通常指一些比较小的图像。A 与 B 的关系类似于滤波中图像和模板的关系。

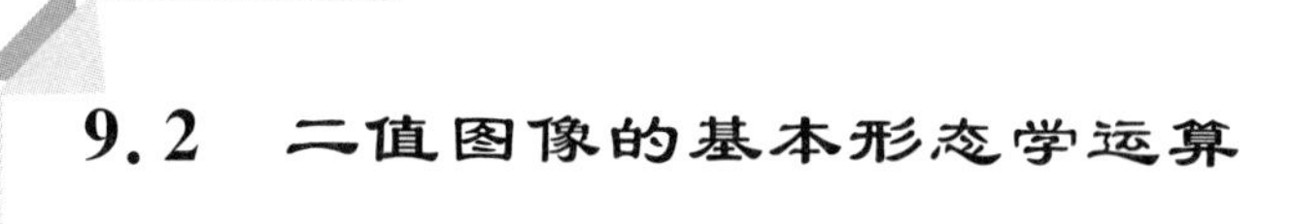

9.2 二值图像的基本形态学运算

腐蚀(Erosion)和膨胀(Dilation)是两种最基本的也是最重要的形态学运算，其他的形态学算法也都是由这两种基本运算复合而成的。

9.2.1 腐蚀

1. 理论基础

集合 A 被集合 B 腐蚀表示为 $A\Theta B$，数学形式为

$$A\Theta B=\{x: B+x\subset A\} \quad (9-1)$$

其中，A 称为输入图像，B 称为结构元素。

$A\Theta B$ 由 B 平移 x 仍包含在 A 内的所有点 x 组成。如果将 B 看作模板，则在平移模板的过程中，$A\Theta B$ 由所有可以添入 A 内模板的原点组成。腐蚀可以消除图像边界点，是边界向内部收缩的过程，如图9-4所示。

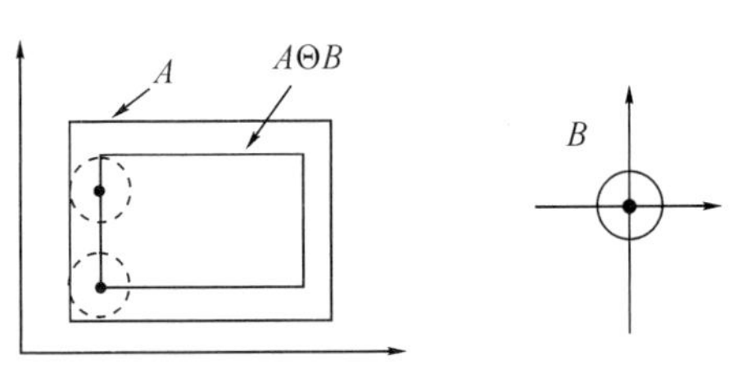

图9-4　腐蚀示意图

如果原点在结构元素内部，则腐蚀后的图像为输入图像的子集；如果原点不在结构元素的内部，则腐蚀后的图像可能不在输入图像的内部，但输出形状不变。

2. 腐蚀运算的HALCON实现

对区域进行腐蚀、膨胀操作时需要使用结构元素，生成的区域可以作为结构元素，这样得到的结构元素本身就是区域。如果使用圆形结构元素，则会生成一个圆形区域；如果使用矩形结构元素，则会生成一个矩形区域，如表9-1所示。

表9-1　结构元素

生成结构元素算子	算子的作用
gen_circle	生成圆形区域，可作为圆形结构元素
gen_rectangle1	生成平行坐标轴的矩形区域，可作为矩形结构元素
gen_rectangle2	生成任意方向的矩形区域，可作为矩形结构元素
gen_ellipse	生成椭圆形区域，可作为椭圆形结构元素
gen_region_pologon	根据数组生成多边形区域，可作为多边形结构元素

相关算子说明：

• erosion_circle(Region: RegionErosion: Radius:)

作用：使用圆形结构元素对区域进行腐蚀操作。

Region：要进行腐蚀操作的区域。

RegionErosion：腐蚀后获得的区域。

Radius：圆形结构元素的半径。

• erosion_rectangle(Region: RegionErosion: Width, Height:)

作用：使用矩形结构元素对区域进行腐蚀操作。

Region：要进行腐蚀操作的区域。

RegionErosion：腐蚀后获得的区域。

Width、Height：矩形结构元素的宽和高。

• erosion1(Region, StructElement: RegionErosion: Iterations:)

作用：使用生成的结构元素对区域进行腐蚀操作。

Region：要进行腐蚀操作的区域。

StructElement：生成的结构元素。

RegionErosion：腐蚀后获得的区域。

Iterations：迭代次数，即腐蚀的次数。

• erosion2(Region，StructElement：RegionErosion：Row，Column，Iterations)

作用：使用生成的结构元素对区域进行腐蚀操作(可设置参考点位置)。

Region：要进行腐蚀操作的区域。

StructElement：生成的结构元素。

RegionErosion：腐蚀后获得的区域。

Row、Column：设置参考点位置，一般为原点位置。

Iterations：迭代次数，即腐蚀的次数。

算子 erosion1 一般选择结构元素中心为参考点，与 erosion1 相比，erosion2 进行腐蚀的时候可以对参考点进行设置。若生成的结构元素是圆形结构，则 erosion1 算子参考点就会自动设置在圆心，而 erosion2 参考点可以不设置在圆心。若 erosion2 参考点不设置在结构元素中心，则执行 erosion2 算子后图像就会偏移。设置参考点位置改变区域的显示位置的结论如下：

(1) 参考点的行坐标值比圆心的行坐标值大，执行 erosion2 算子后向下移动，移动距离为参考点的行坐标减去圆心的行坐标的绝对值；

(2) 参考点的列坐标值比圆心的列坐标值大，执行 erosion2 算子后向右移动，移动距离为参考点的列坐标减去圆心的列坐标的绝对值；

(3) 参考点的行坐标值比圆心的行坐标值小，执行 erosion2 算子后向上移动，移动距离为参考点的行坐标减去圆心的行坐标的绝对值；

(4) 参考点的列坐标值比圆心的列坐标值小，执行 erosion2 算子后向左移动，移动距离为参考点的列坐标减去圆心的列坐标的绝对值。

【例 9-1】 使用不同的腐蚀算子可以得到不同的腐蚀结果，同时腐蚀算子的参数改变得到的腐蚀结果也会发生改变。

```
dev_close_window()
*读取图像
read_image (Image，'腐蚀膨胀.png')
get_image_size (Image，Width，Height)
dev_open_window (0，0，Width，Height，'white'，WindowHandle)
rgb1_to_gray (Image，GrayImage)
*阈值分割
threshold(GrayImage，Region，0，100)
*计算连通区域
connection (Region，ConnectedRegions)
dev_set_color ('black')
*使用半径为 1 的圆形结构元素腐蚀得到区域
erosion_circle(ConnectedRegions，RegionErosion，1)
*使用长宽均为 1 的矩形结构元素腐蚀得到区域
erosion_rectangle1(ConnectedRegions，RegionErosion1，1，1)
gen_circle (Circle，50，50，1)
*使用生成的圆形结构元素腐蚀得到区域
erosion1 (ConnectedRegions，Circle，RegionErosion2，1)
*使用生成的圆形结构元素腐蚀得到区域(可设置参考点位置)
```

*参考点的行坐标值为 0，圆心的行坐标值为 50，参考点的行坐标值比圆心的行坐标值小，执行 erosion2 算子后向上移动，移动距离为|0－50|＝50

*参考点的列坐标值为 0，圆心的列坐标值为 50，参考点的列坐标值比圆心的列坐标值小，执行 erosion2 算子后向左移动，移动距离为|0－50|＝50

erosion2 (RegionErosion2，Circle，RegionErosion3，0，0，1)

执行程序，结果如图 9－5 所示。

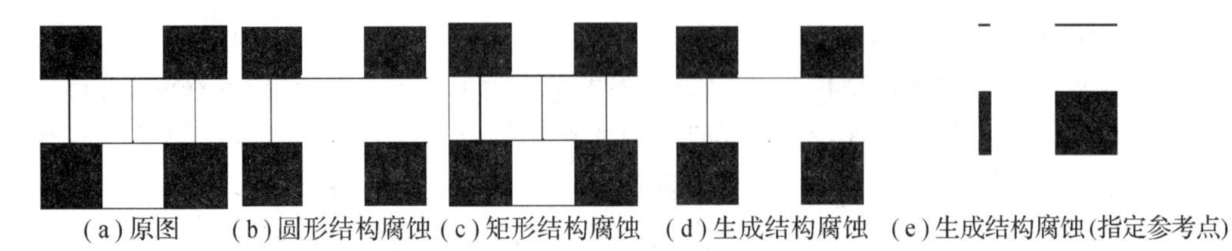
(a)原图 (b)圆形结构腐蚀 (c)矩形结构腐蚀 (d)生成结构腐蚀 (e)生成结构腐蚀(指定参考点)

图 9－5 腐蚀实例

9.2.2 膨胀

1. 理论基础

膨胀是腐蚀运算的对偶运算，A 被 B 膨胀表示为 $A\oplus B$，其定义为

$$A\oplus B=[A^C\Theta(-B)]^C \tag{9-2}$$

为了利用结构元素 B 膨胀集合 A，可将 B 相对于原点旋转 180°得到 $-B$，再利用 $-B$ 对 A^C 进行腐蚀，腐蚀结果的补集就是所求结果。膨胀可以填充图像内部的小孔及图像边缘处的小凹陷部分，并能够磨平图像向外的尖角，如图 9－6 所示。

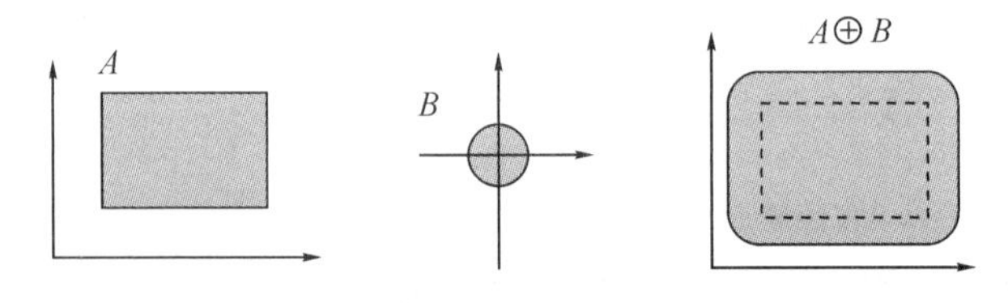

图 9－6 膨胀示意图

2. 膨胀操作的 HALCON 实现

相关算子说明：

• dilation_circle(Region：RegionDilation：Radius：)

作用：使用圆形结构元素对区域进行膨胀操作。

Region：要进行膨胀操作的区域。

RegionErosion：膨胀后获得的区域。

Radius：圆形结构元素的半径。

• dilation_rectangle(Region：RegionDilation：Width，Height：)

作用：使用矩形结构元素对区域进行膨胀操作。

Region：要进行膨胀操作的区域。

RegionErosion：膨胀后获得的区域。

Width、Height：矩形结构元素宽和高。

• dilation1(Region，StructElement：RegionDilation：Iterations)

作用：使用生成的结构元素对区域进行膨胀操作。

Region：要进行膨胀操作的区域。

StructElement：生成的结构元素。

RegionErosion：膨胀后获得的区域。

Iterations：迭代次数，即膨胀的次数。

• dilation2(Region，StructElement：RegionDilation：Row，Column，Iterations)

作用：使用生成的结构元素对区域进行膨胀操作(可设置参考点位置)。

Region：要进行膨胀操作的区域。

StructElement：生成的结构元素。

RegionDilation：膨胀后获得的区域。

Row、Column：设置参考点位置，一般为原点位置。

Iterations：迭代次数，即膨胀的次数。

dilation2 与 dilation1 的对比类似于 erosion2 与 erosion1 的对比。

【例 9－2】 膨胀运算实例。

程序如下：

```
read_image (Image，'腐蚀膨胀.png')
get_image_size (Image，Width，Height)
dev_open_window (0，0，Width，Height，'white'，WindowHandle)
rgb1_to_gray (Image，GrayImage)
threshold(GrayImage，Region，0，100)
connection (Region，ConnectedRegions)
dev_set_color ('black')
*使用半径为 1 的圆形结构元素膨胀得到区域
dilation_circle(ConnectedRegions，RegionErosion，3)
*使用长宽均为 1 的矩形结构元素膨胀得到区域
dilation_rectangle1(ConnectedRegions，RegionErosion1，3，3)
gen_circle (Circle，50，50，3)
*使用生成的结构元素膨胀得到区域
dilation1 (ConnectedRegions，Circle，RegionErosion2，1)
*使用圆形结构元素膨胀得到区域，可设置参考点位置
dilation2 (RegionErosion2，Circle，RegionErosion3，0，0，1)
```

执行程序，结果如图 9－7 所示。

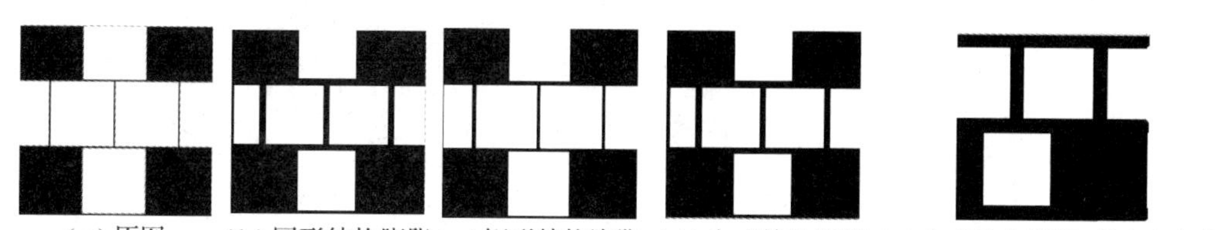

(a)原图　(b)圆形结构膨胀　(c)矩形结构膨胀　(d)生成结构膨胀　(e)生成结构膨胀(指定参考点)

图 9－7　膨胀实例

9.2.3 开、闭运算

1. 理论基础

开运算和闭运算都是由腐蚀和膨胀复合而成的，开运算是先腐蚀后膨胀，而闭运算是先膨胀后腐蚀。

利用结构元素 B 对输入图像 A 进行开运算，用符号表示为 $A\circ B$，其定义为

$$A\circ B=(A\Theta B)\oplus B \tag{9-3}$$

开运算是 A 先被 B 腐蚀，然后再被 B 膨胀的结果。开运算能够使图像的轮廓变得光滑，还能使狭窄的连接断开及消除细毛刺。用圆盘对输入图像进行开运算如图 9-8 所示。

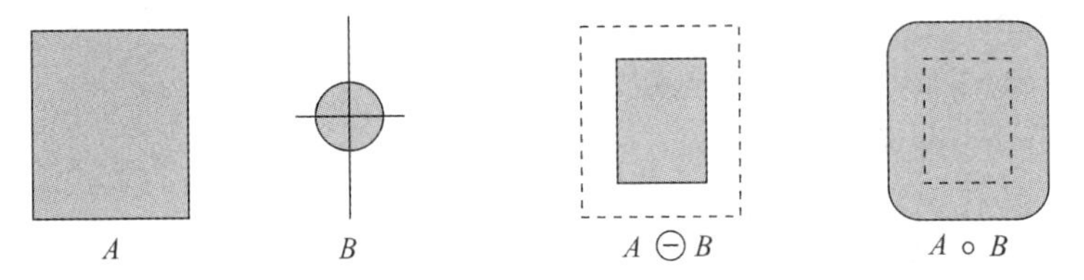

图 9-8 用圆盘对输入图像进行开运算

开运算还有一个简单的集合解释：假设将结构元素 B 看作一个转动的小球，$A\circ B$ 的边界由 B 中的点形成，当 B 在 A 的边界内侧滚动时，B 所能到达的 A 的边界最远点的集合就是开运算的区域，如图 9-9 所示。

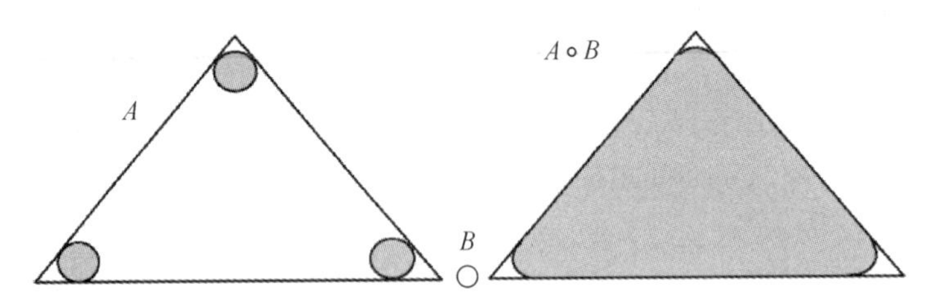

图 9-9 开运算示意图

闭运算是开运算的对偶运算，定义为先作膨胀然后再作腐蚀。利用 B 对 A 作闭运算表示为 $A\cdot B$，定义为

$$A\cdot B=[A\oplus(-B)\Theta(-B)] \tag{9-4}$$

闭运算是用 $-B$ 对 A 进行膨胀，将其结果用 $-B$ 进行腐蚀。闭运算相比开运算也会平滑一部分轮廓，但与开运算不同的是闭运算通常会弥合较窄的间断和细长的沟壑，还能消除小的孔洞及填充轮廓线的断裂。用圆盘对输入图像进行闭运算，如图 9-10 所示。

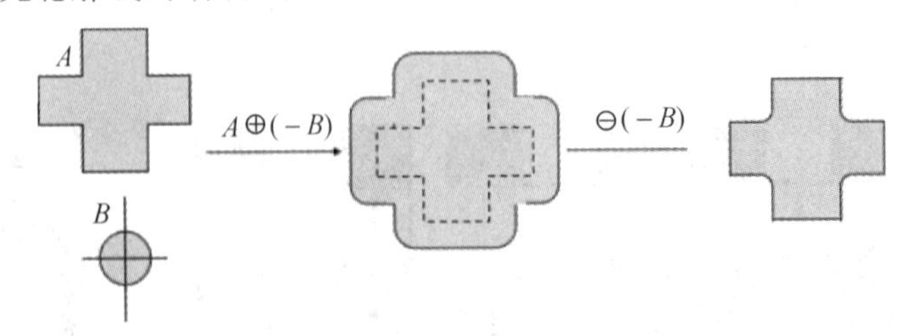

图 9-10 用圆盘对输入图像进行闭运算

闭运算有和开运算类似的集合解释：开运算和闭运算彼此对偶，所以闭运算是球体在

外边界滚动，滚动过程中 B 始终不离开 A，此时 B 中的点所能达到的最靠近 A 的外边界的位置就构成了闭运算的区域，过程如图 9－11 所示。

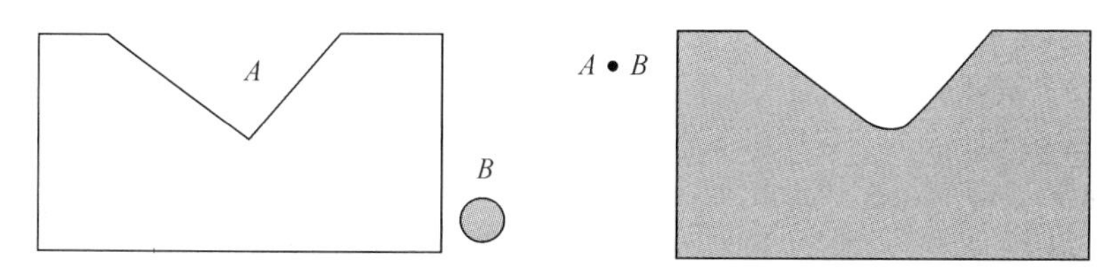

图 9－11　闭运算示意图

2. 开、闭运算的 HALCON 实现

相关算子说明：

• opening(Region, StructElement: RegionOpening::)

作用：使用生成的结构元素对区域进行开运算操作。

Region：要进行开运算操作的区域。

StructElement：生成的结构元素。

RegionOpening：开运算后获得的区域。

• opening_circle(Region: RegionOpening: Radius:)

作用：使用圆形结构元素对区域进行开运算操作。

Region：要进行开运算操作的区域。

RegionOpening：开运算后获得的区域。

Radius：圆形结构元素的半径。

• opening_rectangle1(Region: RegionOpening: Width, Height:)

作用：使用矩形结构元素对区域进行开运算操作。

Region：要进行开运算操作的区域。

RegionOpening：开运算后获得的区域。

Width、Height：矩形结构元素的宽和高。

• closing(Region, StructElement: RegionClosing::)

作用：使用生成的结构元素对区域进行闭运算操作。

Region：要进行闭运算操作的区域。

StructElement：生成的结构元素。

RegionClosing：闭运算后获得的区域。

• closing_circle(Region: RegionClosing: Radius:)

作用：使用圆形结构元素对图像进行闭运算操作。

Region：要进行闭运算操作的区域。

RegionClosing：闭运算后获得的区域。

Radius：圆形结构元素的半径。

• closing_rectangle1(Region: RegionClosing: Width, Height:)

作用：使用矩形结构元素对区域进行闭运算操作。

Region：要进行闭运算操作的区域。

RegionClosing：闭运算后获得的区域。

Width、Height：矩形结构元素的宽和高。

【例 9-3】 开运算实例。

程序如下：

```
dev_close_window ()
read_image (letters, '开运算.png')
get_image_size (letters, Width, Height)
dev_open_window (0, 0, Width / 2, Height / 2, 'white', WindowID)
dev_set_color ('black')
dev_display (letters)
threshold (letters, Region, 0, 100)
connection (Region, ConnectedRegions)
* 选择下标为 100 的 e 区域
select_obj (ConnectedRegions, ObjectSelected, 100)
* 对 e 区域进行腐蚀操作
erosion_circle (ObjectSelected, RegionErosion, 1.5)
* 使用生成的结构元素对区域进行开运算，保留 e 区域，非 e 区域被腐蚀掉
opening (Region, RegionErosion, RegionOpening)
* 用圆形结构进行开运算操作
opening_circle (Region, RegionOpening1, 1.5)
* 用矩形结构进行开运算操作
opening_rectangle1 (Region, RegionOpening2, 1.5, 1.5)
dev_display (letters)
dev_set_color ('black')
dev_display(RegionOpening)
dev_display(RegionOpening1)
dev_display(RegionOpening2)
```

执行程序，结果如图 9-12 所示。

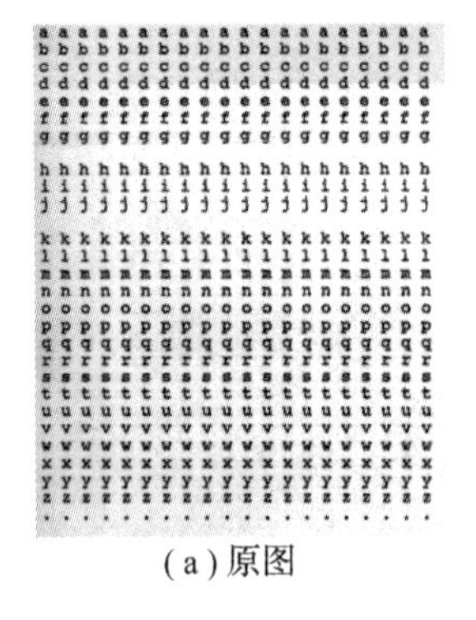

(a) 原图　(b) 生成结构开运算　(c) 圆形结构开运算　(d) 矩形结构开运算

图 9-12　开运算实例

【例 9-4】 闭运算实例。

程序如下：

```
dev_close_window()
read_image (Image, '闭运算.jpg')
```

```
get_image_size (Image, Width, Height)
dev_open_window (0, 0, Width/2, Height/2, 'white', WindowHandle)
rgb1_to_gray (Image, GrayImage)
threshold(GrayImage, Region, 0, 100)
connection (Region, ConnectedRegions)
dev_set_color ('black')
erosion_circle (Region, RegionErosion, 1)
connection (RegionErosion, ConnectedRegions1)
select_shape (ConnectedRegions1, SelectedRegions, 'area', 'and', 150, 99999)
count_obj (SelectedRegions, Number)
select_obj (SelectedRegions, ObjectSelected, 3)
* 用指定的结构元素进行闭运算
closing (Region, ObjectSelected, RegionClosing)
* 用圆形结构元素进行闭运算
closing_circle (Region, RegionClosing1, 3)
* 用矩形结构元素进行闭运算
closing_rectangle1 (Region, RegionClosing2, 3, 3)
```

执行程序，结果如图 9－13 所示。

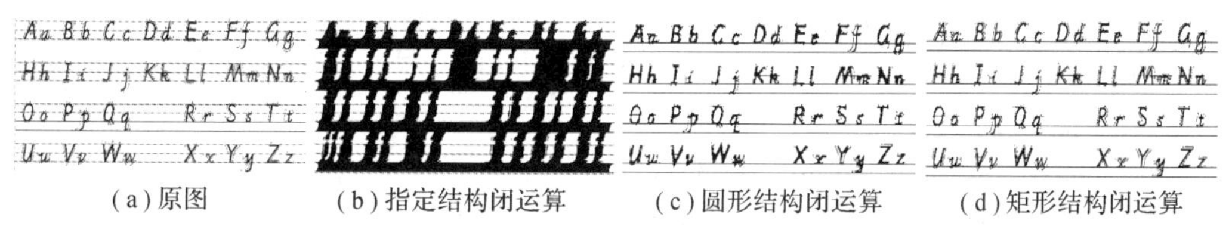

(a) 原图　(b) 指定结构闭运算　(c) 圆形结构闭运算　(d) 矩形结构闭运算

图 9－13　闭运算实例

9.2.4　击中击不中变换

1. 理论基础

击中击不中变换需要两个结构基元 E 和 F，这两个基元组成一个结构元素对 $B=(E, F)$，一个探测图像内部，一个探测图像外部，其定义为

$$A * B=(A\Theta E)\cap(A^C\Theta F) \quad E\cap F=\varnothing \text{且} E\cup F=B \tag{9-5}$$

从式(9－5)可以看出，击中击不中变换是用我们感兴趣的 E 去腐蚀图像 A，得到的结果是使 E 完全包含于 A 的图像内部时其中心点位置的集合 U_1，可以将 U_1 看作 E 在 A 中所有匹配的中心点的集合。

为了在 A 中精确地定位 E 而排除掉那些仅包含 E 但不同于 E 的物体或区域，有必要引入和 E 相关的背景部分 F。一般来说，F 是在 E 周围包络着 E 的背景部分，E 与 F 在一起组成了 B，式(9－5)中的后一半正是计算图像 A 的背景 A^C 和 B 的背景部分 F 的腐蚀，得到的结果 U_2 是使 B 的背景部分 F 完全包含于 A^C 时 B 中心位置的集合。U_1 与 U_2 的交集自然就是符合击中击不中变换的集合。击中击不中示意图如图 9－14 所示。

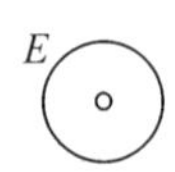

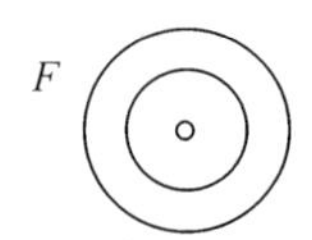

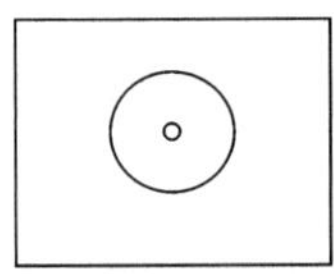

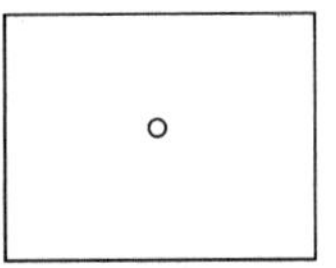

(a)击中元素结构　(b)击不中元素结构　(c)输入图像　(d)击中击不中输出

图 9-14　击中击不中示意图

2. 击中击不中运算的 HALCON 实现

击中击不中操作使用了两个结构元素，其中一个用于击中，另一个用于击不中。结构元素击中部分必须在区域内部，结构元素击不中部分必须在区域外。

相关算子说明：

• hit_or_miss(Region, StructElement1, StructElement2: RegionHitMiss: Row, Column:)

作用：击中击不中操作。

Region：要进行击中击不中运算的区域。

StructElement1：击中的结构元素。

StructElement2：击不中的结构元素。

RegionHitMiss：击中击不中运算后获得的区域。

Row、Column：参考点的坐标。

【例 9-5】 击中击不中变换实例。

程序如下：

```
read_image (Image, '击中击不中.jpg')
get_image_size (Image, Width, Height)
dev_open_window (0, 0, Width , Height , 'white', WindowID)
rgb1_to_gray (Image, GrayImage)
threshold (GrayImage, Region, 0, 100)
connection (Region, ConnectedRegions)
gen_circle (Circle, 100, 20, 9)
boundary (Circle, RegionBorder, 'outer')
gen_circle (Circle1, 250, 20, 14)
boundary (Circle1, RegionBorder1, 'outer')
dev_set_color ('black')
* 击中击不中
hit_or_miss (Region, RegionBorder, RegionBorder1, RegionHitMiss, 92, 26)
```

执行程序，结果如图 9-15 所示。

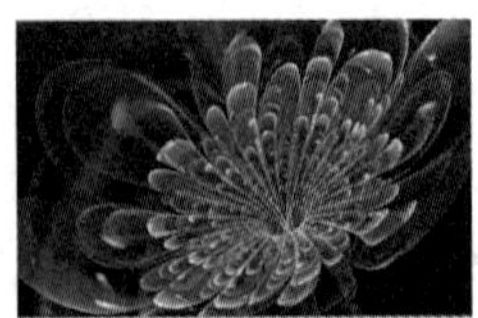

(a)原图

(b)击中击不中图

图 9-15　击中击不中实例

9.3　二值图像的形态学应用

9.3.1　边界提取

1. 理论基础

要在二值图像中提取物体的边界，容易想到的一个方法是将所有物体内部的点删除（置为背景色）。逐行扫描原图像时如果发现一个黑点的 8 邻域都是黑点，那么该点为内部点，对于内部点需要在目标图像上将它删除，这相当于采用一个 3×3 的结构元素对原图像进行腐蚀，只有那些 8 邻域都是黑点的内部点被保存，再用原图像减去腐蚀后的图像，这样就恰好删除了这些内部点留下了边界，过程如图 9－16 所示。

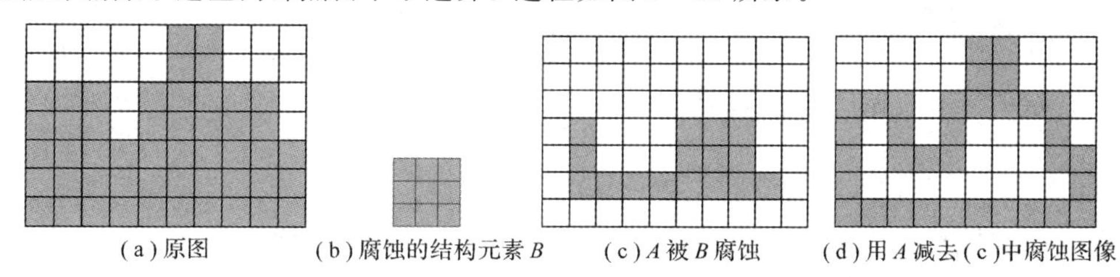

(a) 原图　(b) 腐蚀的结构元素 B　(c) A 被 B 腐蚀　(d) 用 A 减去 (c) 中腐蚀图像

图 9－16　边界提取过程

腐蚀和膨胀最有用的应用是计算区域的边界。计算出轮廓的真实边界需要复杂的算法，但是计算出一个边界近似值非常容易。如果计算内边界，只需对区域进行适当的腐蚀，然后从原区域减去腐蚀后的区域。HALCON 直接对区域使用 boundary 算子处理也能够提取区域边界。

2. 边界提取的 HALCON 实现

相关算子说明：

- boundary(Region：RegionBorder：BoundaryType：)

作用：求取区域的边界。

Region：想要进行边界提取的区域。

RegionBorder：边界提取后获得的边界区域。

BoundaryType：边界提取的类型。'inner'表示内边界；'inner_filled'表示内边界填充；'outer'表示外边界。

【例 9－6】 边界提取实例。

程序如下：

```
read_image (Timg, '边界提取.jpg')
get_image_size (Timg, Width, Height)
dev_open_window (0, 0, Width/2, Height/2, 'white', WindowHandle)
rgb1_to_gray (Timg, GrayImage)
threshold (GrayImage, Region, 0, 200)
fill_up (Region, RegionFillUp)
```

```
connection (RegionFillUp, ConnectedRegions)
select_shape_std (ConnectedRegions, SelectedRegions, 'max_area', 70)
erosion_circle (SelectedRegions, RegionErosion, 3.5)
*原区域减腐蚀后得到的区域边界(腐蚀半径为 3.5)
difference (SelectedRegions, RegionErosion, RegionDifference)
erosion_circle (SelectedRegions, RegionErosion1, 10)
*原区域减腐蚀后得到的区域边界(腐蚀半径为 10)
difference (SelectedRegions, RegionErosion1, RegionDifference1)
*使用 boundary 算子提取区域边界
boundary (SelectedRegions, RegionBorder, 'inner')
```

执行程序，结果如图 9-17 所示。

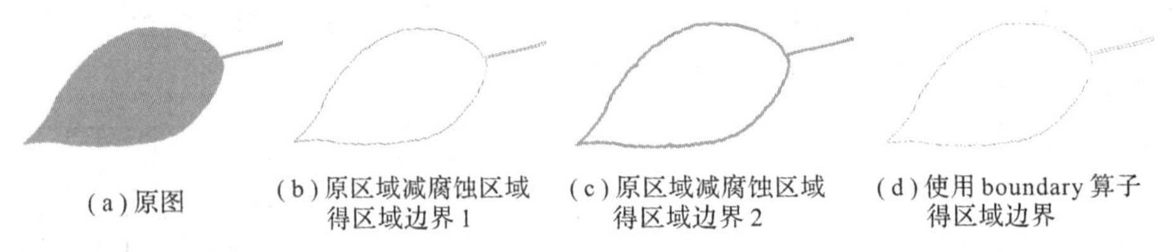

(a)原图 (b)原区域减腐蚀区域得区域边界1 (c)原区域减腐蚀区域得区域边界2 (d)使用 boundary 算子得区域边界

图 9-17 提取区域边界实例

9.3.2 孔洞填充

1. 理论基础

一个孔洞可以定义为由前景像素相连接的边界所包围的背景区域。

本小节将针对填充图像的孔洞介绍一种基于集合膨胀、求补集和交集的算法。A 表示一个集合，其元素是 8 连通的边界，每个边界包围一个背景区域(即一个孔洞)，给定每一个孔洞中的一个点，然后从该点开始填充整个边界包围的区域，公式如下：

$$X_k=(X_{k-1}\oplus B)\cap A^C \tag{9-6}$$

其中，B 是结构元素，如果 $X_k=X_{k-1}$，则算法在第 k 步迭代结束，集合 X_k 包含了所有被填充的孔洞。X_k 和 A 的并集包含了所有填充的孔洞及这些孔洞的边界。

如果不加限制，则式(9-6)中的膨胀可以填充整个区域，然而每一步中与 A^C 的交集操作都把结果限制在感兴趣区域内，过程如图 9-18 所示。

2. 孔洞填充的 HALCON 实现

相关算子说明：

- fill_up(Region: RegionFillUp::)

作用：孔洞填充。

Region：需要进行填充的区域。

RegionFillUp：填充后获得的区域。

- fill_up_shape(Region: RegionFillUp: Feature, Min, Max:)

作用：填充具有某形状特征的孔洞区域。

Region：需要填充的区域。

RegionFillUp：填充后得到的区域。

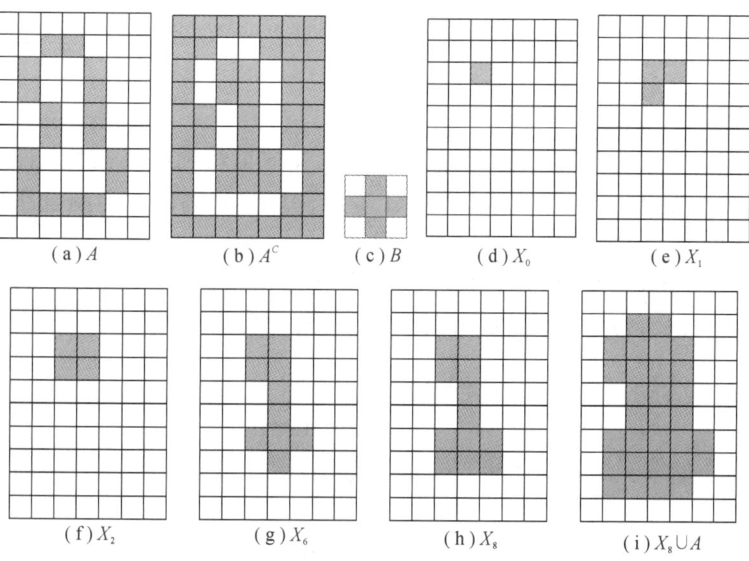

图 9-18　孔洞填充

Feature：形状特征，可选参数为'area'、'compactness'、'convexity'、'anisometry'、'phi'、'ra'、'rb'、'inner_circle'、'outer_circle'。

Min、Max：形状特征的最小值与最大值。

【例 9-7】 孔洞填充实例。

程序如下：

```
read_image (Caltab, '孔洞填充.png')
get_image_size (Caltab, Width, Height)
dev_open_window (0, 0, Width/2, Height/2, 'black', WindowHandle)
dev_display (Caltab)
dev_set_color ('white')
threshold (Caltab, Region, 120, 255)
* 填充具有某形状特征的孔洞区域
fill_up_shape (Region, RegionFillUp, 'anisometry', 1, 1.6)
* 孔洞填充
fill_up (Region, RegionFillUp1)
difference (RegionFillUp, Region, Holes)
dev_display (Holes)
```

执行程序，结果如图 9-19 所示。

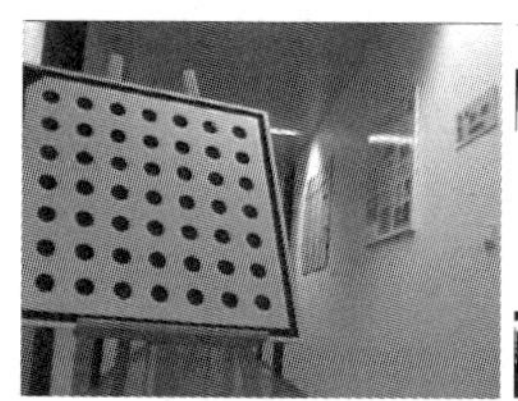

(a) 原图

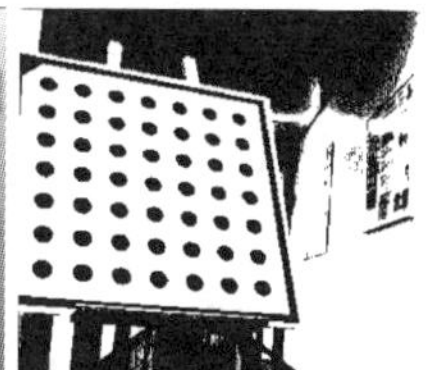

(b) 阈值分割后图像

(c) 对某形状特征区域孔洞填充

(d) 孔洞填充

图 9-19　孔洞填充实例

9.3.3 骨架

1. 理论基础

骨架是指一幅图像的骨骼部分，它描述物体的几何形状和拓扑结构。计算骨架的过程一般称为细化或骨架化，在包括文字识别、工业零件形状识别以及印制电路板自动检测在内的很多应用中，细化过程都发挥着关键作用。

二值图像 A 的形态学骨架可以通过选定合适的结构元素 B，对 A 进行连续腐蚀和开运算求得。设 $S(A)$表示 A 的骨架，则求图像 A 的骨架的表达式为

$$S(A)=\bigcup_{k=0}^{K} S_k(A) \tag{9-7}$$

$$S_k(A)=(A\Theta kB)-(A\Theta kB)\circ B \tag{9-8}$$

其中，$S_k(A)$是 A 的第 k 个骨架子集，K 是$(A\Theta kB)$运算将 A 腐蚀成空集前的最后一次迭代次数，即

$$K=\max\{k\,|\,(A\Theta kB)\neq\Omega\} \tag{9-9}$$

$A\Theta kB$ 表示连续 k 次用 B 对 A 进行腐蚀，即

$$(A\Theta kB)=((\cdots(A\Theta B)\Theta B)\Theta\cdots)\Theta B \tag{9-10}$$

2. 骨架的 HALCON 实现

相关算子说明：

- skeleton(Region: Skeleton::)

作用：获得区域的骨架。

Region：要进行骨架运算的区域。

Skeleton：骨架处理后得到的区域。

- junctions_skeleton(Region: EndPoints, JuncPoints::)

作用：获得骨架区域的交叉点与端点。

Region：骨架处理后得到的区域。

EndPoints：骨架的端点区域。

JuncPoints：骨架的交叉点区域。

【例 9-8】 骨架实例。

程序如下：

```
dev_clear_window ()
read_image (Image1, 'I骨架.jpg')
rgb1_to_gray (Image1, GrayImage)
get_image_size (GrayImage, Width, Height)
dev_open_window (0, 0, Width, Height, 'white', WindowHandle)
dev_display (GrayImage)
threshold(GrayImage, Region1, 0, 50)
connection(Region1, ConnectedRegions1)
select_shape(ConnectedRegions1, SelectedRegions, 'area', 'and', 60, 99999)
select_shape (SelectedRegions, SelectedRegions1, 'width', 'and', 0, 30)
* 获得区域的骨架
skeleton(SelectedRegions1, Skeleton1)
```

```
* 骨架交叉点和端点
junctions_skeleton(Skeleton1, EndPoints, JuncPoints)
dev_clear_window()
dev_set_color ('yellow')
dev_display (SelectedRegions1)
dev_set_color ('blue')
dev_display (Skeleton1)
dev_set_color ('red')
dev_display(EndPoints)
```

执行程序，结果如图 9-20 所示。

(a)原图

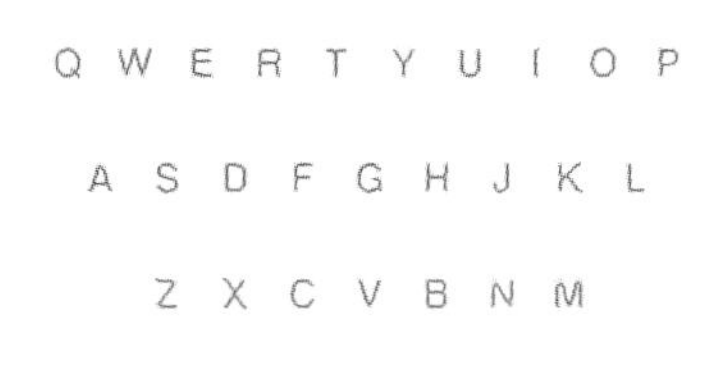

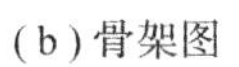

(b)骨架图

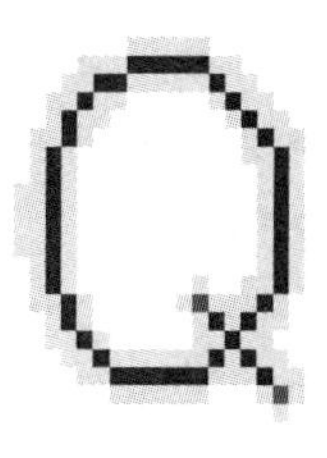

(c)骨架放大图

图 9-20　骨架实例

9.3.4　Blob 分析

1. 理论基础

Blob 分析(Blob Analysis)是对图像中相同像素的连通域进行分析，该连通域称为 Blob。Blob 分析可以为机器视觉应用提供图像中斑点的数量、位置、形状和方向，还可以提供相关斑点间的拓扑结构。Blob 分析实例如图 9-21 所示。

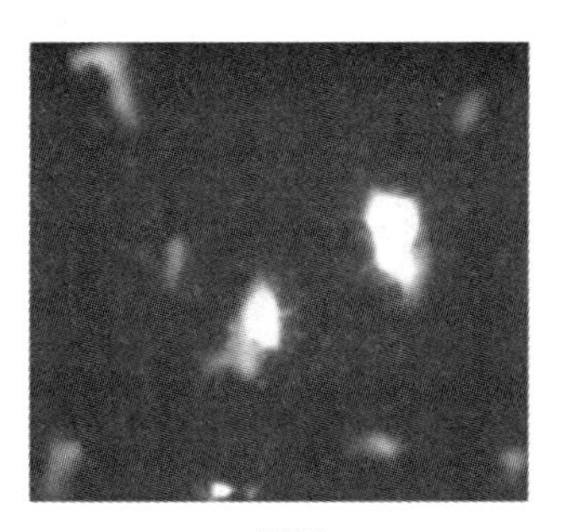

(a)原图

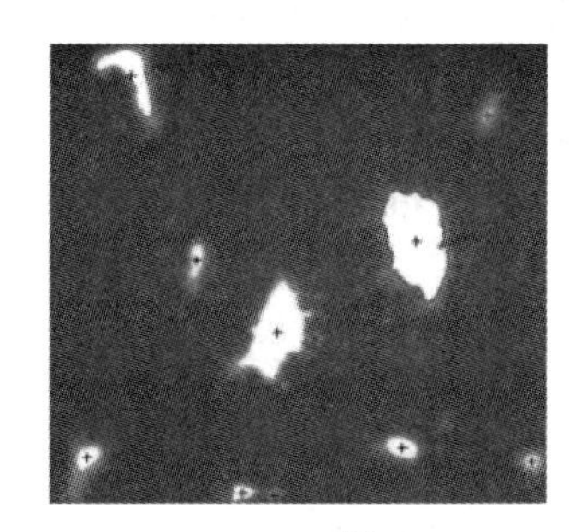

(b)Blob 图

图 9-21　Blob 分析

2. Blob 分析流程

Blob 分析的主要流程是获取图像→分割图像(初始分割、形态学处理等)→提取特征，如图 9-22 所示。

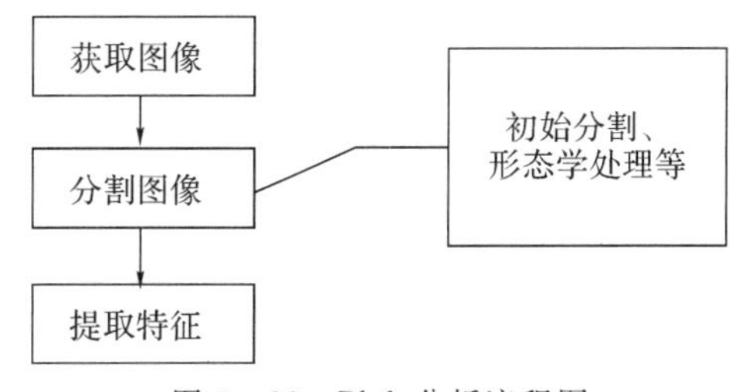

图 9-22　Blob 分析流程图

对获取的图像进行分割(图像分割部分参照第 7 章)，分割之后往往需要对区域做进一步的形态学处理。形态学处理相关算子如下：

connection，select_shape，erosion，dilation，opening，closing，
opening_circle，closing_circle，opening_rectangle1，closing_rectangle1，
difference，intersection，union1，shaps_trans，fill_up，boundary，skeleton，
top-hat，bottom-hat，hit-or-miss

图像分割及形态学处理后通过特征提取所需的目标物体，区域特征(形状特征)描述了区域的几何特征，这些特征不依赖于灰度值(可参照第 4 章 region 的区域特征部分)。区域特征相关算子如下：

area_center，smallest_rectangle1，smallest_rectangle2，compactness，
eccentricity，elliptic_axis，area_center_gray，intensity，min_max_gray

3. 相关实例

【例 9-9】 Blob 分析实例。

程序如下：

```
dev_open_window (0, 0, 768, 576, 'black', WindowID)
set_display_font (WindowID, 16, 'mono', 'true', 'false')
read_image (Rim, 'blob.png')
threshold (Rim, Dark, 0, 128)
dev_set_draw ('fill')
connection (Dark, DarkRegions)
select_shape (DarkRegions, Circles, ['circularity', 'area'], 'and', [0.85, 50], [1.0, 99999])
dev_display (Rim)
dev_display (Circles)
* 使用圆形结构元素对区域进行膨胀操作
dilation_circle (Circles, ROIOuter, 8.5)
* 使用圆形结构元素对区域进行腐蚀操作
erosion_circle (Circles, ROIInner, 8.5)
* 求两个区域的差集
difference (ROIOuter, ROIInner, ROI)
union1 (ROI, ROIEdges)
dev_display (Rim)
dev_set_line_width (3)
dev_display (ROIEdges)
reduce_domain (Rim, ROIEdges, RimReduced)
edges_sub_pix (RimReduced, Edges, 'canny', 4, 20, 40)
* 基于特征选择轮廓
select_contours_xld (Edges, RelEdges, 'length', 30, 999999, 0, 0)
dev_display (Rim)
dev_display (RelEdges)
* 拟合椭圆轮廓
fit_ellipse_contour_xld (RelEdges, 'ftukey', -1, 2, 0, 200, 3, 2, Row, Column, Phi, Ra,
                         Rb, StartPhi, EndPhi, PointOrder)
display_ellipses (Rim, Row, Column, Phi, Ra, Rb, WindowID)
```

```
gauss_filter (Rim, RimGauss, 11)
dyn_threshold (Rim, RimGauss, SmallAndDarkerRegion, 5, 'dark')
connection (SmallAndDarkerRegion, SmallAndDarker)
* 根据区域特征选择区域
select_shape (SmallAndDarker, CharCandidates, 'area', 'and', 40, 400)
select_shape (CharCandidates, PossibleChar, ['ra', 'rb'], 'and', [10, 5], [20, 30])
dev_display (Rim)
dev_display (PossibleChar)
union1 (PossibleChar, ROI)
* 使用圆形结构元素对区域进行闭运算操作
closing_circle (ROI, CharRegion, 17.5)
connection (CharRegion, CharBlocks)
dev_display (Rim)
dev_set_draw ('margin')
dev_display (CharBlocks)
select_shape (CharBlocks, CharRegion, 'area', 'and', 400, 99999)
shape_trans (CharRegion, ROIChar, 'rectangle2')
dev_display (Rim)
dev_display (ROIChar)
display_ellipses (Rim, Row, Column, Phi, Ra, Rb, WindowID)
* 计算两个区域的交集
intersection (CharCandidates, ROIChar, Characters)
dev_set_colored (12)
dev_display (Characters)
```

执行程序，结果如图 9－23 所示。

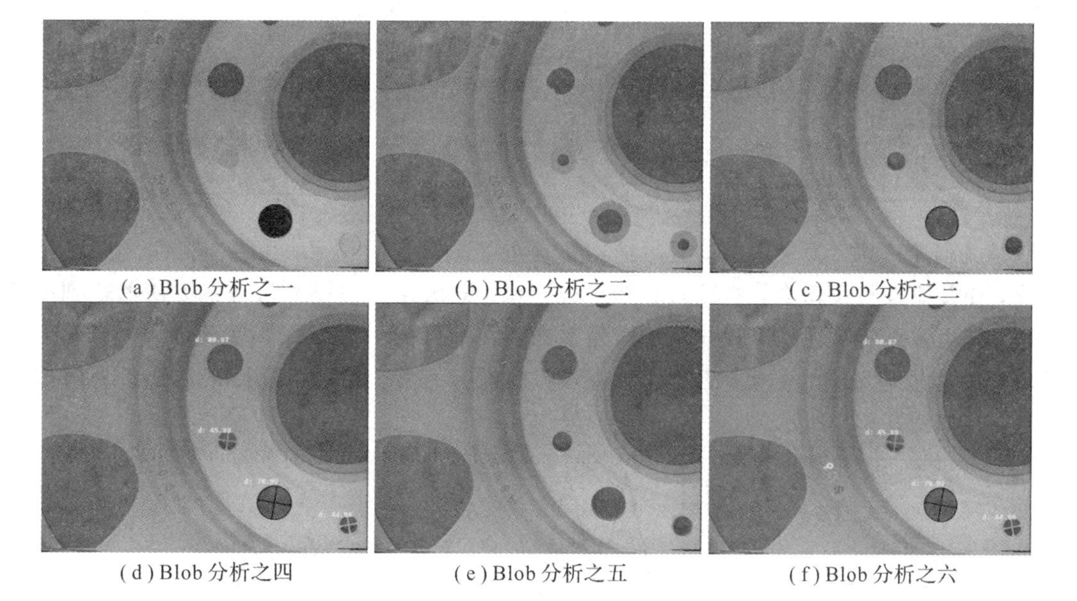

(a) Blob 分析之一　(b) Blob 分析之二　(c) Blob 分析之三

(d) Blob 分析之四　(e) Blob 分析之五　(f) Blob 分析之六

图 9－23　Blob 分析实例

9.4　灰度图像形态学

本节将把腐蚀、膨胀、开运算、闭运算的基本操作扩展到灰度级图像。下面介绍相关概念。

(1) g 在 f 的下方：g 的定义域是 f 定义域的子集，对于定义域内任意一点 x，都有 $g(x) \leqslant f(x)$，则称 g 在 f 的下方，记为 $g \ll f$。

(2) 平移：信号 f 的图形可以按两种方式移动，即水平移动和垂直移动。将信号 f 向右水平方向移动 x 称为移位，可以写成 $f_x(z)=f(z-x)$；将信号 f 竖直移动 y 称为偏移，可以写成 $(f+y)(z)=f(z)+y$。当移位和偏移同时存在时，便得到形态学平移 f_x+y 定义为

$$(f_x+y)(z)=f(z-x)+y \tag{9-11}$$

(3) 反射：若 h 为定义域内的一个信号，则 h 对原点的反射定义为

$$h^{\wedge}(x)=-h(-x) \tag{9-12}$$

信号的反射是指原信号先纵轴反射，再横轴反射，其结果如图 9-24 所示。

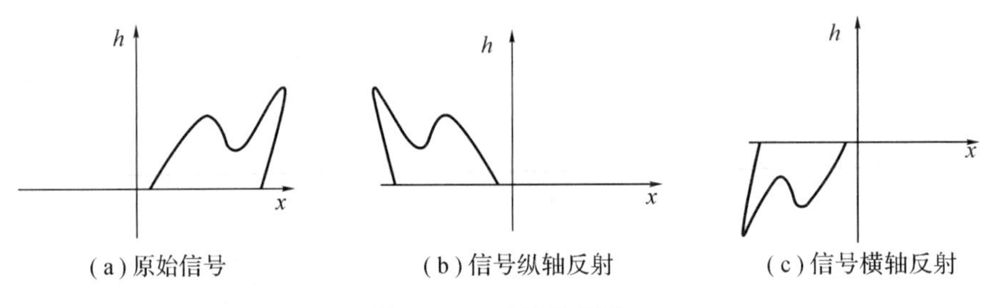

图 9-24　反射示意图

9.4.1　灰度腐蚀

1. 理论基础

利用结构元素 g 对信号 f 的腐蚀定义为

$$(f \Theta g)(x)=\max\{y: g_x+y \ll f\} \tag{9-13}$$

从几何角度讲，为了求出信号被结构元素在点 x 腐蚀的结果，可在空间滑动这个结构元素，使其原点与 x 重合，然后向上推结构元素，结构元素仍处于信号下方所能达到的最大值，即为该点的腐蚀结果。由于结构元素必须在信号的下方，故空间平移结构元素的定义域必为信号定义域的子集，否则腐蚀在该点将没有意义。利用半圆形结构元素 g 对信号 f 的腐蚀如图 9-25 所示。

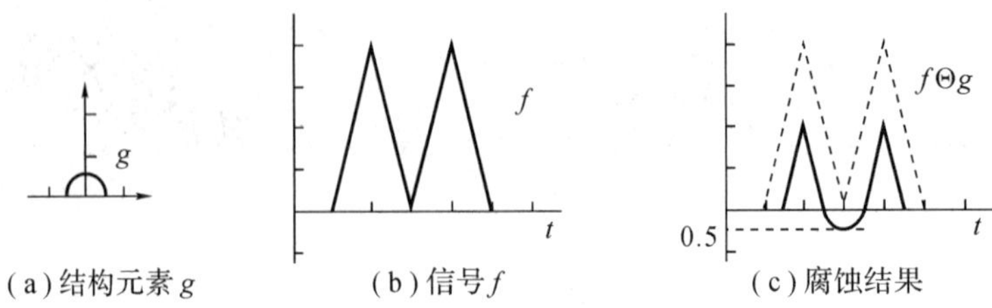

图 9-25　利用半圆形结构元素的腐蚀

向上推结构元素求出式(9－13)的极大值只是计算灰度腐蚀的一种办法，还可以通过计算在平移结构元素的定义域上的信号值与平移结构元素之间的最小差值来得到灰度腐蚀。这是因为这个最小值与上推结构元素的最大值是相等的。因此得到灰度腐蚀的等价定义：

$$(f\Theta g)(x)=\min\{f(z)-g(z):z\in D[g_x]\} \tag{9-14}$$

2. 灰度腐蚀的 HALCON 实现

相关算子说明：

- gray_erosion (Image，SE，ImageErosion)

作用：使用生成结构元素对灰度图像进行腐蚀操作。

Image：要进行腐蚀操作的图像。

SE：生成的结构元素。

ImageErosion：腐蚀后获得的灰度图像。

- gray_erosion_rect(Image：ImageMin：MaskHeight，MaskWidth：)

作用：使用矩形结构元素对灰度图像进行腐蚀操作。

Image：要进行腐蚀操作的灰度图像。

ImageMin：腐蚀后获得的灰度图像。

MaskHeight：滤波模板的高度。

MaskWidth：滤波模板的宽度。

- gray_erosion_shape(Image：ImageMin：MaskHeight，MaskWidth，MaskShape：)

作用：使用多边形结构元素对灰度图像进行腐蚀操作。

Image：要进行腐蚀操作的灰度图像。

ImageMin：腐蚀后获得的灰度图像。

MaskHeight：滤波模板的高度。

MaskWidth：滤波模板的宽度。

MaskShape：模板的形状，可选参数为'octagon'、'rectangle'、'rhombus'。

【例 9－10】 灰度腐蚀实例。

程序如下：

```
read_image (Image, '灰度腐蚀膨胀.png')
get_image_size (Image, Width, Height)
dev_open_window (0, 0, Width, Height, 'black', WindowHandle)
* 生成结构元素
gen_disc_se (SE, 'byte', 20, 20, 0)
* 使用生成结构元素对灰度图像进行腐蚀操作
gray_erosion (Image, SE, ImageErosion)
* 使用矩形结构元素对灰度图像进行腐蚀操作
gray_erosion_rect (Image, ImageMin, 20, 20)
* 使用多边形结构元素对灰度图像进行腐蚀操作
gray_erosion_shape (Image, ImageMin1, 20, 20, 'octagon')
dev_display (ImageErosion)
dev_display (ImageMin)
dev_display (ImageMin1)
```

执行程序，结果如图 9-26 所示。

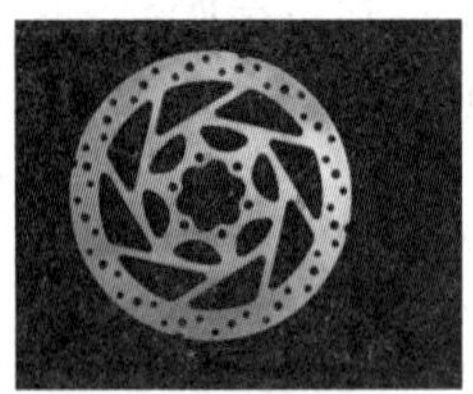
(a) 原图

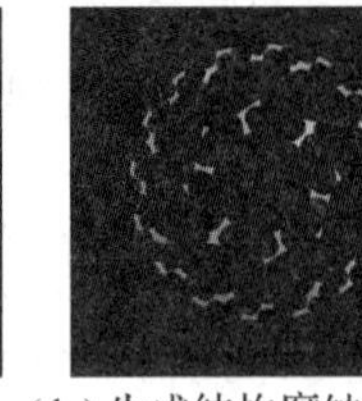
(b) 生成结构腐蚀灰度图

(c) 矩形结构腐蚀灰度图

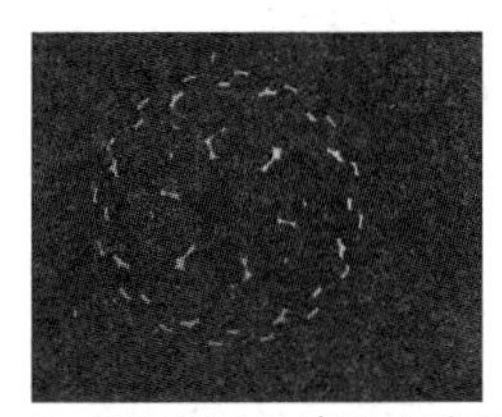
(d) 多边形结构腐蚀灰度图

图 9-26 灰度腐蚀实例

9.4.2 灰度膨胀

1. 理论基础

灰度膨胀也可用灰度腐蚀的对偶运算来定义，即利用结构元素的反射来求信号限制在结构元素的定义域时，上推结构元素使其超过信号时的最小值来定义灰度膨胀。f 被 g 膨胀可逐点地定义为

$$(f \oplus g)(x)=\min\{y:(g^{\wedge})_x + y \gg f\} \tag{9-15}$$

前面关于定义域的限制对于该定义依然适用。图 9-27 给出了通过上推结构元素对信号进行膨胀的结果。

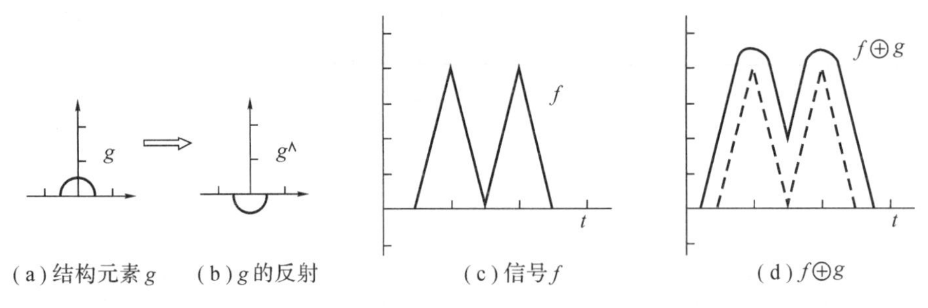

(a) 结构元素 g　(b) g 的反射　(c) 信号 f　(d) $f \oplus g$

图 9-27 利用半圆形结构元素的膨胀示意图

与灰度腐蚀类似，也可以通过将结构元素的原点平移到与信号重合，然后对信号上的每一个点求与结构元素之和的最大值来得到灰度膨胀，从而得到下式：

$$(f \oplus g)(x)=\max\{g(z-x)+f(x):x \in D[f]\} \tag{9-16}$$

2. 灰度膨胀的 HALCON 实现

相关算子说明：

• gray_dilation (Image, SE, ImageDilation)

作用：使用生成的结构元素对灰度图像进行膨胀操作。

Image：要进行膨胀操作的灰度图像。

SE：生成的结构元素。

ImageDilation：膨胀后获得的灰度图像。

• gray_dilation_rect (Image: ImageMax: MaskHeight, MaskWidth:)

作用：使用矩形结构元素对灰度图像进行腐蚀操作。

Image：要进行膨胀操作的灰度图像。

ImageMax：膨胀后获得的灰度图像。

MaskHeight：滤波模板的高度。

MaskWidth：滤波模板的宽度。

• gray_dilation_shape(Image：ImageMax：MaskHeight，MaskWidth，MaskShape：)

作用：使用多边形结构元素对灰度图像进行膨胀操作。

Image：要进行膨胀操作的图像。

ImageMax：膨胀后获得的图像。

MaskHeight：滤波模板的高度。

MaskWidth：滤波模板的宽度。

MaskShape：模板的形状，可选参数为'octagon'、'rectangle'、'rhombus'。

【例9-11】 灰度膨胀实例。

程序如下：

```
read_image (Image, '灰度腐蚀膨胀.png')
get_image_size (Image, Width, Height)
dev_open_window (0, 0, Width, Height, 'black', WindowHandle)
*生成结构元素
dev_display (Image)
gen_disc_se (SE, 'byte', 20, 20, 0)
*使用生成的结构元素对灰度图像进行膨胀操作
gray_dilation (Image, SE, ImageDilation)
*使用矩形结构元素对灰度图像进行膨胀操作
gray_dilation_rect (Image, ImageMax, 20, 20)
*使用多边形结构元素对灰度图像进行膨胀操作
gray_dilation_shape (Image, ImageMax1, 20, 20, 'octagon')
dev_display (ImageDilation)
dev_display (ImageMax)
dev_display (ImageMax1)
```

执行程序，结果如图9-28所示。

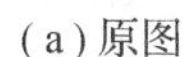

(a)原图

(b)生成结构膨胀灰度图

(c)矩形结构膨胀灰度图

(d)多边形结构膨胀灰度图

图9-28　灰度膨胀实例

9.4.3　灰度开、闭运算

1. 理论基础

与二值形态学类似，可以在灰度腐蚀和膨胀的基础上定义灰度开、闭运算。灰度开运算就是先灰度腐蚀、后灰度膨胀，而灰度闭运算就是先灰度膨胀、后灰度腐蚀。下面给出灰度开运算的定义。

使用结构元素 g 对图像 f 灰度进行开运算，记作 $f\circ g$，表示为

$$f\circ g=(f\Theta g)\oplus g \tag{9-17}$$

图 9－29 所示是结构元素 g 对信号 f 进行开运算的过程示意图。从图中可以看出，开运算可以滤掉信号向上的小噪声，且保持信号的基本形状不变。噪声的滤除效果与所选结构元素的大小和形状有关。

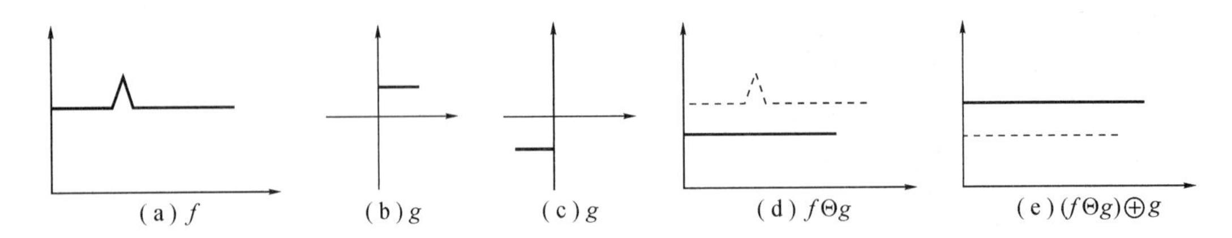

图 9－29　开运算过程示意图

灰度闭运算是开运算的对偶运算，即先作膨胀、后作腐蚀运算。使用结构元素 g 对图像 f 灰度进行闭运算，记作 $f\bullet g$，表示为

$$f\bullet g=(f\oplus g)\Theta g \tag{9-18}$$

图 9－30 所示是利用图 9－29 中的结构元素对图 9－30(a)信号 f 进行闭运算的过程示意图。从图中可以看出，闭运算可以滤掉向下的小噪声，且保持信号的基本形状不变。与开运算相同，结构元素的选择也会影响滤波的效果。

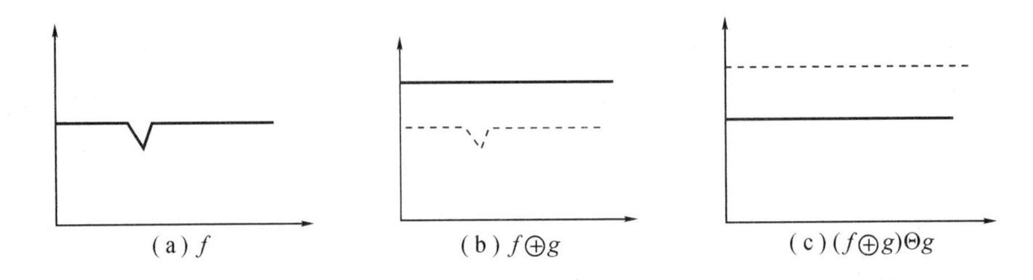

图 9－30　闭运算过程示意图

2. 灰度开、闭运算 HALCON 实现

相关算子说明：

- gray_opening(Image, SE: ImageOpening: :)

作用：使用生成的结构元素对灰度图像进行开运算操作。

Image：要进行开运算操作的灰度图像。

SE：生成的结构元素。

ImageOpening：执行开运算后的灰度图像。

- gray_opening_rect(Image: ImageOpening: MaskHeight, MaskWidth:)

作用：使用矩形结构元素对灰度图像进行开运算操作。

Image：要进行开运算操作的灰度图像。

ImageOpening：开运算后获得的灰度图像。

MaskHeight：滤波模板的高度。

MaskWidth：滤波模板的宽度。

• gray_opening_shape(Image：ImageOpening：MaskHeight，MaskWidth，MaskShape：)

作用：使用多边形结构元素对灰度图像进行开运算操作。

Image：要进行开运算操作的灰度图像。

ImageOpening：开运算后获得的灰度图像。

MaskHeight：滤波模板的高度。

MaskWidth：滤波模板的宽度。

MaskShape：模板的形状，可选参数包括'octagon'、'rectangle'、'rhombus'。

• gray_closing (Image，SE，ImageClosing)

作用：使用生成的结构元素对灰度图像进行闭运算操作。

Image：要进行闭运算操作的灰度图像。

SE：生成的结构元素。

ImageOpening：闭运算后获得的灰度图像。

• gray_closing_rect(Image：ImageClosing：MaskHeight，MaskWidth：)

作用：使用矩形结构元素对灰度图像进行闭运算操作。

Image：要进行闭运算操作的灰度图像。

ImageOpening：闭运算后获得的灰度图像。

MaskHeight：滤波模板的高度。

MaskWidth：滤波模板的宽度。

• gray_closing_shape(Image：ImageClosing：MaskHeight，MaskWidth，MaskShape：)

作用：多边形结构元素对灰度图像进行闭运算操作。

Image：要进行闭运算操作的灰度图像。

ImageOpening：闭运算后获得的灰度图像。

MaskHeight：滤波模板的高度。

MaskWidth：滤波模板的宽度。

MaskShape：模板的形状，可选参数包括'octagon'、'rectangle'、'rhombus'。

【例 9-12】 灰度开运算实例。

程序如下：

```
read_image (Image, '灰度开闭运算.png')
dev_close_window ()
get_image_size (Image, Width, Height)
dev_open_window (0, 0, Width/3, Height/3, 'black', WindowHandle)
rgb1_to_gray (Image, GrayImage)
*生成结构元素
gen_disc_se (SE, 'byte', 40, 40, 0)
*使用生成的结构元素对灰度图像进行开运算操作
gray_opening (GrayImage, SE, ImageOpening)
*使用矩形结构元素对灰度图像进行开运算操作
gray_opening_rect (GrayImage, ImageOpening1, 40, 40)
```

```
* 使用多边形结构元素对灰度图像进行开运算操作
gray_opening_shape (GrayImage, ImageOpening2, 40, 40, 'octagon')
dev_display (ImageOpening)
dev_display (ImageOpening1)
dev_display (ImageOpening2)
```

执行程序，结果如图 9-31 所示。

(a)原图

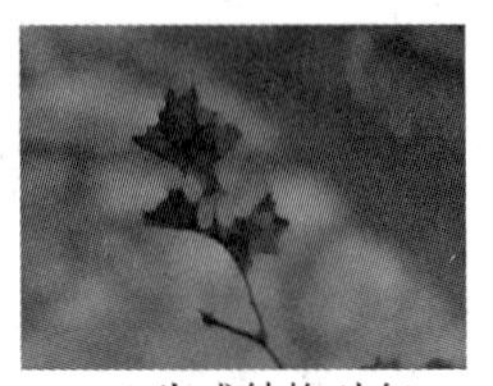

(b)生成结构对灰度图开运算

(c)矩形结构对灰度图开运算

(d)多边形结构对灰度图开运算

图 9-31　灰度开运算实例

【例 9-13】 灰度闭运算实例。

程序如下：

```
read_image (Image, '灰度开闭运算.png')
get_image_size (Image, Width, Height)
dev_open_window (0, 0, Width/3, Height/3, 'black', WindowHandle)
rgb1_to_gray (Image, GrayImage)
* 生成结构元素
gen_disc_se (SE, 'byte', 50, 50, 0)
* 使用生成的结构元素对灰度图像进行闭运算操作
gray_closing (GrayImage, SE, ImageClosing)
* 使用矩形结构元素对灰度图像进行闭运算操作
gray_closing_rect (GrayImage, ImageClosing1, 50, 50)
* 使用多边形结构元素对灰度图像进行闭运算操作
gray_closing_shape(GrayImage, ImageClosing2, 50, 50, 'octagon')
dev_display (ImageClosing)
dev_display (ImageClosing1)
dev_display (ImageClosing2)
```

执行程序，结果如图 9-32 所示。

(a)原图

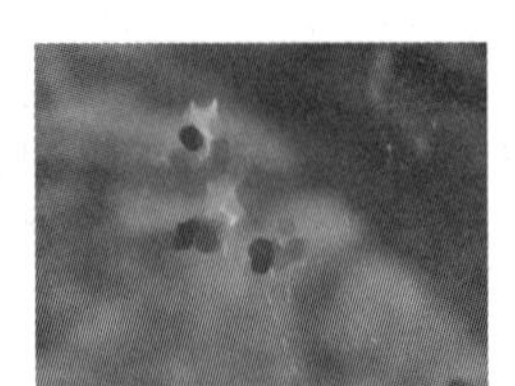

(b)生成结构对灰度图闭运算

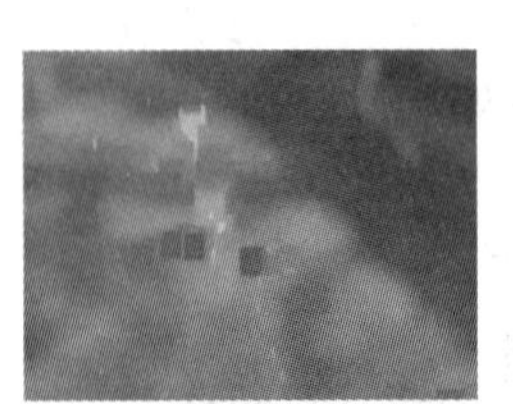

(c)矩形结构对灰度图闭运算

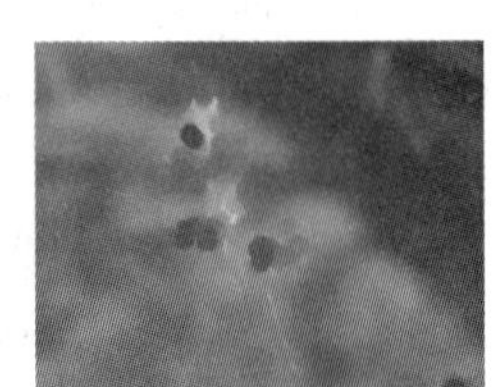

(d)多边形结构对灰度图闭运算

图 9-32　灰度闭运算实例

9.4.4　顶帽变换与底帽变换

1. 理论基础

图像相减与开运算和闭运算相结合会产生顶、底帽变换。灰度图像 f 的顶帽变换定义为 f 减去 f 的开运算：

$$\text{That}(f)=f-(f\circ g) \tag{9-19}$$

灰度图像 f 的底帽变换定义为 f 的闭运算减去 f：

$$\text{Bhat}(f)=(f\bullet b)-f \tag{9-20}$$

这些变换的主要应用之一是用一个结构元素通过开运算或闭运算从一幅图像中删除物体，而不是拟合被删除的物体，然后进行差操作，得到一幅仅保存已删除分量的图像。顶帽变换用于暗背景上的亮物体，底帽变换则用于相反的情况，所以一般称白顶帽黑底帽。

2. 顶、底帽运算的 HALCON 实现

相关算子说明：

• gray_tophat (Image, SE, ImageTopHat)

作用：灰度图顶帽变换操作。

Image：要进行顶帽变换的灰度图像。

SE：生成的结构元素。

ImageTopHat：顶帽变换后获得的图像。

• gray_bothat (Image, SE, ImageBotHat)

作用：灰度图底帽变换操作。

Image：要进行底帽变换的图像。

SE：生成的结构元素。

ImageBotHat：底帽变换后获得的图像。

【例 9-14】 顶帽变换实例。

程序如下：

```
read_image (Dingdimao, 'dingdimao.jpg')
get_image_size (Dingdimao, Width, Height)
dev_open_window (0, 0, Width/3, Height/3, 'black', WindowHandle)
rgb1_to_gray (Dingdimao, GrayImage)
gen_disc_se (SE, 'byte', 400, 400, 0)
* 灰度图顶帽变换
gray_tophat (GrayImage, SE, ImageTopHat)
dev_display (ImageTopHat)
```

执行程序，结果如图 9-33 所示。

(a) 原图

(b) 顶帽变换

图 9-33 顶帽变换实例

【例 9-15】 底帽变换实例。

程序如下：

```
read_image (Dingdimao, 'dingdimao.jpg')
get_image_size (Dingdimao, Width, Height)
dev_open_window (0, 0, Width/3, Height/3, 'black', WindowHandle)
rgb1_to_gray (Dingdimao, GrayImage)
gen_disc_se (SE, 'byte', 300, 300, 0)
* 灰度图底帽变换
gray_bothat (GrayImage, SE, ImageBotHat)
dev_display (ImageBotHat)
```

执行程序，结果如图 9-34 所示。

(a) 原图

(b) 底帽变换

图 9-34 底帽变换实例

本章小结

形态学运算最初是针对图像依据数学形态学集合论方法发展起来的，是分析几何形状和结构的数学方法，用以表征图像的基本特征。本章介绍了二值形态学的基本运算——腐蚀和膨胀，并以此为基础，引出了其他常见的数学形态学运算，如开、闭运算以及击中击不中变换等。将二值形态学的理论推广到灰度图像上有了灰度形态学。

形态学方法是图像处理技术中的一个重要发展方向，基于数学形态学的图像处理算法也有很多，限于篇幅，本书不能一一介绍，感兴趣的读者可以查阅相关的理论书籍。

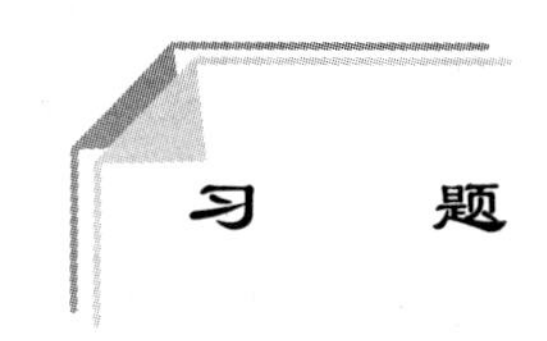

习　题

9.1　说明开运算与闭运算的特点以及它们对图像处理的作用。

9.2　证明下列表达式的正确性：

(1) $A \circ B$ 是 A 的一个子集(子图像)。

(2) 若 C 是 D 的一个子集，则 $C \circ B$ 是 $D \circ B$ 的一个子集。

(3) $(A \circ B) \circ B = A \circ B$。

9.3　使用图 9-18(c)给出的结构元素来代替图 9-16(b)给出的结构元素，试讨论对提取边界的影响。

9.4　反复腐蚀一幅图像的极限效果是什么(假设不使用只有一个点的结构元素)?

9.5　简述 Blob 分析的流程。

第10章

HALCON相关实例和算法

机器视觉在工业在线检测的各个应用领域表现十分活跃，如条形码识别、光学字符检测、印制电路板的视觉检测、药品封装检测、印刷色彩检测、钢板表面的自动探伤、大型工件平行度和垂直度测量、容器容积或杂质检测、机械零件的自动识别分类和几何尺寸测量等。

本章介绍 HALCON 在字符分割、条形码识别、图像去雾、三维匹配等方面的应用。

10.1 字符分割识别

字符识别又称光学字符识别(Optical Character Recognition，OCR)，是在图像中识别字符的过程。随着视觉技术的不断发展，在越来越多的应用中都需要将检测对象上的印刷字符识别出来。一个典型的例子就是一些产品上所贴的序列号条码，某些情况下我们需要去读取并且识别出这个序列号的信息。

字符的识别主要包含两个部分：第一，将图像中的单个字符分割出来；第二，将分割出来的字符进行分类。字符识别主要由字符分割、特征提取和字符分类三部分组成。

1. 字符分割

对于字符的分割，首先用阈值法提取图像中的连通区域，然后使用形态学等方法将同一个字符分离的部分连接起来。

另外，在一些应用中很难将单个字符之间的黏连分开，这时可以使用下面两种方法来分割黏连的字符。一种方法是对图像中的每个字符定义一个感兴趣区域，由于我们事先已经知道图像中有多少个字符，因此问题在于需要使被分离的单个字符在感兴趣区域内，这种方法的缺点是如果图像中的文本位置发生改变，这种方法就很难达到效果。另外一个比较好的方法是计算区域每列的像素数目，由于不同字符之间的连接部分非常狭窄，所以最佳的分割点就是每列像素的全局最小值。然而，特殊情况下全局最小值可能不是最佳分割点，这时为了取得更好的分割效果，根据经验可以自定义最佳分割点。

2. 特征提取

对于光学字符的识别，是用从单个字符提取到的特征进行分类。字符特征提取的方法有很多，如基于区域特征、网格像素统计、小波矩特征提取，正交投影法，基于笔画、轮廓、骨架特征提取等。例如，椭圆参数(长轴与短轴的比值)和紧密度就是比较典型的特征，这两个特征能够容易地区分出字母“c”和字母“o”，而对于其他的字符，这两个特征也许不能取得很好的效果，此时需要对待分割的字符的特征进行分析，选择最具有区分性的特征进行特征提取。

3. 字符分类

HALCON 中典型的分类器包括高斯混合模型、多层感知器、支持向量机等。

分类的过程可以看作特征空间到可能的类型集合之间的映射。一般能够构造两种不同类型的分类器：第一种分类器一般使用贝叶斯(Bayes)定理，尝试通过前验概率估计后验概率；第二种类型的分类器尝试在类型之间构建分割的超曲面。所有的分类器需要一个方法得到概率或者分割的超曲面。为了实现这个目的，需要一个训练集，这个训练集就是一系列特征向量的样本以及这些样本对应的类型。对于光学字符来讲，训练集是一系列字符样本，从这些字符样本中计算相应的特征向量和这些字符所属的类型，要求这个训练集能够代表实际应用中可能出现的情况。实际情况下，训练集中的字符应该包括可能出现的一些变化，如不同的字符集、笔画宽度、噪声等。为了确定实际应用中能否很好地从训练集中概括出决策规则，必须提供一个与训练集不同的测试集。这个测试集实际上就是用来评估分类器在实际应用中的效果的。

HALCON 中 OCR 实现的常规步骤为：创建分类器、添加样本、训练样本、分类器分类。另外，HALCON 提供了一种更简单的方法：分别调用函数 read_ocr_class_mlp、do_ocr_multi_class_mlp、clear_ocr_class_mlp 就可以进行相应的字符分类操作。

【例 10－1】 字符识别实例，如图 10－1 所示。

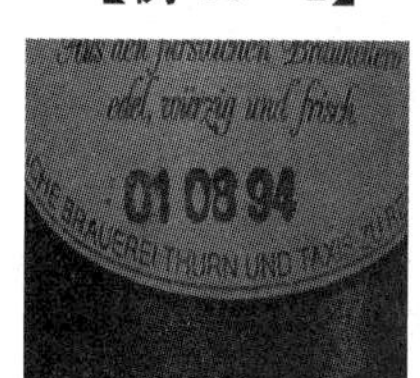

(a) 原图

(b) 根据直方图阈值法进行阈值分割的结果

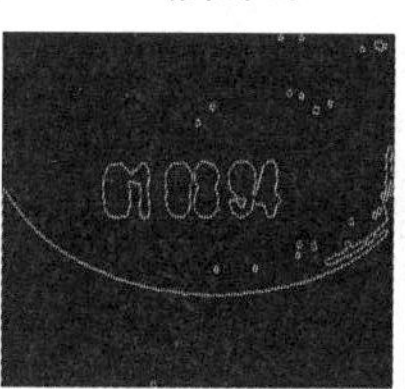

(c) 填充孔洞后

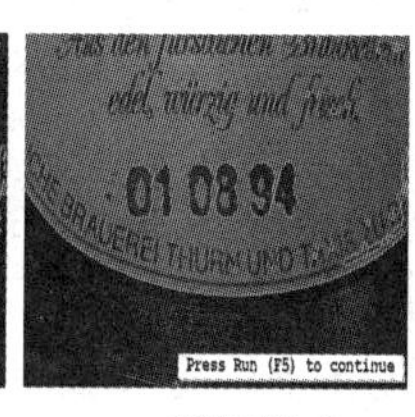

(d) 开运算后

(e) 最终结果

图 10－1　字符识别实例

字符识别的关键点如下：

(1) 获取单个字符的区域 region(具体依据情况使用图像增强或区域分割)。

(2) 选取合适的字符库，使用分类器识别字符。

程序如下：

```
* 第一步，字符分割
* 关闭更新
dev_update_window ('off')
* 读取图像
read_image (Bottle, 'bottle2')
* 获得图像大小
get_image_size (Bottle, Width, Height)
* 关闭窗口
```

```
dev_close_window ()
* 打开一个图像大小两倍的窗口
dev_open_window (0, 0, 2 * Width, 2 * Height, 'black', WindowID)
set_display_font (WindowID, 20, 'mono', 'true', 'false')
dev_display (Bottle)
disp_continue_message (WindowID, 'black', 'true')
* 全局阈值处理，获得区域
threshold (Bottle, RawSegmentation, 0, 95)
* 根据形状特征填充孔洞，结果如图 10-1(c)所示
fill_up_shape (RawSegmentation, RemovedNoise, 'area', 1, 5)
* 利用圆形结构元素执行开运算，结果如图 10-1(d)所示
opening_circle (RemovedNoise, ThickStructures, 2.5)
dev_display (Bottle)
* 填充区域孔洞
fill_up (ThickStructures, Solid)
* 利用矩形结构元素执行开运算。矩形宽设为 1，高为 7，相当于低于 7 的连接被截断
opening_rectangle1 (Solid, Cut, 1, 7)
* 计算连通区域
connection (Cut, ConnectedPatterns)
* 计算区域交集
intersection (ConnectedPatterns, ThickStructures, NumberCandidates)
* 根据区域面积进行选择
select_shape (NumberCandidates, Numbers, 'area', 'and', 300, 9999)
* 区域排序
sort_region (Numbers, FinalNumbers, 'first_point', 'true', 'column')
* 第二步，读取数字
* 读取 OCR 分类器(多层感知器)
read_ocr_class_mlp ('Industrial_0-9A-Z_NoRej.omc', OCRHandle)
* 使用分类器进行字符分类
do_ocr_multi_class_mlp (FinalNumbers, Bottle, OCRHandle, RecNum, Confidence)
* 求取字符区域中心坐标及面积
area_center (FinalNumbers, Area, Row, ColNum)
set_display_font (WindowID, 27, 'mono', 'true', 'false')
* 循环显示读取得到的数字
for i := 0 to |RecNum|-1 by 1
* 显示结果，具体如图 10-1(e)所示
    disp_message (WindowID, RecNum[i], 'image', 80, ColNum[i]-3, 'green', 'false')
endfor
* 清除分类器
clear_ocr_class_mlp (OCRHandle)
dev_update_window ('on')
```

10.2 条形码识别

随着信息技术的发展，物联网技术成为社会研究的热点之一。标签作为物联网系统最基本的组成单元之一，在物联网应用中发挥着十分重要的作用。当前应用最广的标签技术是条形码技术，它是集编码、符号表示、印刷、识别、数据采集和处理于一体的技术，是数据采集技术和自动识别技术的一个重要组成部分。条形码技术已经在交通运输、商业、制造业、仓储、医疗等各个领域获得了广泛应用。

条形码常常又被称为条码(Bar Code)，它是由一组按一定编码规则排列的条、空及其对应字符组成的标识，用以表示一定的字符、数字及符号组成的信息。条形码有一维条形码(一维条码)和二维条形码(二维条码)，不同类型的条形码应用在不用的领域。条形码可以标出商品的生产国家、制造厂家、商品名称、生产日期、图书分类号、邮件起始地点、类别、日期等信息，因而在商品流通、银行系统等领域得到了广泛应用。

10.2.1 一维条形码识别及实例

现在普遍使用的一维条形码有欧洲商品编号(European Article Number，简称EAN条形码)、通用产品条形码(Uniform Product Code，简称UPC条形码)、二五条形码(Code25)、三九条形码(Code39)、库得巴条形码(Codabar Code)，这些条形码各有各的功能，分别适用于不同的领域。

编码规则：以EAN-13条形码为例，EAN-13条形码主要由左侧空白区、右侧空白区、起始符、左侧数据符、中间分隔符、右侧数据符、校验符、终止符等几部分组成。图10-2是一个EAN-13条形码实例。

图10-2　EAN-13条形码实例

一维条形码的一般识读流程如下：

(1) 识读图像；

(2) 确定条形码宽度；

(3) 判别条形码扫描方向；

(4) 判别条形码字符；

(5) 校验条形码数据;

(6) 进行纠错处理。

1. 基于 HALCON 的一维条形码识别相关算子

1) 创建条形码模型并初始化相关参数

• creat_bar_code_model(::GenParamNames, GenParamValues: BarCodeHandle)

功能:创建一维条形码模型。

GenParamNames:条形码模型可调整的参数的名称,如果不了解条形码类型,则这里的参数值和对应的参数值可以设置为空。

GenParamValues:调整条形码模型所用的参数的值。

BarCodeHandle:条形码句柄,代表条形码模型有相关算子,这种模型也可以保存,以后用的时候可以读取。

• set_bar_code_param(::BarCodeHandle, GenParamNames, GenParamValues)

功能:设置条形码参数,此算子的参数 GenParamNames 可以从下面的选项中进行选择。

'element_size_min':条形码宽度的最小尺寸,指条形码的宽度和间距。对于小码应设为 1.5,对于大码应设大一点,以减少程序的运行时间。

'element_size_max':条形码宽度的最大尺寸,这个值必须设得足够小,如 4、6、10、16、32 等。

'check_char':是否验证校验位。Code39、Codebar、2/5 Industrial、2/5 Interleave 等都有一个校验位,该算子用来设置是否验证校验位。对应值'absent'表示不检查校验和,不验证条码的正确性;'present'表示检查校验和,验证条码的正确性。

'persistence':设为 1 时,在解码过程中会储存一些中间结果,当需要评估条码印刷质量或检查扫描线时,就会用到这些中间结果。

'composite_code':EAN、UPC 等码都可以附加一个二维条形码构成"组合码"。

'meas_thresh':当使用扫描线来识别条码的边缘时,作为相对阈值来识别这些边缘,这个阈值是个相对值,一般取[0.05, 0.2]。

'num_scanlines':扫描条码时所用扫描线的最大数目,设为 0,程序会自动决定采用多少条扫描线来解码。

'min_identical_scanlines':认定成功解码所需的最少扫描线数,默认是 1。当两条扫描线完全相同时,即得到相同的解码结果,则认为解码成功,仅用于 Code128。

'start_stop_tolerance':当检测扫描线的起点和终点图案时,用该语句设置允许误差。设为'high',则允许误差大。如果图像质量好,会增加找到条码的概率;如果图像噪声大,可能会引起误检。设为'low',允许误差小,会提高条码检测的鲁棒性,但也会降低找到条码的概率。

'orientation':条形码的方向,单位为°(与水平轴的夹角),范围是[0, 100]和[-100, 0]。'all'参数表示要查看所有的识别结果的方向。

'orientation_tol':方向的容差,单位为°。

'max_diff_orient':设置相邻边缘方向的最大角度容差,单位为°。值越大,候选区域越多；值越小，候选区域越少。对于质量好的图像，可以设得小一些，以提高程序速度。

'element_height_min'：条形码的最小高度。默认值为－1，表示程序自动求出条形码高度。

'stop_after_result_num'：设置要解码的条码数目。设为 0，表示程序要找出所有条码。

2）条形码识别

- find_bar_code(Image：SymbolRegions：BarCodeHandle，Codetype：DecodeDataStrings)

功能：检测并读取图像中的一维条形码。

Image：待处理图像。

SymbolRegions：存储了对应条码所在区域。

BarCodeHandle：一维条形码模型句柄。

Codetype：一维条形码类型。

DecodeDataStrings：解码结果存储在此字符串数组中。可以通过 DecodeDataStrings[0]访问第一个解码结果，其他以此类推。

3）条形码结果处理

- get_bar_code_result（：：BarCodeHandle，CandidateHandle，ResultName：BarCodeResults）

功能：获取解读条形码标识时计算得到的字母数字结果。

BarCodeHandle：条形码模型的句柄。

CandidateHandle：指定需要查询的条形码解码结果的索引值或者选择查询所有的结果。

ResultName：返回的结果数据的名称。

BarCodeResults：得到的结果列表。

其中：ResultName＝'deco_ded_types'表示返回条形码类型。ResultName＝'status_id'表示读取扫描线的状态 ID。以“1；1004”这种格式为例，分号前面的数字表示某条扫描线的某种状态，编码范围为 0～22，共 23 种状态；后面 4 位数表示警告信息，编码范围为 1000～1005，共 6 种警告。用户可以通过语句 translate_bar_code_status_id(StatusID，Ststus)将 ID 转化为文字描述的意义。ResultName＝'decoded_reference'表示返回解码后关于条码的完整参考数据，包括数据字符、开始停止字符、校验字符等。

- get_bar_code_object(Candidates，BarCode-Handle，'all'，'candidate_regions')

功能：访问在搜索条形码或解码期间创建的图标对象。

该语句用来访问的是中间结果：候选区域，有的区域包含条码，是正确的识别结果，也就是 SymbolRegions；其他区域则包含错误结果。显然，SymbolRegion 是 Candidates 的子集。

4）清除条形码模型

- clear_bar_code_model(：：BarCodeHandle)

功能：删除条形码模型并释放分配的内存。

BarCodeHandle：条形码模型的句柄。

2. 一维条形码识别实例

【例 10－2】 一维条形码识别实例，如图 10－3 所示。

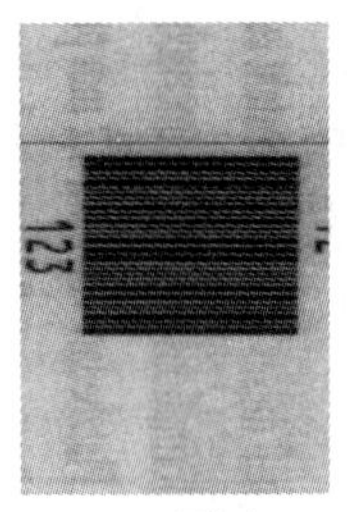

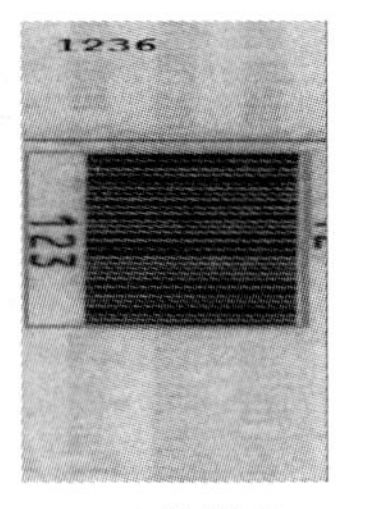

(a)原图　　　　(b)处理后

图 10-3　一维条形码识别实例

程序如下：

```
*创建条形码模型
create_bar_code_model ([], [], BarCodeHandle)
*关闭原窗口
dev_close_window ()
*打开新窗口指定大小、颜色
dev_open_window (0, 0, 120, 300, 'black', WindowHandle)
*设置窗口内字体
set_display_font (WindowHandle, 14, 'mono', 'true', 'false')
*设置区域填充形式
dev_set_draw ('margin')
*设置线宽
dev_set_line_width (3)
*读取图像，如图 10-3(a)所示
ImageFiles :='../一维条形码/'
read_image (Image, ImageFiles+'25industrial0'+1)
dev_set_color ('green')
*设置条形码参数
set_bar_code_param (BarCodeHandle, 'check_char', 'absent')
*检测条形码
find_bar_code (Image, SymbolRegions, BarCodeHandle, '2/5 Industrial', DecodedDataStrings)
*窗口显示条形码数据
disp_message (WindowHandle, DecodedDataStrings, 'window', 12, 12, 'black', 'false')
*清除条形码模型
clear_bar_code_model (BarCodeHandle)
```

10.2.2　二维条形码识别及实例

二维条形码具有信息密度高、信息容量大、纠错能力强和不依赖数据库等特点，除此之外，二维条码还可将汉字、图像等信息进行优化编码处理，具有全方位识别、可引入加密机制等特点。二维条形码在证件识读、运输包装、嵌入式识别、电子数据交换等方面得到了广泛的应用。

二维条形码/二维码(2-dimensional bar code)是用某种特定的几何图像按一定规律在平面(二维方向上)分布的黑白相间的图形中记录信息的。二维条形码在代码编制上巧妙地利用计算机内部逻辑基础的“0”“1”比特流的概念，使用若干个与二进制相对应的几何形体来表示文字、数值信息。

二维条形码可分为堆叠式/行排式二维条形码和矩阵式二维条码。堆叠式/行排式二维条形码形态上是由多行短截的一维条形码堆叠而成的；矩阵式二维条形码以矩阵的形式组成，在矩阵相应元素位置上用“点”表示二进制“1”，用“空”表示二进制“0”，“点”和“空”的排列组成代码。

1. 二维条形码定位及解码

不同码制的二维条形码具有不同的特性，彼此具有不同的寻像图形或定位图形，因此所采用的定位方法也有所不同。以Data Matrix条形码为例，其定位图形是由构成L形的两条黑实线进行定位的，如图10-4所示。

图10-4　Data Matrix条形码

二维条形码定位一般分为两个步骤：粗定位和精定位。粗定位是在复杂背景下提取出大致的条形码区域；精定位是找出条形码的精确位置以便进行解码。

二维条形码精定位的一般流程如图10-5所示。

二维条形码的一般解码流程如图10-6所示。

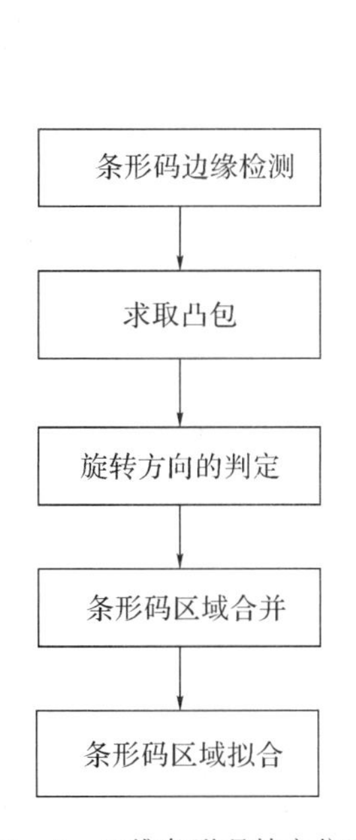

图10-5　二维条形码精定位流程

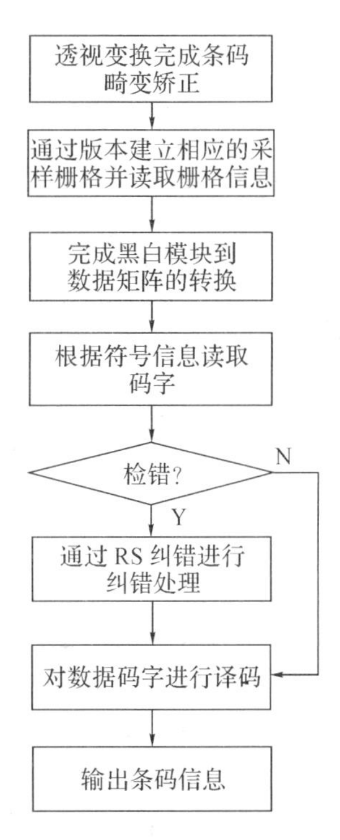

图10-6　二维条形码解码流程

HALCON能识别的二维条形码类型包括：Data Matrix ECC 200、QR Code、Micro QR Code、PDF417、Aztec Code、Gs1 DataMatrix、Gs1 QR Code、Gsi Aztec Code。

HALCON中二维条形码的处理思路包含四步：创建模型、设置参数、条形码识别及结果处理。

2. 二维条形码 HALCON 算子

1) find_data_code_2d 算子详细解释

HALCON 中识别二维条形码主要是由算子 find_data_code_2d 来完成。

find_data_code_2d (Image: SymbolXLDs: DataCodeHandle, GenParamNames,
GenParamValues: ResultHandles, DecodedDataStrings)

功能：在一幅图像中检测并且读取二维条形码标识或者在训练二维条形码模型时使用此算子。

Image：输入图像，如果图像区域缩小为一个局部区域，则此时搜索时间会减少，但同时也可能出现由于二维条形码不完整而导致不能找到二维条形码的情况。

SymbolXLDs：被成功解码的二维条形码周边 XLD 轮廓。

DataCodeHandle：二维条形码模型句柄。

GenParamNames：可设置的参数名称。

GenParamValues：设置的参数对应的参数值。

ResultHandles：所有成功解码的二维条形码的句柄。

DecodedDataStrings：在图像中搜索到的二维条形码的解码字符结果。

算子 find_data_code_2d 能够检测输入图像中的二维条形码，并读取其中的编码数据。在调用这个算子之前，必须使用 create_data_code_2d_model 或 read_data_code_2d_model 创建与图像中的二维条形码类型匹配的模型。如果要在图像中搜索多个二维条形码标识，可以选择参数 stop_after_result_num 和请求的二维条形码标识数一起赋值给参数 GenParamNames。

算子被执行后会自动返回识别出的二维条形码 XLD 轮廓和得到的解码结果句柄，结果句柄信息具体包括二维条形码的附加信息、搜索的方式以及解码结果。调用算子 get_data_code_2d_results 并将其对应的参数 ResultHandles 中的候选句柄与参数 decoded_data 一起设置，则会返回带有字符串字符的 ASCII 代码的元组。

2) 使用 find_data_code_2d 算子搜索二维条形码时的注意事项

除了使用 set_data_code_2d_param 手动设置模型参数之外，还可以根据一个或多个样本图像来对模型进行训练。此时，参数 GenParamNames 应设置为“train”，同时参数 GenParamValues的值决定了模型参数，以下是部分参数值：

'all'：所有可以训练的模型参数。

'symbol_size'：符号大小或符号形状。

'module_size'：模块尺寸。对于 PDF417，它包括模块宽度和模块宽高比。

'small_modules_robustness'：模块尺寸较小的条形码的解码鲁棒性。

'polarity'：条形码的极性，它们可能在亮色背景中看起来很黑或在黑色背景上显得很亮。

'mirrored'：图像中的标识是否被镜像。

'contrast'：用于检测二维条形码的最小对比度。

'finder_pattern_tolerance'：对于二维条形码中存在缺陷或者部分存在被遮挡的情况，搜索二维条形码时的容许误差。此参数只适用于 ECC 200 和 Aztec 条形码。

'contrast_tolerance'：当图像存在强烈的局部对比度变化时，搜索二维条形码时的容许容差。此参数只适用于 ECC 200 条形码。

【例 10-3】 基于 HALCON 的二维条形码识别实例，如图 10-7 所示。

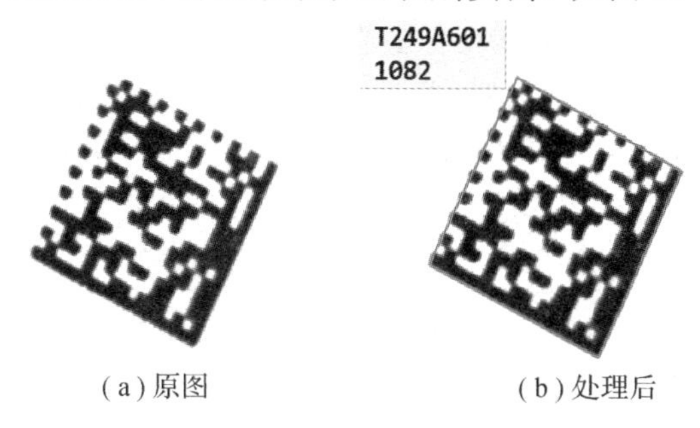

(a) 原图　　(b) 处理后

图 10-7　二维条形码识别实例

程序如下：

```
dev_update_off ()
dev_close_window ()
ImageFiles :='../二维条形码/'
read_image (Image, ImageFiles + '二维条形码原图.png')
dev_open_window_fit_image (Image, 0, 0, -1, -1, WindowHandle)
set_display_font (WindowHandle, 16, 'mono', 'true', 'false')
dev_set_line_width (3)
dev_set_color ('green')
* 创建二维条形码模型
create_data_code_2d_model ('Data Matrix ECC 200', [], [], DataCodeHandle)
read_image (Image, ImageFiles + '二维条形码原图.png')
find_ data _ code _ 2d (Image, SymbolXLDs, DataCodeHandle, [ ], [ ], ResultHandles,
                    DecodedDataStrings)
* 显示结果
dev_display (Image)
* 显示得到的解码结果，具体如图 10-7(b)所示
dev_display (SymbolXLDs)
disp_message (WindowHandle, DecodedDataStrings, 'window', 40, 12, 'black', 'true')
* 检验是否成功进行解码
if (|DecodedDataStrings| == 0)
    disp_message (WindowHandle, 'No data code found.\nPlease adjust the parameters.',
                  'window', 40, 12, 'red', 'true')
endif
    disp_continue_message (WindowHandle, 'black', 'true')
clear_data_code_2d_model (DataCodeHandle)
```

10.3 去雾算法

10.3.1 去雾算法概述

近年来，雾霾天气发生频率逐年增加，对于人们的日常生活产生了严重的影响。在雾

霾环境中拍摄的图像由于雾霾的影响会丢失很多重要的图像特征信息，同时也会给后期的图像识别带来很大的难度，因此开展图像去雾技术的研究具有十分重要的意义。

从自然气象学的立场分析，雾与霾是不一样的两种大气现象。从气象学角度来区分，将相对湿度低于80%且同时视野模糊并影响能见度的天气现象确定为霾现象；相对湿度大于90%时为雾现象；相对湿度为80%～90%的大气浑浊现象是由霾与雾共同的混合物造成的，但其主要成分是霾。然而，是从图像处理学的角度来看，雾和霾的区分就不是这样了。雾和霾在图像的成像中，都会导致图像的一些特征值变低，尤其会影响图像的对比度。

从图像特征角度上来说，雾霾图像的特征主要表现都是图像的可见度、暗通道强度和图像的对比度的变化。从图像研究的角度看，在处理一幅给定的图像前，需要根据其给定的雾霾图像对其图像特征进行提取，首先要客观地确定给定的图像是不是所谓的雾霾图像，是几级雾霾图像。

目前关于图像去雾处理的方法有很多，这些方法从不同研究角度大致可分为两类：一类为图像增强，另一类为图像修复。图像增强算法大致分为图像对比度增强和图像颜色增强，即图像锐化。而图像修复算法主要是基于大气退化的物理模型，这种方法需要更多的额外信息，如知道图像数据的同时还要知道深度信息等更多的参数来求物理模型。

本节主要介绍基于暗通道先验的图像去雾方法(基于图像修复的图像去雾方法)，该类方法考虑了天气因素，把雾气看作图像混浊模糊的重要成因。从实际景物的物理模型入手，分析雾天成像模型，从而反推出无雾图像。在模型的建立和反推的过程中，重点在于各种参数的估值。准确的估值才能得到更精准的无雾图像。在图像去雾过程中应用到的基本原理包括暗通道先验理论、透射率估计和大气光强估计等。

10.3.2 去雾算法的理论推导

1. 暗通道原理

暗通道先验的提出是基于对一些户外无雾图像的观察，在绝大部分户外无雾图像中，除去天空区域，图像的其他部分至少有一个颜色通道的像素值非常低或者接近于0。也就是说，对于户外无雾图像的一小块，取R、G、B三个通道上的最小值，该小块图像区域的最小值像素值接近于0。暗通道图像是获得三通道图像中每个像素RGB通道分量中的最小值，再使用模板对灰度图像作最小值滤波，组成相应的图像。

用数学表达式描述这一过程，对于任何一幅图像 J，暗通道表达式为

$$J^{\text{dark}}(x)=\min_{y\in\Omega(x)}\left(\min_{c\in\{R,G,B\}}J^{c}(y)\right) \tag{10-1}$$

其中，J^c 表示彩色图像的每个通道，$\Omega(x)$表示以像素 x 为中心的一个窗口。

具体解释：首先求出每个像素RGB分量中的最小值，存入一幅和原始图像大小相同的灰度图中，然后再对这幅灰度图进行最小值滤波，滤波的半径由窗口大小决定，可参照式(10-2)进行选择：

$$\text{WindowSize}=2\times\text{Radius}+1 \tag{10-2}$$

有了暗通道这一概念，对于绝大部分户外无雾图像的非天空区域，暗通道的像素值非常低或者接近于0，用公式描述为

$$J^{\text{dark}} \rightarrow 0$$

这里介绍一种简单有效的图像先验规律——暗原色先验(Dark Channel Prior)来为单一输入图像去雾。暗原色先验是通过对大量户外无雾图像的统计观察得出的：在绝大多数图像的局部区域里，一些像素总会有至少一个颜色通道具有很低的值，换言之，该区域光强度的最小值很小。

实际生活中造成暗原色中低通道值的情况主要有以下三种：

(1) 汽车、建筑物和城市中玻璃窗户的阴影，或者是树叶、树等自然景观的投影。

(2) 色彩鲜艳的物体或表面，在 R、G、B 三个通道中有些通道的值很低(如绿色的草地、树等植物，红色或黄色的花朵或者蓝色的水面)。

(3) 颜色较暗的物体或表面，如灰暗色的树干和石头。总之，自然景物中到处都是阴影或者彩色，这些景物的图像的暗原色总是很灰暗的。

图 10-8(a)为含雾图像的原图，图 10-8(b)为其暗通道图像。仔细观察两幅图像，深刻理解暗通道图像的含义。

2. 大气散射模型及归一化形式

首先对研究的问题建立数学模型。其中，大气散射模型描述了雾化图像的退化过程，具体模型为

$$I(x)=J(x)t(x)+A(1-t(x)) \tag{10-3}$$

式中，$I(x)$是已有的图像，$J(x)$是要恢复的无雾的图像，A 是全球大气光成分，$t(x)$为透射率。

现在已知条件是 $I(x)$，要求目标值 $J(x)$，显然这是个无解的方程，因此需要一些先验的知识，将式(10-3)归一化变形为式(10-4)，其中 c 表示 R、G、B 三个通道。

$$\frac{I^c(X)}{A^c}=t(x)\frac{J^c(x)}{A^c}+1-t(x) \tag{10-4}$$

3. 透射率的预估值及修正式

首先假设在每个窗口内透射率 $t(x)$为常数，定义为 $\tilde{t}(x)$，并且 A 值已经给定，然后对式(10-4)两边求两次最小值运算，有

$$\min_{y\in\Omega(x)}\left(\min_c\frac{I^c(y)}{A^c}\right)=\tilde{t}(x)\min_{y\in\Omega(x)}\left(\min_c\frac{J^c(y)}{A^c}\right)+1-\tilde{t}(x) \tag{10-5}$$

根据前述的暗原色的先验理论，有

$$J^{\text{dark}}(x)=\min_{y\in\Omega(x)}\left(\min_c J^c(y)\right)=0 \tag{10-6}$$

因此，可推导出

$$\min_{y\in\Omega(x)}\left(\min_c\frac{J^c(y)}{A^c}\right)=0 \tag{10-7}$$

把式(10-7)代入式(10-5)中，可得投射率 $\tilde{t}(x)$的预估值：

$$\tilde{t}(x)=1-\min_{y\in\Omega(x)}\left(\min_c\frac{I^c(y)}{A^c}\right) \tag{10-8}$$

在现实生活中，空气中也存在一些颗粒等情况，因此，看远处的物体还是能感觉到雾的影响。另外，雾的存在让人感到景深的存在，因此引入一个[0，1]的因子来保留一定程度的雾，可将式(10-8)修正为

(a) 原图

(b) 暗通道

图 10-8 含雾原图与其暗通道图像的对比效果图

$$\tilde{t}(x)=1-\omega\min_{y\in\Omega(x)}\left(\min_{c}\frac{I^{c}(y)}{A^{c}}\right) \tag{10-9}$$

其中，根据经验值，ω 因子设为0.95。

4. 全球大气光值 A 的确定

上述推论中都是假设全球大气光值 A 是已知的，但在实际中全球大气光值 A 不是已知的，可以通过暗通道图像从有雾的图像中获得该值。具体操作为：从暗通道图中按照亮度的大小取前0.1%的像素。在这些像素位置中，在原始有雾的图像中寻找对应的具有最高亮度的点的值作为 A 的值。

5. 无雾图像模型

现在 $I(x)$、A、$t(x)$ 都已经求得，可以进行 $J(x)$ 的计算。当透射率 $t(x)$ 的值很小时，会导致 $J(x)$ 的值偏大，从而使得图像整体向白场过渡，因此一般可设置一个阈值 t_0，当 $t=t_0$ 时，经验值以 $t_0=0.1$ 为标准计算。

经计算，最终的恢复公式为

$$J(x)=\frac{I(x)-A}{\max(t(x),\ t_0)}+A \tag{10-10}$$

6. 相关算子

HALCON实现去雾算法使用到的算子：

- convert_image_type(Image：ImageConverted：NewType：)

作用：转换图像类型，用到real型。计算过程需要图像数据类型必须是real型，计算过程会用到浮点。

- decompose3(MuitiChannelImage：Image1，Image2，Image3：：)

作用：将一张彩色图像分解成三个单通道图像，用于求暗通道。

- min_image(Image1，Image2：ImageMin：：)

作用：在求取暗通道过程中，获得两张图像的对应最小值。

- gray_erosion_rect(Image：ImageMin：MaskHeight，MaskWidth：：)

作用：矩形腐蚀图像，滤波内求取最小值，用于计算折射率和暗通道。

- gray_histo(Regions，Image：：：AbsoluteHisto，RelativeHisto)

作用：统计直方图(绝对/相对)，用于求取大气光成分 A 值。

- min_max_gray(Regions，Image：：Percent：Min，Max，Range)

作用：区域内最小、最大灰度值，求取大气光成分 A 值时会用到。

- scale_image(Image：ImageScaled：Mult，Add：)

作用：图像灰度值进行线性变换。

- paint_region(Region，Image：ImageResult：Grayval，Type：)

作用：在图像上描绘区域，用于求取折射率。

- div_image(Image1，Image2：ImageResult：Mult，Add：)

作用：两张图像相除。

- compose3(Image1，Image2，Image3：MutiChannelImage：：)

作用：三个单通道合成彩图，用于求取各通道的清晰图之后合成彩图。

【例 10-4】 HALCON 去雾实例，如图 10-9 所示。

(a) 原图

(b) 去雾后效果图

图 10-9 原图与去雾算法去雾后效果对比图

程序如下：

```
dev_update_off ()
dev_close_window ()
Imagepath :='../去雾算法/'
read_image (Image, Imagepath+'quwu.png')
get_image_size (Image, Width, Height)
dev_open_window (0, 0, Width, Height, 'black', WindowHandle)
dev_display (Image)
disp_message (WindowHandle, '原图像', 'window', 12, 12, 'red', 'false')
* 转换图像类型，用于后续运算
convert_image_type (Image, IxImage, 'real')
* 求取暗通道图像
decompose3 (IxImage, R, G, B)
min_image (R, G, ImageMin)
min_image (ImageMin, B, ImageMin1)
gray_erosion_rect (ImageMin1, DarkChannelImage, 15, 15)
* 计算全球大气光成分 A 的值
min_max_gray (DarkChannelImage, DarkChannelImage, 0.1, Min, Max, Range)
threshold (DarkChannelImage, Region, Max, 255)
min_max_gray (Region, IxImage, 0, Min1, A, Range1)
* 计算透视率预估值 t(X)
scale_image (IxImage, ImageScaled, 1/A, 0)
decompose3 (ImageScaled, R1, G1, B1)
min_image (R1, G1, ImageMin2)
min_image (ImageMin2, B1, ImageMin3)
gray_erosion_rect (ImageMin3, ImageMin4, 15, 15)
scale_image (ImageMin4, txImage, -0.95, 1)
* 设定阈值 t0，如果 t<t0，则 t=t0
t0 :=0.1
threshold (txImage, Region1, 0, t0)
paint_region (Region1, txImage, txImage, t0, 'fill')
* 求取去雾后的图像
scale_image (IxImage, ImageScaled1, 1, -A)
decompose3 (ImageScaled1, R2, G2, B2)
div_image (R2, txImage, ImageResultR, 1, A)
div_image (G2, txImage, ImageResultG, 1, A)
div_image (B2, txImage, ImageResultB, 1, A)
compose3 (ImageResultR, ImageResultG, ImageResultB, JxImage)
dev_open_window (0, 0+Width, Width, Height, 'black', WindowHandle1)
dev_display (JxImage)
disp_message (WindowHandle1, '去雾图', 'window', 12, 12, 'green', 'false')
```

10.4 三维匹配

很多机器视觉库都提供针对图像匹配的解决方案，大多采用的是在二维图像上的匹配，如二维模板匹配方法，但是这种方法对光照和物体的摆放很敏感。随着三维技术的成熟，越来越多的研究着重考虑使用三维匹配的方法。

10.4.1 基于形状的三维匹配

1. 基于形状的三维模型匹配步骤

基于形状的三维模型匹配一般由下面几步组成：

(1) 读取 3D 对象模型。如果已存在 3D 形状模型，则直接使用算子 read_shape_model_3d 读取即可。如无模型，需要通过 read_object_model_3d、prepare_object_model_3d、create_shape_model_3d 等算子来创建。其中算子 read_object_model_3d 加载需要的对象，必须是 CAD 模型所支持的文件类型，如 DXF、STL 或者 PLY 等。

(2) 创建 3D 形状模型。使用算子 create_shape_model_3d 创建所需的 3D 形状模型。这个算子需要 3D 对象模型和摄像机的参数作为输入，相应的摄像机参数可以通过相机标定获得。在创建 3D 形状模型之前，需使用算子 prepare_object_model_3d 为基于形状的 3D 匹配准备 3D 对象模型。如果将准备工作在 create_shape_model_3d 内部进行实现，多次使用相同的 3D 对象模型，可能会减慢应用程序的速度。

(3) 销毁 3D 对象模型。在创建 3D 形状模型之后，通常不再需要 3D 对象模型，并且可以使用算子 clear_object_model_3d 将其销毁。如果需要 3D 对象模型，例如为了可视化目的，则必须将该步骤移动到应用程序的结尾。

(4) 在图像中搜索 3D 形状模型。算子 find_shape_model_3d 的功能是在给定的图像中搜索指定的 3D 形状模型。通过改变函数的参数可以控制搜索的过程、这个算子返回匹配模型的姿态和 3D 模型匹配过程中得到实例的匹配质量分数等。

(5) 销毁 3D 形状模型。当不再需要 3D 形状模型时，可以使用 clear_shape_model_3d 算子将其销毁。除了基本步骤之外，还经常需要检查 3D 对象模型可视化匹配结果。

2. 基于形状的三维模型匹配相关算子介绍

• read_shape_model_3d(: : FileName : ShapeModel3DID)

功能：从文件中读取一个 3D 形状模型。

FileName：读取文件的文件名。

ShapeModel3DID：3D 形状模型句柄。

• read_object_model_3d (: : FileName, Scale, GenParamName, GenParamValue : ObjectModel3D, Status)

功能：从文件 FileName 中读取一个 3D 对象模型，同时返回一个对象句柄。

FileName：读取的 3D 对象模型的文件名。

Scale：文件中数据单位的缩放比例。

GenParamName：算子中的通用参数名。

GenParamValue：算子中的通用参数值。

ObjectModel3D：3D对象模型句柄。

Status：对象模型状态信息。

• prepare_object_model_3d（::ObjectModel3D，Purpose，OverwriteData，GenParamName，GenParamValue:）

功能：为某个操作准备一个3D对象模型。

ObjectModel3D：3D对象模型句柄。

Purpose：创建3D对象模型的目的。

OverwriteData：指定是否覆盖现有数据。

GenParamName：函数可设置的参数名。

GenParamValue：设置的参数对应的值。

• find_shape_model_3d（Image::ShapeModel3DID，MinScore，Greediness，NumLevels，GenParamNames，GenParamValues:Pose，CovPose，Score）

功能：在一幅图像中寻找一个3D形状模型的最佳匹配。

Image：输入图像。

ShapeModel3DID：3D形状模型句柄。

MinScore：找到的模型实例的最小匹配分数，数值越大搜索时间越短。

Greediness：决定何种方式进行启发式"贪婪"算法搜索。

NumLevels：匹配时所用的金字塔的层数。

GenParamNames：算子可设置的参数名称。

GenParamValues：算子设置的对应的参数的值。

Pose：3D形状匹配的3D位姿（相对于摄像机坐标系）。

CovPose：位姿参数的6个标准偏差或36个协方差参数。

Score：匹配得到3D形状模型的分数(0～1，表示匹配的近似度)。

• clear_shape_model_3d(::ShapeModel3DID:)

功能：释放3D形状模型所占的内存。

ShapeModel3DID：3D形状模型的句柄。

【例10-5】 基于形状的三维匹配实例，如图10-10所示。

(a)原图

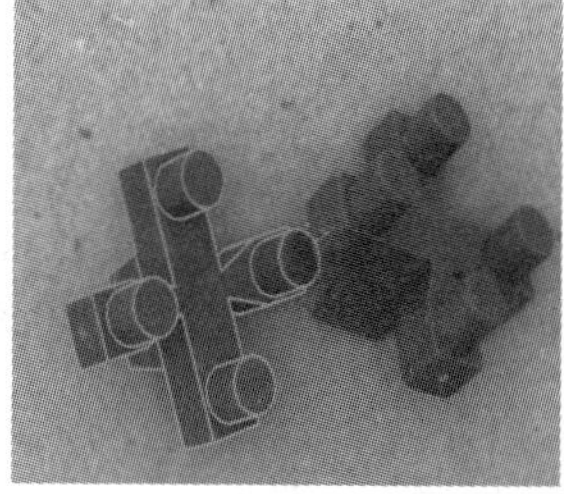
(b)3D模型边缘映射图

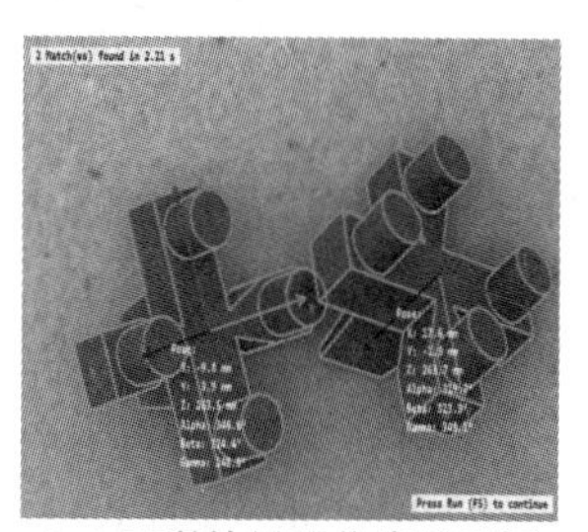
(c)匹配结果及位姿显示图

图10-10　基于形状的三维匹配结果

程序如下：

```
dev_update_off ()
* 设置摄像机的参数(具体的参数值可以通过对摄像机进行标定来获得)
CamParam :=[0.0269462, -354.842, 1.27964e-005, 1.28e-005, 254.24, 201.977,
            512, 384]
IWidth :=CamParam[6]
IHeight :=CamParam[7]
dev_close_window ()
dev_open_window (0, 0, 512, 384 , 'white', WindowHandle)
set_display_font (WindowHandle, 14, 'mono', 'true', 'false')
dev_set_line_width (3)
dev_clear_window ()
disp_message (WindowHandle, 'Reading the 3D shape model file from disk ...', 'window',
              12, 12, 'black', 'false')
read_shape_model_3d ('tile_spacer.sm3', ShapeModel3DID)
disp_lowest_model_level_info (WindowHandle)
disp_continue_message (WindowHandle, 'black', 'true')
* 进行基于形状的 3D 模型匹配
Times :=[]
Imagepath :='../基于形状的 3D 模型匹配/'
* 读取图像，具体如图 10-10(a)所示
read_image (Image, Imagepath+'tile_spacers_color_04.png')
dev_display (Image)
count_seconds (Seconds1)
* 在图像中进行基于形状模型的匹配
find_shape_model_3d (Image, ShapeModel3DID, 0.7, 0.85, 0, ['num_matches',
            'max_overlap', 'border_model'], [3, 0.75, 'true'], Pose, CovPose, Score)
count_seconds (Seconds2)
Time :=Seconds2-Seconds1
Times :=[Times, Time]
    * 通过使用姿态匹配将 3D 形状模型投影到图像中，通过可视化找到匹配对象
using the pose of the match
    * 将图像中匹配到的对象进行可视化，可视化结果如图 10-10(c)所示
for J :=0 to |Score| - 1 by 1
        PoseTmp :=Pose[J * 7: J * 7 + 6]
       * 将 3D 形状模型的边缘映射到图像坐标系中
        project_shape_model_3d (ModelContours, ShapeModel3DID, CamParam,
                                PoseTmp, 'true', rad(30))
        dev_set_color ('green')
        dev_display (ModelContours)
        * 显示 3D 对象模具坐标系
        * 显示 3D 对象模型坐标系，显示结果如图 10-10(c)所示
        dev_set_colored (3)
```

```
            disp_3d_coord_system (WindowHandle, CamParam, PoseTmp, 0.015)
            * 显示匹配姿态的参数
            dev_set_color ('white')
            * 在投影参考点显示 3D 匹配位姿，显示结果如图 10 - 10(c)所示
            display_match_pose (ShapeModel3DID, PoseTmp, WindowHandle)
endfor
    disp_message (WindowHandle, |Score| + ' Match(es) found in ' + Time$'4.2f'
                + ' s', 'window', 12, 12, 'black', 'true')
    disp_continue_message (WindowHandle, 'black', 'true')
clear_shape_model_3d (ShapeModel3DID)
dev_get_preferences('suppress_handled_exceptions_dlg', SuppressHandledExceptionsDlg)
```

10.4.2　基于表面的三维匹配

基于表面的 3D 模型匹配，其相应的表面模型是从 3D 对象模型生成的。这里的 3D 对象模型一般是从计算机辅助设计(CAD)模型或三维重建方法获得的。表面模型由一组 3D 点和点的法向量组成，相应的信息必须由 3D 对象模型提供。与基于形状的 3D 匹配不同，对象的实例不是位于图像中，而是位于 3D 场景中，即通过一些方法得到的 3D 对象模型的一组 3D 点中。

1. 基于表面的 3D 模型匹配步骤

基于表面的 3D 模型匹配一般由下面几步组成：

(1) 创建表面模型所需的 3D 对象模型。与基于形状的 3D 匹配不同，基于表面的 3D 匹配，其对象模型除了可以是 CAD 模型，也可以通过 3D 重建获得。3D 对象模型可以是 CAD 模型，或者在离线 3D 重建之后将 3D 对象模型保存到文件中，再使用 read_object_model_3d 访问 3D 对象模型。对象模型文件格式包括 DXF、OFF、PLY、OM3 等。其中 OM3 格式是针对 3D 对象模型的 HALCON 文件格式，OM3 格式文件也可以从 HALCON 的三维重建方法的结果中得出。另外，3D 对象模型也可以从由特定 3D 传感器获得的 X、Y 和 Z 图像计算得到。为了获得对象 3D 模型，通过 Z 图像的 Blob 分析提取对象的目标区域，并将 Z 图像缩小到相应的目标区域。然后使用算子 xyz_to_object_model_3d 将 X、Y 和 Z 图像转换为 3D 对象模型。最后用这个 3D 对象模型来创建表面模型，将该表面模型作为用于匹配的模型。

(2) 创建表面模型。算子 create_surface_model 通过对一定距离的 3D 对象模型进行采样来创建表面模型。采样距离可以通过参数 RelSamplingDistance 进行设置。注意，较小的采样距离可获得较好的匹配效果，但同时也会降低匹配的速度，而较大的采样距离可加速匹配，但同时会降低匹配的鲁棒性。只有在模型和搜索对象的法线指向相同方向时才能完成匹配，但有时法线的方向是不明确的，特别是搜索对象的方向可能会有很大变化。为了解决上面的问题，应该将参数 model_invert_normals 分别设置为"true"和"false"来创建两个模型，然后使用两种模型，最后选择较高分数的匹配项。

(3) 访问代表搜索数据的 3D 对象模型。与创建表面模型所需的 3D 对象模型类似，必须访问并搜索感兴趣对象的 3D 对象模型，方法包括：使用 read_object_model_3d 从文件读取它们，或者通过 3D 重建的方法在程序中使用算子 xyz_to_object_model_3d 从 X、Y 和 Z

图像中再次导出 3D 对象模型。

(4) 使用表面模型在图像数据库中搜索对象。通过算子 create_surface_model 或者 read_surface_model 从文件中读取文件来创建所需的表面模型，然后使用 find_surface_model 在图像数据库中搜索对象。这可以设置一些参数来控制搜索过程，具体可参看相关算子的介绍。对于匹配分数超过算子 find_surface_model 中参数 MinScore 的每个匹配对象，将 3D 对象模型用相应的姿态进行变换，将特定的搜索场景的 3D 对象模型存储在元组中，然后使用 visualize_object_model_3d 将其可视化。

(5) 销毁匹配结果的句柄、所有的 3D 对象模型和表面模型。在搜索或可视化过程中获取 3D 对象模型之后，在从另一个 3D 场景搜索模型之前将前一个 3D 对象模型从内存中销毁。具体使用 clear_object_model_3d，并使用 clear_surface_matching_result 将结果的句柄销毁。另外，不再需要的 3D 对象模型和创建的表面模型也应该被销毁。

2. 相关算子

• xyz_to_object_model_3d(X, Y, Z:::ObjectModel3D)

功能：将对应的 3D 点图像转换为 3D 对象模型。

X：包括 3D 点 x 坐标和对应的 ROI 区域的图像。

Y：具有 3D 点的 y 坐标的图像。

Z：具有 3D 点的 z 坐标的图像。

ObjectModel：3D 对象模型的句柄。

• create_surface_model (:: ObjectModel3D, RelSamplingDistance, GenParamName, GenParamValue: SurfaceModelID)

功能：创建完成一个基于表面 3D 模型匹配所需的数据结构。

ObjectModel3D：3D 对象模型的句柄。

RelSamplingDistance：采样距离与对象模型直径的比值。

GenParamName：可设置的参数名称。

GenParamValue：设置的参数对应的值。

SurfaceModelID：表面模型的句柄。

• visualize_object_model_3d (:: WindowHandle, ObjectModel3D, CamParam, PoseIn, GenParamName, GenParamValue, Title, Label, Information: PoseOut)

功能：交互显示 3D 对象模型。

WindowHandle：窗口句柄。

ObjectModel3D：3D 对象模型的句柄。

CamParam：拍摄图像场景的摄像机的参数。

PoseIn：对象的 3D 位姿。

GenParamName：可设置的参数名。

GenParamValue：设置的参数对应的值。

Title：要显示在输出图形窗口左上角的文本。

Label：要显示在每个显示对象模型的位置的文本。

Information：要显示在输出图形窗口左下角的文本。

PoseOut：可能由用户交互式更改的所有对象模型的姿势。

• find_surface_model (: : SurfaceModelID，ObjectModel3D，RelSamplingDistance，KeyPointFraction，MinScore，ReturnResultHandle，GenParamName，GenParamValue：Pose，Score，SurfaceMatchingResultID)

功能：在对应的 3D 场景中进行一个基于表面模型的三维匹配。

SurfaceModelID：表面模型句柄。

ObjectModel3D：待搜索场景的句柄。

RelSamplingDistance：采样距离与对象模型直径的比值。

KeyPointFraction：采样的场景点中作为关键点的比例。

MinScore：过滤匹配结果的匹配分数值，搜索实例时只返回大于此分数的匹配实例。

ReturnResultHandle：是否返回匹配结果的句柄。

GenParamName：用于控制匹配过程的参数的名称。

GenParamValue：已选择的用于控制匹配过程的参数的值。

Pose：表面模型在场景中的 3D 位姿。

Score：在场景中搜索到的表面模型实例的匹配分数。

SurfaceMatchingResultID：如果匹配成功，则此变量为匹配结果的句柄。

• get_surface_matching_result (: : SurfaceMatchingResultID，ResultName，ResultIndex：ResultValue)

功能：获取表面匹配结果的详细信息。

SurfaceMatchingResultID：表面匹配结果的句柄。

ResultName：匹配结果对应的属性名。

ResultIndex：匹配结果的索引。

ResultValue：匹配结果属性的值。

• clear_surface_matching_result(: : SurfaceMatchingResultID :)

功能：释放表面模板匹配得到的结果所占的内存。

SurfaceMatchingResultID：表面模型匹配结果的句柄。

• clear_surface_model(: : SurfaceModelID :)

功能：释放表面模型的内存。

SurfaceModelID：表面模型的句柄。

【例 10-6】 基于表面的三维匹配实例，如图 10-11 所示。

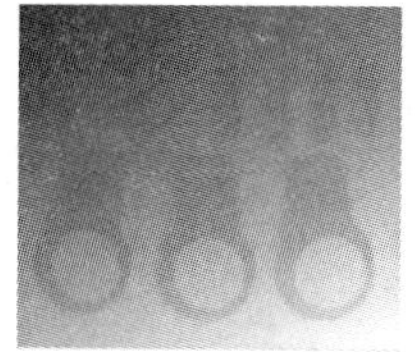
(a)原图

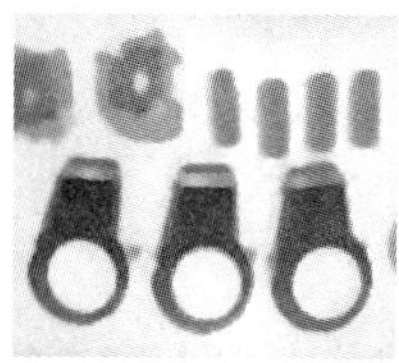
(b)选择表面模板区域

(c)待搜索图像

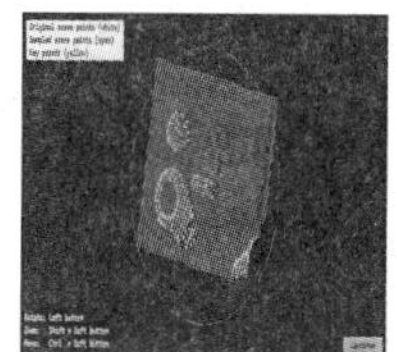
(d)模型场景和关键点的可视化

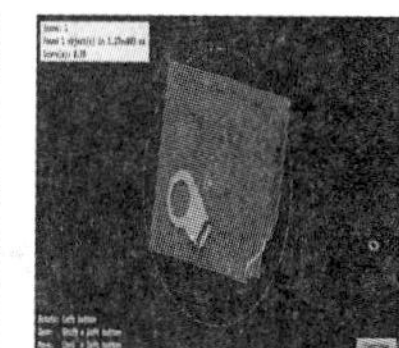
(e)基于表面模板的3D匹配结果

图 10-11　基于表面的三维匹配结果

程序如下：

```
dev_update_off ()
gen_empty_obj (EmptyObject)
ImagePath :='time_of_flight/'
dev_close_window ()
* 读取参考对象的 X、Y、Z 图像(由 Time-of-flight 相机采集)
read_image (Image, ImagePath + 'engine_cover_xyz_01')
decompose3 (Image, Xm, Ym, Zm)
* 通过阈值操作移除背景
threshold (Zm, ModelZ, 0, 650)
connection (ModelZ, ConnectedModel)
* 选择想要作为参考模型的区域
select_obj (ConnectedModel, ModelROI, [10, 9])
union1 (ModelROI, ModelROI)
reduce_domain (Xm, ModelROI, Xm)
* 显示模型或者目标区域，具体如图 10-11(b)所示
dev_open_window_fit_image (Zm, 0, 0, -1, -1, WindowHandle)
set_display_font (WindowHandle, 14, 'mono', 'true', 'false')
dev_display (Zm)
dev_set_line_width (2)
dev_set_draw ('margin')
dev_set_color ('green')
dev_display (ModelROI)
disp_message (WindowHandle, 'Create surface model from XYZ image region', 'window',
            12, 12, 'black', 'true')
disp_continue_message (WindowHandle, 'black', 'true')
stop ()
dev_clear_window ()
* 根据参考视图创建表面模型
xyz_to_object_model_3d (Xm, Ym, Zm, ObjectModel3DModel)
create_surface_model (ObjectModel3DModel, 0.03, [], [], SFM)
* 模型的可视化
Instructions[0] :='Rotate: Left button'
Instructions[1] :='Zoom:    Shift + left button'
Instructions[2] :='Move:    Ctrl  + left button'
Message :='Surface model'
visualize_object_model_3d (WindowHandle, ObjectModel3DModel, [], [], [], [],
            Message, [], Instructions, PoseOut)
* 在 3D 场景中针对具体的对象进行匹配操作
read_image (Image, ImagePath +'engine_cover_xyz_02.tif')
decompose3 (Image, X, Y, Z)
* 移除背景部分加快基于表面的三维匹配的速度和鲁棒性
threshold (Z, SceneGood, 0, 666)
```

```
reduce_domain (X, SceneGood, XReduced)
xyz_to_object_model_3d (XReduced, Y, Z, ObjectModel3DSceneReduced)
* 匹配：在 3D 场景中搜索参考模型
count_seconds (T0)
find_ surface _ model (SFM, ObjectModel3DSceneReduced, 0. 05, 0. 3, 0. 15, 'true',
                   'num_matches', 10, Pose, Score, SurfaceMatchingResultID)
count_seconds (T1)
TimeForMatching :=(T1 - T0) * 1000
* 准备可视化
ObjectModel3DResult :=[]
for Index2 :=0 to |Score| -1 by 1
    if (Score[Index2] < 0.11)
        continue
    endif
        CPose :=Pose[Index2 * 7: Index2 * 7 + 6]
        rigid_trans_object_model_3d (ObjectModel3DModel, CPose,
ObjectModel3DRigidTrans)
        ObjectModel3DResult :=[ObjectModel3DResult, ObjectModel3DRigidTrans]
endfor
xyz_to_object_model_3d (X, Y, Z, ObjectModel3DScene)
* 可视化匹配场景和关键点，具体如图 10-11(d)所示
Message :='Original scene points (white)'
Message[1] :='Sampled scene points (cyan)'
Message[2] :='Key points (yellow)'
get_surface_matching _result (SurfaceMatchingResultID, 'sampled_scene', [],
                  SampledScene)
get_surface_matching_result (SurfaceMatchingResultID, 'key_points', [], KeyPoints)
dev_clear_window ()
visualize_object_model_3d (WindowHandle, [ObjectModel3DScene, SampledScene,
              KeyPoints], [], [], ['color_' + [0, 1, 2], 'point_size_' + [0, 1, 2]],
              ['gray', 'cyan', 'yellow', 1.0, 3.0, 5.0], Message, [],
              Instructions, PoseOut)
* 可视化结果内容
Message :='Scene: ' + 1
Message[1] :='Found ' + |ObjectModel3DResult| + ' object(s) in '
              + TimeForMatching $'.3' + ' ms'
ScoreString :=sum(Score $'.2f' + ' / ')
Message[2] :='Score(s): ' + ScoreString{0: strlen(ScoreString) -4}
NumResult :=|ObjectModel3DResult|
tuple_gen_const (NumResult, 'green', Colors)
tuple_gen_const (NumResult, 'circle', Shapes)
tuple_gen_const (NumResult, 3, Radii)
Indices :=[1: NumResult]
```

```
dev_clear_window ()
* 进行结果可视化，可视化结果如图 10-11(e)所示
visualize_object_model_3d (WindowHandle, [ObjectModel3DScene, ObjectModel3DRe sult],
                           [], PoseOut, ['color_' + [0, Indices], 'point_size_0'], ['gray',
                           Colors, 1.0],
                           Message, [], Instructions, PoseOut)
* 销毁相应的句柄和模型
clear_object_model_3d (ObjectModel3DSceneReduced)
clear_object_model_3d (ObjectModel3DScene)
clear_object_model_3d (ObjectModel3DResult)
clear_surface_matching_result (SurfaceMatchingResultID)
clear_object_model_3d (ObjectModel3DModel)
clear_surface_model (SFM)
```

10.5 图像拼接

图像拼接(Image Mosaic)技术是将一组具有重叠区域的图像序列进行空间匹配对准，再经重采样合成后形成一幅包含各图像序列信息的宽视角场景的、完整的、高清晰的新图像的技术。

为了获取高分辨率的场景照片，不得不通过缩放相机镜头来减小拍摄的视野，但这又得不到完整的场景照片，因此需要在场景的大小和分辨率之间进行折中。研究图像拼接的目的，就是通过对齐一系列空间重叠的图像，在不降低图像分辨率的条件下获取大视野范围的场景照片，它可以解决由于相机等成像仪器的视角和大小的局限，不可能一次拍出大视野图片而产生的问题。它利用计算机进行自动匹配，构造一个无缝的、高清晰的图像。它具有比单个图像更高的分辨率和更大的视野，因此在摄影测量学、计算机视觉、遥感图像处理、医学图像分析、计算机图形学等领域有着广泛的应用价值。

1. 图像拼接的主要步骤

一般来说，图像拼接的过程由图像获取、图像预处理、图像配准和像融合四个步骤组成，其中图像配准是整个图像拼接的基础。

图像拼接的流程如图 10-12 所示。

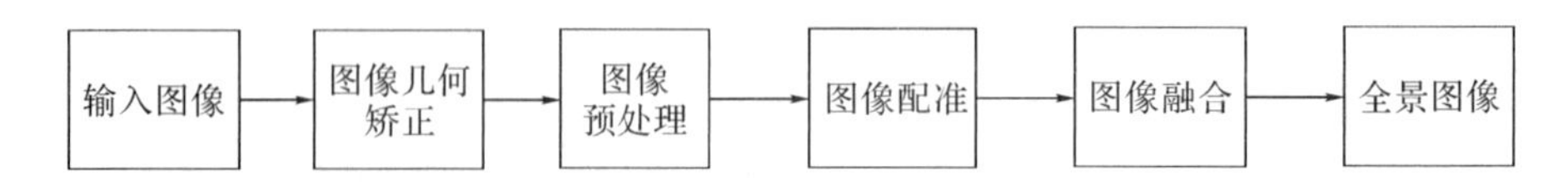

图 10-12 图像拼接流程

1) 图像获取

图像获取指的是物体成像的过程，将模拟图像转换成数字图像的工作通常可由扫描仪、摄像机等图像采集设备来完成。

2）图像预处理

图像预处理的主要目的是消除图像中无关的信息，恢复有用的真实信息，增强有关信息的可检测性和最大限度地简化数据，从而改进特征抽取、图像分割、匹配和识别的可靠性。图像预处理过程一般包括数字化、几何变换、归一化、平滑、复原和增强等步骤。

3）图像配准

图像配准(Image Registration)就是将不同时间、不同传感器(成像设备)或不同条件(天候、照度、摄像位置和角度等)下获取的两幅或多幅图像进行匹配、叠加的过程。图像配准的方式可以概括为相对配准和绝对配准两种。

4）图像融合

图像融合(Image Fusion)是指将多源信道所采集到的关于同一目标的图像数据经过图像处理和计算机技术等，最大限度地提取各自信道中的有利信息，最后综合成高质量的图像，以提高图像信息的利用率，改善计算机解译精度和可靠性，提升原始图像的空间分辨率和光谱分辨率。其目的是将单一传感器的多波段信息或不同类传感器所提供的信息加以综合，消除多传感器信息之间可能存在的冗余和矛盾，以增强影像中的信息透明度，改善解译的精度、可靠性以及使用率，以形成对目标的清晰、完整、准确的信息描述。

2. 图像拼接的主要方法

1）基于模板的拼接方法

基于模板的拼接方法就是在一幅大的图像中搜寻已知模板的算法，找到的目标模板内容应该是相同的。其具体操作为：首先要在参考图像中确定一个模板，再通过一定的算法在待拼接图像中找到相类似的目标模板并确定其目标，最终实现图像的拼接。

2）基于图像特征的拼接方法

基于图像特征的拼接方法是图像配准中最常见的方法，对于不同特性的图像，选择图像中容易提取并且能够在一定程度上代表待配准图像相似性的特征作为配准依据。基于图像特征的拼接方法在图像配准方法中具有最强的适应性，而根据特征选择和特征匹配方法的不同所衍生出的具体配准方法也是多种多样的。图像特征主要包括点特征、边缘、轮廓、区域等。

以特征点为例，在基于特征的图像拼接算法中，特征点因其具有信息量丰富、便于测量和表示、能够适应环境光照变化，尤其适用于处理遮挡和几何变形问题等优点，而成为很多图像特征配准算法的首选。其中，特征点的检测主要分为两类：一类是基于图像边缘的特征点检测算法，此类算法先检测出图像边缘，然后再以边缘上方向发生突变的特征点作为检测出的特征点；另一类是基于图像灰度的特征点检测算法，此类算法是以计算出局部范围内灰度和梯度变化剧烈的极大值点作为特征点。

HALCON 图像拼接的一般步骤为：读取图像、提取特征点、计算变换矩阵、进行图像拼接。

3. 图像拼接有关算子

- points_foerstner(Image::SigmaGrad, SigmaInt, SigmaPoints, ThreshInhom, ThreshShape, Smoothing, EliminateDoublets: RowJunctions,

ColumnJunctions, CoRRJunctions, CoRCJunctions, CoCCJunctions, RowArea, ColumnArea, CoRRArea, CoRCArea, CoCCArea)

功能：使用 foerstner 算子检测特征点。

Image：输入图像。

SigmaGrad：计算梯度的平滑量，如果平滑是平均值，则此值被忽略。

SigmaInt：梯度积分的平滑量。

SigmaPoints：在优化功能中使用的平滑量。

ThreshInhom：不均匀图像区域分割的阈值。

ThreshShape：点区域的分割阈值。

Smoothing：使用的平滑方法。

EliminateDoublets：是否设置消除多重检测点。

RowJunctions、ColumnJunctions：检测到的特征点的行坐标和列坐标。

CoRRJunctions：检测到的特征点的协方差矩阵的行部分。

CoRCJunctions：检测到的特征点的协方差矩阵的混合部分。

CoCCJunctions：检测到的特征点的协方差矩阵的列部分。

RowArea、ColumnArea：检测到的区域点的行坐标和列坐标。

CoRRArea：检测到的区域点的协方差矩阵的行部分。

CoRCArea：检测到的区域点的协方差矩阵的混合部分。

CoCCArea：检测到的区域点的协方差矩阵的列部分。

- proj_match_points_ransac(Image1, Image2:: Rows1, Cols1, Rows2, Cols2, GrayMatchMethod, MaskSize, RowMove, ColMove, RowTolerance, ColTolerance, Rotation, MatchThreshold, EstimationMethod, DistanceThreshold, RandSeed: HomMat2D, Points1, Points2)

功能：通过两张图像中的对应点计算投影变换矩阵。

Image1、Image2：两张输入图像。

Rows1、Cols1：图像 1 中的特征点的行坐标和列坐标。

Rows2、Cols2：图像 2 中的特征点的行坐标和列坐标。

GrayMatchMethod：灰度值比较指标。

MaskSize：灰度值掩模的大小。

RowMove、ColMove：平均行、列坐标移位。

RowTolerance：匹配搜索窗口的高度值的一半。

ColTolerance：匹配搜索窗口的宽度的一半。

Rotation：旋转角度的范围。

MatchThreshold：进行灰度值匹配时的阈值。

EstimationMethod：变换矩阵估计算法。

DistanceThreshold：变换一致性检查时的阈值。

RandSeed：随机数发生器的种子。

HomMat2D：计算得到的同质投影变换矩阵。

Points1、Points2：图像 1、2 中输入点匹配时的指标。

• gen_projective_mosaic(Images: MosaicImage: StartImage, MappingSource, MappingDest, HomMatrices2D, StackingOrder, TransformDomain : MosaicMatrices2D)

功能：将多张子图像拼接为一张图像。

Images：拼接过程输入的子图像。

MosaicImage：拼接得到的结果图像。

StartImage：确定最终图像平面对应图像的索引。

MappingSource：转换源图像的指标。

MappingDest：转换目标图像的指标。

HomMatrices2D：3×3 投影变换矩阵。

StackingOrder：各子图像在拼接图像中的堆叠顺序。

TransformDomain：判断输入图像的域是否应该被转换。

MosaicMatrices2D：决定各子图像在拼接后图像中位置的 3×3 投影变换矩阵。

【例 10-7】 图像拼接 HALCON 实例，如图 10-13 所示。

(a) 待拼接图像 1

(b) 待拼接图像 2

(c) 拼接后的图像及缝合线

图 10-13　图像拼接

程序如下：

```
* 初始化
dev_update_off ()
ImagePath :='../图像拼接/'
* 读取并且显示图像，具体如图 10-13(a)、(b)所示
read_image (Image1, ImagePath+'building_01')
read_image (Image2, ImagePath+'building_02')
get_image_size (Image1, Width, Height)
dev_close_window ()
dev_open_window (0, 0, Width, Height, 'white', WindowHandle)
set_display_font (WindowHandle, 16, 'mono', 'true', 'false')
dev_display (Image1)
disp_message (WindowHandle, 'Image 1 to be matched', 'image', -1, -1, 'black', 'true')
dev_display (Image2)
disp_message (WindowHandle, 'Image 2 to be matched', 'image', -1, -1, 'black', 'true')
stop ()
* 从图像中提取用于拼接的匹配点
points_foerstner (Image1, 1, 2, 3, 50, 0.1, 'gauss', 'true', Rows1, Columns1,
```

```
        CoRRJunctions, CoRCJunctions, CoCCJunctions, RowArea, ColumnArea, CoRRArea,
        CoRCArea, CoCCArea)
points_foerstner (Image2, 1, 2, 3, 50, 0.1, 'gauss', 'true', Rows2, Columns2,
        CoRRJunctions, CoRCJunctions, CoCCJunctions, RowArea, ColumnArea,
        CoRRArea, CoRCArea, CoCCArea)
* 执行一个考虑径向变形的投影匹配
get_image_size (Image1, Width, Height)
proj_match_points_distortion_ransac (Image1, Image2, Rows1, Columns1, Rows2,
        Columns2, 'ncc', 10, 0, 0, Height, Width, 0, 0.5, 'gold_standard', 1, 42,
        HomMat2D, Kappa, Error, Points1, Points2)
* 利用摄像机参数矫正畸变
CamParDist :=[0.0, Kappa, 1.0, 1.0, 0.5 * (Width-1), 0.5 * (Height-1), Width,
        Height]
* 消除图像中的径向畸变
change_radial_distortion_cam_par ('fixed', CamParDist, 0, CamPar)
change_radial_distortion_image (Image1, Image1, Image1Rect, CamParDist, CamPar)
change_radial_distortion_image (Image2, Image2, Image2Rect, CamParDist, CamPar)
* 利用畸变矫正后的两张图像进行拼接，拼接后的图像如图 10-13(c)所示
concat_obj (Image1Rect, Image2Rect, ImagesRect)
gen_projective_mosaic (ImagesRect, MosaicImage, 1, 1, 2, HomMat2D, 'default', 'false',
        MosaicMatrices2D)
* 显示畸变矫正后的结果
get_image_size (MosaicImage, Width, Height)
dev_set_window_extents (-1, -1, Width, Height)
dev_clear_window ()
dev_display (MosaicImage)
* 显示拼接缝合线，结果如图 10-13(c)所示
projective_trans_pixel (MosaicMatrices2D[9: 17], [0, 493], [0, 0], RowTrans, ColumnTrans)
gen_contour_polygon_xld (Contour2, RowTrans, ColumnTrans)
set_line_style (WindowHandle, [1, 5])
dev_set_line_width (1)
dev_set_color ('yellow')
dev_display (Contour2)
```

10.6 创建新算子

如果想根据自己的想法创建自定义的算子，或者实现当前功能的程序过于烦琐而想在下次使用时更加方便，则可以使用创建新算子的方法。最简单的方法就是将写好的HALCON 程序整合为一个算子进行使用，下面以抛物线拟合为例进行说明。

(1) 全选需要创建新算子的程序，如图 10-14 所示。

图 10 - 14　选中创建新算子需要的程序

(2) 单击菜单栏中的“过程”→“创建新过程”，具体如图 10 - 15 和图 10 - 16 所示。

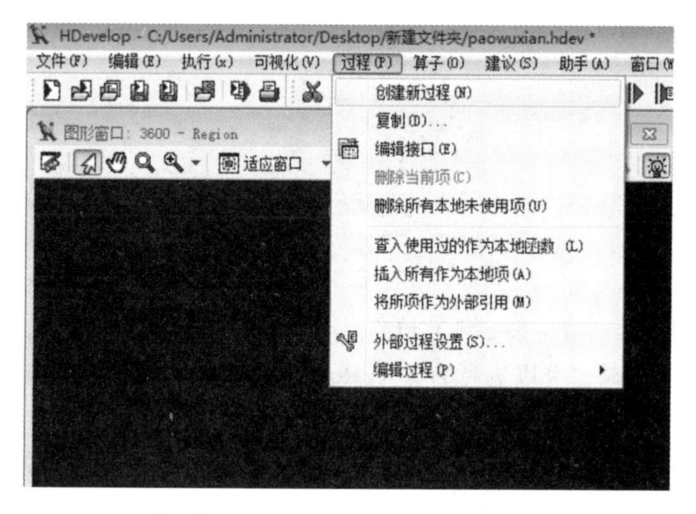

图 10 - 15　新算子创建过程

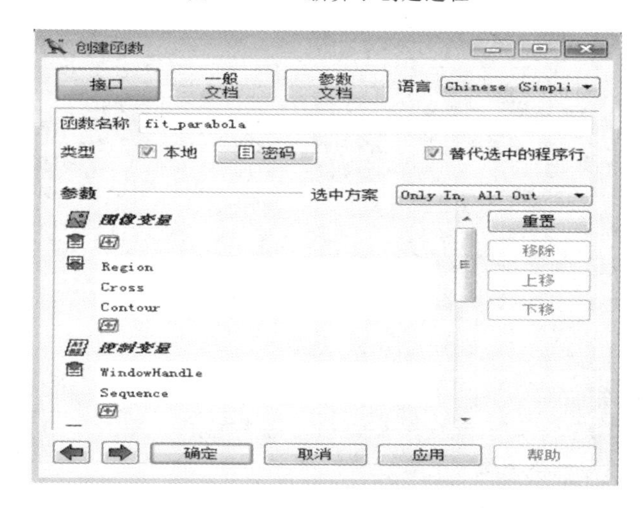

图 10 - 16　创建函数设置

图10-16的“参数”选项区域中，可以添加输入图像变量、输出图像变量、输入控制变量和输出控制变量，可以填写新建函数的名称，可以设置密码、自动完成文件类型设置等。

对于新算子，可以设置相关变量的名称，依据实际情况，只填写需要的变量，并不是所有的变量都需要填写。

(3) 除以上步骤之外，还可以进行其他函数的设置。

例如单击菜单栏中的“过程”→“编辑接口”→“参数文档”，就会出现图10-17所示的函数编辑界面。

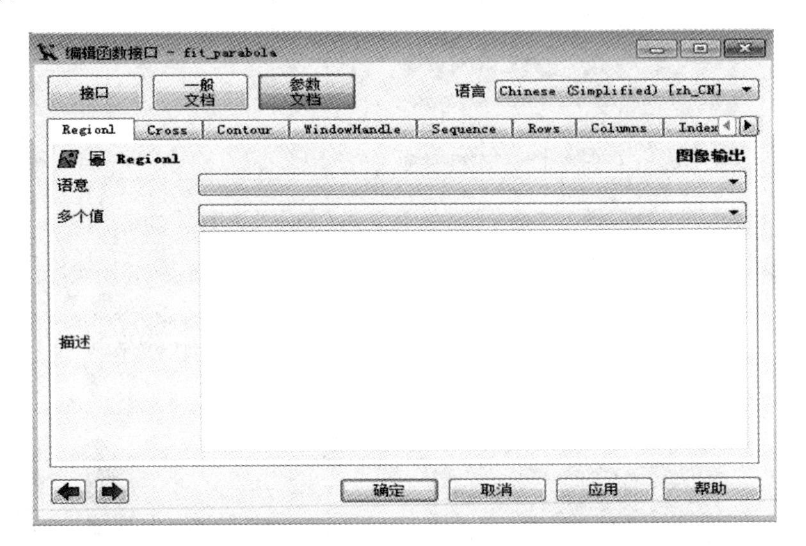

图10-17 新算子参数设置

在这里设置各个参数所属类型或者相关描述，参数类型根据源程序参数进行设置，“语意”就是设置类型。同时也可以进行新算子Rows、Columns、WindowHandle等参数的设置，具体如图10-18所示。

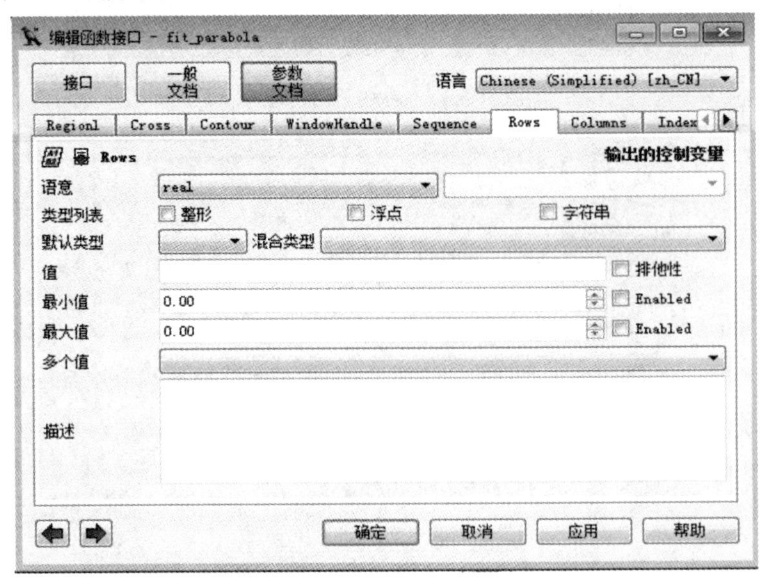

图10-18 新算子变量类型设置

之后，在程序编辑窗口中就会出现新算子，原来的程序包含在新算子的内部。如果想要更改新算子，可以将程序运行到新算子位置，按 F7 键重新编译新算子。如果新算子有密码，可以在函数编辑接口的窗口中输入密码，再次按 F7 键进入，编辑新算子内容。

(4) 再次使用时，在算子窗口中搜索、输入即可，如图 10-19 所示。

图 10-19　在算子窗口中搜索新算子进行使用

完成了抛物线拟合新算子的相关设置后，如果想根据一些点生成一个抛物线，则根据自定义的目标抛物线点集即可进行抛物线的拟合操作。

完成新算子 fit_parabola 之后，利用程序生成了目标抛物线点集(如图 10-20 所示)，再调取新创建的拟合抛物线的算子 fit_parabola，运行即可得到想要的抛物线拟合的结果，如图 10-21 所示。

图 10-20　目标抛物线点集

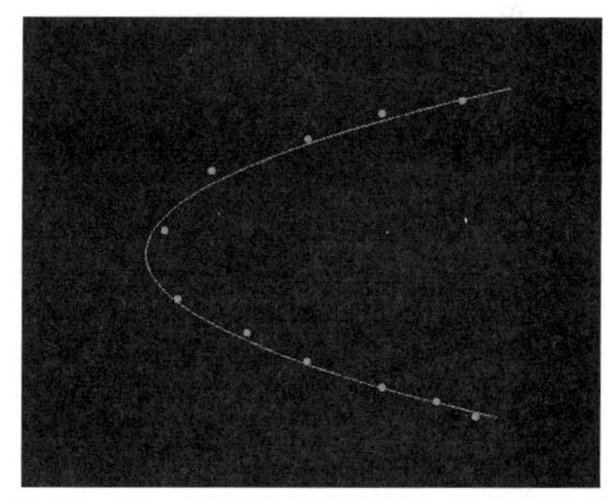

图 10-21　根据目标点集拟合后的抛物线

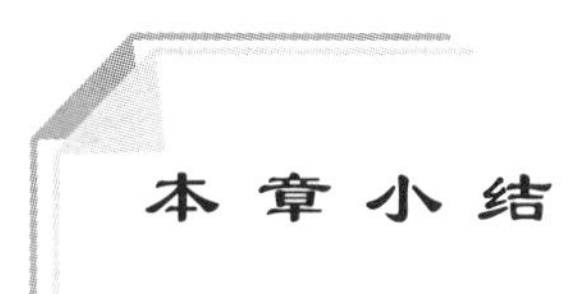

本 章 小 结

本章介绍了常用的 HALCON 应用实例，包括字符分割、一维条形码、二维条形码、去雾算法、三维匹配等。针对具体的实例介绍了相关的基本概念、公式、实例的完整程序及关键函数的注释。除本章给出的一些实例之外，HALCON图像处理技术在半导体行业、纺织品加工、交通监控领域、车牌识别领域、日常消费品行业、食品安全监测和工业自动化方面也有广泛的应用。

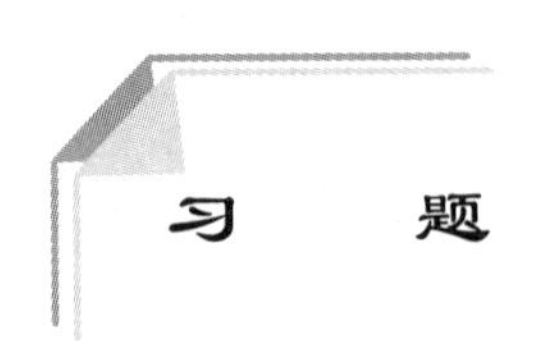

习　题

10.1　简述字符分割识别的一般流程。

10.2　常见的二维码有哪些？试以一种二维码为对象简述二维码的常规解码流程。

10.3　简要说明去雾算法的关键步骤。

10.4　简述基于形状的三维模型匹配的大致步骤。

10.5　图像拼接的基本步骤有哪些？简述几种常见的图像拼接方法。

第11章

标　　定

本章主要讲解相机的 HALCON 标定过程，包括其内外参数的求解、HALCON 标定助手及相关例程。

在机器视觉领域中，为了确定空间物体表面某点的三维几何位置与其投影图像（二维）中对应点之间的关系，必须建立相机成像的几何模型，这些几何模型参数就是相机的内外参数。在大多数条件下，这些参数必须通过实验与计算才能得到，这个求解参数的过程称为标定（或者相机标定）。无论是在机器视觉还是在图像测量应用中，相机参数的标定都是非常关键的环节，其标定结果的精度及算法的稳定性直接影响结果的准确性。因此，做好相机标定是进行后续工作及实验的前提。

11.1 标定的目的

相机需要标定的原因之一就是镜头畸变。所有光学相机镜头都存在畸变问题，畸变属于成像的几何失真，它是由于焦平面上不同区域对影像的放大率不同而形成的画面扭曲变形现象，这种变形的程度从画面中心至画面边缘依次递增，主要在画面边缘反映得较为明显。

镜头畸变分为枕形畸变和桶形畸变，如图 11－1 所示，也有的分为径向畸变和梯形畸变，如图 11－2 所示。

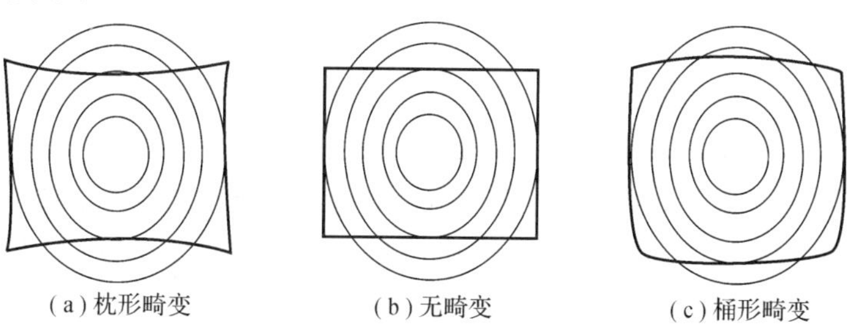

图 11－1　镜头枕形、桶形畸变示意图

图 11－2(a)是远心镜头零畸变，图 11－2(b)是普通镜头径向畸变，图 11－2(c)是普通镜头梯形畸变。大多数镜头都存在径向畸变和切向畸变，而切向畸变对成像的影响相对较小。在正确的拍摄条件下，矩形物体的像仍然是矩形。如果将矩形物体拍摄成四边向外凸形成桶形的影像，就称镜头具有负畸变或桶形畸变；相反，如果影像为四边凹进，则称镜头

具有正畸变或枕形畸变。桶形畸变是视场边缘的放大率比中心部分低所引起的，即便缩小光圈也不能矫正；枕形畸变是视场边缘部分的放大率比中心部分高所引起的，即倾斜角度大的光线的放大率比倾斜角度小的光线的放大率高。相机标定就是为了消除相机镜头在拍摄过程中产生的畸变。

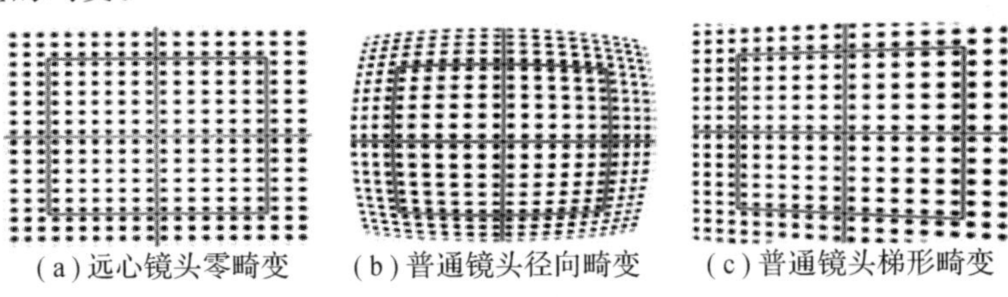

(a) 远心镜头零畸变　(b) 普通镜头径向畸变　(c) 普通镜头梯形畸变

图 11-2　镜头径向、梯形畸变示意图

如图 11-3 所示，图 11-3(a)中左侧的高楼应该是笔直的，但是在照片中却是弯曲的，这就是镜头畸变引起的。图 11-3(b)是矫正之后的照片。

(a) 镜头畸变

(b) 镜头畸变矫正

图 11-3　镜头畸变及矫正示意图

11.2　标定理论

11.2.1　坐标系的转换

在图像测量、定位过程以及其他机器视觉应用中，为确定空间物体表面某点的三维几何位置与其在图像中对应点之间的相互关系，必须建立相机成像的几何模型，这些几何模型参数就是相机参数。这个求解参数的过程就称为相机标定。

求解出镜头的畸变参数，就可以把有畸变的图像变换到没有畸变状态的图像。

首先了解针孔相机的光学成像方式，如图 11-4 所示，真实世界(世界坐标系)的某点通过相机、镜头和图像采集设备映射到二维图像。

1. 计算机视觉中的各种坐标系

在相机的成像模型中，包含有世界坐标系、相机坐标系、图像坐标系等几个坐标系。相机成像过程的数学模型就是目标点在这几个坐标系中的转化过程。

在计算机视觉中常采用右手定则来定义图 11-4 中的坐标系。图中存在三个不同层次的坐标系，以下是对这三种坐标系的定义。

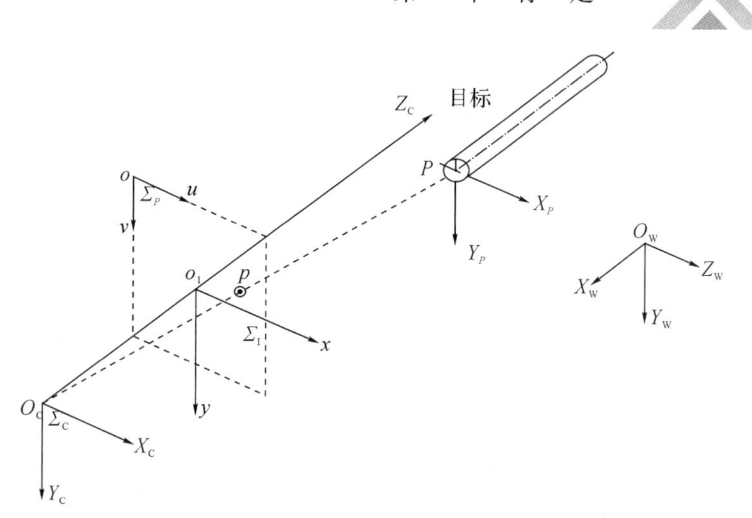

图 11-4 针孔相机的光学成像示意图

(1) 世界坐标系(X_W, Y_W, Z_W)：现实坐标系或全局坐标系，它是客观世界的绝对坐标，是由用户任意定义的三维空间坐标系，一般的3D场景用的就是这种坐标系(HALCON标定中以标定板为参考坐标系基准)。

(2) 相机坐标系(X_C, Y_C)：以小孔相机模型针孔平面上的聚焦中心为原点，以相机光轴为 Z_C 构成的三维坐标系，其中 X_C、Y_C 与图像成像坐标系平行。

(3) 图像坐标系：分为图像成像坐标系和图像像素坐标系。

图像成像坐标系(x, y)：其原点为透镜光轴与成像平面的交点，x、y 轴分别平行于相机坐标系 X_C 轴和 Y_C 轴，是平面直角坐标系，单位为mm。

图像像素坐标系(u, v)：固定在图像上的以像素为单位的平面直角坐标系，其原点位于图像左上角，其横纵两轴(对于数字图像是行和列)分别平行于图像成像坐标系的横、纵坐标轴 x、y，这也是HALCON中表示图像坐标系的方法。

2. 坐标系的转换

以上是对三个坐标系定义的描述，图11-5是将相机平面移至针孔与目标物体之间以后的模型示意图，描述的是在这个移动过程中，成像平面上的投影点(点 q)的变化情况。

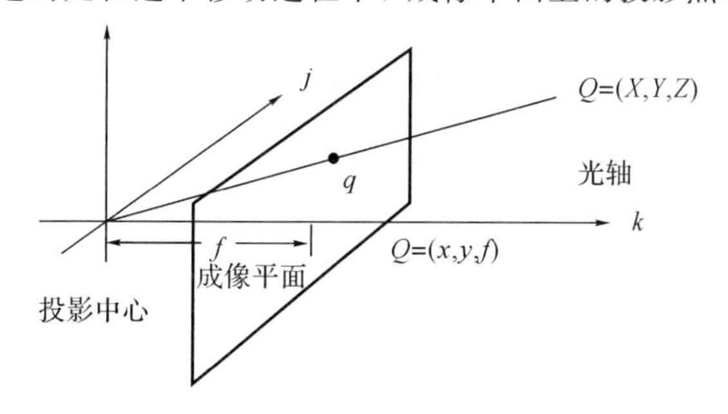

图 11-5 将相机平面移至针孔与目标物体之间后的模型

根据空间一点成像到图像平面上的路线，先由世界坐标系变换到相机坐标系，然后又由相机坐标系变换到图像成像坐标系，但是这个过程有畸变，需要进行变换处理，再由图像成像坐标系变换到图像像素坐标系，中间大致分为以下几个步骤。

1) 从世界坐标系到相机坐标系

空间点 $P_W(X_W, Y_W, Z_W)$转换到点 $P(X_C, Y_C, Z_C)$：

$$P=\boldsymbol{R}P_w+\boldsymbol{T} \tag{11-1}$$

式中，$\boldsymbol{R}$ 是旋转矩阵，$\boldsymbol{T}$ 是平移矩阵。

每一个世界坐标系的对象都可以通过旋转和平移变换到相机坐标系。将目标点旋转 θ 角度，等价于将坐标系按相反的方向旋转 θ 角度。图 11-6 所示是二维坐标的旋转变换，对于三维坐标而言，旋转中绕某一个轴旋转，原理与二维坐标旋转相同。

如果世界坐标分别绕 X、Y 和 Z 轴旋转 α、β、γ，那么旋转矩阵分别为 $\boldsymbol{R}(\alpha)$、$\boldsymbol{R}(\beta)$、$\boldsymbol{R}(\gamma)$。

$$\begin{bmatrix} x' \\ y' \end{bmatrix}=\begin{bmatrix} \cos\theta & \sin\theta \\ -\sin\theta & \cos\theta \end{bmatrix}\begin{bmatrix} x \\ y \end{bmatrix} \tag{11-2}$$

$$\begin{cases} \boldsymbol{R}(\alpha)=\begin{bmatrix} 1 & 0 & 0 \\ 0 & \cos\alpha & -\sin\alpha \\ 0 & \sin\alpha & \cos\alpha \end{bmatrix} \\ \boldsymbol{R}(\beta)=\begin{bmatrix} \cos\beta & 0 & \sin\beta \\ 0 & 1 & 0 \\ -\sin\beta & 0 & \cos\beta \end{bmatrix} \\ \boldsymbol{R}(\gamma)=\begin{bmatrix} \cos\gamma & \sin\gamma & 0 \\ -\sin\gamma & \cos\gamma & 0 \\ 0 & 0 & 1 \end{bmatrix} \end{cases} \tag{11-3}$$

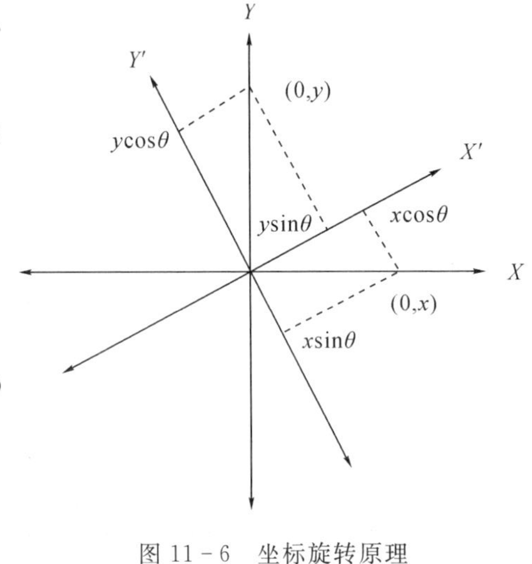

图 11-6 坐标旋转原理

总的旋转矩阵也就是三者的乘积：

$$\boldsymbol{R}(\alpha, \beta, \gamma)=\boldsymbol{R}(\alpha)\boldsymbol{R}(\beta)\boldsymbol{R}(\gamma) \tag{11-4}$$

平移矩阵 $\boldsymbol{T}=(t_x, t_y, t_z)$，$t_x$、$t_y$、$t_z$ 是世界坐标系原点与相机坐标系目标点之间的差值。

2) 从相机坐标系到图像坐标系

相机成像坐标变换原理如图 11-7 所示。从相机坐标系到图像成像坐标系属于透视投影变换关系，即将 3D 图像信息转换成 2D 图像信息。其中，点 P 是相机坐标系中的点，点 $p(x, y)$是相机坐标系中的点 P 在图像坐标系上的投影点。

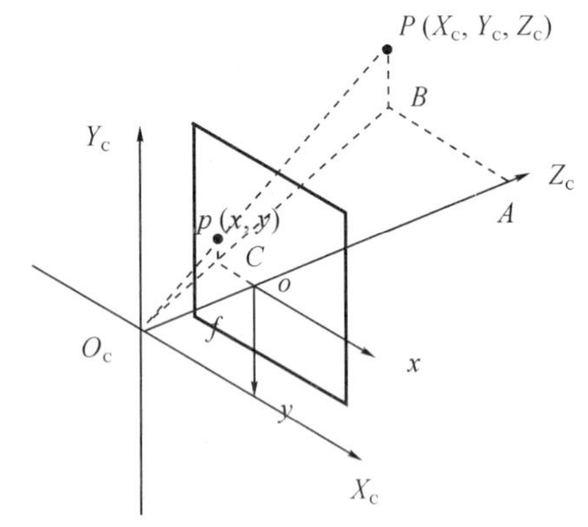

图 11-7 相机成像坐标变换原理图

由图 11-7 可知，$\triangle ABO_C \sim \triangle oCO_C$，$\triangle PBO_C \sim \triangle pCO_C$。

利用相似三角形的比例关系可知：

$$\frac{AB}{oC}=\frac{AO_C}{oO_C}=\frac{PB}{pC}=\frac{X_C}{x}=\frac{Z_C}{f}=\frac{Y_C}{y} \tag{11-5}$$

$$x=f\frac{X_C}{Z_C}, \ y=f\frac{Y_C}{Z_C}$$

可得如下坐标转换矩阵：

$$Z_C\begin{bmatrix}x\\y\\1\end{bmatrix}=\begin{bmatrix}f&0&0&0\\0&f&0&0\\0&0&1&0\end{bmatrix}\begin{bmatrix}X_C\\Y_C\\Z_C\\1\end{bmatrix} \tag{11-6}$$

此时投影点 p 的单位还是 mm，并不是 pixel(像素)，需要进一步转换到像素坐标系。

3）从图像成像坐标系到图像像素坐标系

图像坐标系是一个二维坐标系，又分为图像像素坐标系和图像成像坐标系，如图 11-8 所示。图像像素坐标系 $u-v$ 是以图像左上角为原点、以图像互为直角的两个边缘为坐标轴，满足右手准则而建立的。图像由一个个小的像素点组成，图像像素坐标系的横纵坐标正是以像素点为单位，用来描述图像中每一个像素点在图像中的位置。图像成像坐标系以光轴与像平面交点为原点建立，图像成像坐标系的两个坐标轴分别与图像像素坐标系的坐标轴平行，并且方向相同。图像成像坐标系是以 mm 为单位的直角坐标系 $x-y$。

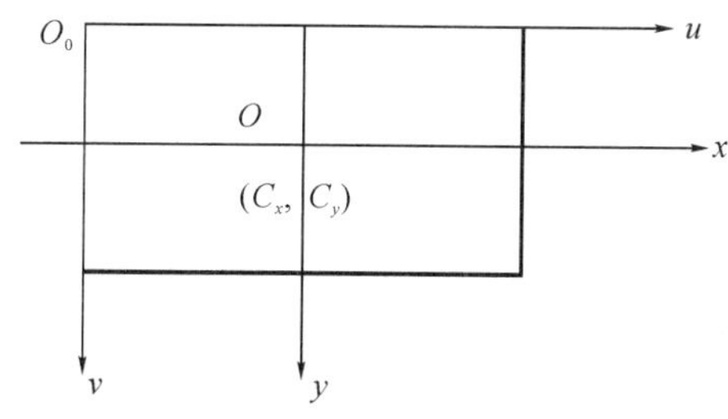

图 11-8　图像像素坐标系和图像成像坐标系

用(u, v)来描述图像像素坐标系中的点，用(x, y)来描述图像成像坐标系中的点。图像成像坐标系的原点 O 在图像像素坐标系中的坐标为(C_x, C_y)，用 $\mathrm{d}x$、$\mathrm{d}y$ 来表示相邻像素点中心在 x 轴方向和 y 轴方向的实际物理距离，则与图像像素坐标系的转化关系为

$$\begin{cases}u=\dfrac{x}{\mathrm{d}x}+C_x\\ v=\dfrac{y}{\mathrm{d}y}+C_y\end{cases} \tag{11-7}$$

11.2.2　标定的内外参数

1. 外部参数

由前述可知，相机的外部参数用来描述相机坐标系与世界坐标系的关系，它表明相机在世界坐标系中的位置和方向，可用旋转矩阵和平移向量来表示。实质上旋转矩阵只有三个独立参数，加上平移向量的三个参数，一共有六个独立的外部参数。

2. 内部参数

内部参数只与相机内部结构有关，而与相机位置参数无关。内部参数主要包括图像主点坐标(C_x, C_y)(成像平面与相机光轴相交的点)，单个像元的高 S_x 和宽 S_y，相机的有效焦距 f 和透镜的畸变失真系数 k 等。

相机的内部参数有时也可以从制造商提供的说明书中查到，但是其精确性不能满足要求，仅可作为参考，在实际应用中还需要对它们进一步标定。主点坐标(C_x, C_y)理论上位于图像中心处，但实际上由于相机制作的精度和使用过程中相机镜头可以转动和拆卸等因素，面阵相机并不能保证其中心为透镜光轴，且图像采集数字化窗口的中心不一定与光学中心重合，这就使得主点不一定在图像的中心，故而需要标定。

单个像元的高 S_x 和宽 S_y 可以在制造商提供的技术文档中查到，但是该数据不是完全准确的。单个像元的高、宽理论上应该是相等的，但是由于制造的误差，两者不可能完全相等，因此需要根据实际情况对其进行修正。

只有理想的透镜成像才满足透镜畸变失真系数的线性关系，实际上透镜存在多种非线性畸变，需要根据实际情况进行修正。

11.3 HALCON标定流程

1. 相机参数标定

相机分两种：一种是面扫描相机，也称面阵相机(Area Scan Camera)；一种是线扫描相机，也称线阵相机(Line Scan Camera)。准确地说，所谓的面扫描摄像系统是指可以通过单纯曝光取得面积影像，而线扫描摄像系统必须保证相机和目标是相对运动的，然后利用相对运动速度才能取得影像。

两种不同的摄像系统由于成像的过程有区别，所以标定的过程也有区别，这里仅讨论面扫描摄像系统。下面先通过HALCON算子描述标定的过程。

(1) 初始化相机参数：

startCamPar:=[f, k, Sx, Sy, Cx, Cy, NumCol, NumRow]

其中：f为焦距；k初始值为0.0195；Sx为两个相邻像素点的水平距离；Sy为两个相邻像素点的垂直距离；Cx、Cy为图像中心点的位置；NumCol、NumRow为图像的长和宽。

下面对具体参数进一步说明(这里以CCD尺寸1/4"、标定图像分辨率320×240为例)。初始参数k是0.0195，注意在HALCON标定中其单位是米(m)。

Sx和Sy是相邻像素的水平和垂直距离，根据CCD尺寸1/4"，可以查得该CCD图像传感器芯片的宽和高尺寸分别是3.2 mm和2.4 mm，然后用320×240分辨率的图像的宽、高去除，得到Sx和Sy都是0.01 mm，则其初始的 $Sx=e^{-0.05}$，$Sy=e^{-0.05}$。Cx和Cy分别是图像中心点的行坐标和列坐标，其值可以初始化为160和120。最后两个参数是ImageWidth和ImageHeight，直接就可以用其宽、高值320和240。

(2) caltab_points，读取标定板描述文件里面描述的点(x, y, z)，描述文件由gen_caltab生成。

(3) find_caltab，找到标定板的位置。

(4) find_marks_and_pose，输出标定点的位置和外参startpose。

(5) camera_calibration，输出内参和所有外部参数。

到第(5)步时，工作已经完成了一半，计算出各个参数后可以用map_image来还原畸变的图像或者用坐标转换参数将坐标转换到世界坐标系中。

2. HALCON 标定板规格

图 11－9 所示为常见标定板的示意图，在后面的标定助手介绍和标定例程中用到的也是这种标定板。下面介绍这种标定板每一类规格的详细参数。

(1) 30×30 标定板的规格。

黑色圆点行数：7。

黑色圆点列数：7。

外边框长度：30 mm×30 mm。

内边框长度：28.125 mm×28.125 mm ，即黑色边框线宽为一个圆点半径(0.9375)。

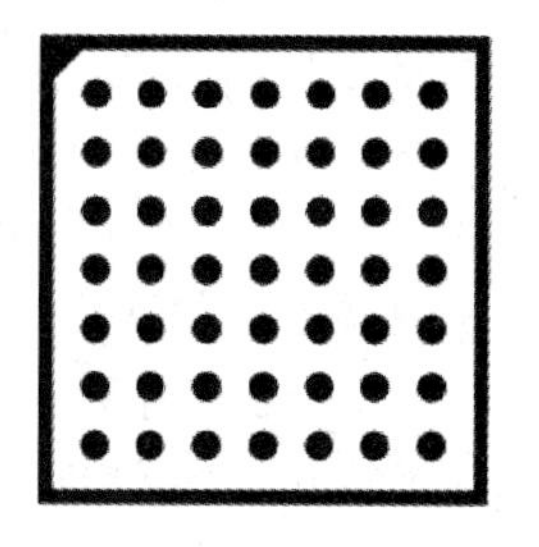

图 11－9　标定板示意图

黑色圆点半径：0.9375 mm。

圆点中心间距：3.75 mm。

裁剪宽度：30.75 mm×30.75 mm，即由黑色边框向外延伸 0.375 mm。

边角：由黑色外边框向内缩进一个中心边距的长度。

(2) 40×40 标定板的规格。

黑色圆点行数：7。

黑色圆点列数：7。

外边框长度：40 mm×40 mm。

内边框长度：37.5 mm×37.5 mm，即黑色边框线宽为一个圆点半径(0.125)。

黑色圆点半径：0.125 mm。

圆点中心间距：5 mm。

裁剪宽度：21 mm×21 mm，即由黑色边框向外延伸 0.5 mm。

边角：由黑色外边框向内缩进一个中心边距的长度。

(3) 50×50 标定板的规格。

黑色圆点行数：7。

黑色圆点列数：7。

外边框长度：50 mm×50 mm。

内边框长度：46.875 mm×46.875 mm，即黑色边框线宽为一个圆点半径(1.5625)。

黑色圆点半径：1.5625 mm。

圆点中心间距：6.25 mm。

裁剪宽度：51.25 mm×51.25 mm，即由黑色边框向外延伸 0.625 mm。

边角：由黑色外边框向内缩进一个中心边距的长度。

(4) 60×60 标定板的规格。

黑色圆点行数：7。

黑色圆点列数：7。

外边框长度：60 mm×60 mm。

内边框长度：56.25 mm×56.25 mm，即黑色边框线宽为一个圆点半径(1.875)。

黑色圆点半径：1.875 mm。

圆点中心间距：7.5 mm。

裁剪宽度：61.5 mm×61.5 mm，即由黑色边框向外延伸 0.75 mm。

边角：由黑色外边框向内缩进一个中心边距的长度。

3. 生成标定板

方法一：用 HALCON 软件自动生成的.ps 文件来制作标定板

这也是最简单有效的方法。打开 HALCON 软件，调用算子：

gen_caltab（::XNum，YNum，MarkDist，DiameterRatio，CalTabDescrFile，
CalTabPSFile:）

具体参数如下：

XNum：每行黑色标志圆点的数量。

YNum：每列黑色标志圆点的数量。

MarkDist：两个就近黑色圆点中心之间的距离。

DiameterRatio：黑色圆点半径与圆点中心距离的比值。

CalTabDescrFile：标定板描述文件的文件路径(.descr 文件为标定板描述文件)。

CalTabPSFile：标定板图像文件的文件路径(.ps 文件为标定板图形文件)。

例：生成一个 30×30 的标准标定板的 HALCON 源代码为

gen_caltab(7，7，0.00375，0.5，'F：/HALCON 程序/gencaltab/30_30.descr')

方法二：用 HALCON 软件自动生成的 .descr 文件来制作标定板

打开 HALCON，输入算子 gen_caltab，打开图 11－10 所示的算子窗口，生成一个.descr的文件，单击打开文件夹，会看到 .descr 文件，然后用写字板打开(注意要用写字板，记事本打开会有一些数据不可见)。

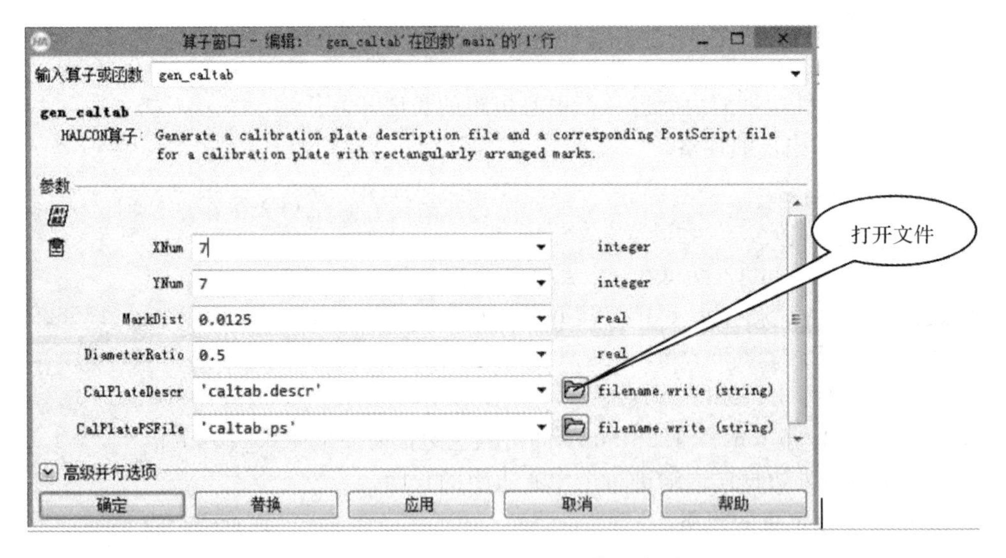

图 11－10 生成 .descr 文件示意图

以 40×40 标定板为例，打开后的文件如下：

Plate Description Version 2

HALCON Version 10.0 -- Mon Dec 19 11:08:07 2011

Description of the standard calibration plate

*标准标定板的描述

used for the CCD camera calibration in HALCON

```
# (generated by gen_caltab)
*(由)gen_caltab 算子生成
# 7 rows×7 columns
*7 行×7 列
# Width, height of calibration plate [meter]: 0.04, 0.04
*标定板的宽和高: 0.04 m, 0.04 m
# Distance between mark centers [meter]: 0.005
*标志圆点中心间距: 0.005 m
# Number of marks in y-dimension (rows)
*r 7
*Y 方向标志圆点的数量
# Number of marks in x-dimension (columns)
*c 7
*X 方向标志圆点的数量
#   offset of coordinate system in z - dimension [meter] (optional):
*z 0
*Z 坐标偏移
# Rectangular border (rim and black frame) of calibration plate
*标定板的矩形边框(边缘和黑色边框)
#   rim of the calibration plate (min x, max y, max x, min y) [meter]:
o -0.0205 0.0205 0.0205-0.0205
*标定板的剪切边缘【-0.0205 0.0205 0.0205-0.0205】(以标定板中心为坐标原点)
#   outer border of the black frame (min x, max y, max x, min y) [meter]:
i-0.02 0.02 0.02-0.02
*黑色边框的外边缘【-0.02 0.02 0.02-0.02】
#   triangular corner mark given by two corner points (x, y, x, y) [meter]
# (optional):
t-0.02-0.015-0.015-0.02
*三角形标志【-0.02-0.015-0.015-0.02】
#   width of the black frame [meter]:
w   0.00125
*黑色边框线的宽度: 0.00125 m
#   calibration marks:   x y radius [meter]
*以下是标定板黑色圆点在标定板上的坐标(共 7×7 个)
#   calibration marks at y = -0.015 m
*标定板上标记点的位置(以下数据分别是标定板上标记点的坐标和半径)
-0.015      -0.015      0.00125
-0.01       -0.015      0.00125
-0.005      -0.015      0.00125
  0         -0.015      0.00125
  0.005     -0.015      0.00125
  0.01      -0.015      0.00125
  0.015     -0.015      0.00125
```

```
# calibration marks at y =-0.01 m
* 标定板上标记点的位置
-0.015     -0.01     0.00125
-0.01      -0.01     0.00125
-0.005     -0.01     0.00125
 0         -0.01     0.00125
 0.005     -0.01     0.00125
 0.01      -0.01     0.00125
 0.015     -0.01     0.00125

# calibration marks at y = -0.005 m
* 标定板上标记点的位置
-0.015     -0.005    0.00125
-0.01      -0.005    0.00125
-0.005     -0.005    0.00125
 0         -0.005    0.00125
 0.005     -0.005    0.00125
 0.01      -0.005    0.00125
 0.015     -0.005    0.00125

# calibration marks at y = 0 m
* 标定板上标记点的位置
-0.015     0         0.00125
-0.01      0         0.00125
-0.005     0         0.00125
 0         0         0.00125
 0.005     0         0.00125
 0.01      0         0.00125
 0.015     0         0.00125

# calibration marks at y = 0.005 m
* 标定板上标记点的位置
-0.015     0.005     0.00125
-0.01      0.005     0.00125
-0.005     0.005     0.00125
 0         0.005     0.00125
 0.005     0.005     0.00125
 0.01      0.005     0.00125
 0.015     0.005     0.00125

# calibration marks at y = 0.01 m
* 标定板上标记点的位置
-0.015     0.01      0.00125
```

```
-0.01      0.01      0.00125
-0.005     0.01      0.00125
 0         0.01      0.00125
 0.005     0.01      0.00125
 0.01      0.01      0.00125
 0.015     0.01      0.00125

# calibration marks at y = 0.015 m
* 标定板上标记点的位置
-0.015     0.015     0.00125
-0.01      0.015     0.00125
-0.005     0.015     0.00125
 0         0.015     0.00125
 0.005     0.015     0.00125
 0.01      0.015     0.00125
 0.015     0.015     0.00125
```

通过以上数据可知标定板的全部参数，包括标定点的位置坐标、标定点半径等，以此来确定与所需的标定板图像无差异，然后就可以继续通过CAD等画图软件将标定板画出，最后打印。这种方法的优势在于标定板的数据是透明的，通过CAD等画图软件打印标定板也可以控制标定板的精度。在精度要求不高的情况下，还是推荐借助HALCON生成标定板的第一种方法。

HALCON并不是只能用专用的标定板，也可以使用自定义标定板进行标定。使用HALCON定义标定板的优势在于可以使用HALCON的标定板提取算子，提取标记点，而使用自己定义的标定板格式则需要自己完成这部分工作。

11.4 HALCON标定助手

HALCON中的标定助手为图像处理提供了一种很简便的标定方式，不仅简化了标定步骤，也省去了烦琐的编程过程。因此，只需要采集到符合标定标准的标定板图像，了解设备的参数信息，如相机类型、标定板厚度等。

1. 标定注意事项

使用HALCON标定助手的注意事项如下：

(1) 标定板材质最好选用玻璃或者陶瓷材质。

(2) 光源尽量在标定板前方，在与相机相反的方向。

(3) 标定板采集图像尽量在12幅以上，数量越多，所得的参数就越精确。

(4) 为了保证参数的精确性，要保证标定板的四角全部在视野范围内。这样做主要是因为一般标定板的四角畸变量比较大，需要通过四角的畸变程度获得准确的畸变系数。

(5) 要保证标定板的标志点灰度值与其背景灰度值的差值在100以上，否则HALOCN

会提示有品质问题。

图 11-11(a)～(o)是本次使用标定助手采集的标定板图像(实验室环境)，读者可以根据注意事项观察下面的图像。

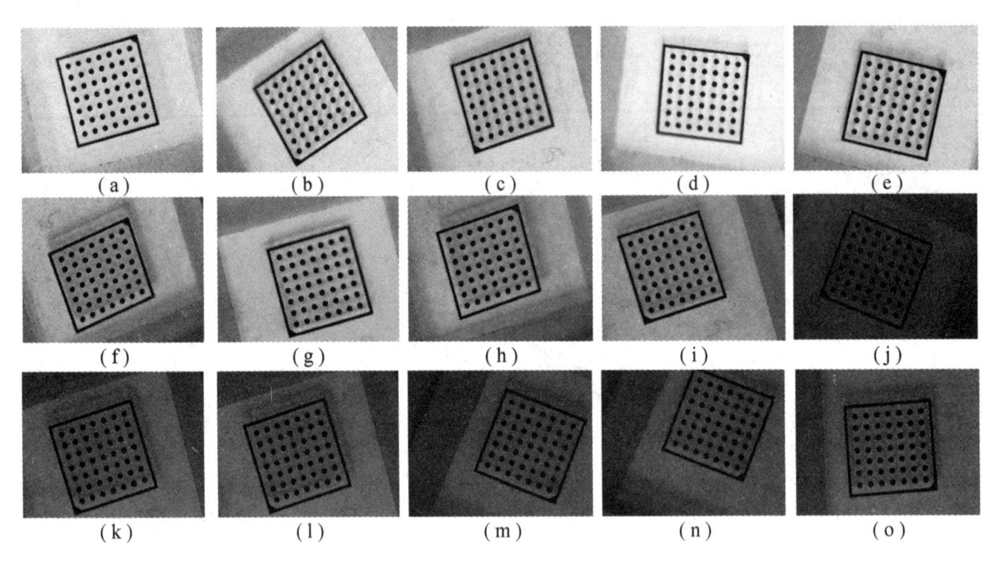

图 11-11 采集的标定板图像

2. HALCON 标定助手标定过程

步骤 1：打开标定助手(如图 11-12 所示)，设定描述文件、标定板厚度、摄像机模型、焦距等参数。

图 11-12 标定步骤 1

图11－12中的表示Sx和Sy按照1∶1的关系关联，同步调节，因为面阵相机的像元一般是方形的，宽和高是一样的。如果取消关联，那么Sx和Sy可以异步调节。

步骤2：加载图像，可以实时采集，也可以采集好后再一起标定，建议先采集、后标定。图11－13(a)为加载标定板图像的窗口，还需要将其中的一幅图像设置为参考位姿。图11－13(b)是载入图像的质量检测区，检验载入的图像是否可以用于标定。

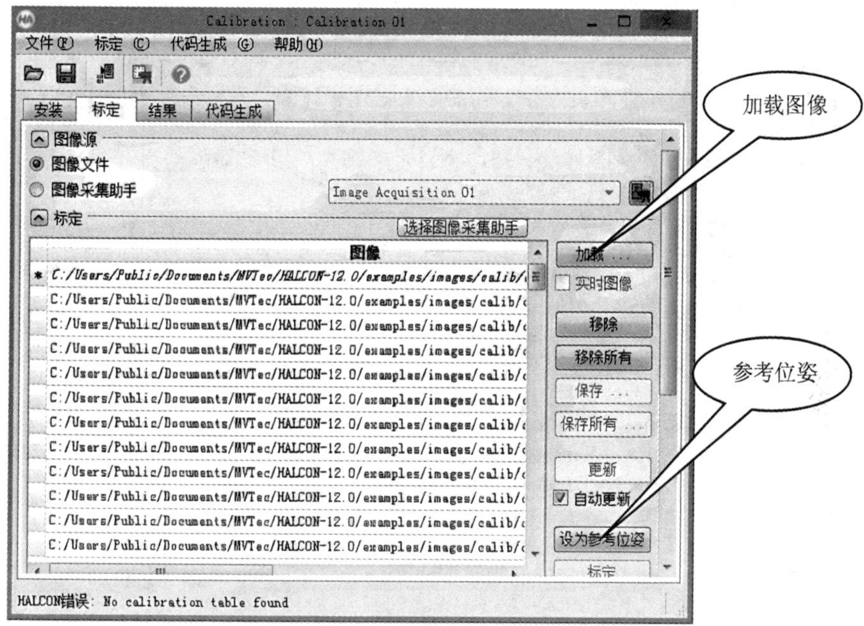

(a) 加载标定板图像窗口

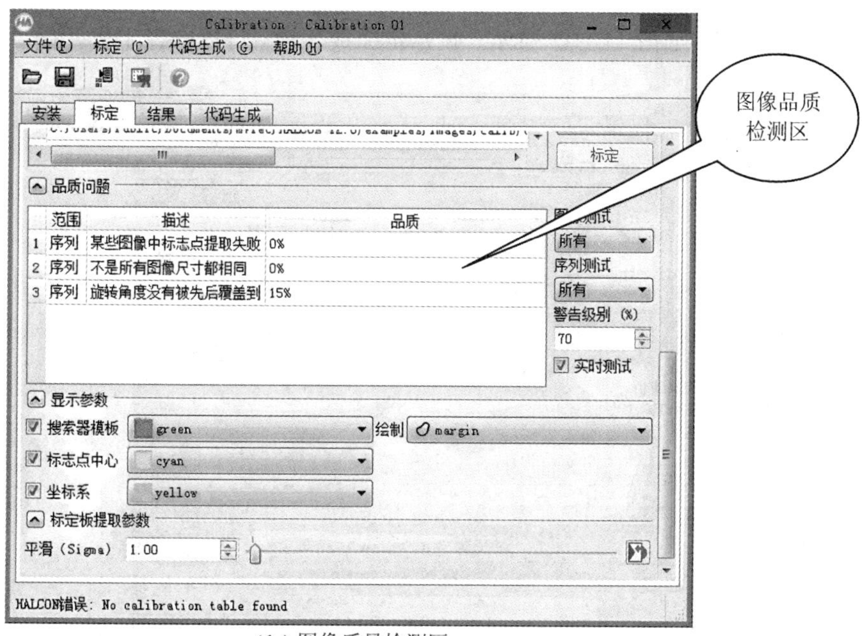

(b) 图像质量检测区

图11－13　标定步骤2

步骤 3：在采集图片合格后，单击上一步骤图 11－13(a)中的“标定”按钮，标定结果就出来了，如图 11－14 所示。在这一步的窗口中，会显示标定之后的相机内外参数等标定结果。

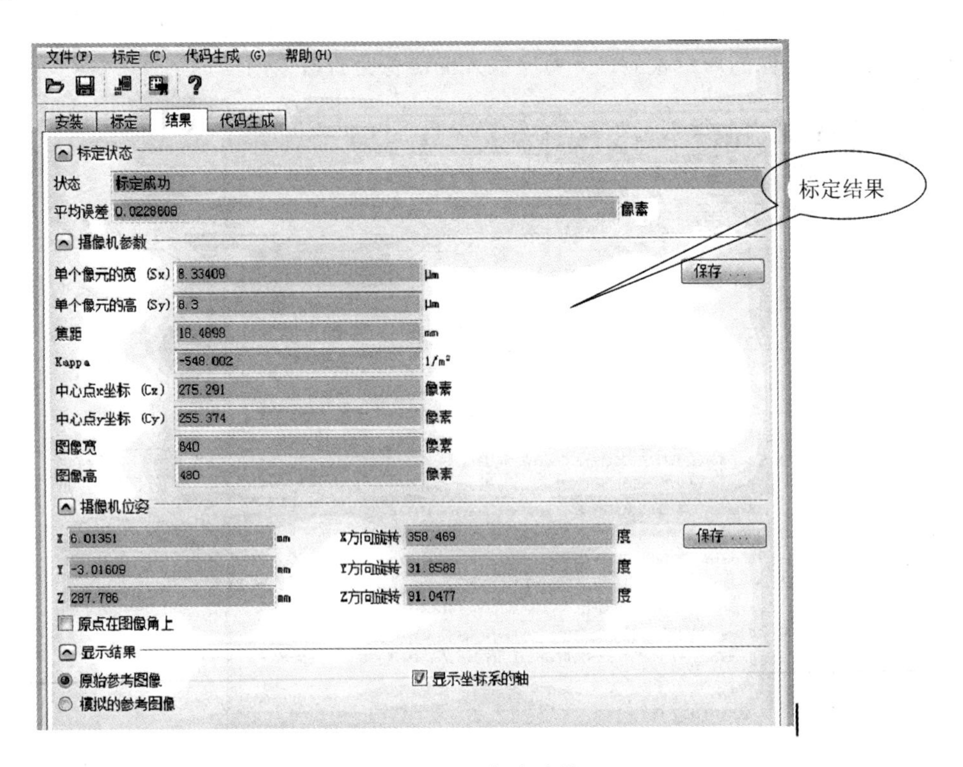

图 11－14 标定步骤 3

步骤 4：生成代码，如图 11－15 所示。在标定完成之后，可以选择生成代码。

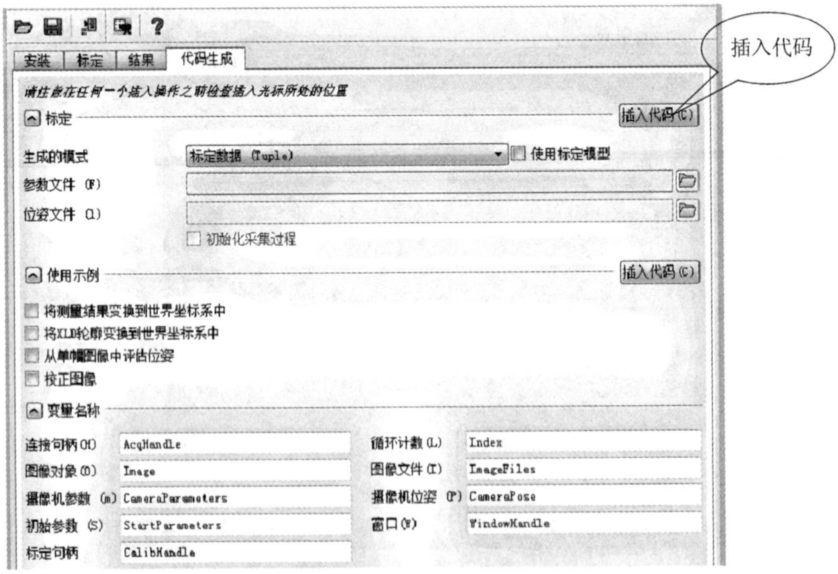

图 11－15 标定步骤 4

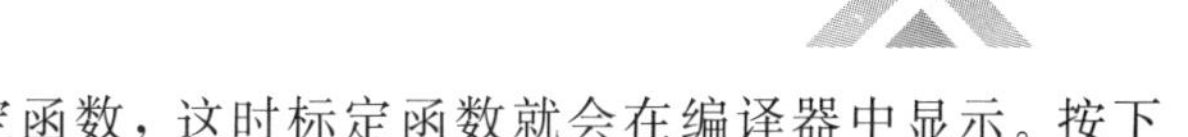

完成标定过程后，可以选择插入标定函数，这时标定函数就会在编译器中显示。按下 F5 键也会获得标定所需的内外参数。

【例 11－1】 利用已有的标定内外参数简单实现图像校正。

首先了解两个算子：

• gen_radial_distortion_map(：Map：CamParamIn，CamParamOut，MapType：)

功能：生成径向畸变映射图，目的是在后期消除径向畸变引起的图像扭曲，内参数是通过相机标定获得的。

Map：输出的映射图(映射函数)，映射图的大小与给定的内参数有关，也决定了映射图像的大小。

CamParamIn：输入带有畸变参数的相机内参数。

CamParamOut：输入相机畸变参数等于 0 的内参数。

MapType：映射类型(插值类型包括邻近插值和双线性插值)。

• map_image(Image，Map：ImageMapped：：)

功能：通过映射操作得到映射后的图像。

Image：原图像。

Map：映射图像。

ImageMapped：映射后的图像。

程序如下：

```
read_image (Image，'畸变楼房.jpg')
*读取畸变的楼房图像，如图 11-16(a)所示
rgb1_to_gray (Image，GrayImage)
*转为单通道灰度图
CamParOrginal :=[0.00219846，-78129.2，5.4649e-06，5.5e-06，318.206，236.732，
                 640，480]
*赋值相机内参数(通过标定获得)
CamParVirtualFixed :=CamParOriginal
CamParVirtualFixed[1] :=0
*定义没有畸变的内参数
gen_radial_distortion_map(MapFixed，CamParOriginal，\CamParVirtualFixed，'bilinear')
*生成径向畸变映射图
map_image(GrayImage，MapFixed，ImageRectifiedFixed)
*利用映射图像获得消除畸变后的图像，如图 11-16(b)所示
```

(a)有畸变的楼房图

(b)校正后的图像

图 11－16　图像校正前后示意图

11.5 标定应用例程之二维测量

采用 HALCON 标定助手生成的代码只能获取相机的内外参数，对于实际应用还需要进一步处理，完成的标定代码更加复杂，包含内外参数的获取、将图像坐标系转换到世界坐标系、获取像素实际物理距离、生成用于矫正的 Map 图像、将畸变图像矫正等。

11.4 节已经介绍了 HALCON 标定助手的使用，并且学习了相关算子。接下来通过这些算子进行图像的矫正，然后再测量出图像中划痕的长度。

1. 相关算子

首先介绍例程中应用的算子：

- create_calib_data(::CalibSetup，NumCameras，NumCalibObjects:CalibDataID)

功能：创建标定数据模型，用于储存标定数据、标定描述文件以及标定过程中的设置。

CalibSetup：指定标定类型，如果不是做手眼标定，则选择 calibration_object。

NumCameras：相机数量。

NumCalibObjects：标定板数量。

CalibDataID：标定板模型句柄(代表标定板模型)。

- set_calib_data_cam_param(::CalibDataID，CameraIdx，CameraType，CameraParam:)

功能：设置相机参数和相机类型。

CalibDataID：标定数据模型。

CameraIdx：相机索引，多个相机时使用。

CameraType：相机类型(面扫描和线扫描，以及是否考虑切向畸变)。

CameraParam：相机内参数。

- set_calib_data_calib_object(::CalibDataID，CalibObjIdx，CalibObjDescr:)

功能：在标定模型中指定标定板所使用的标定板描述文件。

CalibDataID：标定模型句柄。

CalibObjIdx：标定板索引。

CalibObjDescr：标定板描述文件。

- find_caltab(Image:CalPlate:CalPlateDescr，SizeGauss，MarkThresh，MinDiamMarks:)

功能：在图像中寻找标定板所在区域。

Image：包含标定板图像。

CalPlate：标定板所在区域。

CalPlateDescr：标定板描述文件。

SizeGauss：高斯滤波大小，用于图像的光滑处理，便于提取标定板所在区域。

MarkThresh：标定板标志点的阈值。

MinDiamMarks：标定板标志点最小半径。

- find_marks_and_pose(Image, CalPlateRegion::CalPlateDescr, StartCamParam, StartThresh, DeltaThresh, MinThresh, Alpha, MinContLength, MaxDiamMarks: RCoord, CCoord, StartPose)

功能：获得标定板黑圆点的信息和预估外参数。

Image：包含标定板的图像。

CalPlateRegion：标定板所在区域。

CalPlateDescr：标定板描述文件。

StartCamParam：相机初始内参数。

StartThresh：标定板上标志点轮廓的阈值。

DeltaThresh：轮廓阈值的步长设定值。

MinThresh：标定板上标志点的最小阈值。

Alpha：提取标志点轮廓的滤波器参数。

MinContLength：标志点最小轮廓长度。

MaxDiamMarks：标志点最大直径。

RCoord、CCoord：标志点的圆心坐标。

StartPose：预估相机外参数。

- set_calib_data_observ_points(::CalibDataID, CameraIdx, CalibObjIdx, CalibObjPoseIdx, Row, Column, Index, Pose:)

功能：存储标定信息到标定模型中。

CalibDataID：标定数据模型。

CameraIdx：相机索引。

CalibObjIdx：标定板索引。

CalibObjPoseIdx：不同图像标定板位置索引。

Row、Column：标志点圆心坐标。

Index：标志点索引。

Pose：预估的相机外参数。

- set_origin_pose(::PoseIn, DX, DY, DZ: PoseNewOrigin)

功能：设置 3D 坐标原点。

PoseIn：原始的 3D 位置。

DX、DY、DZ：3D 位置在各自坐标轴移动的距离。

PoseNewOrigin：变换校正后新的 3D 位置。

- gen_image_to_world_plane_map(: Map: CameraParam, WorldPose, WidthIn, HeightIn, WidthMapped, HeightMapped, Scale, MapType:)

功能：生成图像坐标系到世界坐标系的映射。

Map：生成的映射图。

CameraParam：相机内参数。

WorldPose：世界坐标系 3D 位置。

WidthIn、HeightIn：要转换的图像大小。

WidthMapped、HeightMapped：映射的图像大小。

Scale：转换后图像像素大小。

MapType：映射类型。

- get_calib_data(: :CalibDataID, ItemType, ItemIdx, DataName: DataValue)

功能：获得存储在标定模型中的存储数据。

CalibDataID：标定模型 ID。

ItemType：标定模型中数据项类型。

ItemIdx：相关数据类型索引。

DataName：数据项名称。

DataValue：数据项属性值。

2. 基于 HALCON 标定助手的二维测量实例

【例 11-2】 基于 HALCON 标定助手的二维测量。

以下是例程中用到的目标图像及标定文件。其中图 11-17(a)是待检测图像，图 11-17(b)是校正检测之后的图像，图 11-18(a)～(l)是标定过程用到的标定板图像。

(a) 待检测原图

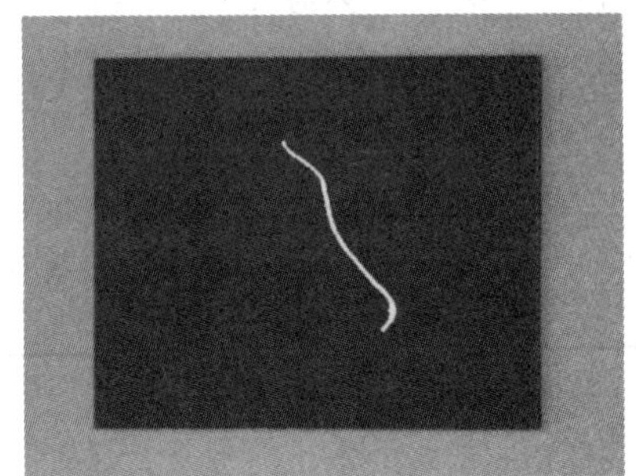

(b) 识别后图像

图 11-17 待检测目标图像

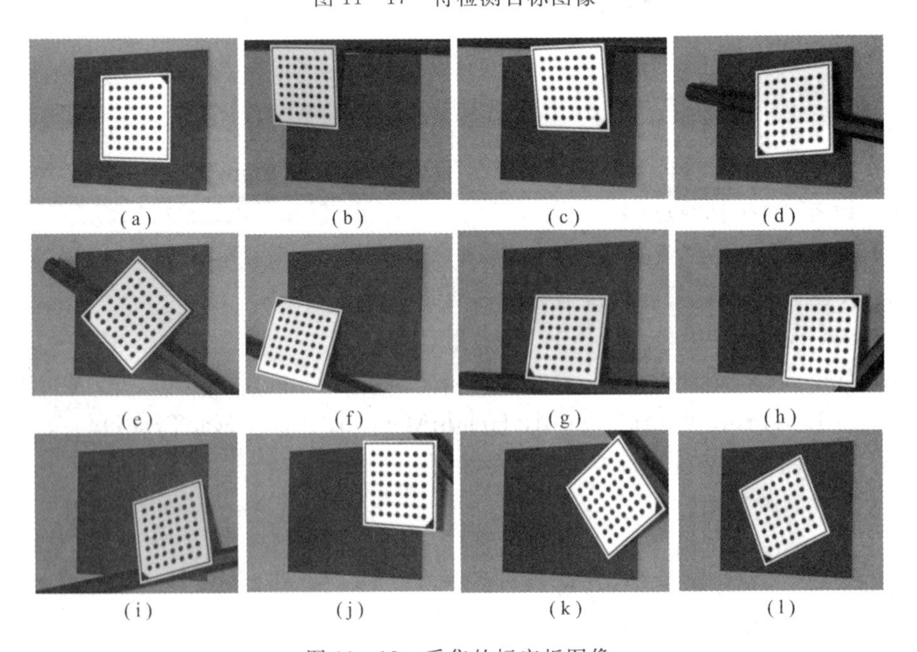

(a) (b) (c) (d) (e) (f) (g) (h) (i) (j) (k) (l)

图 11-18 采集的标定板图像

程序如下：

```
* 相机标定程序，包括相机内参与外参的获取，单个像素物理距离=实际距离/物理距离
* 这个程序用于测量透视扭曲图像中划痕的世界坐标长度
dev_close_window ()
dev_close_window ()
dev_update_off ()
* 关闭更新
dev_set_draw ('margin')
* 设置阈值方式为轮廓
read_image (Image, 'scratch/scratch_perspective')
* 读取带有划痕的图片
get_image_pointer1 (Image, Pointer, Type, Width, Height)
* 指向 Image 的第一通道的指针
dev_open_window (0, 0, Width, Height, 'black', WindowHandle1)
set_display_font (WindowHandle1, 14, 'mono', 'true', 'false')
* 设置字体的格式
dev_display (Image)
dev_set_line_width (2)
disp_continue_message (WindowHandle1, 'black', 'true')
stop ()
CaltabName := 'caltab_30mm.descr'
* 标定板描述文件
*  确保文件'CaltabDescrName'在正确的目录
*  指向 HALCONROOT/calib 目录，或者使用一个绝对路径
StartCamPar := [0.012, 0, 0.0000055, 0.0000055, Width / 2, Height / 2, Width,
               Height]
* 初始内参数
create_calib_data ('calibration_object', 1, 1, CalibDataID)
* 创建标定数据模型
set_calib_data_cam_param (CalibDataID, 0, 'area_scan_division', StartCamPar)
* 设置相机标定参数类型面扫描
set_calib_data_calib_object (CalibDataID, 0, CaltabName)
* 指定标定板描述文件
NumImages := 12
* 读取 12 幅图像
for I := 1 to NumImages by 1
    read_image (Image, 'scratch/scratch_calib_' + I$'02d')
* 读取图片
    dev_display (Image)
* 显示图片
    find_calib_object (Image, CalibDataID, 0, 0, I, [], [])
    get_calib_data_observ_contours (Caltab, CalibDataID, 'caltab', 0, 0, I)
    dev_set_color ('green')
    dev_display (Caltab)
    get_calib_data_observ_points (CalibDataID, 0, 0, I, RCoord, CCoord, Index,
```

```
                                  StartPose)
    dev_set_color ('red')
    disp_circle (WindowHandle1, RCoord, CCoord, gen_tuple_const(|RCoord|, 2.5))
    dev_set_part (0, 0, Height-1, Width-1)
endfor
dev_update_time ('on')
disp_continue_message (WindowHandle1, 'black', 'true')
stop ()
calibrate_cameras (CalibDataID, Error)
* 标定相机参数
get_calib_data (CalibDataID, 'camera', 0, 'params', CamParam)
* 获得相机内参数
get_calib_data(CalibDataID, 'calib_obj_pose', [0, 1], 'pose', PoseCalib)
* 获得相机外参数
*  步骤：变换图像
dev_open_window (0, Width + 5, Width, Height, 'black', WindowHandle2)
set_display_font (WindowHandle2, 14, 'mono', 'true', 'false')
tuple_replace (PoseCalib, 5, PoseCalib[5]-90, PoseCalibRot)
* 数组中的替换
set_origin_pose (PoseCalibRot, -0.04, -0.03, 0.00075, Pose)
* 替换输入数组元素中的一个或多个元素，并用 Replaced 返回
PixelDist :=0.00013
pose_to_hom_mat3d (Pose, HomMat3D)
* 将 3D 位姿信息转换成矩阵模型，即 HomMat3D
gen_image_to_world_plane_map (Map, CamParam, Pose, Width, Height, Width, Height,
                              PixelDist, 'bilinear')
* 生成基于世界坐标系的图像信息
* * * * * * * * * * * * * * * * 以下是目标图像的矫正过程 * * * * * * * * * * *
Imagefiles :=['scratch/scratch_calib_01', 'scratch/scratch_perspective']
for I :=1 to 2 by 1
    read_image (Image, Imagefiles[I - 1])
    dev_set_window (WindowHandle1)
    dev_display (Image)
    dev_set_window (WindowHandle2)
    map_image (Image, Map, ModelImageMapped)
    dev_display (ModelImageMapped)
    if (I == 1)
        gen_contour_polygon_xld (Polygon, [230, 230], [189, 189 + 0.03 / PixelDist])
        disp_message (WindowHandle2, '3cm', 'window', 205, 195, 'red', 'false')
        dev_display (Polygon)
        disp_continue_message (WindowHandle2, 'black', 'true')
        stop ()
    endif
endfor
* * * * * * * * * * * * * * * * 以上是目标图像的矫正过程 * * * * * * * * * * *
```

```
* 步骤：在变换(校正)的图像中测量坐标
dev_set_draw ('fill')
*设置阈值方式为区域
fast_threshold (ModelImageMapped, Region, 0, 80, 20)
*快速阈值
fill_up (Region, RegionFillUp)
*区域填充，默认是8邻域
erosion_rectangle1 (RegionFillUp, RegionErosion, 5, 5)
*腐蚀轮廓区域
reduce_domain (ModelImageMapped, RegionErosion, ImageReduced)
*模糊处理
fast_threshold (ImageReduced, Region1, 55, 100, 20)
dilation_circle (Region1, RegionDilation1, 2.0)
*圆度膨胀
erosion_circle (RegionDilation1, RegionErosion1, 1.0)
*圆度腐蚀
connection (RegionErosion1, ConnectedRegions)
*连通区域
select_shape (ConnectedRegions, SelectedRegions, ['area', 'ra'], 'and', [40, 15],
          [2000, 1000])
*形状筛选，这里是基于面积大小来筛选
count_obj (SelectedRegions, NumScratches)
*识别对象数组中的对象数
dev_display (ModelImageMapped)
****************以下是对标定板的读取、识别**********
for I:=1 to NumScratches by 1
    dev_set_color ('yellow')
*设置区域颜色为黄色
    select_obj (SelectedRegions, ObjectSelected, I)
*从输入对象数组元素ObjectSelected中输出索引复制对象，其对象数就是count_obj中识别出来的对象数
    skeleton (ObjectSelected, Skeleton)
*输入区域的中间轴
    gen_contours_skeleton_xld (Skeleton, Contours, 1, 'filter')
*将以上识别出来的骨架也就是中间轴转变为XLD轮廓
    dev_display (Contours)
    length_xld (Contours, ContLength)
*识别生成的XLD轮廓长度，测量出划痕长度
    area_center_points_xld (Contours, Area, Row, Column)
*生成区域中心XLD点
    disp_message (WindowHandle2, 'L= ' + (ContLength * PixelDist * 100)$'.4' +
                'cm', 'window', Row -10, Column + 20, 'yellow', 'false')
*这条算子要注意其中的划痕长度计算公式
    disp_continue_message (WindowHandle2, 'black', 'true')
    stop ()
```

```
endfor
dev_close_window ()
clear_calib_data (CalibDataID)
* 清除数据，释放内存
```

以上是二维测量的完整程序及相关释义，其中程序运行所得数据即标定结果及测得的划痕长度如图 11－19 和图 11－20 所示。图 11－19(a)、(b)是标定所得的相机内、外参数，用于图像的校正；图 11－20 是校正之后的测量结果。划痕一共有两条，较长的一条长度为 3.272 cm，较短的一条长度为 0.4219 cm。

变量监视: CamParam

	CamParam
0	0.0123541
1	-1184.83
2	5.5348e-006
3	5.5e-006
4	244.854
5	254.739
6	640
7	480
类型	2 integers 6 reals
维度	0

(a) 相机内参数

变量监视: PoseCalib

	PoseCalib
0	0.00964299
1	-0.00294847
2	0.289603
3	358.424
4	32.4295
5	91.0763
6	0
类型	1 integer 6 reals
维度	0

(b) 相机外参数

图 11－19　标定所得相机的内、外参数

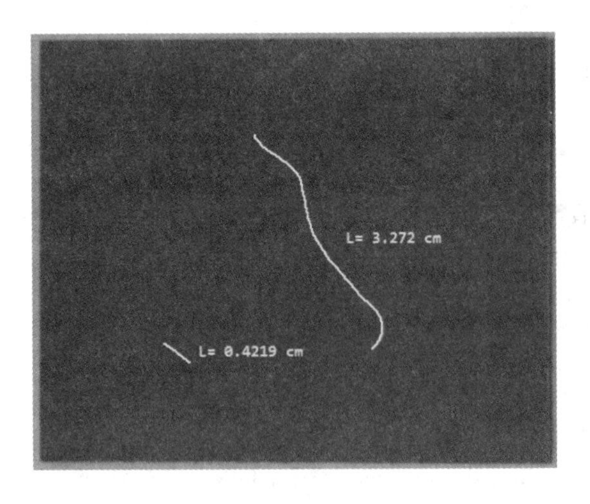

图 11－20　测量结果及显示

图 11－20 中两条划痕的详细参数如图 11－21 所示，其中图 11－21(a)是较长划痕的参数测量结果，图 11－21(b)是较短划痕的参数测量结果，其中参数 ConLength 要经过公式“ContLength * PixelDist * 100”才能转化成单位为 cm 的数据。

ContLength	251.706
Area	203.0
Row	226.567
Column	340.079

(a) 较长划痕参数

ContLength	32.4558
Area	26.0
Row	328.885
Column	203.5

(b) 较短划痕参数

图 11-21　两条划痕详细参数示意图

在标定过程中，需要注意以下问题：

(1) 使用 image_points_to_world_plane 时，由于未将单位设定为 m，导致使用算子 gen_image_to_world_plane_map 时不能正确生成映射图像，因为该算子默认的单位是 m，最后转换得到的实际物理距离的单位也是 m。

(2) gen_radial_distortion_map 算子只能矫正径向畸变，gen_image_to_world_plane_map 不仅能矫正径向畸变，而且可以矫正视角的畸变，使图像绕着坐标轴旋转。

(3) calibrate_cameras 与 camera_calibrate 存在区别，应该尽量使用 calibrate_cameras，使用该算子可以很方便地修改相机的参数。camera_calibrate 是一次标定完成的，不需要设定相机的参数。

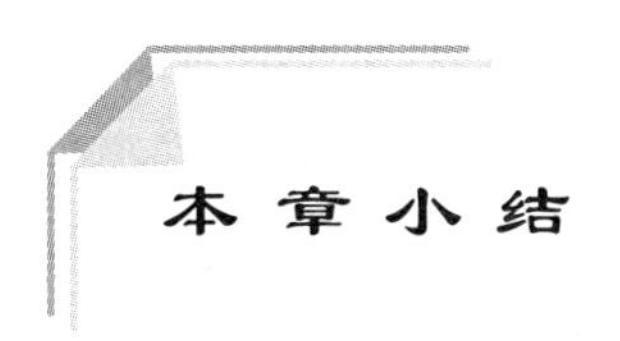

本章小结

本章主要围绕标定这一大的主题，结合 HALCON 算子的详细说明，对相机标定、畸变校正、图像测量进行了系统的介绍。

首先介绍了相机成像的畸变种类及相机在标定过程中需要初始化或者测量的参数。

在标定方面，应用了 HALCON 的标定助手，通过助手获得标定数据。同时着重介绍了标定板的详细参数及获得途径，方便读者进行标定前的准备工作。

最后通过一个二维测量实例，完成了从标定到矫正畸变再到测量的完整过程，并且展示了每一步的数据。

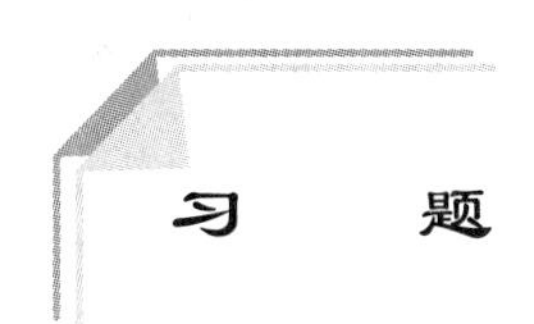

习　题

11.1　相机成像的畸变种类有哪些？

11.2　在相机标定过程中，三大坐标系是指什么？画出这三大坐标系的位置关系图。

11.3　标定过程中需要注意的事项有哪些？

11.4　通过标定助手独立完成相机的标定过程，并得出具体的相机内、外参数，最后完成带有畸变的图像的矫正处理(畸变图可以参考本章中的图片)。

第12章

HALCON混合编程

德国的HALCON是一款具有交互式编程开发功能的图像处理软件，可导出VB、C/C++、C#等代码，利用其自有的HDevelop编程工具，可以轻松地实现代码从HALCON算子到C、C++、C#等程序语言的转化。利用HDevelop可以进行图像分析，完成视觉处理程序的开发。程序可以分成不同的子程序，每个子程序可以只做一件事，如初始化、计算或清除。主程序用于调用其他子程序，传递图像信息或接收显示结果。最后，程序导出要用的程序代码，继续进行下一步工作。

完整的程序开发在程序设计环境中进行，如Microsoft Visual Studio。由HDevelop输出的程序代码通过指令加入程序中(如include)。至于程序的接口则利用程序语言的功能来建构，然后进行编辑和连接，完成应用程序的开发。HALCON标准开发流程如图12-1所示。下面分别介绍HALCON与VB、C#和C++的混合编程。

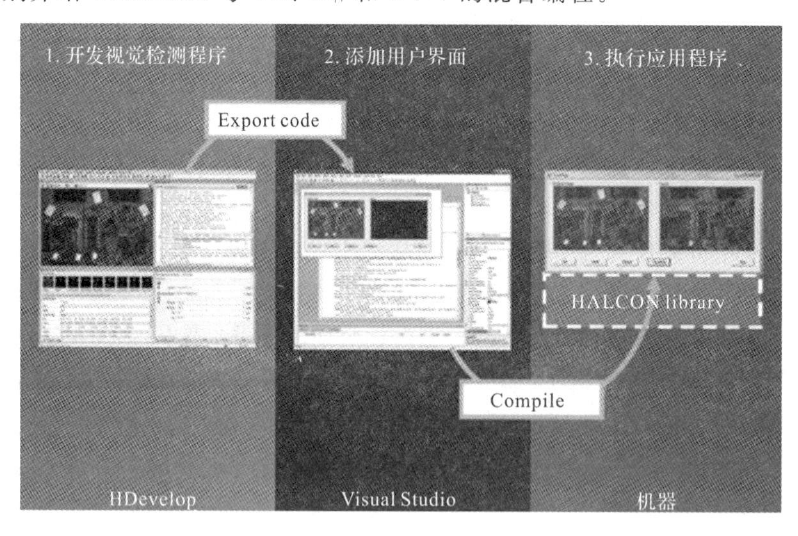

图12-1 标准开发流程

12.1 HALCON与VB混合编程

成捆棒材复核计数系统是采用机器视觉技术检测棒材端面，通过图像处理获得棒材中心信息并进行识别计数，实现准确复检计数的新型检测装置。棒材复核计数系统是由工控机、光源、工业相机、镜头和 HALCON 与 VB 混合编程的成捆棒材复核计数软件组成的。现场采集的成捆棒材图像如图 12－2 所示。

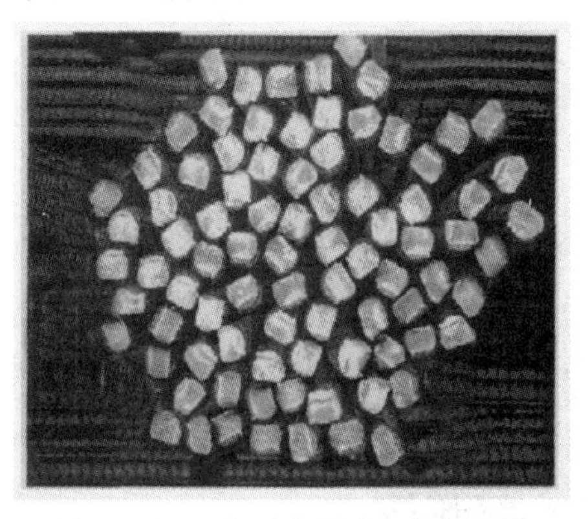

图 12－2　现场采集的成捆棒材图像

1. HALCON 程序开发

HDevelop 代码：

```
dev_update_window ('off')
dev_close_window ()
read_image (image, '/steel bar2. bmp')
get_image_size (image, Width, Height)
dev_open_window (0, 0, 400, 400, 'black', WindowHandle)
dev_display(image)
*用鼠标绘制区域
draw_region(Region1, WindowHandle)
*对指定区域处理
reduce_domain (image, Region1, ImageReduced)
threshold (ImageReduced, Region, 105, 235)
*erosion_rectangle1 (Region, RegionErosion, 3, 3)
*erosion_rectangle1 (RegionErosion, RegionErosion, 10, 3)
erosion_circle (Region, RegionErosion, 2.5)
erosion_circle (RegionErosion, RegionErosion1, 2)
connection (RegionErosion1, ConnectedRegions)
count_obj (ConnectedRegions, Number)
stop()
*每个钢筋中心画一个圆点
area_center (ConnectedRegions, Area, Row1, Column1)
gen_circle_contour_xld (ContCircle, Row1, Column1, gen_tuple_const(Number, 2), 0, \
                        rad(360) , 'positive', 1.0)
gen_region_contour_xld (ContCircle, Region2, 'filled')
dev_set_color('red')
dev_display (Region2)
*区域转换成轮廓
```

```
gen_contour_region_xld (Region1, Contours, 'border')
stop()
dev_display(image)
dev_set_color('red')
dev_display(Region2)
dev_set_color('red')
dev_display(Contours)
disp_message (WindowHandle, ['检测支数：'+Number], 'window', 10, 10, 'green', 'false')
```

程序运行结果如图12-3所示。

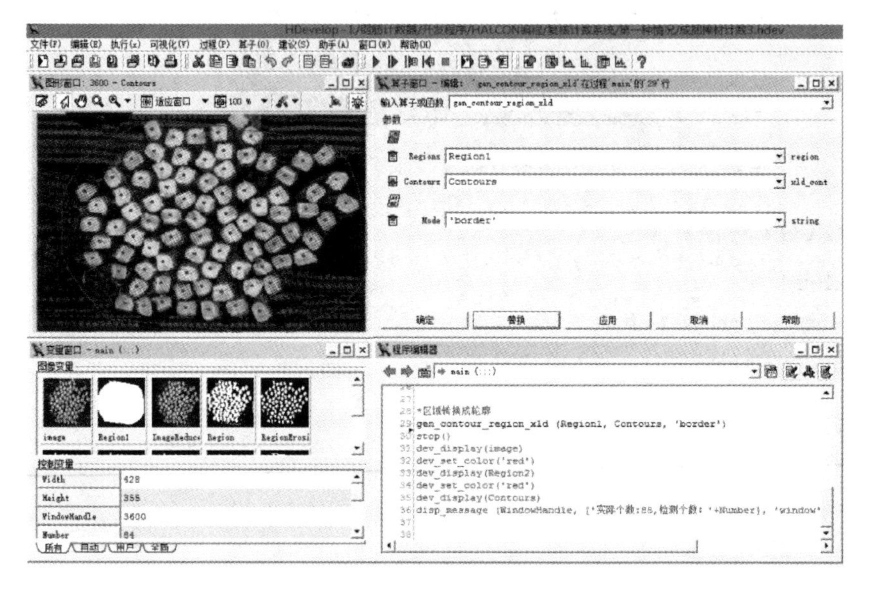

图12-3　计数系统界面及运行结果

2. 设计流程

(1) 导出。单击菜单栏中的“文件”→“导出”，导出为支持VB格式的文件，如图12-4和图12-5所示。

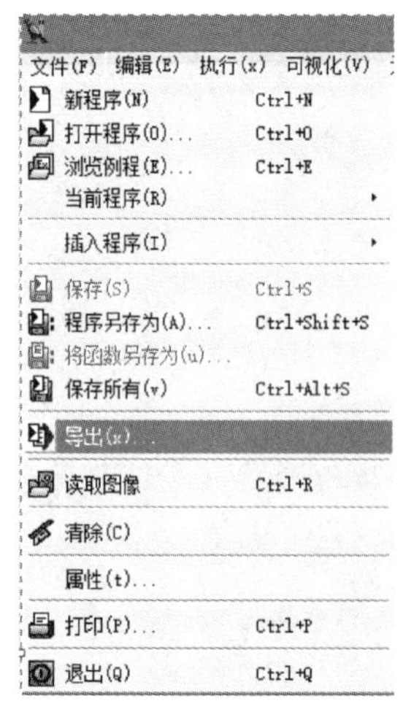

图12-4　导出菜单

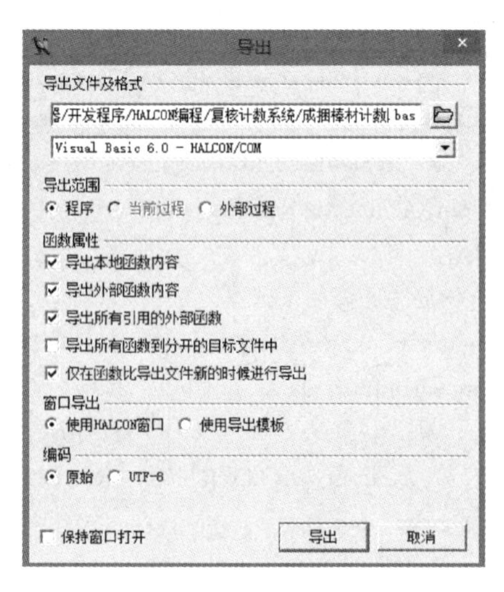

图12-5　导出文件及格式

(2) 新建一个空的 VB 对话框工程，建立准备用来进行图像操作的按钮(或菜单)，并按功能命名按钮(或菜单)，如图 12-6 所示。

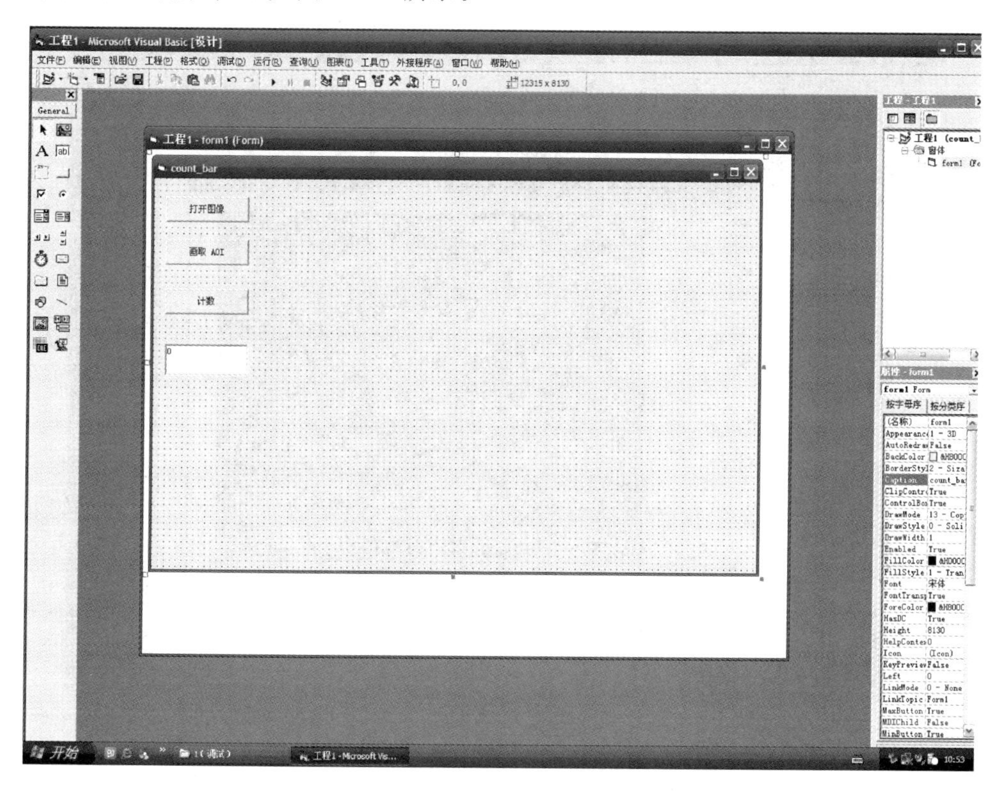

图 12-6　新建工程

(3) 添加控件。单击菜单栏中的“工程”→“部件”→“控件”，勾选“Halcon/COM library V1.8”，单击“确定”按钮，可以看到新的组件图标，HWindowXCtrl 控件用于显示图像，如图 12-7 所示。

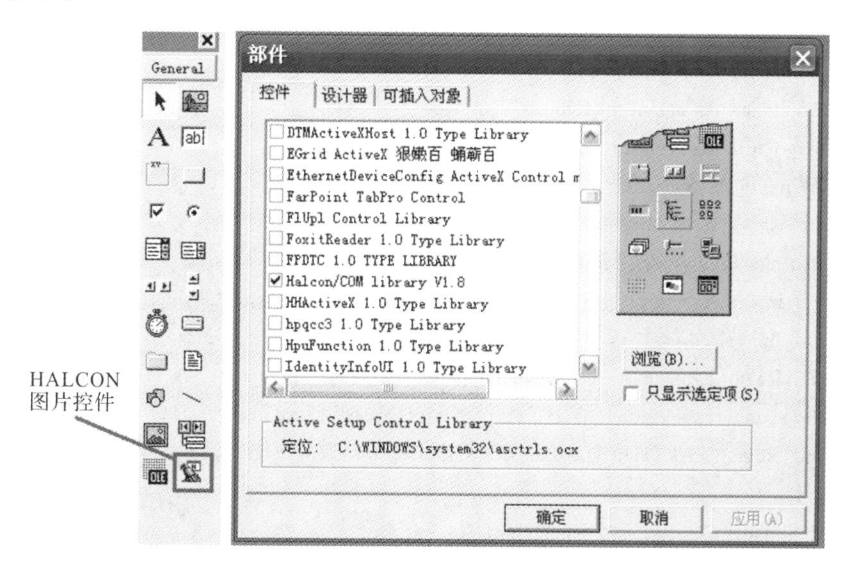

图 12-7　添加控件

(4) 单击 HALCON 组件图标，在 VB 窗体中添加 HWindowXCtrl 用于显示图像(黑色的图框区域)，如图 12-8 所示。

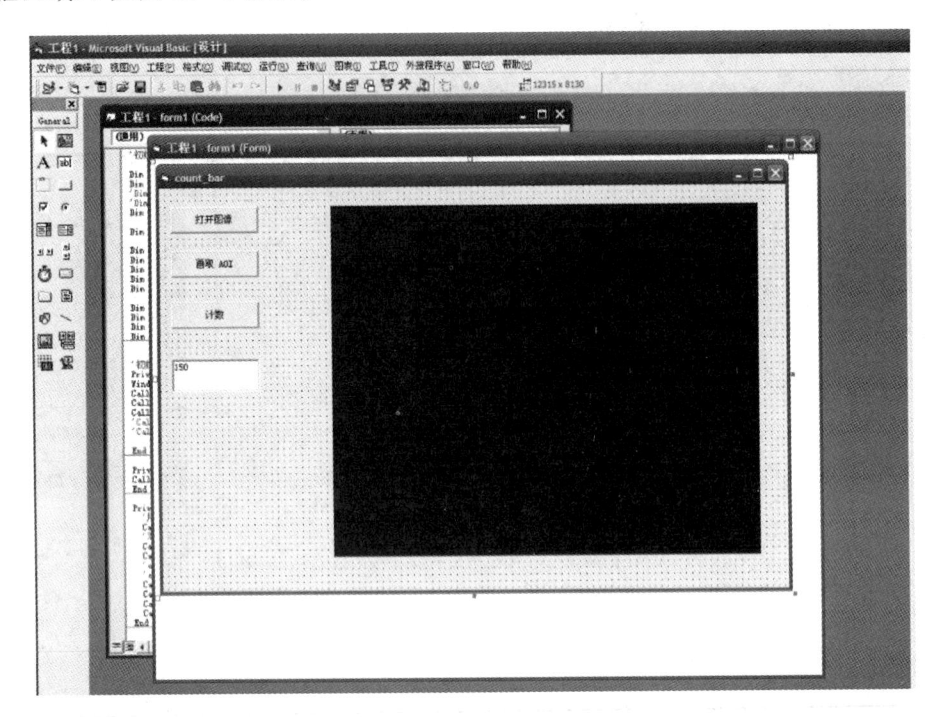

图 12-8 窗体添加图形控件

(5) 从写好的 HDevelop 程序中导出 VB 源代码。

(6) 定义变量并初始化，按不同功能分别复制到 VB 程序的不同位置。

程序如下：

```
*初始化全局变量
Dim Op As New HOperatorSetX
Dim Tuple As New HTupleX
Dim ho_image As HUntypedObjectX
Dim hv_Width As Variant, hv_Height As Variant
Dim Window As Variant

Dim Aoi As HUntypedObjectX
Dim ho_image As HUntypedObjectX, ho_Region1 As HUntypedObjectX
Dim ho_ImageReduced As HUntypedObjectX, ho_Region As HUntypedObjectX
Dim ho_RegionErosion As HUntypedObjectX, ho_RegionErosion1 As HUntypedObjectX
Dim ho_ConnectedRegions As HUntypedObjectX, ho_ContCircle As HUntypedObjectX
Dim ho_Region2 As HUntypedObjectX, ho_Contours As HUntypedObjectX

Dim hv_Width As Variant, hv_Height As Variant
Dim hv_WindowHandle As Variant, hv_Number As Variant
Dim hv_Area As Variant, hv_Row1 As Variant, hv_Column1 As Variant
```

```
Dim COMExpWinHandleStack As New HDevWindowStackX

 * 初始化
Private Sub form_load()
Window = HWindowXCtrl1. HalconWindow. HalconID
Call Op. ReadImage(ho_image, "/steel bar2. bmp")
Call Op. GetImagePointer1(ho_image, hv_Pointer, hv_Type, hv_Width, hv_Height)
Call Op. SetPart(Window, 0, 0, hv_Height-1, hv_Width-1)
Call Op. GetImageSize(ho_image, hv_Width, hv_Height)
Call Op. OpenWindow(0, 0, 400, 400, 0, "", "", hv_WindowHandle)

End Sub

Private Sub ImageOpen_Click()
Call Op. DispObj(ho_image, Window)
End Sub

Private Sub DrawAOI_Click()
   * 用鼠标绘制区域
  Call Op. DrawRegion(ho_Region1, Window)
   * 对指定区域进行处理
  Call Op. ReduceDomain(ho_image, ho_Region1, ho_ImageReduced)
  Call Op. Threshold(ho_ImageReduced, ho_Region, 105, 235)
  erosion_rectangle1 (Region, RegionErosion, 3, 3)
  erosion_rectangle1 (RegionErosion, RegionErosion, 10, 3)
  Call Op. ErosionCircle(ho_Region, ho_RegionErosion, 2.5)
  Call Op. ErosionCircle(ho_RegionErosion, ho_RegionErosion1, 2)
  Call Op. Connection(ho_RegionErosion1, ho_ConnectedRegions)
  Call Op. CountObj(ho_ConnectedRegions, hv_Number)
End Sub

Private Sub Count_Click()
 * 在每个钢筋的中心画一个圆点
  Call Op. AreaCenter(ho_ConnectedRegions, hv_Area, hv_Row1, hv_Column1)
  Call Op. GenCircleContourXld(ho_ContCircle, hv_Row1, hv_Column1, Tuple.
          TupleGenConst( _hv_Number, 2), 0, Tuple. TupleRad(360), "positive", 1#)
  Call Op. GenRegionContourXld(ho_ContCircle, ho_Region2, "filled")
  If COMExpWinHandleStack. IsOpen() Then
    Call Op. SetColor(COMExpWinHandleStack. GetActive(), "red")
  End If
    Call Op. DispObj(ho_Region2, Window)

  * 区域转换成轮廓
```

```
    Call Op.GenContourRegionXld(ho_Region1, ho_Contours, "border")
    HDevelopStop
      Call Op.DispObj(ho_image, Window)
      Call Op.SetColor(Window, "red")
      Call Op.DispObj(ho_Region2, Window)
      Call Op.SetColor(Window, "red")
      Call Op.DispObj(ho_Contours, Window)
      Text1.Text = hv_Number
  End Sub
```

(7) 加载图片说明。

① 声明：

```
Dim Window As HWindowX
Dim ImageIc As New HImageX
```

② 在 Form 下加入以下语句：

```
Set Window=HWindowXCtrl1.HalconWindow
```

③ 放置按钮，设置 Commandl.Caption 为“加载图片”，并写入以下语句：

```
Call Imagelc. Readlmage("steel bar2.bmp")
Call Window. Displmage(lmagelc)
```

④ 将所加载的 steel bar2.bmp 图片放入其开发程序文件中，单击“加载图片”就可运行程序了。

(8) 建立窗口变量，把 HALCON 控件生成的变量 ID 赋给该变量。

(9) 编译运行程序，如图 12-9 和图 12-10 所示。

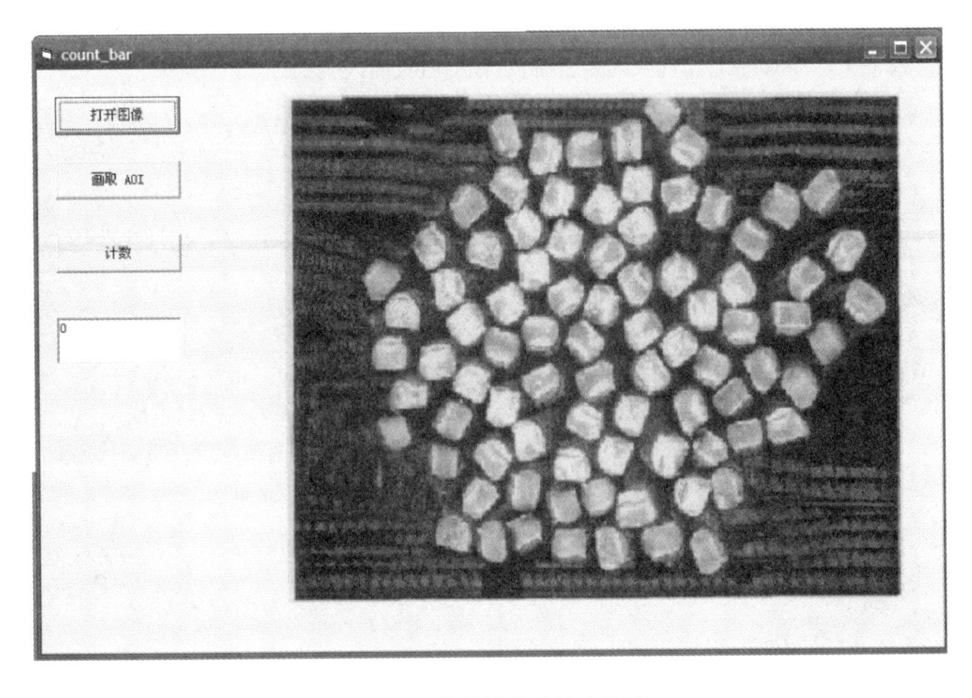

图 12-9 棒材计数系统主界面

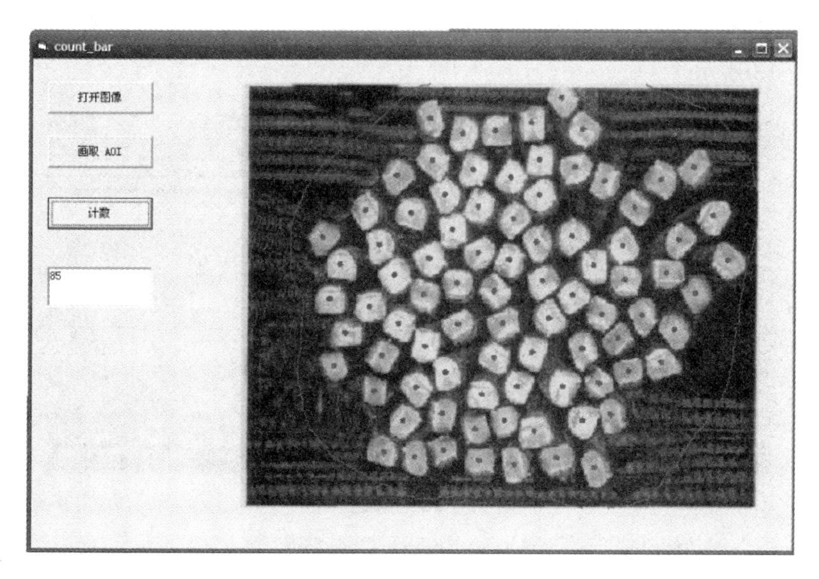

图 12-10　棒材计数处理结果

3. HALCON 和 VB 混合编程的特点

HALCON 和 VB 混合编程的主要特点如下：

(1) 类似于过程的风格：全部算子都归到 HOperatorSetX 类。

(2) HDevelop 专门的控制语句由 VB 传统的控制语句代替(赋值、循环等)。

(3) 数组表达式由 VB 的 Variant 实现。

(4) HUntypedObjectX 类足以处理全部图标数据结构。

(5) HALCON 中用于可视化的函数 dev_ * 转换为标准 HALCON 算子。

(6) 数组和图标变量的内存自动管理：初始化、释放、重写、句柄清除。

12.2　HALCON 与 C# 混合编程

在电路板的大批量生产过程中，出现的故障大都是线路错误，主要可分为短路、断路、毛刺和缺损四类。在生产中需要将这些质量问题及时检查出来，以免在电路板调试和使用过程中留下隐患，造成更大的损失。图 12-11 所示为一块有缺陷的电路板。

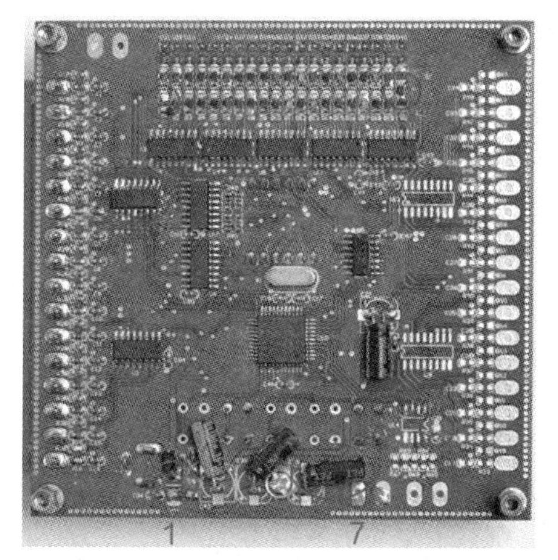

图 12-11　有缺陷的电路板

1. 设计流程

(1) 新建项目，如图 12-12 所示。选择 .NET Framework 4 运行平台，创建 Windows 窗体应用程序，修改解决方案名称为“混合编程”，项目名称为“单片机实例”，选择程序保存路径，创建 Form1 窗体，如图 12-13 所示。

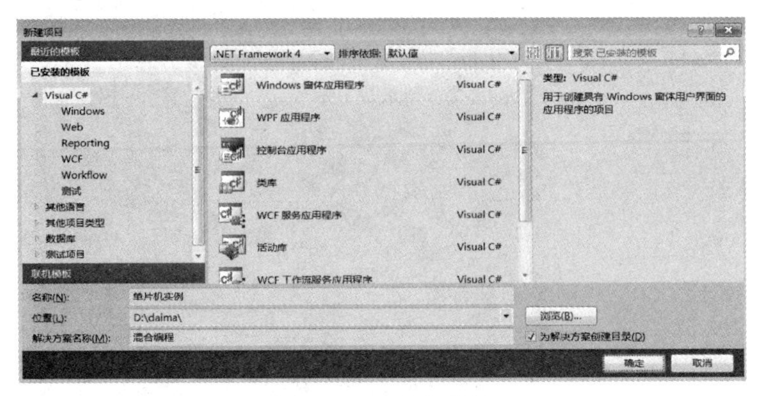

图 12-12 新建项目

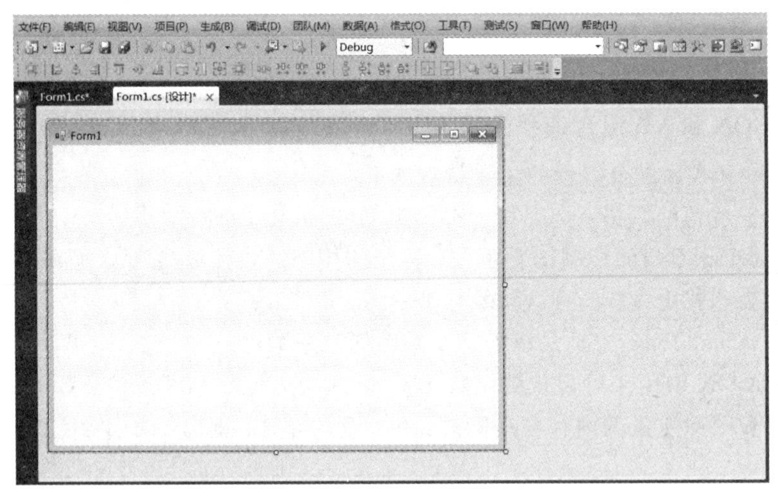

图 12-13 创建窗体

(2) 打开“解决方案资源管理器”对话框，右键单击“引用”，然后选择“添加引用...”，如图 12-14 所示。

图 12-14 添加引用

打开“添加引用”对话框，在“浏览”选项卡的“查找范围”中选择 D:\halcon\bin\dotnet35\halcondotnet.dll，找到动态链接库所在的位置，添加动态链接库，如图 12-15 所示。

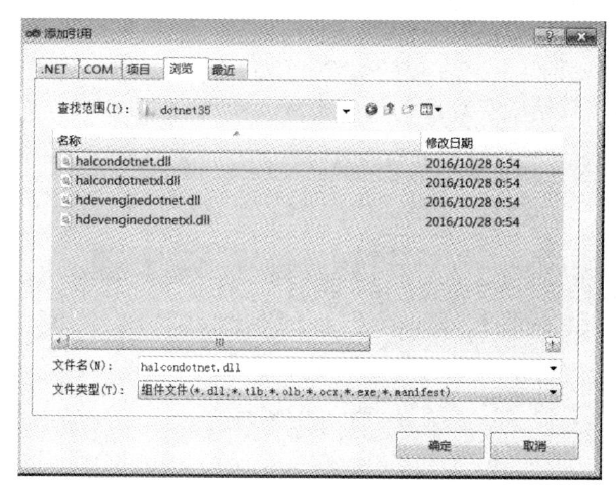

图 12-15　添加动态链接库

(3) 单击菜单栏中的"视图"→"工具箱"，调出工具箱，如图 12-16 所示。

在工具箱的任意位置单击鼠标右键，选择"选择项..."(如图 12-17 所示)，进入"选择工具箱项"对话框，如图 12-18 所示。

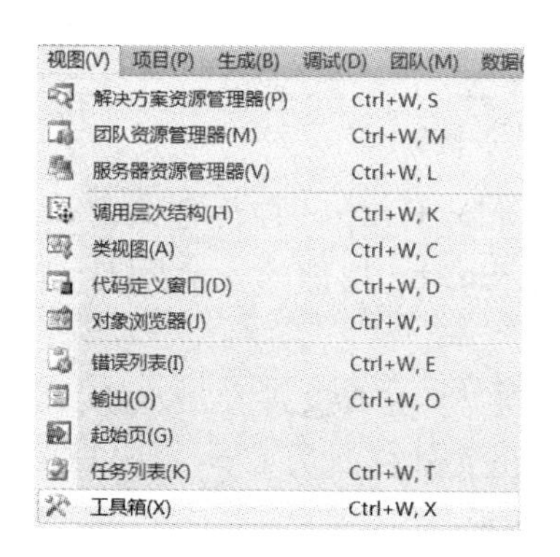

图 12-16　调出工具箱

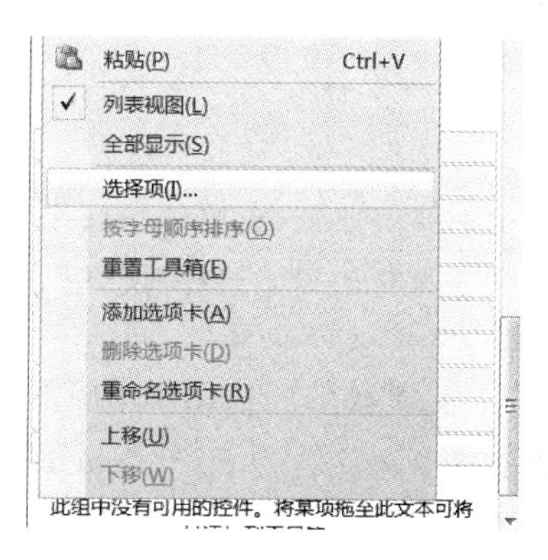

图 12-17　进入选择项菜单

图 12-18　"选择工具箱项"对话框

单击“浏览”按钮，通过 D:\halcon\bin\dotnet35\halcondotnet.dll 找到动态链接库所在的位置，添加动态链接库。点击 .NET Framework 组件选项卡，勾选 HWindowControl 控件，如图 12-19 所示。此时工具箱中存在已勾选的 HWindowControl 控件，如图 12-20 所示。

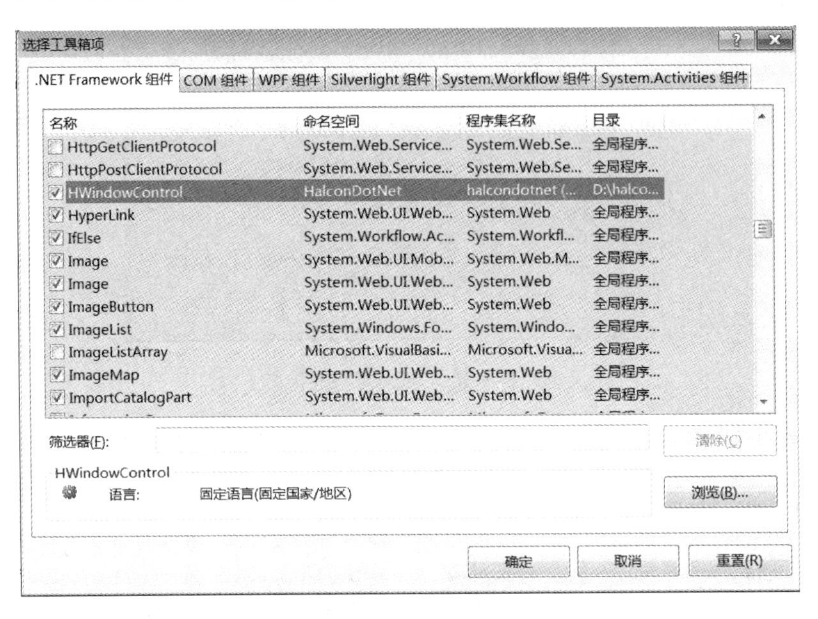

图 12-19 选择动态链接库

从工具箱中把一个 Button 控件与一个 HWindowControl 控件拖入窗体 Form1 中，在 Button 控件处单击鼠标右键，选择“属性”，把该 Button 控件的 text 属性(显示文本属性)改成“处理图片”。

(4) 将 HALCON 编写的代码使用导出模板导出，选择文件导出路径、导出文件、导出文件格式，此处导出文件名为 dianluban.cs，导出文件格式为 C# -HALCON/.NET，勾选“使用导出模板”。“导出”对话框如图 12-21 所示。

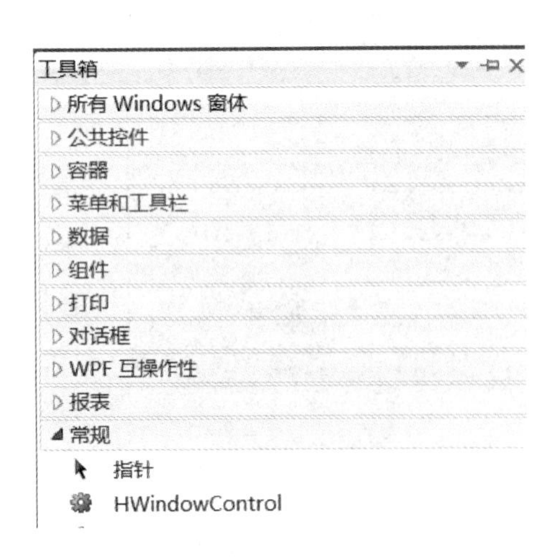

图 12-20 添加完成 HWindowControl 控件

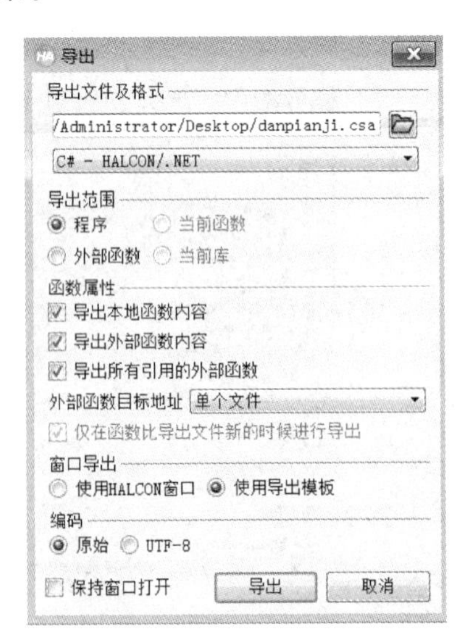

图 12-21 “导出”对话框

（5）单击“单片机实例”（本项目名称）→“添加”→“现有项”，把导出的 dianluban.cs 文件添加到项目里，如图 12－22 和图 12－23 所示。

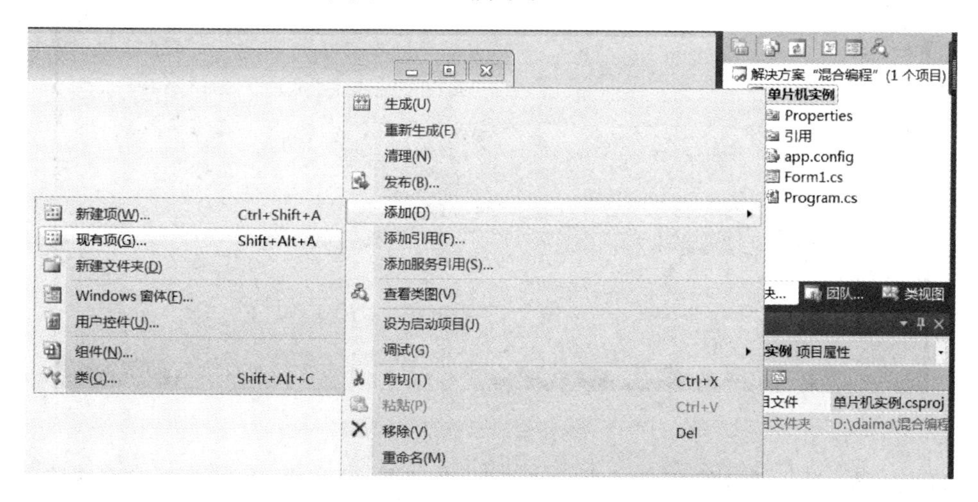

图 12－22　添加现有项

图 12－23　添加导出的 .cs 文件

（6）在窗体 Form1 的文件头中添加引用，代码为“using HalconDotNet;”。

（7）导入的 dianluban.cs 文件中存在 HDevelopExport 类，在窗体 Form1 中创建该类的对象，对象名自行定义，此处定义为 HD，代码为“HDevelopExport HD = new HDevelopExport();”。

（8）在 Form1 的构造函数中调用 HDevelopExport 类的系统初始化函数，代码为“HD.InitHalcon();”。

（9）在 Button 控件的点击事件中调用 HDevelopExport 类的图像处理函数，代码为“HD.RunHalcon(hWindowControl1.HalconWindow);”。

（10）单击“解决方案资源管理器”→“单片机实例”（本项目名称）→“属性”→“生成”→

“目标平台”，把 x86 改成 x64，使程序可以在 64 位计算机上运行，如图 12-24 所示。

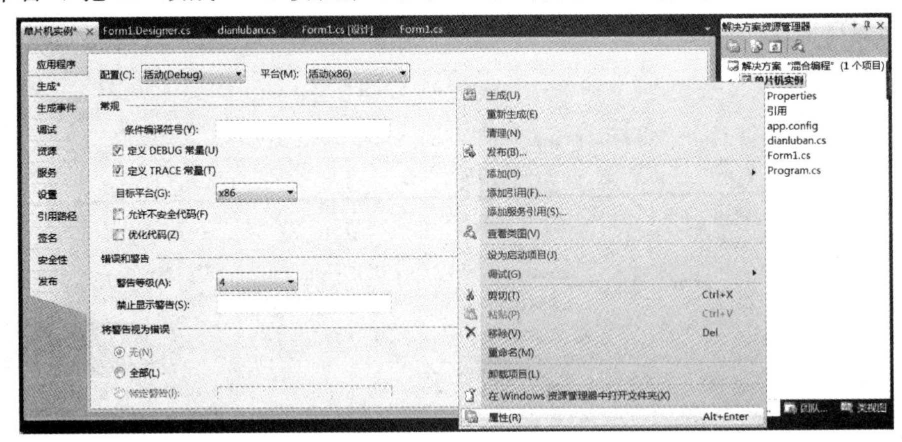

图 12-24　修改目标平台的属性

(11) 编译、运行，如图 12-25 所示。单击“处理图片”按钮，则会将所有有缺陷的区域标示出来，如图 12-26 所示。

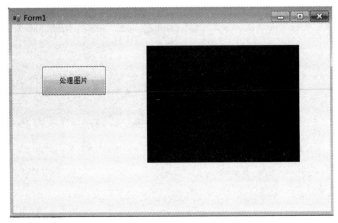

图 12-25　运行界面

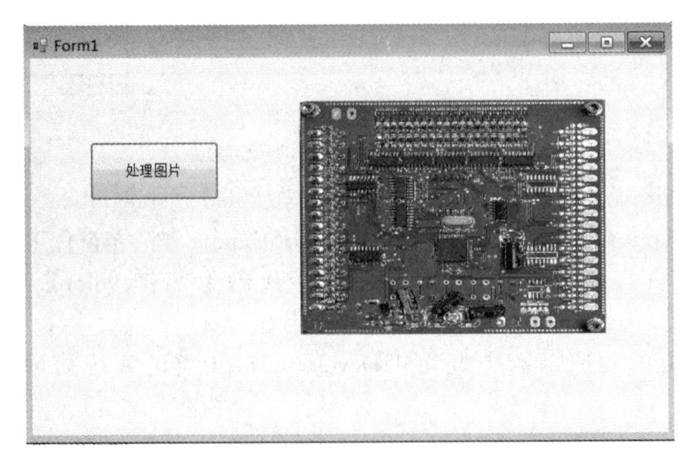

图 12-26　处理结果

2. HALCON 和.NET 混合编程的特点

HALCON 和.NET 混合编程的主要特点如下：

(1) 标准的面向对象的 C♯风格。

(2) HALCON 算子可以作为类的成员使用。

(3) Htuple 仍然是控制数据的核心类。

(4) 建议手动管理内存。

手动释放目标：Obj.Dispose。

强制释放未引用的目标：GC.Collect()，GC.WaitForPendingFinalizers()。

12.3　HALCON 与 C++混合编程

瓷砖作为一种常见的建筑材料，广泛应用于地面和墙面装饰。然而，由于制造过程中的不完美或运输安装过程中的损坏，瓷砖可能存在一些缺陷。这些缺陷包括瓷砖表面的裂纹、凹凸不平、色差、斑点、气泡等。瓷砖缺陷不仅影响其美观，还可能降低其质量和缩短其使用寿命。因此，对瓷砖进行缺陷检测至关重要。下面介绍基于 HALCON 与 C++混合编程的瓷砖缺陷检测设计流程。

1. 设计流程

(1) 导出。在 HDevelop 中编写瓷砖缺陷检测代码，导出.cpp 文件，如图 12-27 与图 12-28 所示。

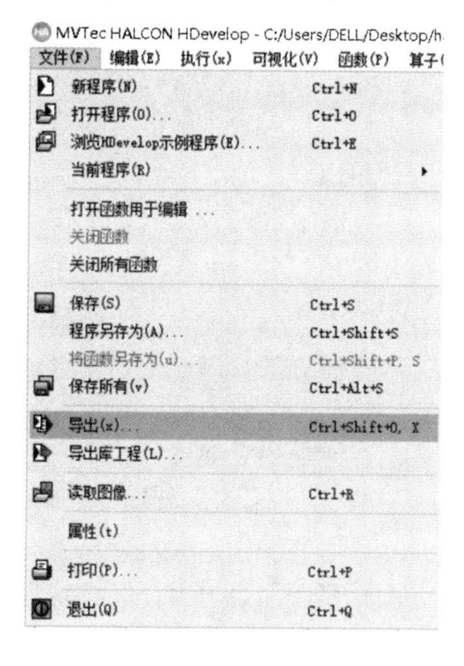

图 12-27　导出菜单

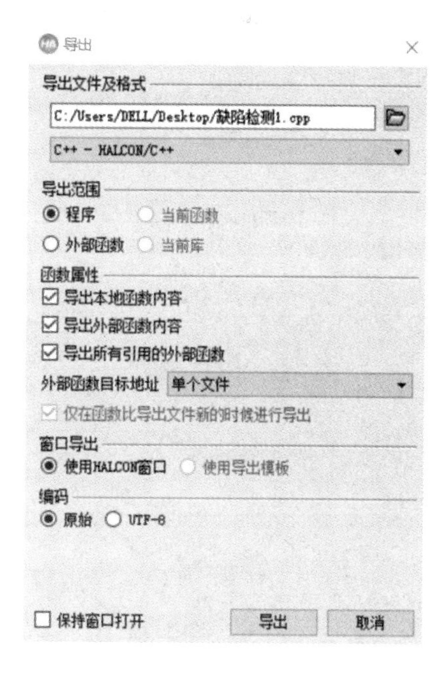

图 12-28　导出文件及格式

(2) 创建 MFC 应用程序。启动 VS 程序后，依次单击“文件”→“新建”→“项目”，进入“新建项目”界面，如图 12-29 所示。依次展开左边“已安装的模板”→“Visual C++”→“MFC”，选择“MFC 应用程序”，确认好文件保存路径和项目名后，单击“确定”按钮。

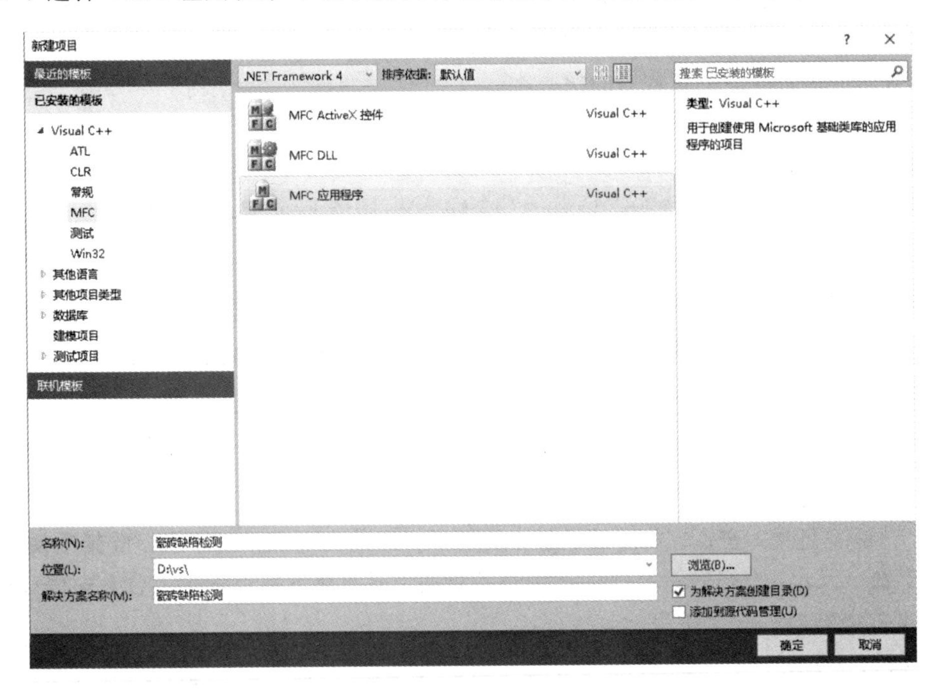

图 12-29 新建项目

弹出“欢迎使用 MFC 的程序向导”，单击“下一步”按钮，进入“应用程序类型”窗口，如图 12-30 所示。将应用程序类型改为“基于对话框”，设置完成后，单击“完成”按钮。

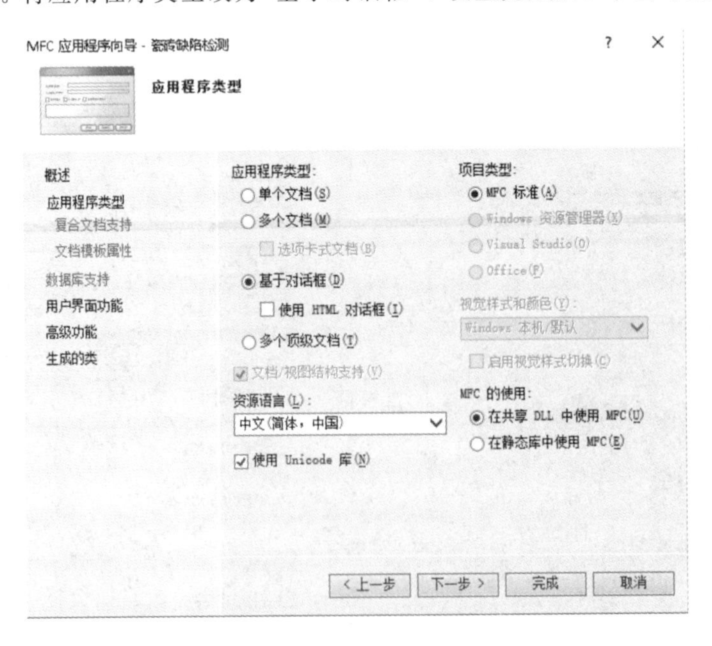

图 12-30 应用程序类型设置

单击“完成”按钮后，MFC 项目就新建完成了，如图 12-31 所示。

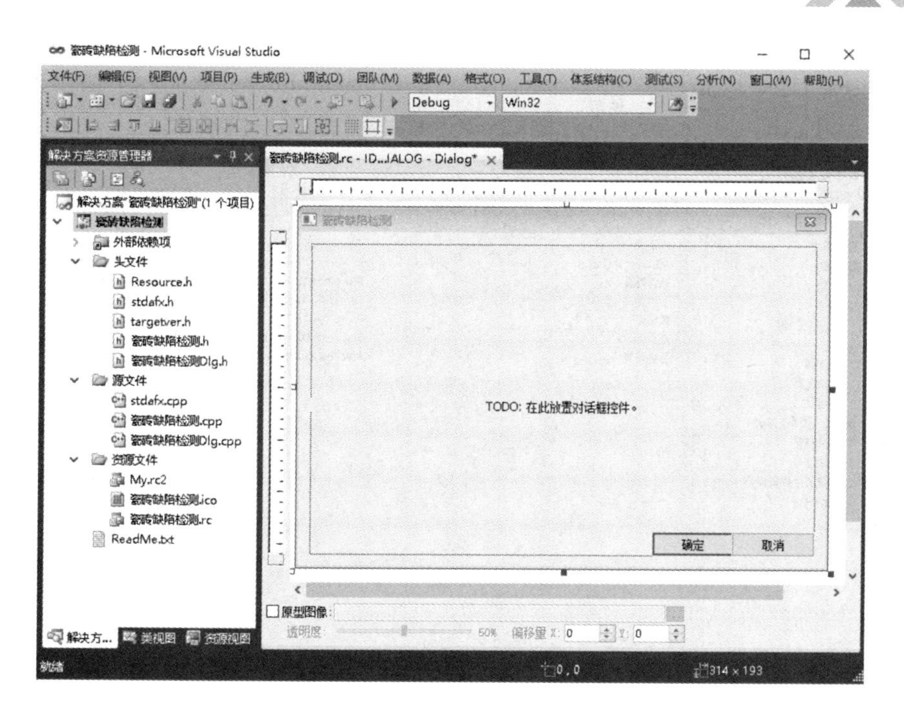

图 12-31 “瓷砖缺陷检测”项目

(3) VS2010的项目配置。本实例中，计算机系统为64位，HALCON18安装在F盘下，为此先讲解在DeBugx64上的项目配置。

依次单击“项目”→“瓷砖缺陷检测 属性”，进入“瓷砖缺陷检测 属性页”，如图12-32所示。修改平台为“活动(x64)”，如果没有该下拉选项，则可在右边的“配置管理器”中添加。

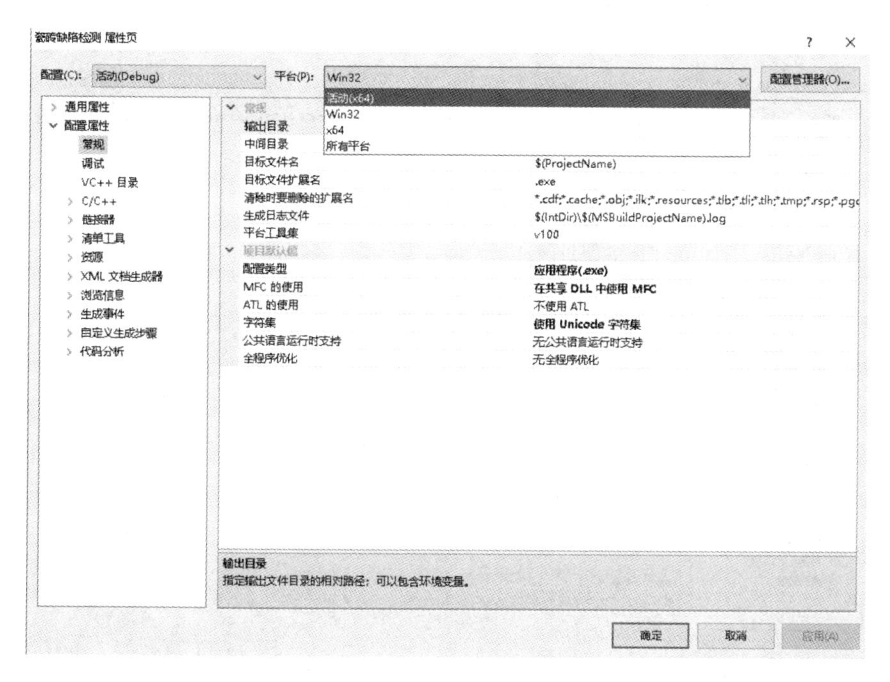

图 12-32 瓷砖缺陷检测的属性页

在配置属性目录下找到 VC++目录并单击，修改两处：第一处是在“包含目录”下添加“F:\halcon18.11.0.1\include”“F:\halcon18.11.0.1\include\halconcpp”，第二处是在“库目录”下添加“F:\halcon18.11.0.1\lib\x64-win64”，如图 12-33 所示。

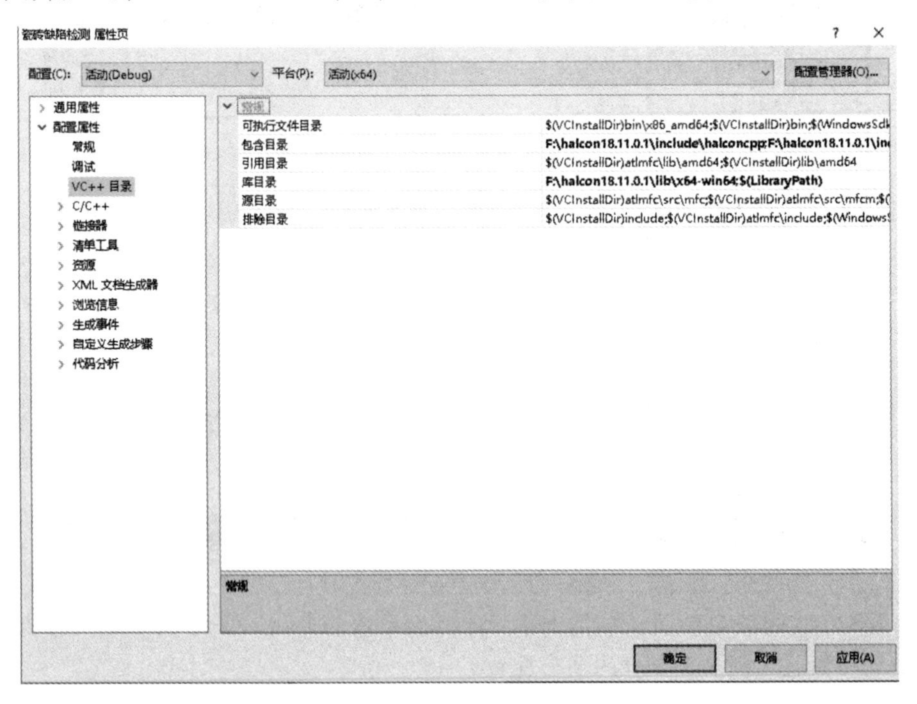

图 12-33 配置 VC++目录

在配置属性目录下找到“C/C++”→“常规”→附加包含目录”并在其中添加“F:\halcon18.11.0.1\include”“F:\halcon18.11.0.1\include\halconcpp”，如图 12-34 所示。

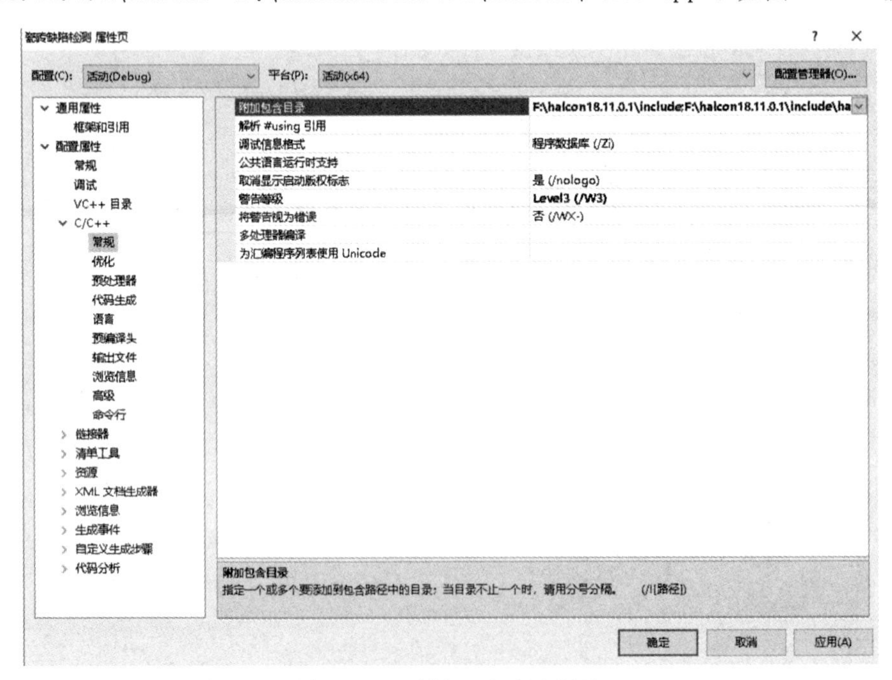

图 12-34 添加 C/C++目录

在配置属性目录的“链接器”→“常规”下找到“附加库目录”并在其中添加“F:\halcon18.11.0.1\lib\x64-win64”，如图 12－35 所示。

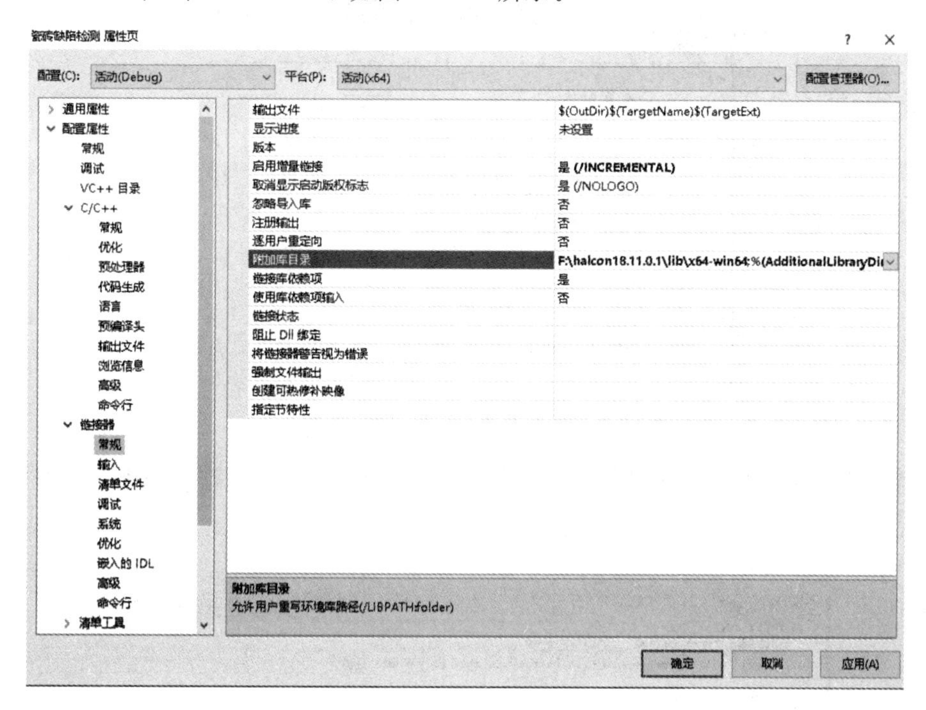

图 12－35　添加库目录

在配置属性目录下的“通用属性”→“链接器”→“输入”→“附加依赖项”中输入“halconcpp.lib”，单击“确定”按钮，如图 12－36 所示。

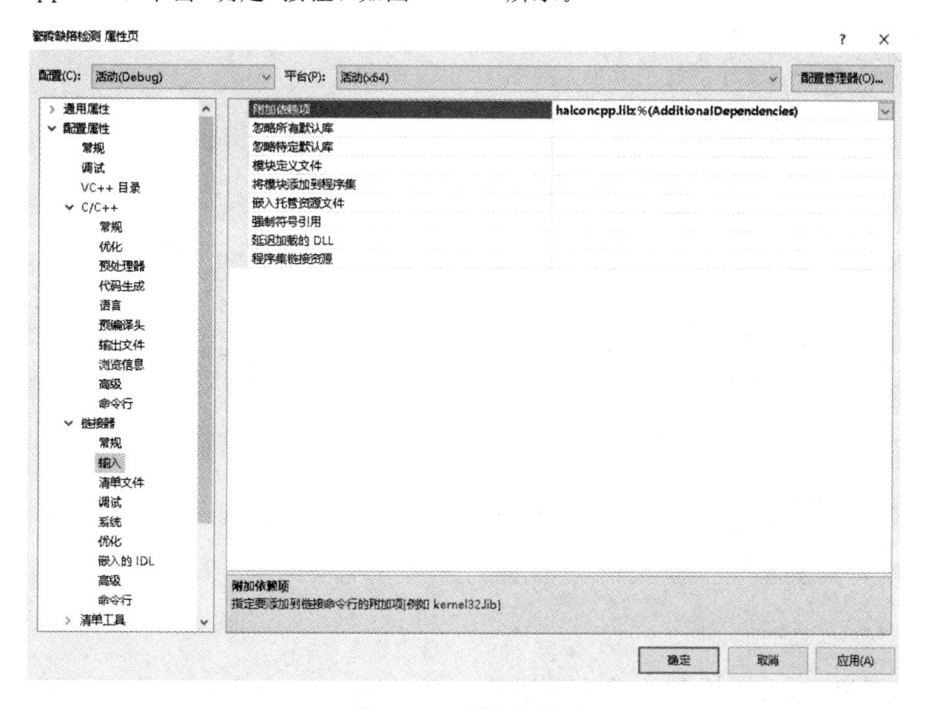

图 12－36　附加依赖项

在“瓷砖缺陷 Dlg. cpp”中添加头文件和命名空间，如图 12－37 所示。

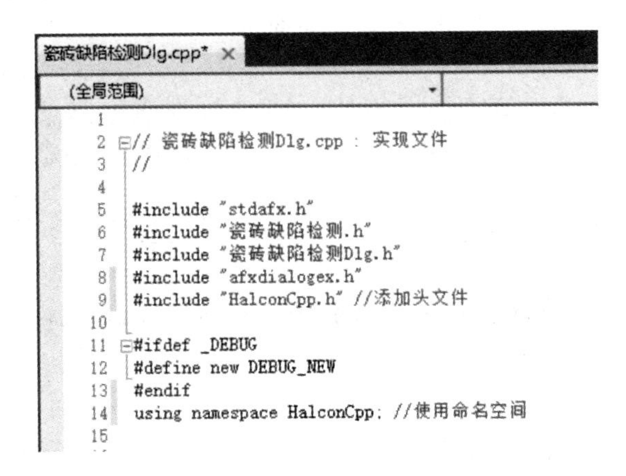

图 12－37　添加头文件和命名空间

至此，已经完成了 VS 中 HALCON 的环境配置工作，启动调试会发现成功字样，如图 12－38 所示。

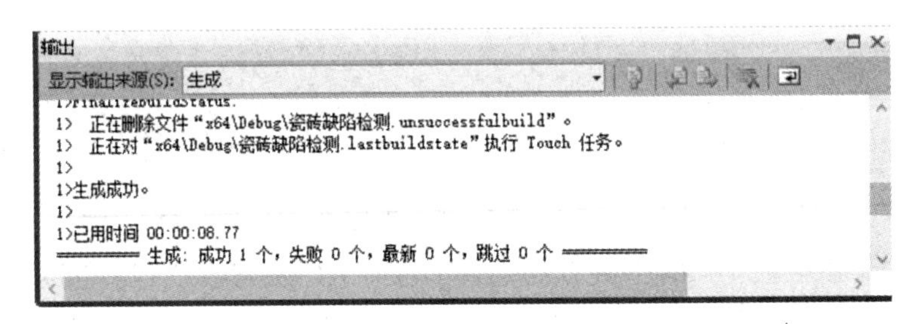

图 12－38　配置环境成功

(4) mfc 编程。设计系统主界面，如图 12－39 所示。

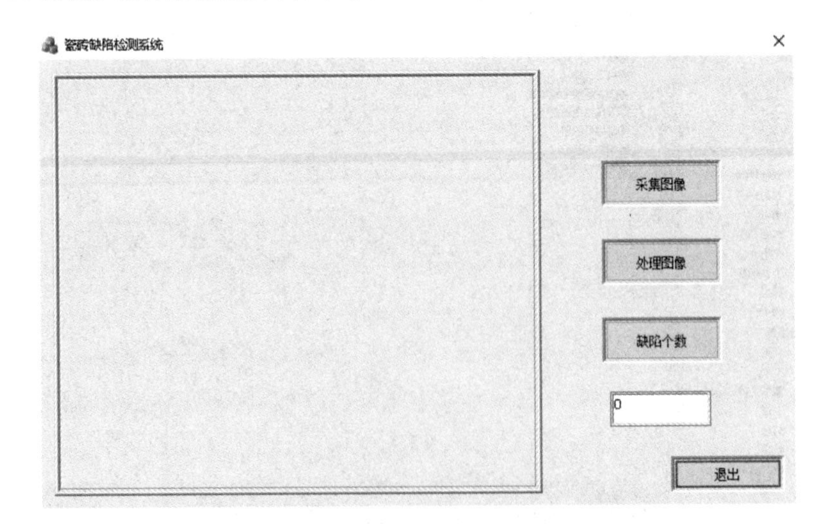

图 12－39　系统主界面

在资源视图中依次单击“瓷砖缺陷检测”→“瓷砖缺陷检测. rc”→“Dialog”→“IDD_MY_DIALOG”，进入设计系统主界面的面板，如图 12－40 所示。

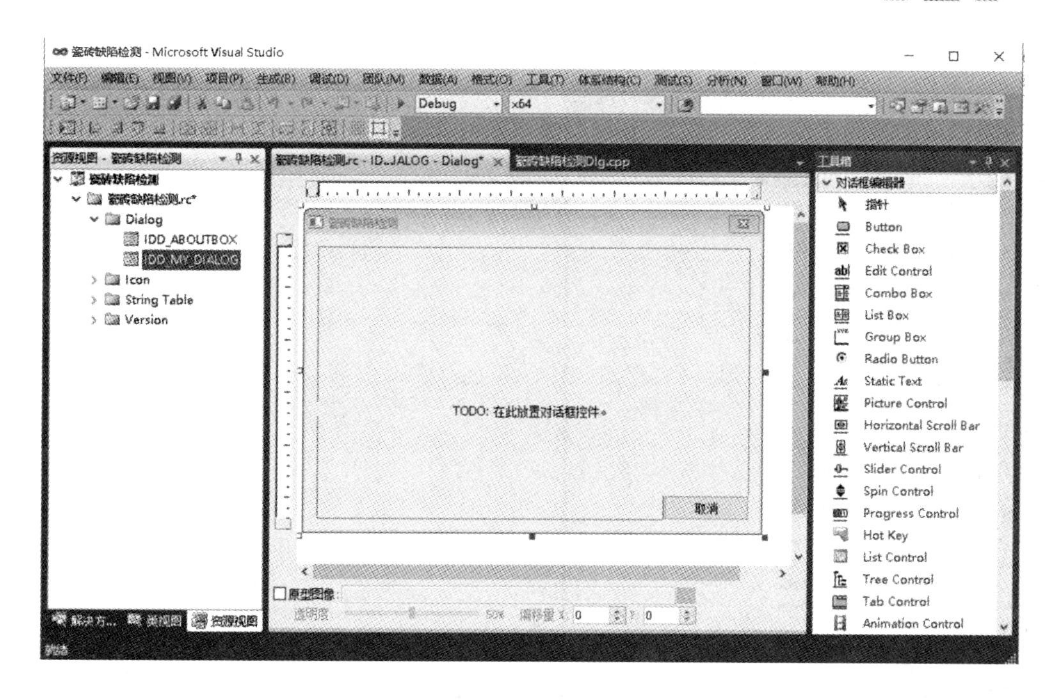

图 12 - 40　设计系统主界面

在工具箱中拖拽出四个 Button(按钮控件)、一个 Edit Control(示例编辑框)以及一个 Picture Control(图片显示框)到主面板上，如图 12 - 41 所示。

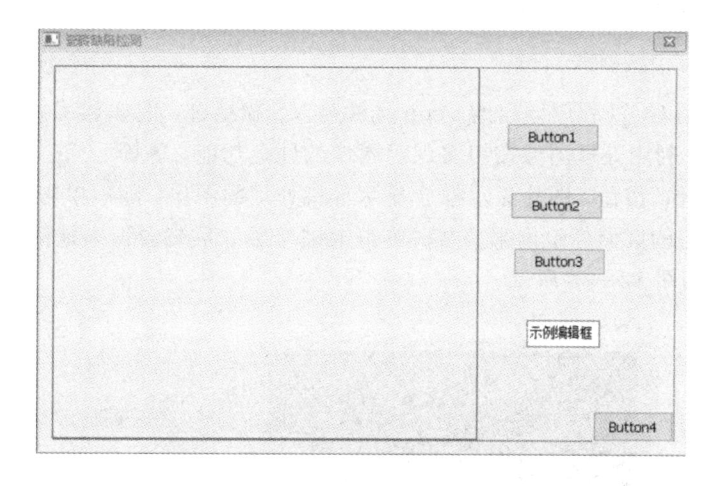

图 12 - 41　主界面雏形

在各个控件上右击鼠标选择属性，在属性中可以更改控件的外观、文字信息以及控件 ID 等。例如，为 Button1 修改属性，如图 12 - 42 所示。修改完成后得到预期的主界面。

依照上述原则，设置好每个控件的 ID 和 Caption。外观的设置：按键设置 Modal Frame 为 True；测量结果数据显示框设置 Align Text 为 Right，设置 Border 为 True，设置 Sunken 为 True。至此，完成了所有控件属性设置，外观属性可以自己尝试新的风格。

若要单击按钮来实现预期的效果，则需给每个按钮添加代码。双击按钮控件进入代码编辑区域，如图 12 - 43 所示。

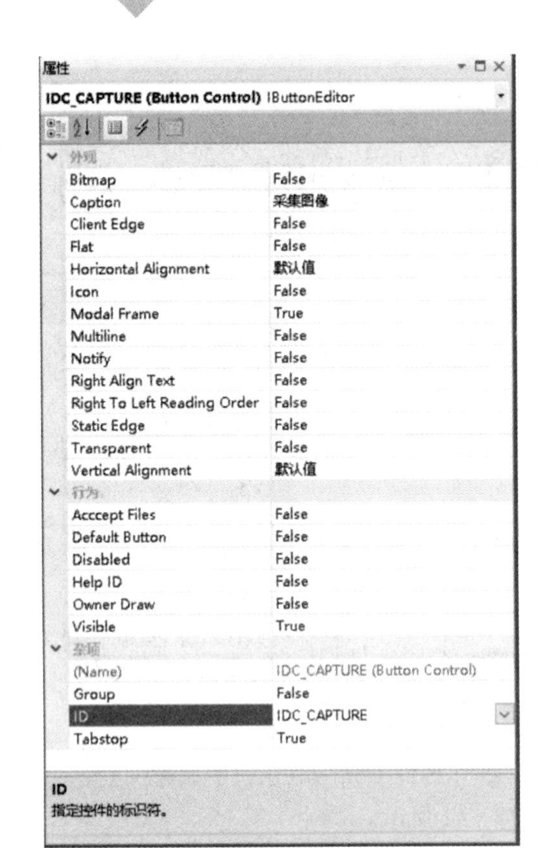

图 12-42　按键属性设置

图 12-43　为控件添加代码

至此，将 HALCON 程序导出的 .cpp 文件与 VS 相结合，例如利用采集图像按钮实现图像的采集功能，利用处理图像按钮实现对图像的处理功能，等等。

单击“采集图像”按钮，图片显示框会显示等待处理的图像，随后单击“处理图像”按钮，则会将所有有缺陷的区域标示出来。再次单击缺陷个数，系统会识别缺陷的个数并显示在文字编辑框中，如图 12-44 所示。

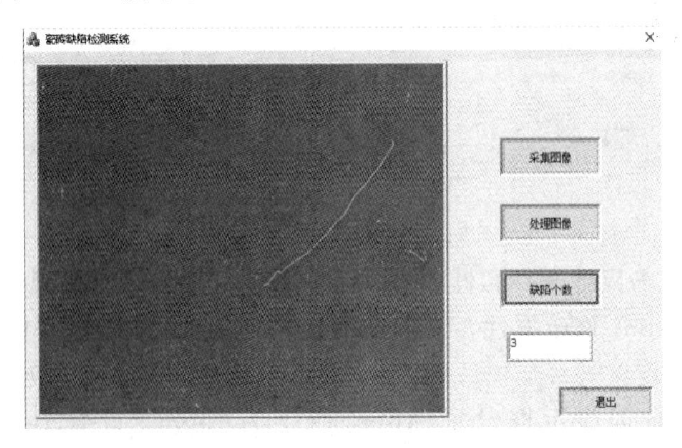

图 12-44　运行结果

2. HALCON 和 C++混合编程的特点

HALCON 和 C++混合编程的主要特点如下：